改訂増補版
実践 有用微生物培養のイロハ
試験管から工業スケールまで

監修　片倉 啓雄
　　　大政 健史
　　　長沼 孝文
　　　小野 比佐好

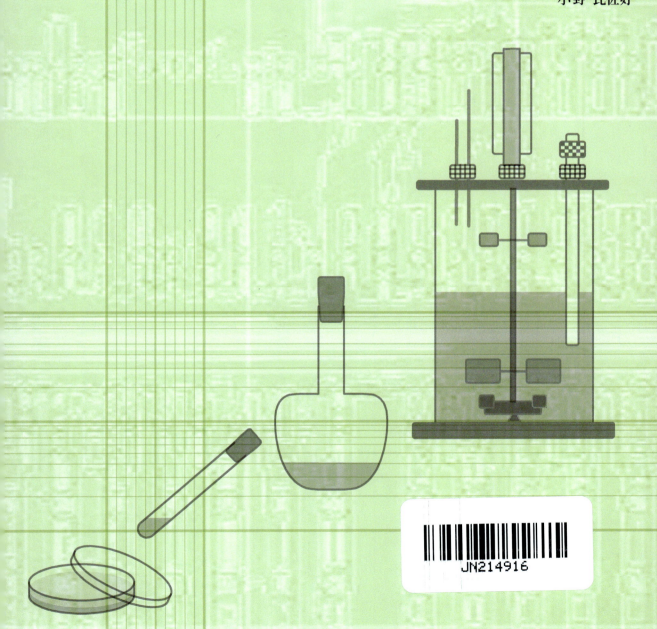

NTS

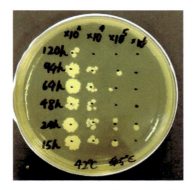

[3.11.3] 図 3-11-5　スポッティング（p.84）

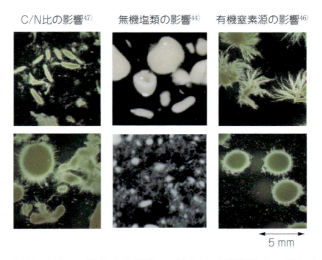

[12.6.5] 図 12-6-2　培地成分の違いがもたらす菌形態の多様性（p.324）

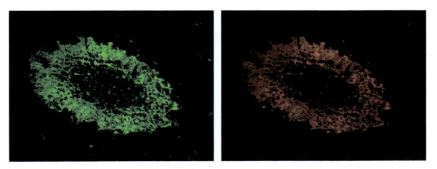

[12.6.5] 図 12-6-3　糸状菌 *Mortierella alpina* ペレットの断面（p.324）
　　　　左：菌糸密度分布（FITC 染色），右：油脂蓄積量密度分布（ナイルレッド染色）

執筆者一覧

【監修者】

片倉　啓雄　　関西大学化学生命工学部　教授

大政　健史　　大阪大学大学院工学研究科　教授

長沼　孝文　　山梨大学大学院総合研究部　研究員（元准教授）

小野比佐好　　（元）大阪大学大学院工学研究科　助教

【執筆者】(掲載順)　[　]は執筆担当

片倉　啓雄　　関西大学化学生命工学部　教授
　　　　　　　[序][1.1][1.2.2～1.2.3][1.2.5][1.4][1.6～1.8][2.1～2.3][3.1～3.13][4.2.1～4.2.2][4.2.4]
　　　　　　　[4.6.3][5.1～5.7][7.1～7.3][8.1][8.3.4～8.3.7][8.4.1～8.4.2][9.1～9.3][10.1～10.4]
　　　　　　　[11.1～11.2][12.5][14.1]

松村　吉信　　関西大学化学生命工学部　教授
　　　　　　　[1.2～1.5]

長沼　孝文　　山梨大学大学院総合研究部　研究員（元准教授）
　　　　　　　[2.1～2.3]

小野比佐好　　（元）大阪大学大学院工学研究科　助教
　　　　　　　[3.1～3.13]

本田　孝祐　　大阪大学大学院工学研究科　准教授
　　　　　　　[3.12]

岡野　憲司　　大阪大学大学院工学研究科　助教
　　　　　　　[3.12]

前川　裕美　　九州大学大学院農学研究院付属国際農業教育・研究推進センター　講師
　　　　　　　[4.1]

小西　正朗　　北見工業大学工学部　教授
　　　　　　　[4.2.1～4.2.3][4.2.6～4.2.9][8.1][8.3～8.4]

大政　健史　　大阪大学大学院工学研究科　教授
　　　　　　　[4.2.4][7.1～7.3][14.2]

石川　陽一　　エイブル株式会社　代表取締役会長/株式会社バイオット　代表取締役会長
　　　　　　　[4.2.5][4.5]

仁宮　一章　　金沢大学新学術創成研究機構　准教授
　　　　　　　[4.3～4.4][4.6]

滝口　　昇　　金沢大学理工研究域フロンティア工学系　准教授
　　　　　　　[4.3～4.4][4.6]

遠藤　力也　　特定国立研究開発法人理化学研究所バイオリソース研究センター
　　　　　　　微生物材料開発室　開発研究員
　　　　　　　[6.1～6.6]

執筆者一覧

髙島　昌子　　特定国立研究開発法人理化学研究所バイオリソース研究センター
　　　　　　　微生物材料開発室　ユニットリーダー
　　　　　　　[6.1～6.6]

黒澤　　尋　　山梨大学生命環境学部　教授
　　　　　　　[7.4～7.5]

佐久間英雄　　株式会社丸菱バイオエンジ　代表取締役専務
　　　　　　　[8.2][8.3.5]

東端　啓貴　　東洋大学生命科学部　准教授
　　　　　　　[9.4]

村山　敬一　　（元）東ソー株式会社ライフサイエンス研究所調査企画グループ
　　　　　　　[12.1]

伊澤　直樹　　株式会社ヤクルト本社中央研究所化粧品研究所化粧品第二研究室　指導研究員
　　　　　　　[12.2]

清水(肖)金忠　森永乳業株式会社基礎研究所　所長
　　　　　　　[12.3]

武藤　正達　　森永乳業株式会社素材応用研究所バイオプロセス開発グループ　副主任研究員
　　　　　　　[12.3]

米澤寿美子　　森永乳業株式会社営業本部マーケティング統括部マーケティング開発部
　　　　　　　DY マーケティンググループ　アシスタントマネージャー
　　　　　　　[12.3]

木下　昌恵　　アステラスファーマテック株式会社富山技術センター技術開発部　課長
　　　　　　　[12.4]

東山　堅一　　サントリーMONOZUKURI エキスパート株式会社生産技術部　開発主幹
　　　　　　　[12.6]

天野　　研　　株式会社日立プラントメカニクス開発統括本部　技術顧問
　　　　　　　[13.1～13.3]

友安　俊文　　徳島大学大学院社会産業理工学研究部　准教授
　　　　　　　[14.3]

目　次

序 1

第 1 章　無菌操作 3
 1.1 無菌操作とは 3
 1.2 オートクレーブ滅菌 5
 1.3 乾熱滅菌 10
 1.4 フィルターによる除菌 12
 1.5 その他の滅菌方法 16
 1.6 クリーンベンチとクラスⅡ安全キャビネット 18
 1.7 クリーンベンチの使い方 19
 1.8 クリーンベンチで使用する器具 22

第 2 章　培養に影響する要因 29
 2.1 培養条件 29
 2.2 生物的要因 33
 2.3 培地条件 35

第 3 章　培地の作り方・植菌・培養・集菌 45
 3.1 計量する 45
 3.2 溶解する 48
 3.3 pH を調整する 51
 3.4 容器に分注する 53
 3.5 栓・蓋をする 56
 3.6 滅菌する 59
 3.7 植菌する 62
 3.8 培養する 64
 3.9 集菌する 68
 3.10 希釈系列の作り方 78
 3.11 寒天培地で培養する 80
 3.12 嫌気性菌の培養 87
 3.13 培養した培地および菌体の廃棄 90

第 4 章　培養状態の計測と制御 91
 4.1 顕微鏡観察 91
 4.2 菌体濃度・生菌数の測定 101

i

目　次

4.3	pH の測定と制御	118
4.4	温度の測定と制御	123
4.5	DO の測定と制御	125
4.6	制御の基本	132

第5章　培養サンプルの取扱い・分析・記録・解析　139

5.1	サンプリングと培養液の分離	139
5.2	サンプルの保存	143
5.3	定量の基本	145
5.4	分光光度計の使い方	150
5.5	HPLC の使い方	153
5.6	データの取り方と解釈	159
5.7	実験ノートの書き方	162

第6章　継代と保存　169

6.1	菌株の入手	169
6.2	菌株の提供形態	173
6.3	菌株の復元方法	174
6.4	継代培養	176
6.5	凍結保存	177
6.6	凍結乾燥保存	181

第7章　培養の理論と実際　183

7.1	培養の理論	183
7.2	回分培養・流加培養・連続培養	193
7.3	流加培養の理論と実際	199
7.4	酸素供給の重要性	216
7.5	酸素移動容量係数 $k_L a$ の測定	219

第8章　ジャーファーメンターの取扱い　225

8.1	フラスコ培養とジャーファーメンター培養の違い	225
8.2	各部の名称と機能	226
8.3	操作の実際	230
8.4	安全上の注意	244

第9章　育種技術　247

9.1	突然変異による育種	247
9.2	交雑による育種	251
9.3	その他の育種法と育種法の使い分け	253

9.4 組換えタンパク質生産の戦略 256

第10章 スクリーニング技術 265
10.1 スクリーニングの戦略 265
10.2 ポジティブセレクション 268
10.3 変異株の濃縮方法 270
10.4 プレートアッセイ 271

第11章 生産コスト 275
11.1 コストの内訳 275
11.2 生産コストに及ぼす要因 279

第12章 各種工業利用微生物培養の実際 281
12.1 遺伝子組換え大腸菌の培養 281
12.2 乳酸菌の培養 291
12.3 ビフィズス菌の培養 297
12.4 放線菌の培養 304
12.5 酵母の培養 310
12.6 糸状菌の培養 318

第13章 スケールアップ 327
13.1 スケールアップの意義と考え方 327
13.2 スケールアップの理論 329
13.3 スケールアップの実際 345

第14章 微生物の安全な取扱い 353
14.1 基本的な考え方 353
14.2 組換え微生物の取扱い 354
14.3 病原性微生物の取扱い 362

コラム目次

1 70％エタノール 4
2 蒸気滅菌と乾熱滅菌 8
3 無菌性保証水準 9
4 蓋を置くか手で持つか 15
5 液状医薬品のフィルター濾過 16
6 エタノールに引火した！ 23
7 まずは培養してみよう 29

目　次

8	培養温度と膜の脂肪酸組成	31
9	極限条件で生育する微生物	32
10	培養は止められない─植菌とサンプリングは手早く	33
11	培地成分の種類や量に関する疑問	39
12	培地組成の調べ方	40
13	自分用の培地組成を開発する醍醐味	41
14	酵母エキスの製法	42
15	試薬瓶には少し多めに入っている	46
16	注射用水	49
17	水が先か，試薬が先か	50
18	超音波洗浄器を賢く使おう	51
19	濃硫酸の希釈	52
20	塩酸の保管	52
21	温度と pH の関係	53
22	酸（アルカリ）を入れ過ぎたら	53
23	アルミホイルの意味	58
24	コンタミは絶対に避けなければならないのか？	62
25	激しく振るほど酸素供給は良くなる？	67
26	乾湿球温度計	67
27	遠心分離機の事故例（1）	73
28	遠心分離状の事故例（2）	75
29	寒天培地に泡ができてしまったら	83
30	未使用の培地を保存するには	83
31	寒天培地培養と液体培地培養の違い	86
32	寒天培地での長期間の培養	86
33	寒天からの栄養素の持ち込み	87
34	焦点がうまく合わない時は	96
35	大きさを測るには	100
36	OD と OD unit	102
37	3/4，2/3，1/2 の法則	103
38	Absorbance, Turbidity, Optical Density	104
39	炭酸カルシウムを添加した培地での濁度測定	105
40	酸・アルカリの滅菌	122
41	冷却水の供給元は？	124
42	DO ジャンプ	131
43	DO を見れば微生物と会話できる？	131
44	バクテリアの mRNA は 2 分で半減	142
45	果汁の凍結濃縮	144
46	タンパク質の分子吸光係数の求め方	147

47	揮発性の液体の標準液の作り方	147
48	逆相クロマトグラフィー	156
49	ネガコンとポジコン	162
50	トラブルシューティングはトラぶる前に読む	164
51	研究の三大不正	167
52	知的財産権	171
53	継代が難しい菌	177
54	大事な菌株は奥に入れる	180
55	凍結保存は−20℃でも可能か？	181
56	速度・微分・積分	186
57	対数計算の復習	188
58	10世代で1,000倍	188
59	単位の重要性	191
60	これで評価ができている？（その1）	192
61	これで評価ができている？（その2）	192
62	収率の値が1を超える？	194
63	たくさん作るには	207
64	1気圧	219
65	窒素充填しますか？（タイヤ店にて）	219
66	フラスコの栓の通気の良し悪しは重要	222
67	溶存酸素濃度の変化速度に影響する要因	222
68	頭文字で表す専門用語（DOとOD，vvmとrpm）	223
69	培養に用いる水	231
70	ステンレスパイプの切断とシリコンゴム栓への挿入	233
71	pH，DOセンサーの取り付け方	233
72	ピンチコックの使い方	236
73	軍手をすれば火の中に手を入れても平気	239
74	タンパク質の機能を高めるのは至難の業	250
75	変異処理条件の調べ方	250
76	酵母の生活環	251
77	酵母の遺伝子型	251
78	酵母からの胞子の単離法	253
79	大腸菌のタンパク質発現システムに利用されるプロモーター	258
80	アンピシリン耐性マーカー使用時の注意	260
81	ポリ乳酸は乳酸菌では作らない	267
82	菌体内酵素の活性染色	273
83	レプリカの取り方	273
84	半ライスが半額にならない理由	276
85	プロバイオティクスって？	291

目　次

86 乳酸菌とビフィズス菌 ……………………………………………………………… 292
87 培地に含まれる成分 ………………………………………………………………… 294
88 廃糖蜜に添加する窒素量の求め方 ………………………………………………… 312
89 フラスコ培養では酸素が不足する ………………………………………………… 313
90 糸状菌の培養実験には大型のジャーファーメンターが適している …………… 325
91 病原性微生物研究の重要性 ………………………………………………………… 362
92 ボツリヌス菌とボツリヌス毒素 …………………………………………………… 365

※　本書では，^{TM}，®，©，は割愛して表記しています。

vi

序

　培養技術は微生物を研究する上で基本中の基本の技術ですが，近年，バイオテクノロジーの発展と遺伝子組換えをはじめとする技術革新に伴って，培養を伴わない研究の比率が増してきました。その結果，培養技術の伝承という糸は細くなり，場合によっては途絶えてしまった研究室も少なくありません。筆者らが学生の頃には，インキュベーターや振とう培養機はもちろんのこと，どの研究室にもジャーファーメンターがあり，毎日のように培養が行われていました。しかし，今日ではジャーファーメンターが1台もない学科も増え，フラスコ培養さえ行わない研究室が増えているのが現状ではないでしょうか。

　微生物研究の主たる目的の1つは，昔も今も，ものづくりであり，培養はそのために必要欠くべからざる技術です。また，ジャーファーメンターは微生物による物質生産には必須と言ってもよいツールですが，使用経験がない者にとっては，とても敷居が高いと感じる実験装置です。更には，企業でのものづくりにおいては，ジャーファーメンターによる生産条件の検討に加えて，製造現場へのスケールアップという課題がありますが，その困難を解決した経験を持つ技術者も減少の一途をたどっているのが現状です。日本の培養技術は世界をリードしてきましたが，今後もそのリードを保つには，培養技術を，菌株の維持や育種などの周辺技術とともに確実に次世代の研究者に伝えていかなくてはなりません。しかし，培養技術は口伝によって伝えられてきた部分が多く，そのノウハウを含めてまとめられた実践書はほとんどありません。

　本書はこのような状況に鑑み，
- これまで微生物を扱ったことがない人
- これから微生物の研究を始める人
- 培養の基本をあらためて勉強したい人
- 培養の再現性が低くて困っている人
- 微生物に効率良く目的物質を生産させたい人
- 組換えタンパク質がたくさんほしい人
- 組換えタンパク質を生産してみたが，収量が少なくて困っている人
- ジャーファーメンターを使ってみようと思う人
- 工業スケールの培養を命じられたが，何から手を着けてよいかわからない人
- 現場での製造を検討したい人
- 菌株を改良したい人
- 生産コストを下げたい人

などを対象に，以下のように培養の基本に関するノウハウを含めて体系的にまとめています。

　まず入門編として，第1章と第2章で，無菌操作の基本と培養に影響する要因を解説した上で，第3章で培地の作製・植菌・培養という微生物培養の基本の操作を解説します。第4章では，培

養の状態を観察，測定する方法と，培養にもっとも影響する温度とpHを制御する方法について解説します。また，第5章では，サンプリング方法に加えて，基本的な分析機器である分光光度計とHPLCの使い方について解説します。初心の方は，第6章の菌株の入手・保存方法を含めて，一通り目を通しておくことをお勧めします。

次に，第7章で培養とものづくりを効率良く行うための理論を解説し，第8章では効率の良い培養には欠かせないジャーファーメンターの使い方を解説します。微生物によるものづくりには，効率の良い培養に加えて，優良株の開発が必須です。本書では，第9章と第10章で育種とスクリーニングの基本技術と，優良菌株の育種戦略の立て方を解説します。個々の微生物の育種やスクリーニングの詳細については，基本技術と戦略を理解した上で，それぞれの専門書や文献を参照してください。また，産業応用を少しでも考えておられる方は，研究を始める前に，第11章でコスト計算の基本を理解しておいてください。

第12章では，大腸菌，乳酸菌，ビフィズス菌，放線菌，酵母，カビについて，ラボスケールから製造現場の大型培養槽での培養の実際を解説します。第13章では，ジャーファーメンターを現場のタンクにスケールアップする際に考慮すべきポイントを解説します。最後に，第14章で微生物を取り扱う上での安全管理について解説します。私は組換え体も病原体も使わない，という方も，一度は目を通してください。

監修者代表　片倉　啓雄

第1章　無菌操作

1.1　無菌操作とは

　私たちが，ある微生物について研究しようとする時，その微生物を培養しなければなりません。つまり，その微生物が増殖できるように，培地を準備し，温度などの条件を整える必要があります。しかし，私たちが整えた環境は，目的の微生物だけでなく，様々な雑菌にとっても増殖に適した環境になっています。では，目的の微生物だけを培養して増やすにはどうすればよいでしょうか。それにはまず，培地を滅菌または除菌して，雑菌がいない状態にして，その上で，目的の微生物だけを植菌しなければなりません。更に，培養が終わるまで，外から雑菌が混入しないようにしなければなりません。このように，目的以外の微生物が混入しないように操作することを無菌操作といい，培養では必ず必要になる基本中の基本になります。目的以外の微生物が混入して増殖してしまうことを「コンタミ[※1]」といいます。コンタミを防ぐには，私たちの周囲のどんなところに微生物がいて，どのようにすればその微生物を殺したり，取り除いたりでき，そして，どのようにすれば新たな混入を防ぐことができるかを知っておかなくてはなりません。

1.1.1　どこに雑菌はいるのか

　微生物は空気中にも漂っており，水の中にもいますし，実験器具などにも付着しています。従って，無菌操作をするためには，これらの微生物を滅菌するか除菌する必要があります。この時，どんなところに微生物がたくさんいるのかを知っておくことは，コンタミを防ぐ上で非常に大切です。なぜなら，微生物がたくさんいる場所や物が汚染源になる可能性が高く，それに対して重点的に対策を講じるのが効率的だからです。

　生物が繁殖するには，栄養分，水分，適度な温度の3つの要素が必須で，逆に言えば，この3つが揃っている環境には，必ず多数の微生物が生息しており，大きな汚染源になります。多くの食品には栄養素と水分が含まれていますので，温度条件さえ整えば（冷蔵しなければ）すぐに雑菌が増殖して腐敗してしまいます。培地に用いる成分も，例えば，酵母エキスのように水分が少ない粉末状態であったり，肉エキスのように非常に濃厚なペースト状であれば常温でも微生物は増殖できませんが[※2]，これらを水に溶かせば，ただちに雑菌の増殖が始まります。これは，こぼした培地を放置すれば，そこが雑菌の巣になることを意味しています[※3]。

　実験室にはもう1つ，意外な雑菌の巣があります。それは私たち「人間」です。私たちの体温

※1　contamination（汚染）が語源。口語では「タミる」ということもある。
※2　水分が高くても，溶質濃度が十分に高く，自由水（溶質分子の水和のために拘束されていない水）が少ない状態であれば，ほとんどの微生物は増殖できない。塩漬けや砂糖漬けの食品が常温保存できるのはこのため。
※3　実験室で飲食をして食べこぼしたりすれば，そこは雑菌の巣になる（そもそも実験室では，有害物の経口摂取を避けるため，飲食は禁止されている）。

—3—

第 1 章　無菌操作

は 36〜37℃ で，肌には適度な湿り気があり，汗や老廃物は微生物にとって良好な栄養源になります。人の手には 1 cm² あたり 10^6 を超える雑菌がいる場合もありますし，唾液 1 mL には 10^7〜10^8 の雑菌がいるとされています。爪の垢（爪と指の間の黒ずみ）は雑菌の塊であり，1 mg に 10^7 を超える雑菌がいても不思議ではありません。コンタミする微生物の多くは，実は，作業する人に由来している，という事実を忘れてはいけません[4]。

1.1.2　コンタミ対策の基本

　コンタミを防ぐもっとも効果的で，かつ，もっとも簡単な方法は，作業を始める前に石けんで手をよく洗うことなのです。親指，手指の裏側，指と指の間は洗い残しが多い部分です。特に念入りに洗いましょう。また，流しには手指用のブラシを置いておき，爪の間もよく洗うようにしましょう。

　無菌操作をする前には 70% エタノールで手指や器具を滅菌することが多いのですが，この効果を過信してはいけません。カビやバクテリアの胞子やノロウイルスなどはエタノールに耐性を持っていて，滅菌することはできないからです。これに対して，手を洗うという対策は，ウイルスを含めて，すべての微生物に対して効果があります。手袋をして手をカバーすれば，手からのコンタミは防ぐことができますが，その手袋を触る手をよく洗っておくのを忘れないようにしましょう。また，一度手袋をしたら，髪の毛や肌，ドアのノブなど，雑菌がいる場所を触ってはいけません。

1.1.3　主な滅菌法

　微生物を滅菌する手段として，文字通り微生物を殺す殺菌と，微生物を取り除く除菌があります。殺菌する手段としては熱によるものがもっとも一般的で，実験室ではもっぱら 110〜130℃ の高圧蒸気で 10〜30 分加熱する蒸気滅菌，あるいは，160〜200℃ で 30 分〜2 時間加熱する乾熱滅菌が用いられます。液体や気体は，フィルターで微生物を濾過して滅菌（除菌）することもできます。他に，エチレンオキサイド（ethylene oxide）などによるガス滅菌，ガンマ線照射によ

コラム 1　70% エタノール

　殺菌には「70%」エタノールが用いられますが，この 70% は v/v でも w/v でもなく，w/w です。つまり，エタノール 700 g に水 300 g を混合して作るのが正しい作り方です。ただし，60〜90%（w/w）の範囲であれば一般細菌に対する殺菌力にさほど大きな差はなく，日本薬局方でも消毒[5]用アルコールの濃度には 76.9〜81.4%（v/v）（15℃）と範囲を持たせていますので，正確な濃度にこだわる必要はありません。簡便には 400 mL のエタノールに水を加えて全量を 500 mL にすればよいでしょう。

---

[4]　よく手を洗ってからクリーンベンチではなく通常の実験台の上で植菌するのと，手を洗わずにクリーンベンチで植菌するのを比べると，筆者の経験では後者の方がコンタミしやすい。乾燥したホコリよりも，手の方が圧倒的に多数の雑菌がいるから。

[5]　この「消毒」は「病原性微生物を殺す」という意味。非病原性微生物を含む一般の微生物に対して使う言葉ではない（これらを全て殺すことができない）ことに注意。

る滅菌があり，専門業者に委託することができます[※6]。適切な滅菌方法は，滅菌しようとするものの性状（固体か液体か気体か）や，熱に対する安定性などによって異なり，使用目的も考慮して最善の方法を選択しなければなりません。それぞれの滅菌法の原理や手順などの詳細は［1.2］～［1.5］で述べますが，おおまかな使い分けを**表1-1-1**にまとめます。

表1-1-1　微生物の滅菌方法とその使い分け

滅菌対象	高圧蒸気滅菌	乾熱滅菌	ガス滅菌	ガンマ線滅菌	フィルターによる除菌	薬液洗浄
気体（通気用の空気）	△	△	×	△	◎	×
液体（培地など）	◎	×	×	△	○	×
非耐熱成分を含む液体ª	×	×	×	△	◎	×
懸濁液・半固体培地	○	×	×	△	×	×
紛体（小麦粉，ふすま）	○	×	△ᶜ	○	×	×
実験器具	◎	○ᵇ	△	△	×	△ᵈ
人	×	×	×	×	×	○

◎：もっとも一般的，○：適用可，△：適用できるが手間やコストの面に問題あり，×：適用不可。
a　酵素などタンパク質溶液，血清，抗生物質，揮発性の酸・アルカリや有機溶媒など
b　ガラスや金属など耐熱性があるものに限られる
c　ガスが残留しないようにできることが前提
d　薬液が残留しないようにできることが前提

1.2　オートクレーブ滅菌

　オートクレーブは，密閉されたチャンバー内に対象物を入れ，水蒸気で加熱して滅菌[※7]する装置で，微生物を取扱う研究室では必ず設置されている装置の1つです。化学系の分野では高温高圧の反応を行うための圧力容器を指しますが，生物系・医学系の分野では**図1-2-1**に示すような高圧蒸気滅菌器のことをいいます。オートクレーブは，研究に使用する培地や器具を滅菌するために用いますが，実験に用いた微生物を研究室の外に拡散させないためにも必要な装置で，研究で取り扱う微生物が組換え体であったり，病原性があったりする場合は，必ず廃棄前に滅菌し，環境中に拡散させないようにしなければなりません。本節では，オートクレーブの構造，使い方，使用上の注意について解説します。

※6　「ガス滅菌」あるいは「ガンマ線滅菌」と「受託」をキーワードにインターネット検索すれば委託できる業者を探すことができる。
※7　滅菌とは，対象物に存在する増殖可能な微生物（細菌，酵母，カビ，ウイルス）を完全に死滅させる技術のこと。殺菌，消毒，静（制）菌，除菌との違いについては文献1）を参照。

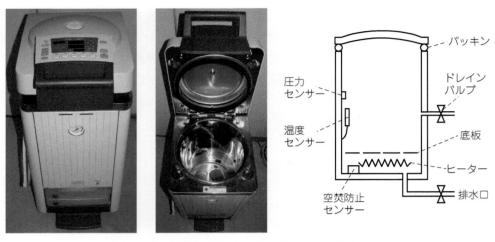

図 1-2-1　研究室用の高圧蒸気滅菌器（㈱トミー精工製）とその模式図
写真の右は蓋を閉めた状態，左は開放状態。

1.2.1　オートクレーブの構造と滅菌工程の概略

バイオ系の実験室で使用するオートクレーブの多くは，図 1-2-1 に示すように，耐圧チャンバー内で水をヒーターで加熱し，培地や器具などを蒸気によって加熱する構造になっています[※8]。空気の吸排気口，チャンバーの水の排出口があり，温度計，圧力計，空焚き防止用のセンサーなどが取り付けられています。

微生物の研究に用いる一般的なオートクレーブでは，チャンバー内の温度が 100℃に達し，空気が水蒸気に置き換わった後に密閉されるようになっています[※9]。その後，チャンバーは更に所定の温度に達するまで加熱され，中に入れた対象物は所定の温度で所定の時間，加熱処理されます。その後，水蒸気をゆっくりと抜きながら大気圧まで冷却し[※10]，外部から空気を導入し，滅菌処理の終了となります（図 1-2-2）。

1.2.2　オートクレーブで滅菌できないもの

標準的な滅菌条件は 121℃で 15 分ですが[2,6]，当然のことながら，この条件に耐えられない成分，器具は滅菌できません。具体的には，血清や酵素などのタンパク質，多くの抗生物質やビタミンなどです。熱で変性したり分解したりするものは，オートクレーブではなく，濾過などによる滅菌をしなければなりません。また，エタノールなどの有機溶媒，アンモニア水，酢酸，塩酸など揮発性の物質は，オートクレーブすると濃度が変化してしまいますし，チャンバーや一緒にオートクレーブした他の器具を腐食させることもあるので，オートクレーブしてはいけません。プラスチック類は必ず耐熱温度を確認してからオートクレーブしましょう。

㈱ニチリョーのニチペットの一部，および Gilson, Inc. のピペットマンはオートクレーブ滅菌

※8　ボイラーで蒸気を作り，チャンバーに導入するタイプもある。
※9　機種によっては，空気を排出せずに蒸気加熱するものもある[2]。
※10　空気の強制導入によるもの，冷却水を強制導入するものもある[2]。

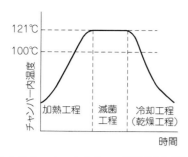

図 1-2-2　オートクレーブ滅菌の工程
100℃以上ではチャンバー内は加圧状態となる。

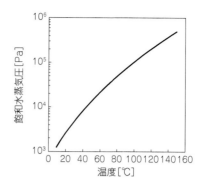

図 1-2-3　温度と飽和蒸気圧の関係[3]

ができません。オートクレーブ滅菌できるものについても，ダイヤルの固定レバーを緩めたり，フィルターを外したりするなどの注意が必要なので，必ずそれぞれの取扱説明書を読み，その指示に従ってください。

1.2.3　滅菌前の注意点

(1)　空気の出入り口を確保する

　フラスコ，試験管，メジウム瓶，遠沈管などの容器をオートクレーブする場合，容器内の空気が出入りできる状態でオートクレーブしなければなりません。蒸気が入れない状態だと，所定の時間オートクレーブしても，容器の内部の温度が十分に上昇せず，滅菌が不完全になることがあります。空の（水分が入っていない）瓶を密栓してオートクレーブすると，水がない状態で加熱することになり，この場合も滅菌が不完全になってしまいます（**表 1-2-1**）。

　フラスコや試験管には，空気の出入りができるように，多孔質のシリコセン[※11]や綿栓をします。決してゴム栓などで密栓してはいけません。また，栓が濡れると空気が出入りしにくくなるので，オートクレーブのチャンバーの天井で結露した水などで栓が濡れないように，アルミホイルなどをかけてオートクレーブします。メジウム瓶や遠沈管は，蓋を緩めた状態でアルミホイルをかけてオートクレーブします。これには，蓋が緩んだ状態でアルミホイルを軽く押さえるように巻くことにより，蓋と本体の間に隙間を確保するという意味があります。アルミホイルはオートクレーブ後に光沢がなくなり，滅菌済みであることの目印になるので，光沢がある面が表になるように巻きましょう。

(2)　液体を滅菌する場合の注意

　試験管でオートクレーブする場合，入れる量は1/3程度までにします。18 mmφの試験管であれば10 mLまでが目安です。フラスコに入れる場合も，容量の半分程度までにし，500 mLの三角フラスコなら250 mLまでが目安です。特に，寒天培地の場合は突沸しやすくなるので，入れ過ぎは禁物です。

※11　信越ポリマー㈱の商品名。構造や開発秘話については，https://www.shinpoly.co.jp/product/story/silicosen.html を参照。

第1章　無菌操作

別滅菌する成分がある場合，オートクレーブ後に混合しなければなりませんが，容器に溶液を入れ過ぎると混ぜにくくなることに注意が必要です。試験管やフラスコの場合，上述の容量を超えないようにしましょう。きちんと混ざるかどうか，事前に同じ量の水を入れて混ざるかどうかを試してみるとよいでしょう。フラスコやメジウム瓶の場合，耐熱性（テフロン製）のマグネットバーを入れておき，スターラーで撹拌できるようにするのもよいでしょう。

1.2.4　滅菌の手順

（1）　水位を確認する

滅菌チャンバーの中に適正な量の水が入っているかどうかを毎回確認しなければなりません。適正な水位はオートクレーブの機種によって異なるので，取扱説明書で確認してください。水を足す場合，蒸留水かイオン交換水を入れる方が水垢が付きにくいのですが，水位センサーは水による導通の有無をチェックしているものが多いので，電気伝導度が低い（イオンが少ない水）を入れると，機種によっては水が十分にあっても低水位の警報が出る場合があります。水道水，イオン交換水，蒸留水の何れを足すかは，それぞれのオートクレーブの取扱説明書の指示に従ってください。

（2）　滅菌したいものを入れる

容器や器具をチャンバーに入れる際には，原則として付属のカゴを利用するようにします。カゴに入れずに底板に直接置くと，ヒーターで沸騰した水をかぶることがあります。また，滅菌対象物を温度や圧力のセンサーに触れたり，覆いかぶさるような状態で入れると，誤動作や故障の原因になるので注意しましょう。

コラム❷　蒸気滅菌と乾熱滅菌

一般に，加熱による微生物細胞の殺滅効果は，乾燥した環境での加熱よりも，水が十分にある環境での加熱の方が高いことが知られています（表1-2-1）[4,5]。オートクレーブでは，対象物は飽和水蒸気圧まで加圧・加熱された状態（図1-2-3）で処理されることになり，乾熱滅菌に比べて低い温度でも高い殺滅効果が得られます。

表1-2-1　細菌胞子の熱殺菌効果に及ぼす水分の影響[4]

細菌胞子	121.1℃加熱処理で99.99%の胞子が死滅するのに要した時間［h］			
	67mM リン酸緩衝液 pH 7.0	湿度100%	湿度30%	湿度7%
Bacillus subtilis var. *niger*	0.21	0.79	—	19.4
Bacillus sp. strain CK4-6	0.045	0.5	—	99.5
Bacillus megaterium ATCC6458	0.00013	0.18	2.5	—
Bacillus cereus strain 1	0.0039	0.25	2.1	—
Bacillus cereus strain 2	0.14	0.29	2.3	—
Geobacillus stearothermophilus NCA1518	0.17	0.51	8	—

⑶　蓋を閉める

　スライド式（蓋が横にスライドして開くタイプ）の場合，ハンドルを閉め足りなければ蒸気が漏れ，閉め過ぎるとパッキンの劣化を早めます。例えば，指一本で回せる所まで回し，1/4回転増し締めする，などと研究室でルールを決めておくとよいでしょう。上下開閉ドア式の場合，機種によっては蓋を中途半端に閉めてロックがかからなくても運転を開始できるものがあるので，確実にロックされたことを確認しましょう[12]。

1.2.5　滅菌後の注意点

⑴　蓋を開ける前に

　必ず圧力がゼロで，かつ，温度が十分に下がっていることを確認してから蓋を開けるようにします[13]。この際，オートクレーブのセンサーはチャンバーに取り付けられており，チャンバーの外側から冷えていくため，オートクレーブした培地などの実際の温度は，表示されている温度よりも高いことに注意しましょう。表示される温度と実際の液温の差は，液量が多いほど，寒天培地や濃い糖の溶液など，粘度が高く，対流が起こりにくい溶液ほど大きくなり，30℃以上の差がある場合もあります。表示温度が60℃以下になるのを待ってから蓋を開けるようにしましょう。

⑵　取り出す時

　軍手をして，更にその上にプラスチックかゴムの手袋をして作業をするのが安全です。もし，溶液が突沸した場合，軍手だけでは熱い溶液が染み込んでひどいヤケドを負うことがあります。溶液を取り出した直後に振り混ぜてはいけません。特に，寒天培地，高濃度の糖の溶液，消泡剤など，粘度が高い溶液は突沸する可能性があり，周囲に人がいればヤケドを負わせてしまうこともあります。

⑶　取り出した後

　オートクレーブした溶液が吹きこぼれていないかどうかを確認します。もし，吹きこぼれていれば，ヤケドに注意してチャンバーの水を入れ替えます。

1.2.6　滅菌条件

　研究室でのオートクレーブ滅菌は115～135℃で行いますが，飽和水蒸気圧が標準大気圧の約2

コラム❸　無菌性保証水準[6]

　無菌性保証水準（Sterility Assurance Level；SAL）とは，生育可能な1個の微生物が製品中に存在する確率のことで，医療用器具を滅菌する場合，SALが10^{-6}以下になる殺滅条件が求められます。一般には，オートクレーブ滅菌のバイオロジカルインジケーターである *Geobacillus stearothermophilus* ATCC7953の胞子を用い，その生残率が10^{-6}となる処理温度と時間で滅菌処理することになります。

---

[12]　多くの機種は，きちんとロックされていないと滅菌が開始できないようになっている。また，最近の機種はオートロック式が主流となっており，このタイプは無理に開閉しないように注意する。

[13]　もし，温度センサーもしくは圧力センサーの何れかが故障していた場合，非常に危険なので，両方を確認する。

第 1 章　無菌操作

倍になる 121.1℃（250℉）で 15〜20 分間処理するのがもっとも一般的な条件です[2, 6]。この条件は，一般的な環境でもっとも高い耐熱性を有する微生物の 1 つである *Geobacillus stearothermophilus* の胞子を十分に殺滅できる条件として決められたものです。

　オートクレーブ滅菌では，装置が正常に作動していても，滅菌対象物が大きい場合など，温度が設定値まで上昇しない，あるいは上昇するのに時間がかかることがあり，結果として滅菌が不十分になる場合があります。どれぐらいの容量であればどれぐらいの時間滅菌すればよいのかは，オートクレーブの機種，容器の断熱性，容量によって異なりますが，滅菌しようとする液体の容量が目安として 1 L を超えると[※14]，この可能性を考慮した方がよいでしょう。ジャーファーメンターで培養する研究者の多くは，2 L ぐらいの培地が入っている場合なら，経験的に，滅菌時間を 30 分程度に延長しています。滅菌できているかどうかを簡易に調べるには，加熱によって変色するテープ[※14] を利用するとよいでしょう。確実に滅菌したい場合は，オートクレーブ用のバイオロジカルインジケーター[※16] を用いてチェックします。*Geobacillus stearothermophilus* ATCC7953 の胞子が培地とともにパックされた状態で販売されているので，これを滅菌状態を確認したいものの中に入れてオートクレーブし，その後，半日〜1 週間培養して，胞子が生き残っていないかどうかをチェックします。

1.3　乾熱滅菌

　乾熱滅菌も加熱処理による微生物やウイルスの殺滅法です。オートクレーブ滅菌と異なり，大気圧下で，水（水蒸気）を用いない乾燥状態で処理できますが，表 1-2-1 に示したように，乾燥状態では微生物の胞子が死滅しにくいので，オートクレーブ滅菌よりも高温で長時間の処理が必要です。ガラスや金属など，耐熱性のあるものが対象になります。

1.3.1　滅菌条件

　処理温度をより高温するとより短時間で滅菌でき，日本薬局方[6] では，160〜170℃であれば120 分，170〜180℃であれば 60 分，180〜190℃であれば 30 分滅菌を行うとされています。昇温にどれぐらい時間がかかるかが定かでなければ，長い目に滅菌する方が無難です。確実に乾熱滅菌できたかどうかを確認する必要がある場合，バイオロジカルインディケーターとして *Bacillus atrophaeus* ATCC 9372 の胞子が用いられ[6]，市販品のケミカルインジケーターも活用されています。

1.3.2　操作手順と注意点

　操作手順は簡単で，滅菌したいものを所定の温度に設定した乾熱滅菌装置に入れるだけですが，以下の点に注意しましょう。

※14　同じ 1 L でも小分けにすれば問題になりにくくなる。
※15　「インジケーター　オートクレーブ」で検索する。例えば日油技研工業㈱の滅菌カード・ラベル　http://www.nichigi.co.jp/products/mekkin/card_index.html
※16　入手方法は，「バイオロジカルインジケーター」で検索する。

—10—

(1) 設定温度に耐えられるかどうか

プラスチック類のほとんどは耐えられません。原則として，ガラスと金属以外は入れないようにしましょう。ガラスシャーレを包む新聞紙や綿栓は，例外的に乾熱滅菌器に入れますが，必ず設定温度を確認しましょう。

(2) 入れ過ぎに注意

器具を入れ過ぎると，乾熱滅菌器の温度が制御できなくなる場合があります。乾熱滅菌器の温度センサーは一般に天井に設置され，ヒーターは底に設置されています。器具を入れ過ぎて空気の対流が妨げられると，センサー付近の温度が上がらず，ヒーターは加熱を続けることがあるからです。

(3) 取り出した器具でのヤケド

乾熱滅菌器から出した器具は熱く，触ればヤケドします。器具を滅菌器から出した本人は，その器具が熱いということを知っていますが，それを知らない人が触ればヤケドしてしまいます。乾熱滅菌器から出した器具は，他の人が触れない場所で放冷するようにしましょう。

1.3.3 ガラスシャーレの乾熱滅菌

シャーレで寒天培地を作る場合，近年はほとんどの場合，滅菌済のプラスチックシャーレを用いますが，昔はガラスのシャーレを繰り返し使用していました。今日でも，培地に有機溶媒を添加する場合などはガラスのシャーレを用います。このような場合，シャーレ用の滅菌缶に入れて乾熱滅菌するか，蓋をした状態のシャーレを5組ずつ重ねて新聞紙でくるみ，金属製のカゴに入れて乾熱滅菌します。

1.3.4 ピペットの乾熱滅菌

メスピペットや駒込ピペットを滅菌する場合，ステンレス製の滅菌缶を用います。出し入れの際の衝撃でピペットの先が割れてしまわないように，滅菌缶の底にはシリコン製のマットを敷いておきます。これに，ピペットの先端を奥にして入れ，蓋をして乾熱滅菌器（**図 1-3-1**）に入れ，

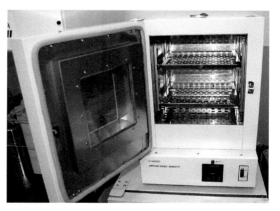

図 1-3-1 研究室で使用されているバッチ式の小型乾熱滅菌器（㈱三商製）
底板の下にあるヒーターで空気が熱せられる構造になっている。

第 1 章　無菌操作

所定の条件で滅菌します。ピペットの吸い口には，必要に応じて綿[※17]を詰めておきます。シリコン製のマットは乾熱滅菌の温度に耐えられるものを購入し，適当な大きさに切って中に入れます。脱脂綿で代用できないことはありませんが，綿の繊維がピペットに入り込むことを承知しておかなくてはなりません。

　滅菌缶からピペットを取り出す際には次のようにします。

1) 缶の蓋を半分ずらす。
2) 蓋がそれ以上動かないように本体と蓋をしっかり持ち，缶を傾け，中のピペットを蓋の方に移動させる。
3) 缶を水平に戻してから蓋を外し，自分が使うピペットだけを持って（他のピペットに触れないように）取り出す。

1.4　フィルターによる除菌

　医療分野ではフィルター（濾過）滅菌とも呼ばれています[2)]。オートクレーブ滅菌と乾熱滅菌とは異なり，対象物中の微生物を，死滅させるのではなくフィルターで濾過して取り除く方法で，対象物は液体または気体に限定されます。操作は簡便で短時間に除菌できますが，無菌操作に習熟していないと微生物が混入する恐れがあります。

1.4.1　フィルターのポアサイズと材質

　ほとんどの微生物の大きさは $1\,\mu m$ 以上なので，一般的な微生物実験に用いる培地成分の濾過には，ポアサイズが $0.2～0.45\,\mu m$ のフィルターを用います。動物細胞の培養では，しばしば，真正細菌の一種であるマイコプラズマのコンタミが問題になります。マイコプラズマは直径が $0.2～0.3\,\mu m$ ですが，細胞壁を持たない不定形であるため，ポアサイズ $0.2\,\mu m$ のフィルターでは除去できません。このため，マイコプラズマの除去にはポアサイズ $0.1\,\mu m$ のフィルターを用います。フィルターの素材には，ポリエーテルスルホン（PES），セルロースアセテート，セルロース混合エステル（セルロースアセテートとニトロセルロースとの混合），ポリフッ化ビニリデン（PVDF），ポリテトラフルオロエチレン（PTFF）などがあります。これらのフィルターはプラスチックのハウジングにパッケージングされた状態で滅菌され，市販されています。通常の微生物用の培地の濾過には，ほとんどの材質のものを使用できますが，有機溶媒や強酸，強アルカリを濾過する場合は，フィルターだけでなく，ハウジング部分も耐えられる材質であるかを確認しましょう[※18]。

1.4.2　濾過の理論とコツ

　面積 $a\,[m^2]$ のフィルターで，粘度 $\eta\,[N \cdot s \cdot m^{-2}]$ の溶液を圧力 $P\,[N \cdot m^{-2}]$ をかけて濾過する時の濾過速度 $F\,[m^3 \cdot s^{-1}]$ は，フィルターによる濾過抵抗が $R_m\,[m^{-1}]$，濾過された固形分

※17　脱脂綿は不可。油を抜いていない青梅綿を使用すること。
※18　メルクミリポア社のフィルターカタログ（Web版あり）には，適当なフィルターの選択方法，溶媒耐性などが掲載されている。

（ケーク層）による濾過抵抗がR_c［m^{-1}］であれば，

$$F = \frac{aP}{\eta(R_m + R_c)} \qquad \text{（式 1-4-1）}$$

で与えられます。理論的には，より高い圧力をかけ，濾過面積が大きいフィルター膜を用い，溶液の粘度が小さいほど，濾過抵抗が小さいほど，速やかに濾過できます。実践では，以下の点に注意するとよいでしょう。

(1) aを大きくする

　一般のフィルターはハウジング内に円形のフィルターが格納されていますが，培地を大量に濾過したい場合などは，円筒状のハウジングに折りたたんだフィルターが格納されているタイプを用いるとよいでしょう。

(2) Pを大きくする

　圧力をかければ濾過速度は早まります。シリンジにフィルターを装着して濾過する場合，加圧し過ぎると，フィルターが外れて溶液が飛び散ってしまうことがあります。粘性の高い溶液は濾過しにくく，圧力をかけがちになるので（式1-4-1参照），フィルターが外れないようにルアーロック付きシリンジを使用するとよいでしょう。一度にたくさん濾過しようとして大きな（断面積が大きな）シリンジを使うと，ある圧力を得るために必要な力は大きくなり，ピストンを押すのにかなりの力を要します。小さなシリンジを用いて何度かに分けた方が楽に濾過ができます。経験的には25 mL以下のシリンジが使いやすいでしょう。大量に濾過したい場合は，ボトルトップ型のフィルターを用いるとよいでしょう。このフィルターは，滅菌したメジウム瓶の上に置いて，ポンプで減圧することによって濾過するものです。

(3) R_mを小さくする

　不必要にポアサイズが小さなフィルターを使えば，濾過抵抗が大きくなり，濾過速度が低下します。一般には，式1-4-1の分母でのR_cの寄与はR_mよりも大きく，ポアサイズが0.1〜0.45 μmのフィルターはどれを用いてもあまり大きな違いはありません。

(4) R_cを小さくする

　排水口にゴミが詰まると流れが悪くなるのと同じで，濾過する溶液に含まれている粒子が膜の上に堆積していけば，その抵抗で濾過速度は低下します。溶液に含まれる粒子が少ないほど，最初の濾過速度は長く維持できますので，精密濾過で除菌する前に，大きな粒子を取り除いておくとよいでしょう。具体的には，遠心分離するか，濾紙などの更に目が大きな（R_mが小さい）フィルターで濾過してから除菌操作を行います。

(5) ηを小さくする

　濾過速度は粘度に反比例し，液体の粘度は温めると低下します。0℃の純水の粘度は1.79 cPですが[19]，25℃に暖めると0.89 cPに低下するので，理論的には倍の速度で（半分の圧力でも同じ速度で）濾過できることになります。

※19　1 cP（センチポアズ）＝10^{-3} N・s・m^{-2}

第 1 章　無菌操作

1.4.3　滅菌の手順

　ここでは 5〜10 mL 程度の溶液をシリンジ用フィルターを用いて濾過滅菌する手順を説明します（(1)〜(9)は**図 1-4-1** の番号に対応）。なお，左利きの人は左右を読み替えてください。

(1)　準備するもの

　適当なボアサイズの除菌フィルター，適当なサイズのシリンジの他に，除菌した溶液を入れる無菌の容器，または滅菌済みのフラスコか試験管を準備します。ここでは 15 mL 容の滅菌済みのプラスチックチューブに除菌した溶液を作製する場合について解説します。この場合，チューブを立てる試験管立てが必要です。前述したように，滅菌対象の溶液は，清澄なものでないと，フィルターがすぐに詰まってしまいます。少しでも濁っていると思ったら，あらかじめ濾紙で濾過するか，遠心分離を行って，できるだけ不溶性の物質を除去してください。

　以降の操作はクリーンベンチ内で行いますので，手をよく洗い，保護メガネをかけ[20]，必要に応じて手術用の手袋をします。

(2)　無菌の容器（フラスコ）の栓を外す

　チューブを斜めに持って蓋（フラスコの栓）を外します。この時，チューブを立てた状態で蓋を外してはいけません。蓋が開く瞬間に，無菌に保ちたいものの上に手をかざすことになり，コンタミの原因になります。

(3)　蓋を置く（コラム 4 参照）

　クリーンベンチのやや奥の方に蓋を置きます。蓋の内側は，無菌に保つ必要がありますが，手前の方に置くと，手がその上を通る可能性が高く，コンタミの原因になります。蓋を置く時も，蓋を持った手指が蓋の上を通らないように注意します。

(4)　溶液を吸う

　除菌したい溶液をシリンジで吸い，一旦，置きます。

(5)　フィルターの裏紙を外す

　透明なフィルターケースごとフィルターを左手で握り，この状態で裏紙をはがします。

(6)　シリンジを装着する

　溶液を吸ったシリンジを右手に持って，フィルターをしっかり装着します[21]。装着できたら，フィルターケースは捨てずに試験管立ての左奥に置いておきます。

(7)　濾過する

　シリンジのピストンをゆっくり押して，濾過した溶液をプラスチックチューブに入れます。この時，シリンジは斜めに持ち，プラスチックチューブの上に手を持っていかないように注意しましょう。同じフィルターを使って続けて濾過したい場合は，(6)で置いておいたフィルターケースを左手に持ち，フィルターケースごしにフィルターをつかんでシリンジを回すようにして外します。シリンジを引っ張って一気に外すと膜が破れることがあるので注意しましょう[22]。ケースに

---

[20]　フィルターが詰まってくると無意識に力を入れるので，圧力でフィルターが外れ，溶液が飛び散ることがある。

[21]　フィルターが外れて溶液を飛び散らせる事故を防ぐには，ルアーロック式が望ましい。

[22]　濾過フィルターは，膜の先端側には膜を支える支持体があり，かなりの圧力に耐えられるが，膜のシリンジ側には支持体が少なく，逆方向に圧力をかけるとフィルターが破れたり，接着面がはがれることがある。

—14—

1.4 フィルターによる除菌

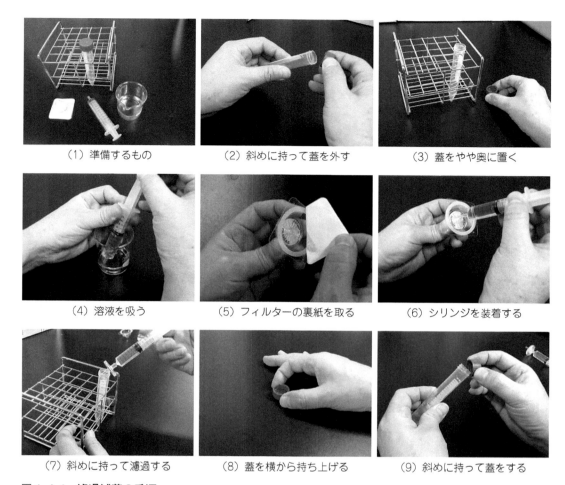

（1）準備するもの　　　（2）斜めに持って蓋を外す　　（3）蓋をやや奥に置く
（4）溶液を吸う　　　（5）フィルターの裏紙を取る　　（6）シリンジを装着する
（7）斜めに持って濾過する　　（8）蓋を横から持ち上げる　　（9）斜めに持って蓋をする

図 1-4-1　濾過滅菌の手順

コラム4　蓋を置くか手で持つか

　クリーンベンチ内は清浄な環境ですが，落下菌がないわけではなく，また，クリーンベンチの上をエタノールで拭いたとしても無菌である保証はありません。瓶やチューブから外した蓋を伏せて置けば落下菌は付着しませんが，クリーンベンチが汚れていれば，蓋の下側が汚染し，コンタミする可能性があります。蓋を仰向けに置けば，クリーンベンチ上の汚れからのコンタミは避けることができますが，落下菌の心配が生じます。筆者はクリーンベンチ内では，手からの落下菌に十分な注意を払えば，落下菌によるコンタミは無視できると考えていますので，蓋を仰向けに置きます。しかし，落下菌の方が心配だ，という研究者も少なくありません。瓶やチューブの蓋を緩めておいて，左手の小指，薬指，親指で瓶（チューブ）を持ちつつ，中指と人差し指で挟んで蓋を取り，溶液の出し入れが終わったらすぐに蓋を閉め，蓋を開けている時間を最小限にするやり方です。どちらの方法がコンタミしにくいか，比べてみた人はいないのですが，何れにしても，実験者の手がクリーンベンチの中でもっとも汚いものであることを忘れないことがコンタミを少なくするためのポイントです。

第1章　無菌操作

戻したフィルターを試験管立ての左奥に置いて，(4)～(7)の操作を必要な回数を繰り返します。

(8)　チューブの蓋を持ち上げる

　手を蓋の上にかざさないように，チューブの蓋の横から指を回してつまみ上げます。この時，蓋を鷲づかみにして拾い上げると，コンタミの原因になります。

(9)　チューブに蓋をする

　チューブを傾けた状態で蓋をします。チューブを立てて蓋をしようとすると，無菌に保ちたいものの上に手をかざすことになり，コンタミの原因になります。

1.5　その他の滅菌方法

　ここまで，培地や試薬，容器の滅菌によく用いられる3つの方法を紹介しましたが，本節では，微生物を培養し，生産物や微生物細胞自身を利用する上で知っておきたい，その他の殺滅法を簡単に紹介します[12]。

1.5.1　火炎殺菌

　火炎（火焔）滅菌は微生物を取扱う研究者や技術者にとってもっともポピュラーな殺滅方法です。原理は，微生物細胞をガスバーナーやアルコールランプなどの炎や高温の熱風で焼却し，対象物表面を滅菌するものです。微生物の植菌に用いる白金耳やコーンラージ棒（ガラス製）の滅菌に利用されます。シリコセンや綿栓をした試験管やフラスコでは，栓を取る前に，ガスバーナーの火で軽くあぶって滅菌します。この方法の注意点は，ガスバーナーの火力（ガス量）を適切に調整することで，炎が強過ぎると，対象物に付着した微生物細胞を飛散させてしまうので注意が必要です。一般に，炎は外部ほど高い温度（1,000～1,500℃）になっていますが，内部（内炎部，約500℃）でも十分に細胞を焼滅できます。また，火炎滅菌後は滅菌部分が高温となっていますので，植菌する微生物が死んでしまったり，実験者がヤケドをしたりしないように，冷やしてから使用する必要があります。

コラム5　液状医薬品のフィルター濾過

　濾過速度は圧力に比例し，滅菌フィルターを適用する上での注意点として材質選び以外にも重要な項目があります。それは，フィルターの穴の大きさが加える圧力によって変動する点です。また，より大きな圧力がフィルターに加わるとフィルターの破損にもつながります。このため，それぞれの膜で定められた圧力以下での実施が重要となります。更に，輸液などの液状医薬品の製造では，滅菌保証が重要となります。日本薬局方[6]では，比較的小さなバクテリアである *Brevundimonas diminuta* ATCC 19146（NBRC14213, JCM2428）細胞を，フィルターの有効濾過面積1 cm^{2}あたり10^{7}個以上を用いてチャレンジ試験するように定められ，この試験はフィルターの使用後に行うことになっています。

1.5　その他の滅菌方法

1.5.2　薬液殺菌

アルコール溶液[※23]はクリーンベンチや安全キャビネット内，実験台や作業台などの除菌・清掃，手や装置・器具の消毒目的で使用されています。アルコールには引火性があるため，火気付近での使用には注意が必要です。塩化ベンザルコニウム溶液[※24]などの第4アンモニウム塩型界面活性剤も安全性の高い抗菌剤です。古くは逆性石けんと呼ばれていました。

その他の抗菌剤として，フェノール系，イミダゾール系，有機塩素系などの有機系抗菌剤，銀イオンや銅イオン，オゾン，過酸化水素，次亜塩素酸などを含む無機系抗菌剤，医薬品としても利用される抗生物質などが知られています[7]。抗菌剤の効果は，タンパク質の不活化やDNAなどの核酸分子の修飾，細胞膜の破壊・機能阻害などによるものと考えられています。最近では，抗菌剤処理後に発生する細胞内活性酸素も抗菌力に大きく寄与することが分かってきました[8]。このため，人や環境に対しての毒性や負荷が高い一部の抗菌剤では，使用上の特段の注意が求められるものもあります。

アルコール類や逆性石けんを含めたこれらの薬液の多くは，微生物の胞子（芽胞）に対する殺滅効果はあまり期待できません。栄養細胞に対しては効果があるものの，滅菌とは異なることを理解しておく必要があります。

1.5.3　ガス殺菌[9]

ガス殺菌法は，ディスポーザブル器具の滅菌などに用いられ，病院などではオートクレーブ滅菌の代替手段としても利用されています。一般に，利用されるガスは毒性が高く，使用後は換気や分解処理が必要となるのが特徴です。エチレンオキサイド，ホルムアルデヒド，過酸化水素蒸気や過酸化水素低温プラズマがよく利用されますが，近年では，二酸化塩素ガス，オゾンガス，過酢酸蒸気の利用も検討されています。

エチレンオキサイドは，高い反応性を有するアルキル化剤で，金属腐食性がなく，低湿度・低温（40〜60℃，数時間）で安定した効果が得られ，浸透性も高く，処理工程の管理も容易であることから，プラスチックやゴム製品の滅菌によく用いられています。一方で，水分や汚れなどによって滅菌効果が著しく低下し，人や環境に対しても高い毒性や変異原性を有しています。このため，滅菌終了後に，エチレンオキサイドや二次的産物であるエチレンクロロヒドリンを除去するためのエアレーション（換気）に8時間以上かかるといった欠点もあります。また，エチレンオキサイドを吸収する物質には適用できません。

ホルムアルデヒドガス滅菌は，エチレンオキサイドガス滅菌に代わる滅菌法として注目されています。ランニングコストが低く，低湿度・低温，短時間での処理が可能という優れた点を多く有した処理法であったにもかかわらず，これまでは，金属腐食性の問題があり，シックハウス症候群の原因物質という負のイメージも強かったため，その活用は消極的でした。最近になって，残留ホルムアルデヒドを水と二酸化炭素に分解する触媒技術が確立されたことから，今後，ホル

[※23]　約80％（v/v）（70％（w/w））のエタノールや約50％（v/v）のイソプロパノールを用いる。コラム①（p.4）も参照のこと

[※24]　手・指・皮膚の消毒には0.5〜1.0 g·L^{-1}，必要に応じて約10 g·L^{-1}の濃度で使用されている。

第 1 章　無菌操作

ムアルデヒドガス滅菌法の活用が増えると考えられます。

　近年，過酸化水素蒸気や過酸化水素低温プラズマを用いた滅菌装置も実用化されています。これらはエチレンオキサイドやホルムアルデヒドを用いる場合よりも，更に後処理が簡便で，分解物も水と酸素なので安全性の高いシステムとして注目されています。過酸化水素蒸気は加熱などによって発生させ，過酸化水素プラズマは，減圧下で気化した過酸化水素に高周波エネルギーを照射して発生させます。どちらも過酸化水素の持つ酸化力によって微生物細胞を殺滅させますが，過酸化水素プラズマではヒドロキシルラジカルなどの活性酸素も微生物の殺滅に寄与していると考えられています。

1.5.4　電磁波による殺菌

　紫外線（波長 200〜300 nm）やガンマ線，エックス線，電子線，マイクロ波などが利用されています。紫外線は，複雑な装置を必要としないため，クリーンベンチ内の殺菌目的でよく利用されていますが，人体に有害であること，ゴムやプラスチックの劣化を加速すること，そして，影になる部分は滅菌できないことに注意が必要です。ガンマ線は高い透過性と殺菌効果を持つことから，プラスチック製品や紛体などの滅菌に利用されています。

1.6　クリーンベンチとクラスⅡ安全キャビネット

　私たちの周囲には，様々な微生物が存在し，空気中にも微生物は漂っています。このため，滅菌した培地を混合したり，植菌したり，サンプリングをする際には，雑菌が混入しないようにクリーンベンチを用います。

　クリーンベンチは，フィルターによって除菌された清浄な空気を作業スペースに供給するもので，作業スペースは周囲に比べて陽圧になっており，作業スペースから作業者に向かって風が流れています（図 1-6-1 左）。清浄な空気を奥から手前に吹き出すタイプと，上部から供給するタイプがあり，通常の実験台の上に乗る簡易型もあります。

　組換え体（［14.2］参照）や病原性微生物（［14.3］参照）を扱う時には，クラスⅡの安全キャビネットを用います。安全キャビネットは，作業者が有害物を吸い込まないように，作業スペースから空気を吸い出して，フィルターを介して排気するもので，作業スペースは陰圧になっています。クラスⅡの安全キャビネットでは，これに加えて，フィルターで除菌した清浄な空気を上部から供給して清浄な作業環境を作り出しています。図 1-6-1 の右図に示すように，上部から供給された空気は，前扉の下で下部に吸い込まれ，フィルターで濾過した上で排気されます。これによって，扱う微生物を周囲に飛散させず，かつ，外部から雑菌を混入させないように扱うことができます。

　クリーンベンチと安全キャビネットの外観は同じように見えますが，安全キャビネットの正面に，「国際バイオハザード警告マーク」（p. 364 の図 14-3-1 参照）が貼られているので簡単に見分けることができます。

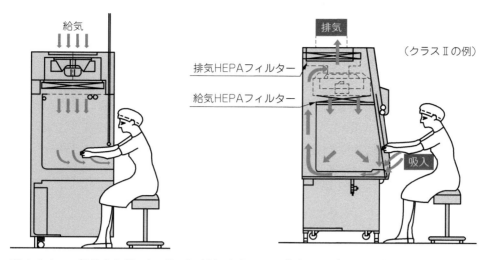

図 1-6-1　一般的なクリーンベンチ（左）とクラスⅡ安全キャビネット（右）
クリーンベンチは検体を清浄な空間で扱うための装置。安全キャビネットは検体から作業者を守ることが目的の装置で，クラスⅡはこの機能に加えて，検体を清浄な空間で扱えるようにした装置。
（日立アプライアンス㈱，日立工機㈱から許可を得て転載）

1.7　クリーンベンチの使い方

　以下ではクリーンベンチという言葉を用いますが，クラスⅡ安全キャビネットを使う場合も，実験材料を無菌的に扱うという点では同じですので，そのまま読み替えても差し支えありません。

1.7.1　使用前の留意点

　［1.1.1］で述べたように，無菌操作をする際の最大の汚染源はあなたです。まず，手を石けんでよく洗いましょう。クリーンベンチは使用後に清掃し，70％（w/w）エタノールなどで拭き取り，殺菌灯を点灯させてあるはずですが，この操作が常にきちんと実行されているとは限りません。過信せず，まず，念のために，クリーンベンチ内を70％（w/w）エタノールで拭き取りつつ，清浄であることをチェックします。もし汚れていれば，しっかり汚れを拭き取らなくてはなりません。クリーンベンチに持ち込む器具類にも必要に応じて70％（w/w）エタノールを噴霧します。この噴霧は，対象物の表面が湿っていることが分かる程度にとどめます。滴り落ちるほど噴霧しても引火の危険が増すだけで滅菌効果は上がりません。持ち込む器具類を汚い手で触らないようにし，ホコリをかぶるような場所で保管しないことの方が大切です。

1.7.2　使用中の留意点

(1)　前扉の開け方

　支障がない範囲で，前扉の開口はできるだけ閉じた状態で作業するように心がけましょう。さもないとクリーンベンチ内に外から雑菌が侵入する可能性が高まります。おしゃべり，咳，くしゃみは，唾液などが飛び，コンタミの原因になります[※25]。前扉を肩より上に開けざるを得ない

第 1 章　無菌操作

場合や，前扉がないタイプのクリーンベンチの場合，特に注意が必要です。

(2)　ガスバーナー

　ガスバーナーは壁（ガラス面）からある程度離して置くようにします。近づけ過ぎると壁が焦げたりガラスが割れることもあって危険です。また，点火する際には，ガス漏れに十分注意しましょう。特に，クラスⅡの安全キャビネットでは，クリーンベンチ内で漏れたガスは吸引されてしまうので，実験者がガス漏れに気づくのが遅れてしまいます。このタイミングで着火しようとすると，吸引されたガスに引火してキャビネット内部に火が入り，フィルターが燃える事故が起きる場合があります。クラスⅡの安全キャビネットでガスバーナーに点火する時は，ガスが漏れたことがすぐに分かるように，クリーンベンチの外に出して点火するようにしましょう。

(3)　手の除菌と滅菌

　手をよく洗っても，なお，クリーンベンチの中でもっとも汚いのは作業者の手です。そこで，コンタミのリスクを下げるためにエタノールで手指を滅菌するのですが，この際，エタノールで濡れた状態の手を火に近づけてはいけません。引火してヤケドを負う事故が頻繁に起きています。クリーンベンチの外でエタノールをスプレーし，十分に蒸発させてから作業を始めましょう。手をよく洗った上で，手術用のゴム手袋をして，これをエタノールで滅菌するようにすれば，よりコンタミのリスクを下げることができます。なお，手袋を装着する際には，素手で手袋の指先を触らないように注意しましょう。

(4)　汚いものを入れない

　外に置いてあったもの，素手で触ったものは雑菌で汚染されていると考え，エタノールをスプレーしてからクリーンベンチに入れます。うっかりしやすいのが，前培養液が入った試験管やフラスコです。特に，これらをウォーターバスで培養していた場合は，まず，水気をしっかり拭き取った上で，70%（w/w）エタノールなどの薬液を染み込ませたペーパータオルで拭いてからクリーンベンチに持ち込みます[26]。また，使用済みのチップなど，あなたが扱った菌が付いている可能性のある物品をクリーンベンチ内に放置してはいけません（他の人にとって，あなたが扱っている微生物は雑菌であることを忘れてはいけません）。

(5)　配置を考える

　作業を始める前に，まず，作業手順をイメージして器具や容器の配置を考えます。この時，右手で扱うものは右側に，左手で扱うものは左側に置き，清潔ではないものは手前に，清浄に保ちたいものは奥に置くようにします。この原則を守らないと，清浄に保ちたいものの上を汚い手が通ることになり，コンタミのリスクが増してしまいます。

(6)　容器の栓や蓋の開け閉め

　手の下や風下に清浄に保ちたいものを置かないことが原則です。フラスコや試験管の栓，メジウム瓶の蓋を取る時，栓または蓋を真上に持ち上げてはいけません。持ち上げた瞬間，無菌に保ちたいフラスコ，試験管，メジウム瓶の上に汚い手をかざすことになるからです。容器を斜めに

---

[25]　唾液 1 µL には 10^4〜10^5 の雑菌がいる。
[26]　70%（w/w）エタノールを直接スプレーすると，シリコセンをしていても前培養した菌体に影響することがある。

—20—

1.7 クリーンベンチの使い方

図 1-7-1　傾斜台
中央はメジウム瓶を乗せた場合，右はスタンドに入れた 50 mL 容チューブを乗せた場合。

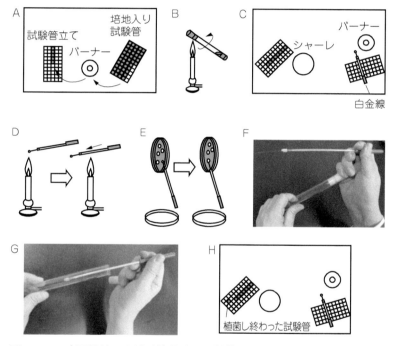

図 1-7-2　寒天培地から試験管培地への植菌

傾け，手を上にかざさないようにして栓または蓋を取るようにしましょう。蓋を開けた状態で，容器を斜めにしておける傾斜台（**図 1-7-1**）も市販されているので，適宜使用するとよいでしょう。**図 1-7-2**(F)で試験管を斜めに持つのは，これが理由です。フラスコや試験管に栓をしたり，メジウム瓶に蓋をする時も，栓や蓋を鷲づかみにしてはいけません。栓または蓋の横から人差し指と中指指差し込んで，挟むようにして持ち上げ，容器は反対側の手で斜めに傾けて持ち，栓または蓋をするようにします。

　以下，シャーレのコロニーから試験管の培地に植菌する場合を例に説明します（図1-7-2）。右利きを前提としますので，左利きの方は適宜左右を入れ替えてください。

A：まず，空の試験管立てを左側に，バーナーを真ん中に，培地入りの試験管立てを右側にやや

—21—

第1章　無菌操作

斜めに置きます。

B：試験管立てから培地入りの試験管を取り，試験管のふちの部分を試験管を回しながらバーナーの火で2〜3秒あぶります。この時に，シリコセンを回して少し上に動かし，以下のFの操作でシリコセンをスムーズに外すことができるようにしておきます。

C：あぶった試験管は，左側に置いた試験管立てに移していきます。必要な本数の試験管をあぶり終えたら，残りの培地が入った試験管立てはクリーンベンチの外に出し，代わりに空の試験管立てを置きます。バーナーは右奥に移動させ，シャーレを寒天側を上にして中央やや左に置きます。

D：右手に白金線を持ち，先端部分を赤くなるまで熱した後，柄の部分も軽く火をくぐらせます（［1.8］も参照のこと）。

E：左手でシャーレの寒天側を持ち，立てるようにして持ちます。白金線を寒天のコロニーがない部分に軽く押し当てて冷やし，コロニーをつついて白金線に菌体を付着させます。

F：左手のシャーレを元に戻し，試験管を持ち，斜めにして栓を右手の小指で挟んで外します。

G：白金線を試験管の中に差し込み，白金線に付いた菌体を培地に懸濁します。

H：試験管にシリコセンをして，試験管立てに戻します。以降，必要本数分D〜Hを繰り返します。白金線は最後にバーナーで滅菌します。

1.7.3　使用後の留意点

　培地などをこぼした場合，きれいに拭き取っておかなければ，そこは雑菌の巣になってしまいます。こぼしたつもりはなくても，ピペットやマイクロピペットのチップの先端から目に見えないエアロゾルが飛散している場合も少なくありません。使用後は70％（w/w）エタノールなど含ませたペーパータオルで作業スペースを（ベンチ上だけでなく，左右の壁面と扉の内側も）よく拭いておきます。

　その後，殺菌用紫外線ランプを点灯させますが，当然のことながら，物陰になって紫外線が当たらない部分は滅菌できません。従って，クリーンベンチ内に残すものは必要最低限にとどめなければなりません。なお，クリーンベンチ内で使用するガス管は紫外線によって通常よりも早く劣化します。ヒビ割れが生じていないかを細めに点検するとともに，使用後にガスの元栓は必ず閉じておかなくてはなりません。

1.8　クリーンベンチで使用する器具

1.8.1　植菌に用いる器具

（1）白金耳

　白金耳といっても白金線は非常に高価なので，ほとんどの場合はニクロム線で代用します。先端が3つか4つに割れている金属製のホルダーに差し込んでネジ止めするようになっており，柄の部分はエポキシなどの耐熱性の樹脂でできています。使用時には，ニクロム線部分を赤くなるまでバーナーで熱し，柄の金属部分を1〜2秒程度バーナーの火にくぐらせます。火であぶる範囲は，試験管に植菌する場合であれば，試験管の培地に白金線の先が届いた時，試験管の中に

—22—

入っている部分よりやや広い範囲です。手で持つ部分は火であぶれないので，白金耳の柄を深く差し込まなくても植菌ができるように，取り付ける白金線（ニクロム線）はある程度長めにしておくとよいでしょう。

(2) 爪楊枝，竹串

多数の微生物の植菌や植え替え操作を行う場合，毎回白金耳を火炎滅菌するのは面倒です。このような場合は，オートクレーブ滅菌した爪楊枝や竹串を用いるのが便利です。

1) 寒天培地のコロニーを別の寒天培地に植菌する場合

爪楊枝を 100 mL ビーカーに入れ，四つ折りにしたアルミホイルで蓋をし，オートクレーブします。火炎滅菌したピンセットで取り出して植菌します。爪楊枝の先端の部分で植菌してもお尻の部分で植菌しても構いません。ガラス製のシャーレに入れてオートクレーブすれば，手で直接つまんで植菌することもできます。ただし，爪楊枝のどちら側を使うのかを決め，コロニーをつつく側を触らないようにしないとコンタミします。

2) 寒天培地のコロニーを液体培地に植菌する場合

直径 25〜30 mm の太めの試験管に竹串を入れ，適当なシリコセンをしてオートクレーブします。竹串を取り出す際には，竹串のお尻側をつまんで植菌します。この時，残った竹串にできるだけ手が触れないようにして取り出します。また，竹串を取り出す際には，先端が他の竹串のお尻側（手が触れた可能性がある部分）に触れないように注意して取り出しましょう。 1)の要領で殺菌した爪楊枝を火炎滅菌したピンセットでつまみ，コロニーをつついて，爪楊枝ごと試験管の培地に入れて植菌してもよいでしょう。

1.8.2 寒天培地への表面塗布に用いる器具

(1) コンラージ棒[27]

スプレッダーともいい，寒天培地に菌液を塗布する際に用います。プラスチック製で滅菌済みのものも市販されていますが，大学の研究室ではガラス製のものを自作または購入することが多いようです。自作する場合は，直径 3 mm のガラス棒をバーナーで熱して曲げて作製します。これより太いガラス棒だと加工しにくいだけでなく，エタノールで火炎滅菌した後，冷めにくく作業効率が落ちます。たくさん作って，滅菌缶などに入れて乾熱滅菌またはオートクレーブ後乾燥させたものを準備すれば，火炎滅菌後に冷ます時間を節約できます。

コラム6 エタノールに引火した！

ガスバーナーで滅菌した白金耳を，誤ってエタノールの入ったビーカーにつけてしまい，引火しました。ビーカーは上部が割れましたが下の方はそのまま残り，燃え続けました。急いで消火器を持ってきてから，大きいルツボばさみでビーカーをつかみ，水の入ったバケツに入れ消火しました。ビーカーが下の方まで割れていたら火の海になるところでした。

---

[27] 入手方法は，「コンラージ棒　価格」で検索。

第1章　無菌操作

（2）　ターンテーブル[※28]

　　コンラージ棒で菌液を寒天培地に塗布する際，シャーレを回すために用います。3本足の台の上にターンテーブルを乗せた手動式のもの，フットスイッチが付いた電動式のものがあります。何れの場合も，寒天培地の上に手をかざさないようにすることがコンタミ防止のポイントです。

（3）　エタノールの容器

　　ガラス（金属）のコンラージ棒は，使用前後にエタノールをつけ，バーナーであぶって滅菌します。この時，火が付いたコンラージ棒を誤って再びエタノールにつけようとして引火してしまうことがあります。どんなに気をつけていても，ついうっかり，をしてしまうのが人間です。引火した場合を想定して，エタノールは蓋付の金属の容器に入れ，万一，引火しても蓋をすればすぐに消火できるようにしておきましょう。ガラスやプラスチックの容器だと，引火した時に割れたり融けたりして消火ができなくなり，非常に危険です。また，容器に入れる量は，万一，倒して引火した場合を想定して，必要最小限の量にしましょう。作業を始める前に，必ず蓋がどこにあるかを確認するようにし，万一火が付いたらどうすればよいかをイメージしてから作業を始めましょう。

1.8.3　マイクロピペット

　　溶液や懸濁液をピペッティングする際には，ピペットマン（Gilson, Inc.）やニチペット（㈱ニチリョー）などを用いますが，その基本的な使い方と注意点を紹介します。

（1）　基本操作

1）　チップを確実に取り付ける

　　チップホルダー（ノーズの部分）をチップケースのチップに挿入し，そのまま輪を書くように軽く押さえつけて装着します。ドンドンと叩きつけるように装着するよりも確実です。

2）　チップの先を必要最小限溶液につける

　　チップを溶液に深くつけると，チップの外側に液滴が残ってしまい，その分，余分に計量してしまいます。

3）　ゆっくり溶液を吸い上げる

　　急激に吸い上げると，溶液がはねてチップホルダーの部分にまで入り込んでしまうことがあります。1 mL 以上のマイクロピペッターの場合，特に注意が必要です。

4）　一呼吸待ってからチップを溶液から引き揚げる

　　マイクロピペッターは，内部を陰圧にして溶液を吸っているので，溶液を吸い終わるのを（内部の圧力が大気圧に戻るまで）待たなければ，正しい量を測り取れません。

5）　ゆっくり溶液を押し出す

　　ゆっくり溶液を押し出し，チップの内壁の溶液がチップの先まで下りるのを待ってからピストンを最後まで押し込みます。粘度が高い溶液は特にゆっくり押し出す必要があります。さもないと空気が先に出てしまい，チップに残った溶液を押し出せなくなってしまいます。

※28　入手方法は，「ターンテーブル　寒天培地　価格」で検索。

—24—

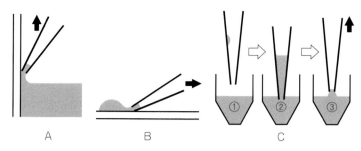

図 1-8-1　チップからの溶液の出し方

6) チップの先端に溶液が残っていないことを確認する

　培養液やタンパク質の溶液など，界面活性効果のある液体を吸うと，チップの先に溶液が残ってしまいがちです。このような場合に，液滴を出そうとして素早く何度もピストンを上下させる人がいますが，良い方法ではありません。液滴が余計にチップの上部に入り込んだり，チップホルダーの中に入り込んで事態を悪化させるだけです。このような場合は，図 1-8-1 のように，注入した液の端のメニスカスの部分（A）か，液滴の端の部分（B）にチップの先をつけ，チップを手前に引き寄せながらピストンを押し込みます。チップの中に液滴が残ってしまった場合（C①），溶液をチップ戻して（C②），再度押し出して，最後にチップの先を水面からを引き上げながらピストンをもう一段押し込むようにします。

(2) 注意点

1) 揮発性の強酸溶液を吸ってはならない

　塩酸，トリフルオロ酢酸などは蒸気がマイクロピペット内部のステンレス製のピストンやスプリングを腐食させます。これらを使用した場合，直ちに後述［1.8.3(4)］の要領で分解洗浄します。

2) チップの先に残った溶液に注意

　溶液を吸引する前にピストンを押し込みますが，この時にチップの先から空気が押し出されます。一度使用したチップの先には溶液が残っている場合が多く，これに気づかずにピストンを押し込めば，チップの先に残った溶液は細かな飛沫（エアロゾル）となって飛び散ります。微生物の培養液や危険な溶液（発ガン物質，劇毒物，強酸，強アルカリなど）を扱う場合，特に注意が必要です。これを避けるためには，

　ⅰ）チップの先に溶液を残さないように十分時間をかけてゆっくり排出する

　ⅱ）チップを再使用しないようにする

　ⅲ）再使用する場合は，チップの先を容器の中に入れた状態でピストンを押し込む

などの配慮が必要です。

(3) 誤差

　正常に機能するシールと O-リングを装着し，新しいチップを用いて正しい手順で操作すれば，十分な再現性がありますが，絶対量に関しては 2〜3％ の誤差が出ることもまれではありません。絶対誤差が問題になる実験に使用する場合，純水（比重は 1）を天秤で秤量してキャリブレーションしてから使用するようにしましょう。また，以下の溶液は正確に計量するのは難しいので

注意しましょう。
 1) 高粘度溶液
　高濃度のグリセリンや糖の溶液，界面活性剤，高濃度タンパク質溶液など，粘度が高くチップの内壁に残りやすい溶液は，そもそも容量ではなく，重量で計算するべきです。
 2) 品温が室温と大きく異なる溶液
　室温まで冷却してから計量しないと大きな誤差が出ることがあります。例えば，夏場に0℃の水を1 mLを計る場合，同じチップで繰り返し吸うと0.96〜0.97 mLしか吸えなくなってしまいます。これは，2回目以降，チップの部分の空気は冷やされて縮んでいますが，水を吸うことによってこの空気がチップホルダー部分に移動すると，チップホルダーによって温められて膨張するからです。室温よりも高い温度の溶液を吸う場合は，これと逆に収縮が起こるため，1 mLよりも多く吸い取ってしまいます。
 3) 揮発性溶媒（クロロホルム，アセトン，エタノールなど）
　吸い取った溶媒がチップ内で蒸発して内圧が高まり，チップの先端から溶媒が流れ出てくるため，正確に計量できません。チップの先を溶媒につけて，何度かゆっくりと溶媒を出し入れして，ノーズ内の空気を溶媒の蒸気で飽和させてから計量するとよいでしょう。
(4) 保　守
　試料溶液を本体に吸い込んでしまった場合や，腐食性の酸を扱った場合は，すぐに以下の手順で分解洗浄をします（図1-8-2）。これを怠れば，ピストンやスプリングが腐食して簡単に修理できなくなりますし，培地や培養液を内部に残したままにすると，そこに雑菌が増殖し，コンタミの原因になります。

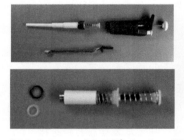

図1-8-2　マイクロピペッターの手入れ（ピペットマンの場合）

1) リムーバーを外します。
2) チップホルダー（ノーズ）を取り外し，洗浄します。超音波洗浄機にかけてもよいでしょう。最後は純水でリンスしておきます。
3) ピストンにはめ込まれたO-リングとテフロン製のシールを取り外します。
4) 純水かエタノールを染み込ませたペーパータオルなどでピストン部分を十分に拭きます。汚れがひどい場合，柔らかいスポンジに洗剤をつけてこするとよいでしょう。最後は純水でリンスしておきます。
5) ピストン，チップホルダーを十分に乾燥させた後，元通りに組み立てます。
6) 天秤で水を秤量し，再現性と溶液の漏れ（チップから溶液が滴り落ちないか）を確認しま

す。もし再現性に乏しかったり，漏れがあれば，再度分解し，O-リングとテフロン製のシールを新しいものに交換します。O-リングとテフロン製のシールは何セットか常備しておくと便利です。

文　献

1）松村吉信，中田訓浩：知っておきたい殺菌・除菌・滅菌技術，生物工学会誌，**89**（12），739-743（2011）.
2）日本薬局方に準拠した滅菌法及び微生物殺滅法（佐々木次雄ら編），日本規格協会（1998）.
3）日本機械学会：蒸気表 水および水蒸気の熱物性，日本機械学会，p. 7（1999）.
4）A. L. Reyes et al. : *Appl. Environ. Microbiol.*, **42**, 692-697（1981）.
5）土戸哲明ら：微生物制御　科学と工学，講談社サイエンティフィク，44-81（2002）.
6）第16改正日本薬局方.
http://www.mhlw.go.jp/topics/bukyoku/iyaku/yakkyoku/

第2章　培養に影響する要因

　培養を行う場合，「生物の代謝は環境によって制御される，我々がすべきことは何か」ということを念頭に置いて実験に取り掛かって欲しいと思います。生物は自身の生存や生育のために，環境の変化に対応した代謝を行います。人間などの動物は，必要に応じて別のエリアに移動したり，環境を変えてしまうことができます。これに対して微生物は長い距離を移動することはできず[※1]，環境を大きく変えることもできませんので，与えられた環境の中で生きるしかありません。同じ遺伝子を持つクローン同士であっても，異なる環境に置かれれば，異なった代謝を行わざるを得ないということになります。逆に言えば，このような環境要因をうまく操作すれば，微生物の代謝を制御し，微生物の生育や目的物質の生産量を飛躍的に高めることが可能です。

　私たちが操作できる環境要因は，培地の成分や濃度などの初期条件，培養時間や培養温度，pH，溶存酸素濃度などの培養条件，そして，培養する微生物の状態の3つに大別できます（図2-1-1）。

　本章では，まず，培養条件と微生物の状態が培養にどのように影響するかを解説した上で，微生物の培養にもっとも大きく影響する培地の構成成分[1)]について解説します。

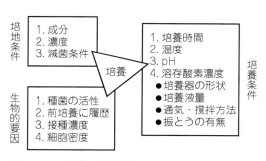

図 2-1-1　培養に関与する要因

2.1　培養条件
2.1.1　培養時間

　図2-1-2は微生物培養の典型的な経時変化で，一般に5段階に分けることができます。

コラム7　まずは培養してみよう

　本章と第3章では，培地の作り方や培養方法について詳細に解説します。しかし，全てを理解していないと培地が作れない訳でも，培養できない訳でもありません。料理と同じで，まずは作ってみて，微生物というお客さんに食べさせてみてください。微生物はとてもよいお客さんで，ほとんどの場合，一言も文句を言わず，黙々とあなたが作った料理を食べてくれます。しかし，作り方が良くないと，機嫌が悪くなったり，食べ残しが多かったり，気まぐれを起こしてあなたを悩ませることもあります。大切なことは，料理と同じで，食べさせた相手の反応をよく観察して，次に活かすことです。本章は，培地という料理を作るときのコツと，微生物というお客さんがどんな反応をするのかを解説します。

※1　鞭毛を持つ一部の微生物は移動できるが，動物の移動可能距離にははるかに及ばない。

(1) 誘導期

微生物が培地に植菌されても，すぐに増殖を始める訳ではありません。その培地で増殖するために必要な酵素をはじめとするタンパク質やその他の細胞構成成分を作らなければなりません[※2]。すなわち，植菌後の細胞ではその培地で増殖するために必要な遺伝子の発現などの応答が起こり，準備が整った細胞から増殖を始め，次第に比増殖速度[※3]が増大していきます。この準備期間が誘導期です。

(2) 対数増殖期

必要なタンパク質（酵素）などの準備が整うと，微生物は対数増殖期に入り，基質が十分にあり，増殖に必要な培地成分が欠乏しない条件下では最大の比増殖速度で増加します（図7-1-2参照）。なお，グルコースとそれ以外の基質が存在する培地条件の下では，グルコースを優先的に利用するカタボライトリプレッション（catabolite repression）が起こります。

(3) 減速期（遷移期）

微生物の比増殖速度は，基質濃度の関数で表され，基質濃度が減少すると比増殖速度は低下していきます（[7.1]参照）。また，培地成分の減少や枯渇，培地pHの変動，溶存酸素濃度（DO）の低下（[7.4]参照），生育を阻害する物質の増加も比増殖速度を低下させます。

(4) 静止期（停止期）

基質の枯渇はもちろんのこと，微生物を取り巻く環境要因が増殖にとって危機的状況になると，微生物はもはや増殖することができなくなります。しかし，微生物がその生命を維持するエネルギー源となる物質が細胞内に蓄えられている間は，生菌数を維持することができます。

(5) 減衰期（死滅期）

静止期において微生物の生命を維持するために必要な基質となる物質の蓄えがなくなると，微生物は死滅します。一気に死滅してしまうのではなく，基質に変換できる物質（脂質や糖原性アミノ酸）の蓄えが多かった細胞ほど長く生きながらえることができます。

このように，培養が進むに従って，微生物の状態は変化していくので，どれくらいの時間培養すればよいかは，目的とする物

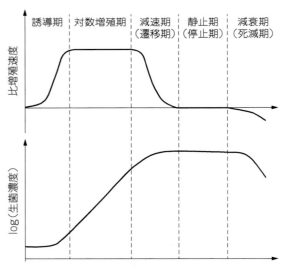

図 2-1-2　培養中の生菌濃度と比増殖速度の変化
対数表示した生菌数の経時変化（下の図）の傾きが比増殖速度（[7.1]参照）。

※2　例えば，ラクトースを炭素源として増殖するには，ラクトースを取り込むタンパク質や，ラクトースをガラクトースとグルコースに分解する酵素が必要だが，これらは，通常，ラクトースのない培地では発現していない。
※3　単位時間あたり単位菌体あたりの菌体増加量（[7.1]参照）。

質の単位培養時間あたりの生成量や生成効率を調べるなどして設定します。例えば，アミノ酸の合成酵素や DNA ポリメラーゼを精製したいのであれば，菌体あたりの含有量が高く，菌体濃度も高まる対数増殖期の後期に菌体を集めるとよいでしょう。

2.1.2 培養温度

微生物の比増殖速度は，培養温度に依存しますが，ある温度を超えると急激に低下します（図 2-1-3）。比増殖速度がもっとも高くなる温度を至適温度（optimum temperature）といい，一般に，大腸菌などの腸内細菌は 35〜40℃，酵母は 30〜35℃，カビは 25〜30℃ に至適温度があります。微生物の中には，20℃ 以下を好む好冷菌（psychrophile），20〜40℃ を好む中温菌（mesophile），40〜80℃ を好む好温菌（thermophile），80℃ 以上を好む超好温菌（hyperthermophile）があります。

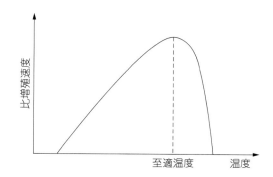

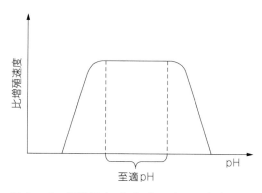

図 2-1-3　至適温度（上）と至適 pH（下）

微生物の培養は，至適温度で行うのが基本ですが，熱に不安定な酵素を得たい場合や，組換えタンパク質生産において不溶化（封入体の形成）が問題になる場合（［9.4］参照）などに，低めの温度で培養することがあります。また，ヒートショックタンパク質を研究するような場合は，集菌前に培養温度を高くすることもあります。

2.1.3　pH

pH も微生物の生育を大きく左右する環境因子であり，大腸菌や枯草菌などを含む一般細菌は pH が 5.5 を下回ると，その増殖速度は大きく低下します。乳酸菌は pH が 5 を下回っても旺盛に生育しますが，4 に近づくと，その多くは元気がなくなります。酵母の至適 pH は 5〜6 ですが，4 を下回ってもさほどダメージを受けないものが多いようです[※4]。至適温度は鋭いピークを持つ

コラム8　培養温度と膜の脂肪酸組成

細胞は細胞膜によって外界と隔てられており，生きていくためには，様々な物質を取り込んだり排出したりしなければなりません。細胞膜にはそのための装置が備えられていて，その機能を維持するためには，リン脂質で構成される細胞膜が適度な流動性を持つことが重要です。温度が下がると膜の流動性が低下してしまうので，微生物はリン脂質に結合した脂肪酸を鎖長が短いものや不飽和度の高い脂肪酸に交換します。この応答は，早い場合には約 30 分間で起き，植菌やサンプリングの際にぐずぐずしていると，細胞の状態が変化してしまうので注意しましょう。

第2章 培養に影響する要因

のに対して，pH の場合は広い範囲で高い比増殖速度を示します。これは，培地の pH が多少変動しても，微生物は細胞内の pH を一定に保つ能力（恒常性）を持っていますが，細胞内温度は調節できないからです。

　培地の初発 pH は，培養する微生物の至適 pH に合わせるのが基本ですが，培養中の pH の変化にも注意が必要です。ペプトンや酵母エキスなどで構成され，グルコースなどの炭水化物[※5] を含まない培地では，アミノ酸が炭素源と窒素源を兼ねます。増殖に必要な炭素の量は窒素の必要量よりも多いので，このような培地では，余剰の窒素がアンモニウムイオンとして放出され，pH は次第に上昇していきます。これに対して，炭水化物が含まれている培地では，酢酸，乳酸などの有機酸の生成により pH は低下していきます。また，M9 培地（後述の**表 2-3-5**（p.40））の塩化アンモニウムや酵母用合成培地（後述の**表 2-3-6**（p.41））の硫酸アンモニウムのようにアンモニウム塩を窒素源とする培地では，アンモニウムイオンの消費によって pH は低下していきます。このような場合は，窒素源の補充を兼ねて，アンモニア水で pH を調節するとよいでしょう。

　pH が変化する速度は，微生物による酸または塩基の生産速度にもよりますが，培地の緩衝能にも依存します。酵母エキスやペプトンなどを含む培地には，ペプチドやアミノ酸が多く含まれているため，緩衝能が大きく，pH の変化は穏やかです。これに対して，無機塩を主成分とする合成培地では，pH は変化しやすくなります。例えば，酵母の培養に用いる合成培地の多くは，その主たる緩衝成分がリン酸であり，その緩衝能がほとんどない pH 5.5 に初発 pH を調整するため，酵母の増殖に伴って pH は急激に低下し，場合によっては pH 3 以下になることもあるので注意が必要です（［12.5.1］参照）。合成培地の pH の変化を抑える方法として，細胞膜を透過しにくく，細胞への影響が少ない MOPS[※6] や MES[※7] などの緩衝剤を 50 mM 程度添加することがあります[2]。ただし，これらの緩衝剤は高価なので，主に，生化学的研究での培養で使われ，物質生産のための培養では実用的とはいえません。

2.1.4　溶存酸素濃度

　培地に溶けている酸素の濃度は，酸素を利用する微生物にとっても，利用しない微生物にとっ

コラム❾　極限条件で生育する微生物

　Methanopyrus kandleri の至適温度は 98℃で，122℃でも増殖可能と報告されています[3]。好酸性の微生物としては，*Picrophilus oshimae* が pH 0〜3.5 で生育でき，至適 pH は 0.7 と報告されています[4]。好アルカリ性の微生物としては，*Alkaliphilus transvaalensis* が pH 12.5 まで生育することが知られています[5]。

※4　酵母は一般細菌に比べて低い pH で増殖できるので，自然界から酵母を単離する際には，培地の pH を下げれば細菌の増殖が抑えられて，酵母を釣菌しやすくなる。
※5　デンプンや糖アルコールなども含む。
※6　3-（*N*-Morpholino）propanesulfonic acid
※7　2-（*N*-Morpholino）ethanesulfonic acid

ても，非常に重要な要素です。*Clostridium* 属や *Bifidobacterium* 属の細菌のような偏性嫌気性微生物は，酸素があると増殖できません。このような微生物を平板培養する際には，酸素吸収剤とともに密閉容器に入れる必要があり，液体培養する場合には，嫌気性ガス（窒素と二酸化炭素の混合ガス）を通気する必要があります（[3.11] 参照）。逆に，*Pseudomonas aeruginosa*（緑膿菌）や *Bacillus subtilis*（枯草菌）などは酸素がないと増殖できない偏性好気性の微生物です。パン酵母や大腸菌などは通性嫌気性で，TCA 回路と電子伝達系を持ち，酸素呼吸によってエネルギーを獲得しますが，酸素がない環境では，発酵によってエネルギーを得ることができます。乳酸菌の中には膜結合型のオキシダーゼを使って好気増殖できるものもあります。一般に，消費した基質あたりに得られるエネルギーは，呼吸の方が発酵よりもはるかに大きいので，微生物はできるだけ酸素を利用して呼吸しようとします。つまり，培地に酸素を供給する速度は，培養する微生物の代謝を大きく変え，増殖速度を直接左右する要因になるのです。酸素供給の重要性については [7.4]〜[7.5] で，溶存酸素濃度の計測と制御については [4.5] で詳述しますが，試験管やフラスコで培養する場合も，酸素の供給の良し悪しが微生物の増殖の良し悪しに直結しますので，[3.4] および [3.8] を参照してください。

2.2　生物的要因

2.2.1　種菌の活性

　微生物をスラントやシャーレなどの寒天培地上に生育させ，冷蔵庫で保存すれば，多くの微生物は1か月〜1年程度は生きながらえさせることができます[※8]。こうしておけば，日々の実験に

コラム⑩　培養は止められない—植菌とサンプリングは手早く

　振とうを止めれば培養は止まる，と錯覚していませんか？　サンプリングや植菌のためには，試験管やフラスコの振とうを止め，恒温槽（室）から出し，クリーンベンチに持っていかなくてはなりませんが，この間も菌体は活動を続けています[※9]。振とうを止めれば酸素の供給速度が低下し，恒温槽（室）から出せば温度は下がり始めます。クリーンベンチが恒温室から遠くにあるほど，処理本数が多いほど，培養の状態は変化していき，培養の再現性を損なってしまいます。できるだけ手早く，短時間に作業を終えられるように，動線や機器類の配置も含めて，段取りをよく考えてから作業をしましょう。数時間程度の短時間の培養であれば，クリーンベンチに持っていかず，その場で栓を外してサンプリングした方がよい場合もあります[※10]。どうしてもコンタミさせたくない場合は，フラスコを2本準備して，一方をサンプリング用に，他方を次のプロセス用にすればよいでしょう。丁寧に実験をすることはよいことですが，作業に時間をかけてよいということにはなりません。植菌やサンプリングに関して言えば，むしろ，逆効果になることが少なくありません。

[※8]　寒天培地が干からびないように保存することが前提。保存できる期間は微生物によって大きく異なり，1か月も持たない場合もある（[5.4] も参照のこと）。

[※9]　培養したい菌が既に 10^6 cells・mL^{-1} 程度に増えている場合，増殖の速い微生物がコンタミしても，落下菌レベルの量であれば，多くの場合，その影響は無視できる。

[※10]　試験管やフラスコを氷水に漬けて短時間に冷却しても，細胞はコールドショックを受け，やはり状態が変化する。液体窒素で瞬間凍結しても細胞は物理的なダメージを受ける。つまり，細胞の変化が全く起こらないようにして培養を一旦止めることは不可能に近い。

第2章　培養に影響する要因

すぐに使うことができ，とても便利ですが，冷蔵庫で保存している間に微生物の状態は必ず変化し，次第に死滅していくことを忘れてはなりません。保存期間が短ければ，新鮮な培地に接種した時に，微生物はすぐに増殖を始めますが，保存期間が長くなるにつれて，誘導期（［2.1.1］参照）は長くなります。更に保存期間が長くなれば，かなりの割合の細胞が死滅し，極端な場合には，長期の保存に耐えられるような変異が起きた細胞だけが生き残っているような場合もあり得ます。微生物の保存方法については第6章で詳述しますが，種菌の活性は，以降の培養に大きく影響する要因であることを知っておいてください。再現性のある培養をするには，種菌の活性を一定に保つ工夫が必要で，これについては［8.3.1］や［12.1.2］を参照してください。

2.2.2　前培養の履歴

　本培養に対して，その前段階の培養を前培養といい，前培養をどのように行ったかも，本培養の経過に大きく影響します。前培養を定常期まで行っていれば，新しい培地に接種した時，一般に誘導期が生じますが，対数増殖期の前培養液を新しい同じ培地に接種し，同じ培養条件で培養するなら，誘導期はほとんど生じません。しかし，大腸菌を酵母エキスとペプトンなどから成る栄養豊富なLB（Luria-Bertani）培地などで前培養し，無機塩とグルコースからなるM9培地などの合成培地で本培養すると，アミノ酸や核酸を生合成する酵素を合成してからでないと増殖できないので，誘導期は長くなります。逆に，M9培地で前培養してLB培地で本培養する場合は，必要なタンパク質のほとんどは既に揃っているので，誘導期が短くなります。また，グルコースを炭素源として前培養を行うと，グルコース以外の糖を利用するための酵素の発現は抑制されています。微生物によっては，このカタボライトリプレッションの影響が非常に長く続くことがあります[11]。物質生産，特に，2次代謝産物生産や，微生物の生理現象の解析のための培養などでは，本培養における細胞集団の生理的状態をいかに一定に揃えるかが，再現性のある結果を得るために重要です。そのために，前培養段階で複数回の培養を繰り返して，本培養に備えることさえあります。培地組成を含め，どのような条件で前培養を行ったか，詳細に実験ノートに記録しておきましょう。

2.2.3　植菌濃度

　最初の液体培養は通常は試験管で行い，例えば，直径18 mm前後の試験管に3〜5 mLの培地を入れて滅菌し，寒天培地に生育した微生物を白金耳で掻き取って植菌します。微生物が試験管の培地で十分に生育したら，フラスコなどに用意した培地に植菌しますが，植菌する前培養液の量はフラスコに用意した培地の容量の0.1〜1%程度にするのが一般的です[12]。時には10%植菌することもありますが，植菌量が多過ぎると，前培養の培地成分の持ち込みが影響したり[13]，本

---

[11]　キシロースイソメラーゼ遺伝子を組み込んだ*Saccharomyces cerevisiae*はキシロース発酵能を獲得するが，前培養をグルコースで行うと，炭素源をキシロースに切り替えても数世代以上，キシロース発酵が滞ることがある。

[12]　「1%植菌」とは，培地容量の1%の前培養液を植菌することをいう。

[13]　無菌的に遠心分離して培地を除き，生理食塩水などに懸濁して植菌すれば回避できる。

培養の培地に十分適応する前に基質がなくなってしまうこともあります。逆に，植菌量が少な過ぎると，誘導期が長くなったり，増殖できなくなる場合もあります。例えば，培地に増殖を阻害する物質が含まれているが，微生物がその阻害物質を分解できるというケースです。このような場合，植菌量が少ないとその阻害物を分解するのに時間がかかったり，分解し終わる前に力尽きてしまうこともあります。再現性のある培養をするために，植菌量は常に同じにしておく方がよいでしょう。コロニーやスラントから一定量を植菌する必要がある場合は，コロニーを少量の培地に懸濁し，その濁度を測定して，一定量を計算して植菌するとよいでしょう。

2.2.4　細胞密度

　一部の微生物は，自分と同種の菌の生息密度を感知して，それに応じて物質の産生をコントロールする機構を持っています。このような機構をクオラムセンシング[※14]といい，次のような情報伝達機構によるものであることが分かっています。クオラムセンシングを行う微生物は，オートインデューサー[※15]と呼ばれる物質を産生します。この物質は，細胞内で特定のタンパク質の転写翻訳を促進する性質を持っていますが，細胞外にもどんどん拡散していくので，細胞内での濃度は高まらず，そのタンパク質の合成を促進するには至りません。しかし，細胞濃度が高まるにつれて，培養液中のオートインデューサーの濃度は次第に高まり，ある濃度に達すると，そのタンパク質が一気に合成されるようになります。このようなケースでは，植菌する濃度によっても，また，どの程度の菌濃度まで培養するかによっても，微生物の挙動は大きく異なることになります。

2.3　培地条件

　微生物を増やすには，その生育に必要な栄養素を，適切な量，適切な形で与えてやらなければなりません。また，培地を作る手間とコスト，そして，培養の再現性も考えて培地を作る必要があります。本節では，培地を作る際の基本的な考え方と基本知識を解説します。

2.3.1　元素組成

（1）　細胞を構成する元素

　生物の細胞は様々な元素から構成されています。質量としてもっとも多いのは炭素であり，乾燥重量の5割前後を占め，酸素，窒素，水素がこれに続きます。無機物としては，**表2-3-1**に示すリン，イオウ，カリウム，マグネシウム，ナトリウム，カルシウム，鉄，銅，亜鉛，マンガンの他に，コバルト，モリブデン，ヒ素，ヨウ素，ホウ素なども必須微量元素として知られています[6,7]。炭素，酸素，水素は，糖などの炭水化物や酸素，二酸化炭素，水などから供給され，窒素はアンモニウムイオン，硝酸イオン，アミノ酸などから供給されます。アミノ酸などの有機窒素は，窒素だけでなく，炭素，酸素，水素の供給源にもなります。リンはほとんどの場合，リ

※14　quorum は議会の定足数のことで，細菌が一定の濃度を超えた時に特定の物質を産生し始める現象を，案件が議決できるようになることに喩えて名付けられた。

※15　グラム陰性菌では，*N*-アシル-ʟ-ホモセリンラクトンなどがオートインデューサーとして働く。

第2章 培養に影響する要因

表 2-3-1　微生物の無機質組成 ［mg・g-dry-cell^{-1}］

元素	バクテリア[6]	カビ[6]	酵母[6]	酵母[7]
P	20〜30	4〜45	8〜26	13
K	10〜45	2〜25	10〜40	21
S	2〜10	1〜5	0.1〜 2.4	3.9
Mg	1〜5	1〜3	1〜5	1.7
Ca	0.1〜11	1〜4	1〜3	0.75
Na	5〜10	0.2〜5	0.1〜1	0.12
Zn	—	—	—	0.17
Fe	0.2〜2	1〜2	0.1〜5	0.02
Cu	0.1〜0.2	—	0.02〜0.1	0.008
Mn	0.01〜0.1	—	0.005〜0.07	0.008

「—」は記載なし

ン酸イオンの形で取り込まれ，イオウは含硫アミノ酸や硫酸イオンとして取り込まれます。その他の元素は多くの場合，それぞれのイオンとして取り込まれます。

(2) 元素（栄養源）のバランス

　表 2-3-1 を見ると，乾燥重量として1gの菌体を得るには，例えば，リンであれば30〜50 mg くらいが必要で，培地にはそれ以上のリンが含まれていなければならないことが分かります。もし，特定の元素が不足すれば，微生物の増殖は滞り，他の元素や栄養素が十分であっても，それ以上増殖することができなくなってしまいます。つまり，微生物の培養では，栄養源のバランスも重要であり，特に，工業的な生産ではこのバランスは重要な意味を持ちます。特定の成分が不足して他の成分が余ってしまえば，原料の調達コストがかさむだけでなく，排水処理のコストも大きくなるからです。

　既往の培地は，元素バランスまで考慮されていないものがほとんどで，微生物は培地に添加された成分の質・量ともに全てを必要としていないことを認識しておく必要があります。ある成分が，代替する成分も含めて枯渇すると，微生物は増殖できなくなりますが，その時点で，添加量の数％しか消費されない成分があったり，場合によっては全くといってよいほど消費されない成分があったりします（コラム⑪参照）。このような場合は，枯渇した成分（基質）を特定して，その成分だけを増やすと，同じ量の培地から得られる菌体量を増やすことができます※16。例えば，酵母の培養に用いる YPD 培地は，窒素分およびその他の元素に比べて，炭水化物が少ない培地です。グルコース濃度を上げるか，ある程度増殖したところで，濃いグルコース溶液を無菌的に追加すると，得られる酵母の量を簡単に増やすことができます。

(3) 元素の形態

　元素の量的なバランスだけでなく，その元素が目的の微生物が利用できる形態になっているか

※16　このように，微生物の増殖量を直接左右する基質を制限基質という。

どうかも重要です。微生物の多くは，リンをリン酸として取り込みますが，リン酸のカルシウム塩は溶解度が非常に低いので，培地に入っていても利用が困難な場合が少なくありません。また，フィチンなどの有機体のリンは，ホスファターゼを持たない微生物は利用できません。鉄イオンは，2価であれば良好に取り込まれますが，酸化されて3価になると，取り込み効率が下がることが知られています。原子吸光法による元素分析では，元素がどのような形態で存在しているかは分からないので，ある元素が十分な量含まれているからといって，微生物がきちんと増殖できるとは限らないことに注意が必要です。

(4) 微量元素

培地に含まれる微量元素の濃度が，微生物の増殖や生産する酵素の活性に影響することは珍しくありません。例えば，マグネシウムは解糖系のアロステリック酵素に，亜鉛はアルコールデヒドロゲナーゼなどに，マンガンはマンガンペルオキシダーゼなどに，銅はスーパーオキシドジスムターゼなどの活性に必要な金属イオンです。これらの金属イオンの中には，銅やマンガンのように最適濃度範囲が比較的狭く，濃度が高過ぎると阻害的に働くものもあります。酵素活性は代謝に大きく影響するので，自分がどの代謝経路に注目しているのかをよく考え，必要な金属イオンが適当な濃度で含まれているかを確認することは重要です。エキス類やペプトン類の微量元素の含有量は，メーカーのURLで公開されている場合もあり，公表されていなくても直接問い合わせればデータを提供してもらえる場合があります。ただし，その値は平均的な分析値であり，自分自身が使っているロット[17]のデータではないことに注意してください。微量元素によっては，糖や他の試薬に不純物として含まれる量が無視できない場合もあるので，その微量元素の濃度が重要な実験を行うのであれば，自分で濃度を測定するか，外注して測定する[18]方がよいでしょう。

2.3.2 天然・半合成・合成培地の特徴

培地は**表 2-3-2**のように天然培地，半合成培地，合成培地の3種類に大別されます。

表 2-3-2 構成成分から見た培地の種類と特徴

	構成成分	特徴
天然培地 （natural）	野菜，果物などの絞り汁	● 多くの微生物に適用可能 ● 構成成分は質・量ともに不明確 ● 原料ロット間の差異が大きい
半合成培地 （semi-defined）	酵母エキス，麦芽エキス，肉エキス，ペプトン，カザミノ酸，カゼインなど	● 多くの微生物に適用可能 ● 構成成分が明確でない ● エキス類のロットによる差異がある
合成培地 （defined）	$(NH_4)_2SO_4$，$MgSO_4 \cdot 7H_2O$，$FeCl_3 \cdot 6H_2O$，チアミン塩酸塩など組成が明らかな物質	● 微生物に応じた組成の調整が必要 ● 構成成分が質・量ともに明確 ● 構成成分の質・量を細かく変更できる

※17 生産管理用語で，同種の品物の集まりのこと。エキス類は一度に数百kgから数トンのオーダーでまとめて製造し，この製造単位ごとに製品には番号がふられ，これをロットナンバー（ロット番号）という。
※18 「元素分析 受託」でインターネット検索すれば，分析の委託先を見つけられる。

第2章　培養に影響する要因

(1)　天然培地

　天然培地は，野菜や果物の絞り汁などの天然物を少し加工しただけの培地で，pH を変えるだけで細菌，酵母，カビに対応できます。例として，ジャガイモ培地の調製法を以下の〔参考　ジャガイモ培地の作り方〕に示します。ジャガイモ滲出液を調製して，これを無機成分，ビタミンやアミノ酸などの供給源としています。材料にする野菜や果物の品種，産地，収穫時期によって成分が異なるので，培地組成の再現性は望めません。

　天然培地は自分で調製するのは手間もかかるので，粉末状の市販品[19]を購入するとよいでしょう。少なくとも同じロットの粉末を使用している間は，同じ成分の培地を調製することができます。ただし，メーカーや製品名が異なればもちろん成分は異なりますし，同じ製品であってもロットが異なれば成分は異なると考えるべきであり，メーカーや製品名に加えてロット番号も必ず実験ノートに記録しておかなくてはなりません。

　天然培地は，次に購入する時に同じ製品が入手できる保証がないことが最大の問題点であり，培養した微生物の状態の再現性が重要ではない実験[20]を除いて，積極的な使用は控えた方が得策でしょう。

〔参考　ジャガイモ培地の作り方〕

1) ジャガイモの皮をむき，300 g[21] をサイコロ状に切る。
2) 500 mL の脱イオン水か蒸留水を加える。
3) ゆっくり加熱して 30 分間沸騰させる。
4) 放冷後，ガーゼで濾過し，1 L に定容する。
5) ジャガイモ抽出液 1 L に対してグルコース 20 g を加える。
6) pH を細菌の場合は 7 付近，酵母・カビの場合は 5.5〜6.0 に NaOH または HCl で調整する。

表 2-3-3　酵母用の半合成培地の組成（1 L あたり）

名称	成分	量
YPD 培地 pH 5.5〜6.0	グルコース	20 g
	ペプトン（バクトペプトン）	20 g
	酵母エキス	10 g
YM 培地 pH 6.0	グルコース	10 g
	ペプトン	5 g
	酵母エキス	3 g
	麦芽エキス	3 g
S 培地 pH 5.5	グルコース	30 g
	酵母エキス	1 g
	*硫酸アンモニウム	5 g
	*リン酸 1 カリウム	1 g
	*硫酸マグネシウム 7 水和物	0.5 g
	*塩化カルシウム 2 水和物	0.1 g
	*塩化ナトリウム	0.1 g

*印はまとめて 10 倍濃度の溶液を作製しておく

(2)　半合成培地

　半合成培地は，微生物・植物・動物などから抽出した酵母エキス・麦芽エキス・肉エキスや，大豆などのタンパク質を加水分解したペプトン類などに，硫酸マグネシウムなど，不足しがちな

※19　ジャガイモ培地であれば，Potato Dextrose Broth または Potato Dextrose Agar の名称で粉末化した培地が Becton, Dickinson and Company などから市販されている。
※20　微生物を単離する実験や，平板法により生菌数を測定する場合，単に植え継ぐ場合など。
※21　同じ品種のジャガイモであっても，新しいか古いかなどで水分含量が違うので原料の量はおおまかでよい。

—38—

成分を含む無機化合物を添加して調製します。半合成培地は，調製が容易なので，微生物の培養に多用されますが，エキス類やペプトンなどの天然物由来の成分を用いているので，天然培地ほどではないにしても，成分は変動し，それが微生物の増殖や代謝に影響します。また，特定の培地成分を減らしたり除去することは困難です。

表 2-3-3 に例として酵母の培養に用いる半合成培地の組成を示しました。培地によってエキス類やペプトン類の種類も量も大きく異なります。何れの培地でも酵母は増殖しますが，増殖速度や到達菌体濃度，エタノールや分泌タンパク質の生産量などは，培地によって相当異なるの

コラム⓫ 培地成分の種類や量に関する疑問

一般的な培養で使用する培地の構成成分の種類や量がどのようにして決定されたのか，疑問に思う人がいると思います。私もそう思った一人ですが，書籍などを見るにつけ，まあこんなものかな，とかなり適当に決めたのではないかと思っています。

グルコースを3％含むWicherhamの合成培地[9]で菌体内に中性脂質を蓄積する酵母（*Lipomyces*）を 4×10^5 cells・mL^{-1} となるように接種し定常期まで培養してみました。菌は 500 倍に増え，菌体濃度は 2×10^8 cells・mL^{-1} に達し，酵母は多くの脂質を蓄積していました。表 2-3-4 はこの培養の前後の各元素の濃度ですが，培地の濃度と実際の消費量は意外に一致していないことがわかります。

表 2-3-4　培養前と培養後の消費率

多量元素	培養前（mg/L）	培養後（mg/L）	消費率（%）	微量元素	培養前（μg/L）	培養後（μg/L）	消費率（%）
N	731	481	34	Fe	60	15	75
P	259	202	22	Cu	11	3	73
K	321	246	23	Mn	168	5	97
Mg	52	49	6	Zn	100	15	85
Na	393	393	0	Mo	90	30	67
Ca	273	273	0	B	88	88	0
				I	130	32	75

N，P，K は消費された量に比べて培地には 3〜4 倍程度の余裕がありましたが，Mg は多量元素としては消費量が少なく，Na と Ca は全く消費されていませんでした。微量元素の Fe，Cu，Mn，Zn，Mo，I は 67〜97 ％が消費されており，特に，Mn は不足しているかも知れません。なお，B はガラスからの溶け出しと推定される培養中の増加があったため消費があったかどうか定かではありません[9]。

各元素をそれぞれ抜いた培地で *Lipomyces* 酵母の増殖を調べたところ，N，P，K，Mg では著しい抑制が起こり，Fe，Cu，Mn，Zn でも程度の違いはあるものの増殖は抑制されましたが，Na，Ca，Mo，B，I については観察した範囲においては増殖の有意な抑制は起きませんでした[10]。Mn や Zn を添加しない培地では，増殖が抑制された結果，グルコース利用において増殖と拮抗する脂質蓄積が促進されました[11]。

酵母エキスやペプトンなどを添加する半合成培地では，成分を足すことはできますが，抜くことはできません。この点，合成培地を使用することで供試菌の生育や物質生産への個々の培地成分の影響が明確化できますので，自分用の合成培地を開発されたらよいと思います。

第２章　培養に影響する要因

で，各自の研究の目的に合うものを選ぶか，自分用の培地を開発する必要があります。

(3) 合成培地

合成培地は，炭素源であるグルコースなどの炭水化物，窒素源となるアンモニウム塩もしくは硝酸塩，リン源となるリン酸塩，その他の元素を含むいくつかの化合物を混ぜ合わせて作るので，常に同じ組成の培地を作ることができ，再現性の高い培養を行うことができます。また，成分は全て特定されていて，濃度を増減したり，除いたりすることも容易です。その一方で，生育するために必要な全ての成分が含まれていないと，対象微生物を培養できません[22]。また，培養できても，栄養豊富な半合成培地に比べて，生育が遅く，また，目的物質の生産性が低い場合も少なくありません。

表2-3-5に，大腸菌に用いられるM9培地と，カビに用いられるCzapek-Dox培地（CD培地）の組成を，表2-3-6に酵母の培養に用いるWickerham培地の組成を示します。Wickerham培地には表2-3-1に示した微量元素のほとんどが含まれていますが，M9培地とCzapek-Dox培地には，含まれていない微量元素が幾つもあります。これらの元素は，実

表 2-3-5　合成培地の組成（1Lあたり）

名称	成分	量
M9 培地	*リン酸２ナトリウム（無水）	6.0 g
	*リン酸１カリウム	3.0 g
	*塩化アンモニウム	1.0 g
	*塩化ナトリウム	0.5 g
	1 M 硫酸マグネシウム	1 mL
	0.1 M 塩化カルシウム	1 mL
	1 mg/mL チアミン塩酸	1 mL
	20% グルコース	10 mL
Czapek-Dox 培地（pH 6.0）	硝酸ナトリウム	2 g
	リン酸１カリウム	1 g
	硫酸マグネシウム７水和物	0.5 g
	塩化カリウム	0.5 g
	硫酸第一鉄７水和物	0.01 g
	グルコース（スクロース）	30 g

*10 倍濃度の混合液を調製し，培地 1 L あたり 100 mL 入れる

コラム⑫　培地組成の調べ方

培養に関する文献12）～16）の巻末には種々の培地組成が掲載されており，培地組成だけをまとめた書籍[17]もあります。菌株分譲機関（JCM・NBRCなど）のカタログにも掲載されており，これらは各機関のURLでも閲覧できます。ある微生物の培養に適切な培地をインターネット検索する場合，mediumとpHに加えて，培養したい微生物の学名と培地成分をキーワードにするとよいでしょう。

例1　medium pH Lactococcus "yeast extract"

例2　medium pH Bacillus MgSO4（検索する際「MgSO4」の「4」は下付文字でなくてよい）

キーワードにpHを入れる理由は，組成が掲載されていれば，ほとんどの場合，pHも掲載されているからです。酵母エキスはもっともスタンダードな培地成分であり，$MgSO_4$はほとんどの無機塩培地に含まれている成分です。これらのキーワードを入れることによって，目的ではないページを排除することができます。合成培地を検索したい場合は，(NH4)2SO4かNH4Clをキーワードに入れるとよいでしょう。これらは半合成培地には入っていないことが多いからです。

---

[22]　酵母やカビ，大腸菌の多くは無機塩，グルコースなどの炭素源，ビタミンなどからなる合成培地で培養できる。乳酸菌も合成培地が報告されているが[8]，酵母エキスや肉エキスなどの天然成分を添加しなければならないものも多い。

2.3 培地条件

表 2-3-6　Wickerham 培地の組成 （1 L あたり）

グルコース	10〜100 g	ビオチン	2 μg[c]
硫酸アンモニウム	3.5 g[a]	パントテン酸カルシウム	400 μg[c]
リン酸 1 カリウム	1.0 g[a]	葉酸	2 μg[c]
硫酸マグネシウム 7 水和物	0.5 g[a]	イノシトール	2,000 μg[c]
塩化カルシウム 2 水和物	0.1 g[a]	ナイアシン	400 μg[c]
塩化ナトリウム	0.1 g[a]	p-アミノ安息香酸	200 μg[c]
塩化鉄 （Ⅲ） 6 水和物	200 μg[b]	ピリドキシン塩酸	400 μg[c]
硫酸亜鉛 7 水和脱	400 μg[b]	リボフラビン	200 μg[c]
硫酸銅 5 水和脱	40 μg[b]	チアミン塩酸	400 μg[c]
硫酸マンガン 5 水和物	400 μg[b]	アスパラギン	1.5 g
モリブデン酸ナトリウム 2 水和物	200 μg[b]	L-ヒスチジン	10 mg[d]
ホウ酸	500 μg[b]	DL-メチオニン	20 mg[d]
ヨウ化カリウム	100 μg[b]	DL-トリプトファン	20 mg[d]

a　多量無機成分として 10 倍濃度の混合液を作製し，培地 1 L に 100 mL 添加
b　微量無機成分は，それぞれの 1,000 倍濃度の溶液を調製し，等量混合し冷蔵保存。培地 1 L に 7 mL 添加
c　ビタミンは，それぞれの 1,000 倍濃度の溶液を調製し，等量混合し冷凍保存。培地 1 L に 9 mL 添加
d　微量アミノ酸は，それぞれの 1,000 倍濃度の溶液を調製し，等量混合し冷凍保存。培地 1 L に 3 mL 添加

は，培地を調製する水や，他の試薬の不純物から供給されます。例えば，あるメーカーの特級のグルコースを培地に 3% 使用すると，Wickerham 培地で添加する量の約 4 倍の鉄が不純物として持ち込まれます。試薬に含まれる不純物は，メーカーの差よりもグレード（精密分析用，特級，一級）による違いの方が大きいので，使用する試薬のグレードは必ず同じものにして，できればメーカーも同じにしておいた方がよいでしょう。また，何かの時のために，用いた試薬のメーカーとグレードは記録しておきましょう。培地の調製に用いる水も同様で，蒸留水を使うのか，イオン交換水を使うのかは決めておいた方がよいでしょう。水道水は季節によって含まれるイオンの濃度がかなり変化するので，その影響を受けやすい実験には向きません。逆に，超純水は微量元素がほとんど除去されてしまい，生育が悪くなることがあります。そもそも，グルコースな

コラム⓭　自分用の培地組成を開発する醍醐味

　培地に関して記述された成書や菌株分譲機関のカタログに記載されている培地は，同じ名称の培地であっても，出典によって成分や量に違いが見られる場合が少なくありません。各培地には，適用できる微生物名が示されている場合もありますが，なぜその成分と量になったのかが記述されているものはほとんどありません。原著論文には，なぜその成分をその濃度で使うのかが書かれている場合がありますが，当然のことながら，その培地は論文で用いた微生物のための培地です。従って，その論文と異なる菌株を使うのであればもちろんのこと，たとえ同じ菌株を使う場合であっても，培養の目的が異なっていれば，培養に際してはそれ専用の培地を開発する必要があります。自分専用の培地を開発することは培養をする人の醍醐味ともいえます。

第2章 培養に影響する要因

どにかなりの濃度の不純物が含まれているので，超純水を使ってもあまり意味がありません。特に，寒天には様々な不純物が含まれていますので，寒天培地に超純水を使うのはコストがかかるだけでナンセンスです。

2.3.3 主な培地成分の特徴と注意点

　半合成培地を構成するエキス類やペプトン類は，製品によって成分に大きな違いがあります。ここではその代表例としてペプトンと酵母エキスについて解説します。

(1) ペプトン

　ポリペプトンとも呼ばれることがあり，培地には主に窒素源として添加されますが，pH緩衝剤としても働いています。あるメーカーのポリペプトン製品の原料と特徴を**表2-3-7**に示しました。原料によって含まれる成分の質や量に違いがあることが分かります。また，何度も述べていますが，ロットが異なればメーカーが保証している成分以外については同一であるとは限らないことに注意が必要です。また，製品間で価格にも大きな違いがあるので，たとえラボで使用する場合であっても，大量に使用する時は，どのエキスを使うかは対費用効果も考えて決めた方がよいでしょう。

(2) 酵母エキス

　酵母エキスは，文字通り，酵母の細胞を構成している成分を抽出したものですので，基本的に，微生物の生育に必要な栄養

表2-3-7　ポリペプトンの原料と特徴

製品名	原料	特徴
ポリペプトン	カゼイン	アミノ酸に富む トリプトファンが多い 含硫アミノ酸が少ない
ポリペプトンP1	獣肉	含硫アミノ酸が多い ビタミンが含まれる
ポリペプトンS	大豆ミール	ビタミンB1に富む 大豆の糖質を多く含む
ポリペプトンY	卵黄タンパク質	

コラム⑭ 酵母エキスの製法

　パン酵母やビール酵母（*Saccharomyces cerevisiae*），パルプ廃液の処理に用いた酵母（*Candida utilis*）などが主な原料です。液胞に含まれる加水分解酵素を放出させて自己消化させて製造するのが一般的ですが，酸加水分解して製造することもあり，このようなエキスにはかなりの濃度の塩化ナトリウムが含まれています。自己消化は，酵母の懸濁液に，酢酸エチルなどの有機溶媒か，界面活性剤などを加え，液胞の膜を破壊することによって開始します。これらの操作によって液胞から放出されたプロテアーゼ，ヌクレアーゼ，グルカナーゼなどの加水分解酵素によって，酵母の構成成分であるタンパク質，核酸，多糖などが分解され，エキスとして抽出できます。その後，不溶性物質を遠心分離か濾過で除去し，濃縮して噴霧乾燥したものが酵母エキスになります。酵母エキスの成分は，酵母の種類や培養条件によって異なるであろうことは容易に想像できると思いますが，たとえ同じ酵母を用いても，自己消化の条件を少し変えるだけで，得られるエキスの質は大きく異なります。酵母には主なプロテアーゼとしてエンド型とエキソ型がそれぞれ2種類ずつありますが，これらの酵素の至適pHと至適温度は全て異なっています。このため，pH，温度，自己消化の時間が少し違うだけで，エキスのアミノ酸組成は大きく変化します。このように酵母エキスは同じものを作るのがとても難しく，極論すれば，販売実績のあるメーカーの製品であっても，ロットが変われば酵母エキスは別物になると考える方が無難です。

—42—

素は一通り揃っており，アミノ酸，核酸，ビタミン，無機成分などの供給源として培地に添加します。しかし，原料とする酵母には，パン用酵母，ビール酵母，*Candida utilis* など様々なものがあり，製造方法にも自己消化法と酸加水分解法があり，その成分は千差万別です。酵母エキスは，**表 2-3-8** に示したように，メーカーが異なればその組成は全く異なり，以下に示すように培養の結果に大きく影響します。従って，研究の早い段階で，どの酵母エキスが自分の培養目的に適しているかを試してみることをお勧めします。

図 2-3-1 は，2 種類の白色腐朽菌（シイタケ菌）を 4 つのメーカーの酵母エキスをそれぞれ 0.1 % 添加した培地で培養した結果を示しています。酵母エキス A と D は SR-1 株の生育を促進しましたが，H606 株の生育に促進効果は見られませんでした。酵母エキス B と C はどちらの株の生育にもあまり効果がありませんでしたが，H606 株の酵素（ラッカーゼ）の生産を著しく促進しました。このように酵母エキスのメーカー（製品）の違いが培養結果に及ぼす影響は大きく，かつ，複雑です。半合成培地を使う場合には，酵母エキス，麦芽エキス，ペプトンなどをいろいろ試して，目的に合った適切な製品を選ぶことが成功の鍵になります。

表 2-3-8 酵母エキス製品間の組成の違い

	A 社製	B 社製	
原料酵母	Brewer's yeast	Baker's yeast	表示なし
全窒素	7.6%	10.5%	9.7〜10.7%
アミノ態窒素	2.6%	7%	5.5〜6.5%
重金属	16.2 ppm	8.5 ppm	表示なし

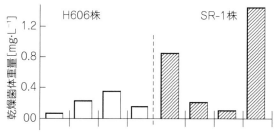
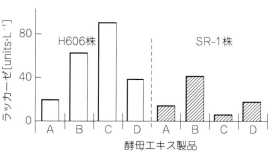

図 2-3-1 2 種の *Lentinula edodes* の増殖とラッカーゼ生産に及ぼす酵母エキスの影響

2.3.4 加熱滅菌によるメイラード反応と pH の変動

還元糖とアミノ酸などの 1 級アミンを加熱すると褐変します。これは，アミノ化合物と糖が縮合してシッフ塩基が形成され，褐色メラノイジン[23] が生成するためで，メイラード反応と呼ばれます。還元糖やアミノ酸の濃度が高くなるほど，より高い温度で長い時間殺菌するほど，褐変は強くなります。pH が中性から塩基性へと高くなるにつれて，褐変は激しくなり，逆に，pH が酸性側に傾くほど起きにくくなります[24]。メイラード反応は，ヘキソースよりもペントースで

---

[23] 醤油やプリンのカラメルの褐色はメイラード反応によるもの。
[24] 酵母の培養に用いる YPD 培地は硫酸や塩酸を添加して pH を 5.5 に調整するが，pH 調整を忘れてオートクレーブすると，培地は褐色になってしまう。

強く起こり，抗菌性のあるフルフラール類が生成したり，培地のペントース量が有意に減少するので注意が必要です。また，シッフ塩基が関係することから，アンモニウムを含む無機塩類（硫酸アンモニウム，塩化アンモニウムなど）でも，アミノ酸ほどではないですが，メイラード反応は起こります。

　この反応を避けるには，還元糖とアミノ酸（1級アミン）を別々にオートクレーブして，あとで混合するか，何れか少なくとも一方をフィルターで除菌する必要があります。また，対象微生物にアミノ酸要求性がないのであれば，培地にアミノ酸を添加するのを止めたり，必要最低限に抑えれば軽減されます。

文　献

1）長沼孝文：温故知新，秋田今野商店，pp. 20–27（2004）.

2）F. C. Neidhardt et al.：*J.Bacteriol.*, **119**, 736–747（1974）.

3）K. Takai et al.：*Proc. Natl. Acad. Sci. USA*, **105**, 10949–10954（2008）.

4）C. Scheleper et al.：*J. Bacteriol.*, **177**, 7050–7059（1995）.

5）K. Takai et al.：*Int. J. Syst. Evol. Microbiol.*, **51**, 1245–1256（2001）.

6）合葉修一ら：生物化学工学，東京大学出版会，p.31（1976）.

7）G. Reed and T. W. Nagodwithana：Yeast Technology（2nd ed.）, p. 419（1991）.

8）P. J. Looijesteijn and J. Hugenholtz：*J. Bosci. Bioeng.*, **88**, 178–182（1999）.

9）是永博ら：農化，**50**（1）, 9–15（1976）.

10）T. Naganuma et al.：*J. Gen. Appl. Microbiol.*, **31**, 29–37（1985）.

11）T. Naganuma et al.：*Nippon Nogeikagaku Kaishi*, **59**（12）, 1263–1266（1985）.

12）飯塚廣，後藤昭二：酵母の分類同定法，東京大学出版会，pp.132–146（1969）.

13）微生物研究法懇談会編：微生物学実験法，講談社サイエンティフィク，pp.421–443（1975）.

14）協和醗酵東京研究所編：微生物実験マニュアル，講談社サイエンティフィク，pp.254–262（1987）.

15）日本生化学会編：微生物実験法，東京化学同人，pp.433–446（1992）.

16）杉山純多ら編：微生物学実験法，講談社サイエンティフィク，pp.303–312（1999）.

17）R. M. Atlas（L. C. Parkes Ed.）：Microbiological Media, CRC Press（1993）.

第3章　培地の作り方・植菌・培養・集菌

　同じ食材を使っていても，切り方，火の入れ方，盛り付け方などで料理の出来栄えが大きく異なりますが，培地も作り方のコツを知っておかないと，微生物のご機嫌を損ねてしまいます。本章では，培地を作る際に気をつけるべきポイントを解説します。

3.1　計量する

3.1.1　計量する前に

(1)　試薬の性質を知る

　培地調製に必要な試薬リストを作成する時点で，試薬の性状・溶解度・有害性の有無など，廃棄に至るまでの取扱い上の注意点を Safety Data Sheet（SDS：安全データシート）[1] やハンドブック類[2] などで正しく認識することが大切です。培地によく用いる試薬のうち，硫酸銅，硫酸亜鉛，硫酸マンガンなどは劇物に指定されており，施錠保管と重量管理が必要です。アミノ酸などの培地成分の溶解度は pH や温度によって大きく変わりますが，これらの性質はハンドブック類で調べることができます。

(2)　適切な純度の試薬を使う

　同じ試薬でも特級，1級以外に，生化学用，質量分析用など，用途に応じた様々なグレードがありますが，培地に用いる試薬は特級で十分です。不必要に高純度のものを使っても，高価なだけであまり意味はなく，かえって問題を起こすこともあります（[2.3]，[3.2.1] 参照）。

(3)　計量する試薬名を確認する

　試薬の中にはよく似たものがあり，もし間違えれば，多くの場合，培養は失敗します。試薬棚から出す時，計量する時，そして，試薬棚に戻す時の計3回，試薬の名前を確認するようにしましょう。その際，ラベルの名称（日本語名と英語名）と分子式の両方を見る習慣をつけましょう。以下に間違いやすい試薬の例を示しておきます。

1)　リン酸塩

　遊離のリン酸は液体なので間違うことはないでしょうが，リン酸は三塩基酸なので，その金属塩やアンモニウム塩にはたくさんの種類があります。例えば，ナトリウム塩には，リン酸2水素ナトリウム（NaH_2PO_4），リン酸水素2ナトリウム（Na_2HPO_4），リン酸3ナトリウム（Na_3PO_4），カリウム塩にも，リン酸2水素カリウム（KH_2PO_4），リン酸水素2カリウム（K_2HPO_4），リン

---

[1]　化学物質の提供事業者には，その有害性や取扱いに関する情報提供が義務付けられており，「化学品の分類および表示に関する世界調和システム（GHS）」に基づいたデータシートを各試薬メーカーが提供している。以前は MSDS（Material Safety Data Sheet）と呼ばれていた。

[2]　例えば，(1) The Merck index : an encyclopedia of chemicals, drugs, and biologicals 15th ed. The Royal Society Chemistry（2013）. (2) Data for biochemical research, 3rd ed. Claredon Press（1986）.

第3章　培地の作り方・植菌・培養・集菌

酸3カリウム（K_3PO_4）があります。更に，リン酸水素アンモニウムナトリウムのように，ナトリウムまたはカリウムとアンモニウムの複合塩もあります。

2）有機酸

酢酸，乳酸，コハク酸，クエン酸などの有機酸は，塩になっていない遊離酸の他に，その価数に応じて，例えば，クエン酸の場合，1ナトリウム塩，2ナトリウム塩，3ナトリウム塩があります。EDTA（エチレンジアミン4酢酸）は4価で，遊離酸のEDTAの他に，1ナトリウム塩から4ナトリウム塩まであります。よく利用されているのは2ナトリウム塩です。どのような塩なのかも留意しましょう。例えば，L-乳酸にはナトリウム塩とリチウム塩がありますが，リチウムは濃度によっては細胞に対して毒性があります。L-乳酸による増殖阻害を検討する実験にリチウム塩を用いると，リチウムによる阻害を見る実験になってしまいかねません。

3）アミノ酸

酸性アミノ酸のアスパラギン酸とグルタミン酸には，遊離のものとナトリウム塩があります。塩基性アミノ酸のアルギニン，ヒスチジン，リシン，含硫アミノ酸のシステインには遊離のものと塩酸塩があります。また，システインとシスチン（システイン2分子がジスルフィド結合したもの）も見間違いやすいので注意しましょう。

4）その他

無機塩では，特に，鉄イオンにFe^{2+}，Fe^{3+}の2種類があり，それぞれに硫酸化物，塩化物があります。硫酸第一鉄（$FeSO_4$），硫酸第二鉄（$Fe_2(SO_4)_3$），塩化第一鉄（$FeCl_2$），塩化第二鉄（$FeCl_3$）は何れも培地成分として利用される例があるので，しっかり確かめる必要があります。

(4)　結合水の数を確認する

試薬の結合水の数は必ず確認するようにしましょう。例えば，リン酸水素2ナトリウムには，無水塩（Na_2HPO_4，分子量141.96），2水和物（$Na_2HPO_4 \cdot 2H_2O$，分子量177.99），7水和物（$Na_2HPO_4 \cdot 7H_2O$，分子量268.07），12水和物（$Na_2HPO_4 \cdot 12H_2O$，分子量358.14）があります。培地のレシピにNa_2HPO_4を1.42 gと書かれている場合，リン酸水素2ナトリウムの2水和物，7水和物，12水和物も用いることができますが，その量は，それぞれ，1.78 g，2.68 g，3.58 gにしなければなりません。また，無水物と水和物とでは，溶解性に違いがあります。

3.1.2　秤量する精度

培地の成分を計量する際は，有効数字として2～3桁を合わせればよいでしょう。電子天秤には，5桁も6桁も重量が表示されますが，培地を最後にメスアップする時に用いるメスシリンダーの公定誤差は0.5％なので，これよりも精密に測定してもあまり意味はありません。特に，

コラム15　試薬瓶には少し多めに入っている

試薬瓶のラベルには純度や容量（酵素などの場合は unit）が書いてありますが，これは，示された純度以上，この容量以上を保証する，という意味であって，必ずしもその純度，含量ではありません。一瓶まるごと使う場合は，このことを知った上で使いましょう。

吸湿性のある試薬は，重さを精密に測定しようとするよりも，手早く計量して試薬が湿気ないようにすることの方がはるかに大切です。

3.1.3　秤量時の注意

(1)　薬包紙の使い方

　2つの対角線を何れも谷折りにしますが，対角線の四隅の部分だけを谷折りにすると，薬包紙が湾曲して試薬がこぼれにくくなります。薬包紙の内側（試薬を乗せる面）を素手で触ってはいけません。量り取る量が多い時は，使い捨てのトレイやビーカーに秤量します。薬包紙に付着しやすい試薬は，ビーカーやサンプルチューブに直接計量した方がよいでしょう。薬包紙に付着する量が無視できない微量を計量する場合も，サンプルチューブやマイクロチューブに直接計量します[3]。

(2)　薬さじ

　きれいに洗浄し，乾燥させた薬さじを用い，試薬が触れる部分を素手で触ってはいけません。試薬の性状に応じて，薬さじの材質（ステンレス製，フッ素樹脂・ポリプロピレン・ABS樹脂などのプラスチック製），形状とサイズ（スプーン型，微量用など）の違いで使い分けましょう。

(3)　微細粉末の秤量

　酵母エキスやペプトンなどの微細な粉末を秤量する際には，試薬瓶の蓋を開ける前に，瓶を傾けて中の粉末を瓶の口の近くに移動させ，しばらく待ってから蓋を開けます。蓋を開けてから瓶を傾けると，中の粉末が崩れた時に粉末が飛び出して天秤や周囲を汚してしまうことがあります。天秤の上に乗せた薬包紙（または使い捨てのトレイ）に試薬瓶の口を近づけ，粉末を薬さじで薬包紙の上に置く感覚で静かに移します。たとえ少しの距離であっても，落とすような移し方をしないように注意しましょう。微粉末は，舞い上がっても気づきにくく，結果として天秤の周辺を汚し，雑菌の巣になり，ゴキブリも寄ってきます。また，微細な粉末を吸い込むと，呼吸器に障害を起こすことがあります[4]。

　計量する風袋[5]，薬さじ，天秤の風防内面などが帯電していると，微細粉末は容易に飛散し，仮に秤量用の風袋内に移すことができても，天秤の表示が安定しないなどのトラブルの原因となります。そのような場合は，除電対策（後述）が必要になります。

(4)　冷蔵・冷凍保存試薬の秤量

　冷蔵・冷凍してあった試薬は，原則として室温に戻してから蓋を開けます。空気中の水蒸気が瓶の内側に結露して試薬が湿気てしまうからです。室温に戻すのが難しい大きな瓶[6]の場合，蓋を開けている時間が最小限になるように工夫をしましょう。温度を上げると試薬が劣化すると思

---

[3]　チューブの下には，こぼした場合に備えて薬包紙を敷いておくとよい。天秤を掃除しなくて済み，こぼれた試薬の回収再利用もできる。

[4]　ドデシル硫酸ナトリウム（SDS）などの界面活性剤の粉末を吸い込むと，肺や気管の細胞が破壊される。エキス類の粉末にも界面活性作用があるので，適宜マスクを着用するなどして吸い込まないように注意する。

[5]　薬包紙，トレイ，ビーカーなどの容器のこと。「ふうたい」と読む。

[6]　冷蔵・冷凍しなければならない試薬は小さい瓶で買うべき。大きい瓶で買うと購入時は割安に見えても，劣化して，ほとんどの場合，結果として高くつく（廃棄費用も高額）。

うかも知れませんが，多くの場合，1～2時間室温にさらすよりも，たとえ低温に保っても湿気てしまう方が試薬には悪い影響があります。また，試薬を吸湿させてしまうと，もはや正確に秤量できなくなることに注意しましょう。

(5) 除電対策

天秤を正しく使っているにもかかわらず，表示が安定せず，計量のたびに測定値が異なることがありますが，その原因の1つに，測定しようとしている試薬，薬包紙や秤量皿，薬さじ，天秤の風防などの帯電が挙げられます。乾燥した冬季には特に静電気を帯びやすく，このようなトラブルが発生しやすくなるので，次のような対策を講じます。

1) 加湿する

昨今の実験室は空調設備が完備していますが，温調のみで，湿度は成り行きの場合が多いようです。そのために，冬季には相対湿度が20％程度まで下がることもあり，いっそう帯電しやすくなります。加熱して蒸気を発生させるタイプ※7の加湿器で相対湿度を50～60％に加湿するとよいでしょう。

2) 帯電しやすい容器の使用を避ける

プラスチック容器は帯電しやすいので，避けたいところです。しかし，プラスチック製のマイクロチューブなどを使用する場合も多く，これらが帯電するようであれば，3)に述べる除電ツールを用いてトラブルを回避しなければなりません。

3) 除電ツールを使用する

除電機能を内蔵した精密電子天秤がいくつかのメーカーから市販されています。風防内背面，あるいは風防扉の外側にゲート状に配した静電気除去装置（イオナイザー）から正・負両イオンが放出され，帯電した風袋や薬さじを通過させる時に，静電気が中和されます。圧電素子電源と高抵抗器を組み合わせた安価な携帯用除電器※8もあります。除電（放電）マットを利用するのも1つの方法ですが，マット表面を常に清浄にしておかなくてはなりません。

3.2 溶解する

3.2.1 水の種類と使い分け

ラボで使用する水は以下の4種類が主ですが，培地にはイオン交換水を用います。蒸留水や超純水は微量元素も除去されているので，レシピに微量元素が入っていない最少培地などに使用すると，増殖が悪くなったり増殖できない場合があります。また，グルコースなどの培地成分自体に，ある程度不純物が含まれているので，蒸留水や超純水を用いてもコストがかかるだけでメリットはありません（[2.3.1]，第8章コラム69も参照のこと）。

(1) 水道水

水道水法に基づいた水質基準※9を満たす水質で供給されていますが，浄水場ごと，あるいは季節によって水質が大きく異なります。従って，厳密に規定した最少培地や合成培地の調製には用

※7　超音波で水を霧化するタイプは，水が汚れていると雑菌をまき散らすことになる。
※8　例えばマスコット除電器（理研精工㈱）

いるべきではありません。しかし，既に把握しきれない種々の化合物の混合物である酵母エキスやペプトンを用いている場合や，天然培地の調製には，錆などを含む，特に水質の悪い水でない限り（人が飲んで問題ない水質であれば），水道水を使用する場合もあります。

(2) イオン交換水

通常の培地には，イオン交換水を使用します。残留するイオンの濃度は，装置に付属している電気抵抗率，または比抵抗（$\Omega \cdot m$，慣例的に $M\Omega \cdot cm$）モニターにより確認でき，それに基づいて適切にイオン交換カートリッジを交換します。

(3) 蒸留水

蒸留装置を用いて，初留画分を捨て本留画分を回収して調製しますが，試薬として蒸留水を購入することもできます。有機物やイオン性物質の混入が非常に少ないものの，光熱費や安全上の問題から，後述の非加熱型純水製造装置を使うのが一般的になってきています。

(4) 超純水

無機塩類，有機物，微粒子，微生物などを逆浸透膜等で濾過した水を純水，更にイオン交換樹脂と活性炭フィルター等で処理し，イオン・有機物を更に除去した水を超純水と称していますが[10]，用いる逆浸透膜の孔サイズにより，処理水の不純物に差が生じます。

3.2.2　スターラーの使い方

培地成分を水に溶かす際，薬さじやガラス棒で撹拌する方法もありますが，マグネティックスターラーを使う場合は，次のような注意が必要です。

(1) マグネティックスターラーとマグネットバーの選択

マグネティックスターラーは，10〜20 mL 程度の小容量の容器に用いるものから 5 L 程度の大きいビーカーに用いるものまで，種々の大きさのものが市販されています。大は小を兼ねますが，マグネティックスターラーが小さいと大きなマグネットを回す力が足りず，大きい容器を安

コラム⑯　注射用水

医薬品関連の生産においては，注射用水が用いられる場合があります。注射用水とは，水道水などから蒸留または超濾過を用いて製造した水を指します。本品を超濾過法（逆浸透膜，分子量約 6,000 以上の物質を除去できる限外濾過膜，またはこれらの膜を組み合わせた製造システムにより水を精製する方法）により製造する場合，微生物による製造システムの汚染に特に注意し，蒸留法により製造されたものと同等の水質をもつものとすることが求められています。注射用に用いるため，エンドトキシンと呼ばれる発熱物質を規定濃度（0.25 EU/mL）未満とすることが求められています（第十七改正日本薬局方[11] より）。

※9　水道水質基準　http://www.mhlw.go.jp/stf/seisakunitsuite/bunya/topics/bukyoku/kenkou/suido/kijun/index.html
　　　水道水質データベースサイト　http://www.jwwa.or.jp/mizu/list.html
※10　http://www.merckmillipore.com/JP/ja/lw/sjKb.qB.YsgAAAFFUkMOa29B,nav
※11　http://jpdb.nihs.go.jp/jp17/

第3章　培地の作り方・植菌・培養・集菌

定に置くこともできません。マグネットバーは棒状，ラグビーボール状，円盤状など，種々の形状がありますが，使う容器に合ったサイズのものを選択します。溶液のpHを調整する場合，マグネットがpH電極の先端に当たらず，かつ，電極の液絡部が溶液に浸かっていなければならないので（[3.3]参照），十分な液深が確保できるように細身の容器を選ばなければなりません。試験管の中でも回せる1cm程度の小型のマグネットも市販されています。

(2)　マグネットバーの入れ方

　マグネットを容器に入れる時は，必ず容器をマグネティックスターラーから外した状態で，容器の壁面上を滑らせるように入れます。スターラーに乗せたガラス容器に大きいマグネットバーを入れると，磁力でマグネットが容器の底を勢いよく打ち，容器が割れてしまうことがあります。

(3)　回転数の調整

　回転速度は容器内の液全体が渦状に静かに撹拌されるように調節します。速度を上げ過ぎると液が飛び散ったり，マグネットバーがマグネティックスターラーの回転速度に追随できず，バーが飛びはねたり，容器の端で止まってしまったりします。マグネットバーの動きが安定するまではその場を離れないようにしましょう。冬季で室温が低い時は，マグネティックスターラーの可動部に塗られたグリスが固くなっているので，使い始めは回転が遅いのですが，次第に温まってグリスが緩むと回転が速くなる場合があり，液はねの原因になるので注意しましょう。その場を離れる場合は，液の飛び散りを防ぐため，容器に蓋をするかラップで覆うようにしましょう。マグネットバーがすり減ってくると回転しにくくなるので，適宜更新しましょう。

(4)　マグネットバーの回収

　強力なマグネットを用意し，容器外部からマグネットでバーを引き付けて液から取り出すか，マグネットを先端に配しテフロンでコーティングした回転子取り出し棒（市販品）を使って取り出します。

コラム⓱　水が先か，試薬が先か

　水に試薬を入れるのと，試薬を入れた容器に水を入れるのでは，どちらがよいでしょうか。大量の培地や高濃度の溶液を調製する場合，水に試薬を入れる，が正解です。水と溶質粒子の重量あたりの接触面積が広いほど溶質の溶解速度は速いので，溶質の粉末が塊にならないように，確実に分散させるのが溶解のコツです。ペプトンや酵母エキス粉末などは一様に分散して水面に浮いていれば非常に速やかに溶解します。しかし，粉末に水を加えると，表面が濡れて固まっているが中は粉末になった状態の「ダマ」ができてしまいます。ダマの中には水が入りにくく，いったんダマができてしまうと，この塊を物理的に壊さないと溶解に時間がかかってしまいます。最終液量よりも少な目の水をマグネティックスターラーで撹拌しつつ，秤量した各成分を1種類ずつ加えていきます[※12]。多種類の成分からなる培地を初めて調製する際には，各成分ごとに，溶解したことを確認してから次の成分を加えていきます。多成分を一度に溶かそうとすると，一部の成分が溶け残ってしまった時に困ります。作り直すにしても，どの成分が溶け残ったかが分からないと，対処のしようがないからです。

※12　経験的に塩化カルシウムは他の成分に先立って入れないと溶けにくい。また，既に溶解した成分によってpHが変化していると，溶解しにくくなる成分もある。このような場合は，溶かす順序を変えるとよい場合がある。

(5) ヒーター付きスターラー使用時の注意

　加熱プレートが付いたマグネティックスターラーがありますが，容器の底面からの加熱なので，温度を正確にコントロールできないことに注意しましょう。早く暖めようとして温度を高めに設定しがちですが，忘れて放置すると沸騰して吹きこぼしてしまいますので，その場を離れてはいけません。早く暖めたければ，湯浴か電子レンジで温めましょう。言うまでもないことですが，プラスチックの容器を乗せてはいけません。また，使い終わった加熱プレートは熱いので，他の人がヤケドしないような配慮[13]が必要です。なお，溶液を電子レンジで加熱する際には，必ずマグネットバーを取り出さなくてはなりません。

3.3　pH を調整する

　pH の測定の原理と校正の方法については［4.3］を参照してください。ここでは，培地の pH 調整時[14]に注意すべき事項について解説します。

3.3.1　pH 電極の使い方と管理

　［4.3］で詳述しますが，pH 電極の下部には，液絡部と呼ばれる多孔質セラミックなどでできている部分があり，これによって参照電極と試料溶液の間でイオンの出入りができるようになっています。pH を測定する際には，この液絡部が試料溶液に浸かっている状態でなければなりま

コラム⓲　超音波洗浄器を賢く使おう

　超音波洗浄器はその名の通り，器具の洗浄によく使用されていますが，これは，液体中の物質の分散を促進する効果を利用しています。また，液体中の気体（気泡）を合一させ大きな気泡にする効果もあり，以下のような場面で利用できます。

(1) 試薬を溶解する

　液体中の物質の分散を促進する効果を利用して，ダマになった培地粉末を分散させて速やかに溶解させることができます。高濃度の溶液，例えば，20〜50％のグルコース溶液を調製する際は，まず，ビーカーに最終液量を超えない量の水を入れ，電子レンジで温め，別のビーカーなどに計量したグルコースを入れ，直ちに軽くかき混ぜた上で，超音波処理します。最終のメスアップは，溶液を室温に戻してから行わなければなりませんが，試薬が溶解した後も超音波水槽で処理を続けると，水槽の水への熱伝達効率が良いので，短時間で液温を下げることができます。

(2) 脱気する

　酵母エキスやペプトンなどの微細な粉末は，細かい気泡を含んでいて，溶解したかどうかがはっきりしないことがあります。このような時，超音波洗浄器で処理すると，短時間で気泡が抜けます。

(3) 寒天培地を冷やす

　オートクレーブ後の，シャーレに注ぐにはまだ熱い寒天培地液は，超音波洗浄器で容器を緩やかに振り回しながら処理すると，容器の内面で寒天が固まってしまうことなく，短時間で品温を下げることができます。

---

[13]　例えば実験台の奥側に移動させたり，「高温注意」のメモを残すなど。

[14]　既製品の培地は，多くの場合，水で溶解するだけで pH の調整が不要であるが，そのような場合も，溶解後に pH を測定し，その時の温度とともに実験ノートに記録しておくことが望ましい。

せん（図3-3-1）。また，pHセンサーに十分な量の（液絡部より少なくとも数cm上まで）内部液が入っているかを確認し，少なければ補充しなければなりません。もし，内部液の水位が十分ではなく，試料溶液の液面よりも低い状態になれば，液絡部を介して培地がセンサー内に流入してしまいます[15]。また，液絡部は栄養豊富な溶液に接触しているので，微生物の増殖の温床とならないよう，使用後は丁寧に洗浄しなければなりません。電極の応答が遅い場合は液絡部が目詰まりしている可能性があります[16]。

3.3.2 pH調整に用いる酸・アルカリ

培地組成にpH調整に使用する酸・アルカリの種類が指示されていれば，それに従います。指示がなければ，酸を添加する場合は塩酸または硫酸[17]，アルカリを添加する場合は水

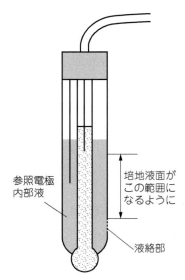

図3-3-1　pH電極と適正な試料液面のレベル

コラム⑲　濃硫酸の希釈

硫酸の水和熱は 95 kJ·mol^{-1} もあります[18]。これは，硫酸を水で4倍に希釈した時，全量を沸騰させる熱量に相当します。硫酸に水を入れて希釈しようとすれば，注いだ水は，煮えたぎったてんぷら油に水を注ぐのと同様に，瞬時に沸騰して硫酸を飛び散らせてしまいます。硫酸を希釈する際には，まず，水を入れたビーカーを氷水で冷やします。濃硫酸は所要定量を別のビーカーに取り，これをガラス棒を伝わらせて少しずつ流し込み，かき混ぜます。時々ビーカーをさわって，熱くなっていれば，しばらく冷却してから硫酸を注ぎ足します。容量や条件にもよりますが，10～30分ぐらいかけて注ぐつもりで作業をしましょう。うっかり硫酸を入れ過ぎると沸騰して硫酸が飛び散る可能性もあるので，白衣を着て保護メガネを着用しましょう。

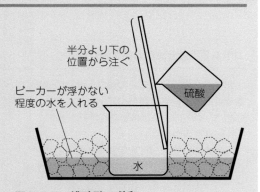

図3-3-2　濃硫酸の希釈
浅いバットに氷を入れ，水を入れたビーカーを底まで入れる。バットに水を足して熱伝導を良くしておく。ガラス棒はバットのビーカーの倍程度の長さにする（長すぎると立てかけたときに倒れる）。

コラム⑳　塩酸の保管

塩酸は塩化水素の水溶液で，揮発性があります。蓋をきちんと閉めておかないと，塩化水素ガスが蒸発して周囲の金属を腐食させてしまいます。劇物に指定されているので，鍵のかかる保管庫に入れなければなりませんが，保管庫がさびてぼろぼろになってしまうことが少なくありません。蓋をきちんと閉めても，塩化水素で蓋が劣化して漏れ始めることもあるので，塩酸の瓶は，密閉できるジップロックやプラスチックの容器[19]に入れてから保管庫に入れるとよいでしょう。

酸化ナトリウムを用いればよいでしょう。濃度としては，通常は 1〜2 M を用いますが，培地の緩衝能に応じて濃度を加減する必要があります。

3.3.3 オートクレーブによる pH の変化

オートクレーブ後に無菌的に pH を調整するのは簡単ではないので，通常はオートクレーブの前に pH を調整します。しかし，オートクレーブによって pH が変化することもあり[20]，それが無視できない場合は，変化分を見越して pH を調整する必要があります。培養を始める前に，クリーンベンチ内で無菌的にサンプリングして pH を測定し，pH 変化が無視できるかどうかを確認しておきましょう。

3.4 容器に分注する

培地の pH 調整が終わったら，所定の液量にメスアップし，試験管，フラスコ，メジウム瓶な

コラム21 温度と pH の関係

温度が上がると pH は下がります。緩衝成分の種類にもよりますが，1℃温度が上がると pH はおおむね 0.01 程度下がり，トリス緩衝液のように 1℃で pH が 0.031 も下がるものもあります（20℃で pH を調整して 4℃の低温室に持っていけば pH は 0.5 も上がる！）。つまり，pH 調整時の温度が培養温度と異なれば，培養時に pH はずれてしまうということです。この影響が無視できない実験であれば，培養する温度で pH を合わせる必要があります。pH を測定する際には，その溶液の温度も実験ノートに記録しておきましょう。

コラム22 酸（アルカリ）を入れ過ぎたら

培地の pH 調整の際，酸（アルカリ）を入れ過ぎてしまった場合，アルカリ（酸）を入れて pH を戻してよいでしょうか？　例えば，1 L の培地の pH を NaOH で調整していたが，pH が高くなり過ぎてしまい，所定の pH に戻すために 2 M の塩酸が 1 mL 必要であったとします。この場合，1 L に対して 2 mmol の NaCl，即ち，0.117 g（＝$2×10^{-3}×58.55$）が余分に入ったことになります。例えばこの培地が 5 g·L^{-1} の NaCl が入っている LB 培地であれば，0.117 g の増加は無視してよいでしょう。このように，結果としてどのような塩がどれぐらい入るのかを計算し，培地の組成と見比べれば，pH を戻してよいかどうかを判断することができます。

---

[15]　逆に，ごくわずかであるが，内部液（多くの場合 KCl）が試料溶液中に流出する。これが不都合な場合は，溶液を 2 等分し，一方の pH 調整に要した酸（またはアルカリ）と等量の酸（またはアルカリ）を他方に加えて調整する。

[16]　液絡部は白色だが，黒ずんでいる場合はカビが生えている可能性がある。

[17]　どちらを使っても多くの場合，培養結果に差はないが，どちらを使うかは決めておくべき。

[18]　水酸化ナトリウムの水和熱も 45 kJ·mol^{-1} あり，これは 8 M の NaOH を調製すると沸騰することを意味する。沸騰すると濃い水酸化ナトリウム溶液のミスト（霧）が飛び散り，吸い込むと呼吸器の粘膜に大きなダメージを与える。冷やしながら少量ずつ溶かさないと危険。

[19]　キッチンで使う深い目のタッパーなどが便利。

[20]　経験的に，オートクレーブ前に pH を大きく変化させた場合，オートクレーブによる pH の変化も大きくなる。また，寒天を入れる前に pH を合わせると，緩衝能が低い合成培地の場合，寒天の成分による pH の変化が無視できない場合がある。

どの容器に分注します。以下，共通する注意点を述べた上で，各容器について解説します。

(1) 容器の口に培地をつけない

容器の口に培地がついた状態で栓（蓋）をすると，培地は容器と栓（蓋）の隙間に広がり，一部は外側に染み出します。容器の外側は無菌に保てないので，この部分で雑菌が増殖してしまいます（図3-4-1）。多量の雑菌が容器の口に付着した状態になると，バーナーであぶっても完全に滅菌するのは難しく，コンタミの原因になります。容器の口に培地をつけてしまったら，紙タオルなどで丁寧に拭き取らなくてはなりません。

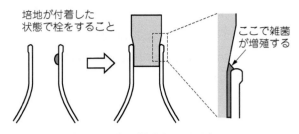

図3-4-1　容器のふちに培地をつけると

(2) 培地を入れ過ぎない

振とう培養する場合は，直径18 mm試験管であれば5 mL，フラスコであれば容量の1/5が上限と考えましょう。振とう方法については［3.8］を参照してください。ストック溶液とする場合や，別滅菌の溶液とする場合であっても，試験管であれば最大でも全高の1/2程度まで，三角フラスコであれば容量の半分程度，メジウム瓶では容量の8割程度までとします。寒天培地はオートクレーブ後に振り混ぜる必要があり，また，粘度が高く突沸する可能性があるので，試験管であれば全高の1/3まで，三角フラスコやメジウム瓶の場合は容量の1/2までとします。別滅菌した成分をオートクレーブ後に添加する場合も同様に，振り混ぜることができるように入れる量は少なめにします。オートクレーブに耐えるマグネットバーを入れることで，多めに溶液を入れても栓を濡らさずに混ぜることができます。

3.4.1　試験管

試験管にはその口径部の処理により，ストレートな直口型と，切り口を熔かしてガラスを厚くしたリム付きがあります。差し込み式のシリコセンや綿栓などでは，どちらのタイプでも構いませんが，アルミキャップなどのかぶせるタイプのキャップは，直口型にしか使用できません。

適切な培地の量は，［3.8］で詳述しますが，直径18 mm，長さ18 cmの標準的な試験管の場合で3〜5 mLとします。たくさんの試験管に培地を分注する際，分注器があれば便利ですが，手元にない場合は注射器を利用する方法もあります。25 mL容（または50 mL容）の使い捨ての注射器に10 cm程度のシリコンチューブ（内径2〜3 mmのもの）を取り付け，注射器の目盛りで分注していきます。この際，試験管のふちに培地をつけないように注意しましょう。注射器は無菌でなくてもよいので，他の用途に使ったものを洗って再使用することができます。

3.4.2　L字管

L字型の試験管を使用すれば広い気液界面積を確保できます。培地の量として10 mLはやや多めで，酸素供給を重視するなら5 mL程度にした方がよいでしょう。往復式の振とう機でも培

養できますが，本来はシーソー型の振とう機を使用します。傾きを持たせた円盤上にセットし，その円盤が回転することによりシーソー型に似た動きを試験管に与える方法もあります。

3.4.3　96穴マイクロプレート

全容量が2 mLある深型の96穴マイクロプレートと1,000〜1,200 rpmの高速で偏芯振動できる恒温装置を組み合わせると[21]，小スケール・多検体を同時に好気的に培養することができます。1 mLまでの振とう培養が可能で，ウェルのシールには通気性のあるシートも市販されています。

3.4.4　三角フラスコ（エーレンマイヤーフラスコ）

液体培養に汎用され，往復振とう，旋回振とうの何れでも使われ，通常は容器の容量の10〜20％の培地を入れて培養します（例えば500 mL容の三角フラスコであれば，50〜100 mL）。後述のひだ付きフラスコや振とうフラスコのように，空気を巻き込むような液の動きはないので，振とう（回転）速度を上げても気液界面積は増えず，しっかり好気条件にする必要がある培養には向きません。

三角フラスコに限らず，振とう培養全般にいえることですが，液量を増やすと，液量あたりの気液界面積は減るので，同じ培地，振とう機を使用しても通気条件は悪くなることに注意しましょう[22]。

3.4.5　ひだ付き三角フラスコ（バッフルフラスコ）

旋回振とうでは，通常の三角フラスコ内の液は層流となり，気液界面積があまり増えません。そこで，ジャーファーメンターの邪魔板に相当するひだをフラスコ底面あるいは底に近い側面に作り，空気を巻き込む乱流を作るようにしたフラスコです（図3-4-2）。容器の容量の10〜20％の培地を入れて培養します。メーカーにより形状が異なるので，同じものを使わなければ，通気条件を一定にできません。旋回振とうすることを前提にしたフラスコなので，往復振とうしても通気効率はあまりよくなりません。

図3-4-2　ひだ付きフラスコ（左）と通常のフラスコ（右）

3.4.6　振とうフラスコ（別称，坂口フラスコ[23]，肩付きフラスコ）

坂口謹一郎氏らにより開発された首長のリンゴ型フラスコで，往復振とうすると，図3-4-3のようにフラスコの肩の部分から培養液が落下して空気を巻き込むように設計されています。容器の容量の10〜20％の培地を入れて培養します。長首のため，栓に培養液の飛沫がつきにくいという長所がありますが，マイクロピペッターは液面まで届かないので，サンプリングにはメス

※21　ThermoMixer FP（Eppendorf社製）。
※22　倍の培養液が欲しければ，倍の培地を入れるのではなく，フラスコを2本に増やす。
※23　「逆口」は誤った表記。

ピペットなどを用いなければなりません。肩の部分はブラッシングが難しいので，加温した希薄洗剤液を満たして超音波洗浄機にかけるか，洗剤と共に直径1〜2 mmのガラスビーズを20〜30 mL入れて振ることによって洗浄します。何れにしても，培養終了後，汚れたまま放置して乾いてしまうと，汚れが落ちにくくなるので，使用後はすぐに洗浄するようにしましょう。

図3-4-3 振とうフラスコ

3.5 栓・蓋をする
3.5.1 シリコセン[※24]

シリコーン樹脂を発泡させた通気性のあるスポンジ様のもので，フラスコの中に差し込むタイプとフラスコの口にかぶせるタイプがあります。耐熱性，耐久性，撥水性，取扱いやすさなどの優れた特性があり，乾熱滅菌（〜180℃）もできるため広く普及しています。プラグ状の栓（図3-5-1左）はスポンジ部分が厚いので容器内の水分の蒸発が綿栓に比べて遅く，長期間の培養には重宝しますが，その分，通気性は綿栓より劣ります。通気性を高めた栓として，シリコンゴムに薄い発泡シリコーンスポンジを接着したタイプの栓があります（図3-5-1中央）。信越ポリマー㈱から，発泡スポンジの空隙自体を大きくしたプラグ状のバイオシリコが市販されていて，これらの通気性は，綿栓と同等以上であるとする資料がメーカーから提供されています[※25]。ただし，バイオシリコは乾熱滅菌できません。

容器にシリコセンを装着する際，表面にシワが寄らないように注意しましょう。シワの部分には外気が出入りするのでコンタミの原因になります。また，シワが寄ったままオートクレーブすると，型がついてしまい，以降もシワが寄りやすくなってしまいます。図3-5-2の右側は，栓を差し込み過ぎたため，シワが寄っています。少し引き抜いて挿入時とは逆向きにひねってシワを伸ばしてからオートクレーブします。

図3-5-1 培養に用いるシリコセン
右は切り取ったスポンジ部分。

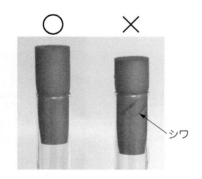

図3-5-2 シリコセンのシワ

[※24] 「シリコン栓」と書くのは間違い。「シリコセン」は一般名詞ではなく，信越ポリマー㈱の登録商標。シリコン栓という場合はシリコンゴム栓を指すので注意する。

[※25] 信越ポリマー㈱ https://www.shinpoly.co.jp/product/medical/plugs/plugs.html

シリコセンを良い状態で繰り返し使い続けるためには，使用後の洗浄が大切です。培地や培養液が付着した状態で放置すると，汚れがこびりついて取れなくなるだけでなく，カビが生えて黒ずんできます。基本は，できるだけ汚さないように使い[※26]，使用後は放置せず，オートクレーブ後に多量の水でしっかり絞り洗いをすることです。洗剤の使用は最小限にとどめ，しっかり洗い流した上，洗浄後はしっかりとスポンジ内部を乾燥させてから使用します。

3.5.2　紙　栓

綿栓の代替品として，プラグ型の使い捨ての成型品が市販されています。着脱時に綿栓より扱いやすく，通気性や水の蒸発の程度は綿栓と同程度とされています。乾熱滅菌も可能です。

3.5.3　綿　栓

脱脂されていない青梅綿を使って，**図 3-5-3**の要領で作製します。空の試験管またはフラスコに差し込んだ状態で乾熱滅菌すると，型がついて栓を外した時に型崩れしにくくなります。フラスコの場合は，フラスコの口に 12～15cm四方のガーゼを乗せ，作製した綿栓をその上からねじ込み，ガーゼの四隅を対角同志で結んでも型崩れしにくい綿栓を作ることができます。通気は良好で，カビ類の培養栓に適していますが，綿栓の締まり具合が通気性に影響します。綿栓の欠点は，同じ質の栓を作るには練習が必要で，準備に時間を要すること，ホコリが出ること，濡れに弱いことです。

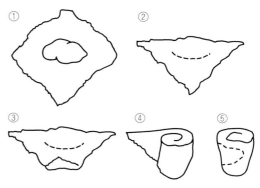

図 3-5-3　綿栓の作り方
①綿を適当なサイズ（試験管なら数 cm 四方，フラスコなら 10～15 cm 四方）にちぎり，芯にする綿を乗せる。②芯の綿を包み込むように半分に折り，③端を折り返す。④⑤巻いて形を整える。

3.5.4　キャップ

金属製のキャップをモルトン栓といい，アルミニウム製とステンレス製があり，直口型試験管の栓として使います（**図 3-5-4**）。アルミキャップはシンプルな筒状で，着脱がスムーズですが，かぶせているだけなので振とう培養すると外れてしまうことがあります。安価ですが，酸性の蒸気などで容易に腐食するのが欠点です。ステンレス製はアルミキャップより高価ですが，キャップが外れにくい爪付きも市販されています。また，キャップのトップに数か所のへこみのあるタイプでは，試験管の口とキャップの間に適度な隙間ができ，通気性が確

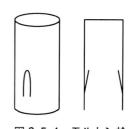

図 3-5-4　モルトン栓
左：立体図，右：断面図

※26　容器から培養液を注ぎ出すと，容器の口の部分に培養液が付着する。ここに栓をすれば，栓を汚してしまうことになる。容器から培養液を注ぎ出したら栓は再装着しないのが原則。

保できます。

　ポリプロプレン製のキャップもあり，内側に羽根がついているものは試験管への装着性が良く，試験管の口とキャップの間に適度な隙間も確保できます。ただし，繰り返し使用すると徐々に試験管に押しつける力が弱くなってきます。シリコンゴム製のキャップもありますが，密閉性が高過ぎて，オートクレーブの際に蒸気や空気の出入りができず，滅菌が不完全になることがあるので注意しましょう。

3.5.5　蓋

　メジウム瓶（ネジ口瓶）の蓋には，図3-5-5に示す3つのタイプがあります。Aにはパッキンがありませんが，蓋の裏の形状と瓶の口のトップ面がうまくフィットするように作られており，更に，蓋の裏側で結露した水が瓶と蓋の隙間に入り込みにくいように工夫されています。一方，パッキンのある蓋には，Bのようにテフロン製のパッキンが蓋にしっかり接着されているタイプと，Cのように軟質のパッキンをはめ込むタイプがあります。Cはパッキンの弾力性により，密閉性は良好です。しかし，洗浄時にパッキンを外すのを忘れると，蓋とパッキンの隙間に入り込んだ溶液が残ってしまい，洗浄が不完全になることに注意しましょう。メジウム瓶でオートクレーブする際には，蓋がどのタイプかを確認し，特に，Cのタイプはパッキンが装着されている状態で使用しましょう。なお，滅菌する際には密栓してはいけません（[1.2.3]参照）。空気と蒸気の出入りができるよう，蓋は緩めた状態でオートクレーブします。

　メジウム瓶に入れた培地を使い残した場合，蓋をしっかり締めた状態で保存しておくことができま

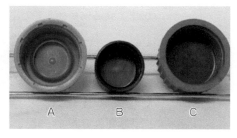

図3-5-5　メジウム瓶の蓋の内側
A：パッキンのないタイプ，B：テフロン製パッキンが接着されているタイプ，C：シリコンゴムパッキンを着脱できるタイプ（外した状態）。

> **コラム㉓　アルミホイルの意味**
>
> 　栓をした試験管やフラスコ，メジウム瓶をオートクレーブする時，アルミホイルをかけますが，これには3つの意味があります。1つ目はオートクレーブ滅菌後のコンタミのリスクを下げるためです。オートクレーブから取り出してからもアルミホイルで覆われていれば，容器の開口部付近に埃（雑菌）が付着するのを防ぐことができます。フラスコや試験管のアルミホイルは植菌する際に取り除いてしまいますが[※27]，メジウム瓶などに入れた繰り返し使用する保存溶液については，アルミホイルはネジ蓋が回る程度まで緩め，つけたままにしておきます。2つ目は，オートクレーブのチャンバーの天井で結露して落下してきた水で栓が濡れると，通気が悪くなるので，それを避けるためです。3つ目は，アルミホイルはオートクレーブすると光沢がなくなってくすんだ色になるので，滅菌済みかどうかが分かるからです。アルミホイルをかける時には，判別がより容易になるように，光沢がある方を表にしましょう。

※27　つけたままでは通気が悪くなる。

す。ただし，瓶の口付近や蓋のパッキン部分に内容物がついた状態で蓋を閉めると，ネジ部分に内容物が広がり，乾燥して固着してしまったり，隙間から染み出した内容物に雑菌が増殖してコンタミの元になります。このような事態を避けるため，無菌ガーゼや滅菌した濾紙などを常に準備しておき，付着した内容物を吸い取り，軽く炎にくぐらせてから蓋を閉めるようにしましょう。

3.6 滅菌する

［1.2］〜［1.5］に滅菌・除菌法が詳しく記述されているので，ここでは培地を滅菌する時の注意点ついて述べます。

3.6.1 培地の分け方

全ての成分をまとめて溶解してオートクレーブすると，メイラード反応，溶解度の低い塩の析出，金属イオンの水和物形成，熱に弱い成分の変性などの不都合が起きます。特に，合成培地でこのような反応が起きると，せっかく成分が既知の培地を用いているのに，そのメリットを活かせなくなってしまいます。このような不都合な反応を避けるため，いくつかの成分に分けて滅菌したり，熱に弱い成分は濾過によって除菌し，無菌的に混合して培地を完成させる必要があります。培地調製のプロトコールには，培地をどのように分けて滅菌すればよいかまでは書かれていない場合が少なくありません。このような場合は，以下の原則に従って培地を分けて滅菌します。

1) 還元糖と1級アミンは別滅菌。グルコースなどの炭素源とアミノ酸，アンモニウムイオン（pH調整用のアンモニア水を含む）などの窒素源は別滅菌が基本。
2) 多価アニオンと多価カチオンは別滅菌。特に，PO_4^{3-} と Mg^{2+}，PO_4^{3-} と Ca^{2+}，SO_4^{2-} と Ca^{2+} は使用濃度と溶解度の関係で不溶化しやすい。
3) 2価の鉄イオンは酸化されやすいので酸性条件（還元的な条件）でオートクレーブする[28]。
4) ビタミンや抗生物質などの熱に弱い成分は濾過滅菌。
5) システイン（チオール化合物），アスコルビン酸など酸化されやすい成分は濾過滅菌。

これらに加えて，以下のようなポイントも考慮しておくとよいでしょう。

(1) 保存濃縮溶液は計算しやすいように10倍，100倍，1,000倍濃度などにしておく

例えば100倍濃度のストック溶液は，最終容量の1/100の水に溶かして調製すればよく，使用する時も，調製する培地量の1/100の容量を添加すればよいので，計算が簡単で間違いも少なくなります。溶解度を超えない範囲[29]で濃い目に作っておけば，容量が減って保管が容易，計量が楽といったメリットもあります。

(2) 滅菌後に容量を計量する操作をしなくてもよい手順を考える

マイクロピペットで扱える10 mLを超える量を無菌的に計量するのは面倒なので[30]，試験管

※28 溶解したときに，硫酸塩なら1〜3 Mの硫酸を，塩化物なら1〜3 Mの塩酸を1滴添加する。1,000倍希釈して使用するので，添加した硫酸，塩酸の影響は無視できる。
※29 Merck Index などで溶解度を調べることができる。
※30 50 mL 容の滅菌済みチューブを利用することもでき，精度的には多くの場合は十分であるが，ストックの瓶の口から液だれすると面倒なのであまり勧められない。

第3章　培地の作り方・植菌・培養・集菌

や適当な容量のフラスコに所定量を入れてオートクレーブし，全量を入れるようにします。

⑶　一番容量が多い成分を培養容器に入れる

　フラスコで培養する場合なら，フラスコに一番容量が多い成分を入れてオートクレーブし，これに別滅菌した成分を入れて完成させるようにします。ここでは以下，大腸菌の最少培地としてよく使用される M9 培地（**表 3-6-1**）の場合を例に説明します。酵母の合成培地の分け方，滅菌方法については［7.3.4］を参照してください。

　マグネシウムイオンとカルシウムイオンはリン酸イオンと共存すると溶解度の低い塩を形成し，不溶化します。そこで，硫酸マグネシウム[※31]と塩化カルシウムはそれぞれ単独で 1,000 倍濃度のストック溶液を調製し，オートクレーブ滅菌します。グルコースはアンモニウムイオンとメイラード反応を起こすのでやはり別滅菌し，チアミンは熱で失活するのでフィルターで除菌します。残りの塩は 10 倍濃度のストック溶液を作製してオートクレーブします。500 mL のフラスコに 100 mL の培地を作る場合であれば，フラスコにイオン交換水を 89 mL 入れて（寒天培地を作製する場合はここに寒天を入れる）オートクレーブし，50℃以下に冷えてから，10×M9 salt を 10 mL，20％グルコースを 1 mL，1 M 硫酸マグネシウム，0.1 M 塩化カルシウム，1 mg・mL^{-1} チアミン塩酸をそれぞれ 0.1 mL 加えます。

　酵母エキスやペプトンを含む半合成培地では，多くの場合，全成分を一緒に溶解してオートクレーブ滅菌をしても構いません。ただし，酵母の YPD 培地のように，還元糖[※32]を含む培地でメイラード反応が問題になる場合は，糖分を別滅菌します。また，pH を 4.5 以下に調整する培地では，オートクレーブ時に培地成分の加水分解が起こる可能性を考慮しなければなりません。これを避けるには，問題が生じない範囲の pH で培地をオートクレーブ滅菌し，その後，所定の pH に合わせるために必要な酸もしくはアルカリの量を予備実験で求めておき，本番では，オートクレーブした培地にフィルター[※33]で除菌した酸もしくはアルカリを必要量添加して培地を調

表 3-6-1　M9 最少培地

10×M9 salt	100 mL
1 M 硫酸マグネシウム	1 mL
0.1 M 塩化カルシウム	1 mL
1 mg・mL^{-1} チアミン塩酸塩	1 mL
20％グルコース	10 mL*
滅菌した脱イオン水	887 mL*

10×M9 salt（1 L あたり）	
リン酸2ナトリウム（無水）	60 g
リン酸1カリウム	30 g
塩化アンモニウム	10 g
塩化ナトリウム	5 g

＊2 g のグルコースを 900 mL のイオン交換水に溶解し，適当量を容器に分注してオートクレーブしてもよい。例えば，50 mL の M9 培地寒天培地を作る場合，フラスコに 45 mL のイオン交換水を入れて 0.1 g のグルコースを溶解して（必要なら寒天も 1 g 入れ）オートクレーブする。

※31　一部のレシピは塩化マグネシウムとしているが，これは間違い。硫酸塩でなければ硫黄源がなくなってしまう。

※32　ショ糖は非還元糖なのでアミンとオートクレーブしてもメイラード反応は起きない。ただし，ショ糖に不純物として混入しているグルコースやフラクトースは反応することに注意。

※33　その酸またはアルカリに耐える材質のフィルターを使用すること。アルカリはガラスを溶かすのでオートクレーブは好ましくない。塩酸も揮発するのでオートクレーブ不可。

—60—

製します※34。

　微生物の増殖や目的物質の生産性に及ぼすビタミン，アミノ酸，有機酸※35，糖質，その他の有機物の効果を調べようとするのであれば，添加する物質のオートクレーブの前後での濃度を調べ，分解されていないことを確認することをお勧めします。この際，単独では変化がなくても培地に添加すると他の成分との相互作用で変化する可能性を考慮して，実際に培地に添加した状態で調べた方がよいでしょう。対象物質の濃度が簡便かつ確実に測定できない場合は，迷わずフィルターでの除菌に切り替えましょう。

　脱脂粉乳など，不溶性成分が含まれていて，フィルターによる除菌が困難な場合は，培養に悪影響が現れない温度以下で単独に長めの加熱を行い，通常の方法で滅菌したその他の成分と混合します。オートクレーブが普及していない時代には，100℃での煮沸を24時間毎に3回行って滅菌していました（間欠滅菌法）。100℃では滅菌できない胞子（芽胞）の多くは，加熱による刺激で発芽して栄養細胞になり，熱に対する感受性が高まることを利用した方法です。

3.6.2　フィルターによる除菌（濾過滅菌）

　濾過滅菌の原理と手順については［1.4］で詳述されていますので，ここでは濾過した培地の入れ物について解説します。メジウム瓶（≧50 mL 容），バイアル瓶（10〜50 mL 容）などのネジ蓋式の瓶をオートクレーブ滅菌して準備しておきます。オートクレーブ後，瓶の中に結露した水がたまっている場合がありますが，多くの場合，無視してもよいでしょう。仮に1 mL 結露していて，50 mL の培地成分を入れても，2%薄くなるだけで，たいていの場合，培養中の蒸発や，溶解した試薬の吸湿量の影響に比べれば無視できるレベルだからです。どうしても気になる場合は，培地成分を入れる前にマイクロピペットで吸い出せばよいでしょう。なお，結露しないように，と密栓してオートクレーブしてはいけません。［1.2］で説明したように滅菌が不完全になってしまいます。滅菌済みのプラスチックチューブを使用することもできますが，開け閉めする際に火炎滅菌することができないので，保存溶液として複数回使用する場合にはコンタミのリスクが高まります。1 mL 以下の液量に対して1.5〜2.0 mL のマイクロチューブを使用する場合，次のような手順で分注します（本章コラム**24**も参照のこと）。

1) マイクロチューブを，蓋を開けた状態で500 mL または1 L のビーカー※36 に入れ，アルミホイルを二重にかけてオートクレーブします。
2) クリーンベンチ内で火炎滅菌したピンセットを用い，蓋を開けた状態でマイクロチューブを適当なラックに並べます。チューブの上に手をかざさないように注意します。
3) 分注する溶液は，予めフィルター濾過して適当な容器に入れておき，これをマイクロピペットを使って分注していきます。分注する量は1回使い切りの量が原則です。複数回使用する量を分注すると，コンタミのリスクを伴う蓋の開閉作業を繰り返し行うことになります。

※34　添加した後，無菌的にサンプリングし，所定の pH になっているかをチェックする。
※35　例えばピルビン酸，オキサロ酢酸はオートクレーブで分解する。濾過滅菌する場合も使用時に調製するのが原則（ピルビン酸は冷凍しても分解する）。
※36　某メーカーのインスタントコーヒーの瓶は蓋もオートクレーブできるので便利。

—61—

第3章　培地の作り方・植菌・培養・集菌

　　4) 手袋をして，チューブのふちやキャップ部分に触れないように注意して，1本ずつ丁重に蓋を閉めていきます。

　　5) 適当な蓋付きのラックに入れるか，アルミホイルをかけて適当な温度で保管します。

3.7　植菌する

3.7.1　培地を混合する

　培地成分を分けて滅菌した場合，植菌前にクリーンベンチ内で無菌的に混合しますが，［3.6］でも解説したように，計量はマイクロピペットで扱える 10 mL までにするように工夫することが大切です。正確さを重視してクリーンベンチにオートクレーブしたメスシリンダー※37 を持ち込むこともできますが，通常は必要ありません。なぜなら，メスシリンダーの公定誤差は 0.5%ですが，培養中に水分が 2〜3% 以上蒸発することは珍しくないからです。通気が滞らないようにした上で蒸発を最小限にする工夫※38 が必要です。また，培地に用いる試薬が吸湿している場合も同様に 2〜3%，場合によっては 1 割以上所定濃度よりも低くなる場合も珍しくありません。吸湿していない試薬を入手し，湿気ないように保管していなければ，メスシリンダーを使う意味がありません。

　培地を混合する際，高濃度のストック溶液同士を混合すると，成分が不溶化する場合があります。もっとも容量の多い成分を培養容器に入れているはずですから（［3.6］参照），そこに 1 つずつ別滅菌した成分を入れていきます。複数の成分を入れる場合は，1 つの成分を入れたら，培地を振り混ぜるようにします。高濃度の溶液は比重が高く，底に沈むので，場合によっては前に入れた溶液と高濃度の状態で混ざり合って不溶化することがあるからです。

コラム24　コンタミは絶対に避けなければならないのか？

　［3.6.2］で述べたマイクロチューブに培地成分を分注する手順が，できるだけコンタミのリスクが低い方法を紹介していますが，実験によってはこれほど気を使わなくてもよい場合が少なくありません。例えば，組換え大腸菌で外来タンパク質の発現の誘導に用いる IPTG※39 溶液の場合，既に宿主大腸菌が 10^9 cells・mL^{-1} レベルまで増殖しているので，IPTG 溶液からのコンタミがあったとしても無視できるでしょう。組換え体のブルーホワイトセレクションのために選択培地に添加する X-Gal 溶液※40 の場合も，仮にコンタミしていても，寒天培地上に生じるコロニーのほとんどは組換え大腸菌のコロニーであり，実質的な問題を生じないでしょう。このように，実験の目的と，コンタミが結果にどう影響するかをよく考え，必要以上に気を使わないようにすることも実験を効率良く進める上で大切なことです。

※37　アルミホイルを二重にかけてオートクレーブする。ただし，分析化学の世界では定容容器を加熱することは熱で変形するため，禁忌であることも知っておこう。
※38　例えば，インキュベーターの中に水を入れたビーカーを置くなどして湿度を上げる。
※39　Isopropyl β-D-1-thiogalactopyranoside
※40　5-Bromo-4-chloro-3-indolyl β-D-galactopyranoside

3.7.2 試験管からフラスコに植菌する

本培養を例えばジャーファーメンターで行う場合，寒天培地から直接植菌するのではなく，試験管，フラスコと次第にスケールを大きくしていきます（**図 3-7-1**）。寒天培地から試験管培地への植菌については［1.7］で解説しているので，ここでは試験管からフラスコへの植菌の手順を解説しま

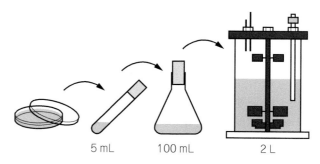

図 3-7-1　培養のスケールアップ

す。フラスコからジャーファーメンターへの植菌については，［8.3］で解説します。

再現性のよい培養をするためには，第2章で解説したように，植菌量だけでなく，前培養の時間や振とう条件なども揃える必要があります。また，植え継ぎ後の増殖遅れ（誘導期）をできるだけ短くするには，培養の中断による温度の低下や溶存酸素濃度の減少などを極力なくす必要があります。このような場合は，少なくとも新しい培地は培養温度に予熱しておき，植え継ぎ作業はできるだけ短時間に済ませるようにします。極端な場合は，クリーンベンチに持ち込まず，インキュベーターにセットしたままで植菌する場合もあります。既に目的の微生物がかなり生育していて，その後の培養期間が短い場合は，多少の雑菌の混入は無視してよい場合も多いでしょう。逆に，長期間の培養であれば，無菌操作の重要度が増します。丁寧な無菌操作と迅速な植え継ぎのどちらを優先するかは，実験の目的をよく考えて選択してください。

試験管の培養液をフラスコの培地に植菌する場合，マイクロピペットを用いますが，マイクロピペットのチップが液面に届かない場合は，一度，15～50 mL の滅菌済みのプラスチックチューブか，アルミキャップをしてオートクレーブしたワッセルマン試験管[41]に移してから計量するとよいでしょう。

試験管の培養液を全量植菌する場合，**図 3-7-2** の A，C のようにフラスコの口に試験管をあてて植菌すると，フラスコのふちに培養液がついてしまいます。付着した培養液は，栓をした時にフラスコと栓の隙間全面に広がり，そこに雑菌が増殖してコンタミの原因になります（図 3-4-1 参照）。そこでまず，試験管の上部をエタノールを染み込ませた紙タオルで栓が外れないように注意して拭き，更に半分より上の部分をバーナーであぶります。その上で，**図 3-7-2** の B，D

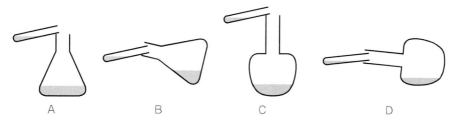

図 3-7-2　試験管からフラスコへの植菌

※41　直径 15 mm，長さ 105 mm の直口試験管。

第3章　培地の作り方・植菌・培養・集菌

のように，フラスコを斜めに大きく傾け（培地がこぼれない程度に），試験管をフラスコに数cm差し込んで植菌します。この時，最後の一滴まで植菌しようとすると，フラスコのふちに培養液を付着させてしまいがちなので，液量の正確性にはあまりこだわらないようにしましょう。

3.8　培養する

　微生物の増殖に必須の3要素は，水と栄養と適切な温度です。適切な培地を選べば，水とほとんどの栄養は確保できますが，嫌気性の微生物を培養する場合を除いて，酸素も重要な栄養源（基質）の1つであることを忘れてはなりません。詳しくは［7.4］から［8.1］で解説しますが，試験管培養は，フラスコ培養に比べて，培地液量あたりの気液界面積が小さいので，適切な方法で振とうしないと，酸素供給が律速になってしまいます。また，フラスコ培養においても正しく振とうしないと良好な酸素供給ができません。本節では，温度の取り方と振とう方法を中心に解説しますが，温度については［4.4.1］，［5.3.5］と本章コラム26も参照してください。

3.8.1　恒温水槽（ウォーターバス）での培養

(1)　安全上の注意

　培養を始める前に，毎回必ず，空焚き防止の安全装置が作動するかを確認します。安全装置が動作しない，あるいは，安全装置が付いていない恒温水槽は無人運転（終夜運転）してはいけません。恒温槽の水は蒸発し，水位は次第に低下していきますが，安全装置が動作しない，あるいは付いていなければ，ついにはヒーター部分が露出して空焚きになり，火災に結びつきます。恒温水槽の安全装置の多くはフロート式で，水位が低下してフロートが一定のレベル以下に下がれば，ヒーターが切れるようになっています。フロート部分に水垢がついていたり，ゴミが詰まっていると水位が低下してもフロートが下がらず，空焚きになることがあるので，恒温槽の水は清潔に保ち，使用しない時は掃除をして水を抜いておきましょう。

　安全装置のない（動作が保証されない）恒温水槽を無人運転するのは，やかんを火にかけたまま外出するのと同じぐらい危険な行為です。そもそも，安全装置が働けば，ヒーターが切れて温度が保てなくなり，培養は失敗します。従って，恒温水槽には，毎回，十分に水を入れておかなくてはなりません。早目に培養を始め，帰宅するまでの数時間の間の水位の減少を調べ，翌朝まで安全な水位が保てるかを確認するぐらいの慎重さが必要です。

(2)　結露の対策

　恒温水槽で培養する場合，水に浸かっている部分は温められていますが，フラスコ（試験管）の上部は外気によって冷やされているため，フラスコの上部から栓にかけて結露が起きます。外気温と水槽温度との差が大きいほど，フラスコが水槽の水から出ている部分が多いほど，結露も多くなり，栓がびっしょりと濡れてしまうこともしばしばです。栓が濡れると通気が滞ってしまうので，次のような対策を講じます。

1)　フードをかぶせる

　恒温水槽の機種によっては，メーカーが三角屋根のフードを提供しています。フードをかぶせれば，フラスコ上部での結露はかなり抑えることができますが，フードに結露した水が栓を濡ら

—64—

すことがあります。このような場合は，フラスコに軽くアルミホイルをかけておくとよいでしょう。通気が滞らないよう，軽く乗せる程度にかぶせます。

2) エアマットを巻く

フラスコの上部にエアマットを筒状に巻いて輪ゴムで止め，断熱して冷えないようにします（図3-8-1）。エアマットの上部は通気を確保するため解放しておきます。ただし，エアマットが恒温水槽に浸かると，毛管現象で汚い水が栓まで上がってくることに注意しましょう。

3) 室温を上げる

培養温度と室温の差が大きい冬季ほど結露しやすいので，室温を上げれば結露は軽減されます。ただし，地球にやさしい方法ではありません。

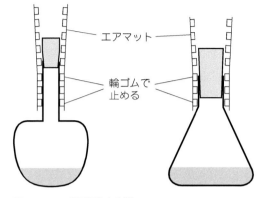

図 3-8-1　結露防止対策

4) その他

水槽の水の蒸発と水はね防止策として，ポリエチレンシートや発泡プラスチックシートをフラスコの振とうを妨げないように隙間をあけて張ったり，水槽に浮かべる方法がありますが，ヒーターに触れたり，レギュレーターの循環ポンプを詰まらせると危険[※42]なので，十分に注意してください。

(3) 水はね対策

フラスコや試験管を振とうすると，水槽の水がはねて栓を濡らすことがあります。こうなると通気は滞ってしまい，更に，水槽の水は雑菌の巣窟なので，コンタミのリスクも増します。振とうを始めたら，水がはねていないかをよく観察し，はねていたらその原因を見つけて対策を講じます。水位を変えると水がはねなくなる場合があります。水はねを抑えることができなければ，栓の部分にアルミホイルをかぶせます。アルミホイルを栓に密着させると通気が滞ってしまうので，栓の上に乗せて軽く絞る程度にします。図3-8-1のようにエアマットを巻くと水除けにもなります。

3.8.2　エアインキュベーターでの培養

エアインキュベーターでは培養器全体が設定温度になるため，培養器内で結露が起こらず，空焚きの心配もないという利点があります。しかし，空気で培養液を温めるので，培養を開始してから所定の温度に達するのに，恒温水槽に比べて時間がかかります。培養時間が短い場合や，冬場など室温と培養温度に差がある時は，この影響は無視できなくなります。植菌前に培地を所定の温度に予熱しておかないと，培養の再現性がとれなくなることがあるので注意しましょう。

[※42] 循環ポンプにゴミが詰まってモーターが過熱し，出火した例がある。

(1) 振とうモード

　振とうモードには往復振とうと旋回振とうがあり，1台で往復振とうと旋回振とうを切り替えることができる培養装置もあります[※43]。往復振とうの速度はspm（stroke per minute）で，旋回振とう速度はrpm（revolution per minuteまたはrotation per minute）で表示します。振とうの幅（ストローク），回転半径によっても通気条件は変わるので，幅または半径も実験ノートに記録しておきましょう。

(2) 扉の開閉による温度の変化

　扉を開けた瞬間に恒温の空気は逃げてしまいます。頻繁にサンプリングをする培養では，温度の変化が無視できなくなるので，恒温水槽を用いた方がよいでしょう。

(3) フラスコの固定

　振とうする場合，フラスコはしっかり固定しましょう。振とう機には，旋回または往復する板が取り付けられていて，これにフラスコの種類とサイズに特化した留め金がついています[※44]。サイズや種類が合わない金具で無理に固定しても，振とう時に外れてフラスコは割れてしまいます。サイズや種類が合っていても，留め金が十分に強くない場合は，備え付けの輪になったスプリングで固定します。黒ゴム管（外径7 mm程度）やシリコンチューブ（外径6 mm以上）を縛ったものでも代用が可能です。留め金はかなり固く，フラスコの着脱時に反動で他のフラスコにぶつけて割ってしまうことがあるので，必ず1本ずつ，両手を使って着脱しましょう。本番前に，培地と同じ量の水を入れた同型のフラスコを振とうし，固定に問題がないか確かめておくとよいでしょう。

3.8.3　試験管での培養

(1) 往復式振とう機を用いる場合

　網目状にワイヤースプリングが張られた振とう台に，試験管を振とう方向に向けて斜めに差し込みます。培養の再現性を高めるには，この傾斜をできるだけ一定にする必要があるので，振とう台にいつも同じ方法で試験管立てを固定し，これに試験管をセットするとよいでしょう。適切な傾斜の角度は，往復式振とう機のストロークと振とう速度によっても異なるので，次のようにして決めるとよいでしょう。試験管を斜めにする目的は，酸素供給速度を高めるために気液の接触面積を増やし，かつ，菌体が沈降しないようにすることです。しかし，傾斜をつけ過ぎて培地が試験管上部に達し，栓を濡らしてしまうと，逆に，酸素供給が滞ってしまい，コンタミの原因にもなります。従って，飛沫を含めて，培地が栓に達しない範囲で最大の傾斜をつけるのが最善です。目安として，往復振とうした時に培地が上がってく

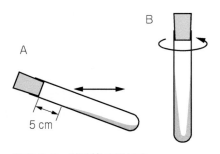

図3-8-2　試験管の振り方

※43　切り替えレバーは確実に切り替える。中途半端は故障の原因。
※44　固定された金具が異なる板が何種類か準備されていて，必要に応じて交換できるようになっている場合もある。

る位置が，栓の下から数 cm 離れているようにするとよいでしょう（**図 3-8-2**A）。培地が最上まで上がった瞬間，試験管の下側では，丸底近くまで液面が下がっているのが理想です。丸底近くまで液面が下がっていなければ，培地液量あたりの気液界面積を大きくするために，培地の液量を減らす方がよいでしょう。直径 18 mm 長さ 18 cm の試験管であれば，容量の目安として 5 mL が上限です。

(2) 旋回（レシプロ）振とうの場合

試験管は垂直に立てるのがもっとも一般的で，適切な回転速度は，試験管の中心部の培地液面の下がり具合で判断します（図 3-8-2B）。例えば，回転半径 3 cm，回転数 200 rpm の振とう条件で直径 18 mm の試験管を振とうした場合[45]，液量 3 mL なら中心部の液面は底部近くまで下がり，気液界面積は最大になり，もっとも通気がよい状態になります。

コラム㉕ 激しく振るほど酸素供給は良くなる？

　往復振とうの場合，振とうが速過ぎると，往々にしてフラスコの中で培地が回転してしまったり，振とう方向に細かく動いたりするだけで，気泡を巻き込むような乱流ができなくなってしまいます。こうなると気液界面積は増えず，酸素供給効率は良くなりません。振とう機に容器をセットし，振とう速度が安定したところで培地の動きをよく観察し，適切な振とう（回転）速度に設定しましょう。

コラム㉖ 乾湿球湿度計

　相対湿度を測定する簡便な方法の一つに乾湿球湿度計があります。温度計を 2 本準備し，1 本はそのまま（乾球），もう 1 本には測温部にガーゼなどをまいて水に浸けた状態で温度を測ります（湿球）。湿球は水分の蒸発によって乾球よりも低い温度を表示し，乾球との温度差は湿度が高いほど少なくなります（湿度 100% なら蒸発しないので，乾球と湿球の温度は等しくなる）。乾球で測定した温度において，湿球との温度差とその時の相対湿度の一覧表が準備されていて，そこから読み取ることによって相対湿度が測定できます。

　寒天培地で培養する時，シャーレのフタに隙間があり，シャーレのヘッドスペースの空気の湿度が飽和に達しない場合，インキュベーターの温度とコロニーの温度には差ができることになります。この差は，インキュベーター内の相対湿度が低いほど顕著になるので，温度が重要な実験では，インキュベーター内に水を入れたビーカーを置いて湿度を高く保つとともに，扉の開閉を最小限にしましょう。なお，シャーレにテープを巻いて密閉すれば蒸発は抑えられますが，酸素の供給も制限してしまうことに注意しましょう。

　同様に，エアインキュベーターで培養する場合，蒸発潜熱によって培養温度が設定温度よりも低くなる場合があります。培養容器にする栓の通気が良いほど，この可能性は高まります。温度が重要な培養をするのであれば，実際に培養する前に，フラスコに同じ量の水を入れ，熱電対温度計など熱容量が小さい温度計を差し込んで栓をして，液温が意図した温度になるかどうかを確かめておきましょう。

---

[45] 振とう機によっては振幅の調整が可能。振幅を大きく設定した方が遠心力は大きくなり，培地は壁面に沿って押し上げられ，気液界面積が大きくなる。

3.8.4 フラスコでの培養

(1) ひだ付きフラスコ

旋回振とうで培養します。回転が速いほど通気は良くなります。ただし、泡ができて培地表面を覆ってしまうと、それが障害になって酸素移動ができなくなります。このような場合は、消泡剤を添加して泡を消す必要があります。消泡剤は粘度が高く、原液を添加しようとすると入れ過ぎになるので[※46]、例えば、水で10～100倍程度に希釈したものをオートクレーブし、よく振ってエマルション状態にしたものを少しずつ、泡が消えるまで添加します。

(2) 振とうフラスコ

往復振とうで培養します。振とう速度を次第に上げていくと、培養液が肩の位置まで上ってくるようになり、培養液が折り返すように落下して空気を巻き込むようになります（図3-8-3）。

この状態になるのが最適な振とう速度で、更に振とう速度を上げると、培養液がフラスコの中で回転するだけで、培養液の折り返しがなくなり、通気効率は逆に下がってしまいます。フラスコのサイズ、液量、培養液の粘度によって最適な振とう速度は異なりますので、その都度調節しなければなりません。

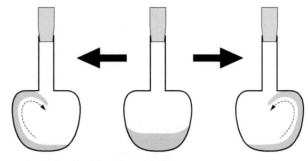

図3-8-3 振とうフラスコの振り方

3.9 集菌する

培養によって、菌体そのもの、もしくは酵素や核酸などの菌体の内容物を得る場合、まず、培養液から菌体を集める必要があります。培養によって菌体外に物質を生産させた場合は、逆に、菌体をはじめとする固形分を取り除かなければなりません。本節では、菌体を集めたり除去する手段として、もっとも汎用される遠心分離と濾過による方法を紹介します。

3.9.1 遠心分離の理論

直径 D [m]、密度 ρ [kg·m^{-3}] の粒子が、密度 ρ_0 [kg·m^{-3}]、粘度 η [kg·m^{-1}·s^{-1}] の溶液中にあり、回転半径 r [m]、角速度 ω [s^{-1}] で遠心分離されている時、その沈降速度は、

$$v = \frac{D^2(\rho - \rho_0)}{18\eta} r\omega^2 \quad [\text{m·s}^{-1}] \tag{式3-9-1}$$

で与えられます。沈降速度は回転の中心から遠ざかる速度、即ち、回転半径の増加速度と考えることができるので、$v = dr/dt$ と書き換えることができます。

[※46] 消泡剤を入れ過ぎると細かい気泡ができにくくなり、酸素移動速度が低下する。

$$\frac{1}{r}dr = \frac{D^2(\rho-\rho_0)\omega^2}{18\eta}dt \qquad (式3\text{-}9\text{-}2)$$

と変形して，回転軸からr_{min}［m］の距離にあった粒子が，t［s］後に回転軸からr_{max}［m］の距離にある遠沈管の底まで達する，として両辺を積分すれば，

$$\ln(r_{max}) - \ln(r_{min}) = \frac{D^2(\rho-\rho_0)\omega^2}{18\eta}t \qquad (式3\text{-}9\text{-}3)$$

$$t = \frac{18\eta}{D^2(\rho-\rho_0)\omega^2}\ln\frac{r_{max}}{r_{min}} \qquad (式3\text{-}9\text{-}4)$$

となり，これが遠心分離に要する時間を表す式になります。

3.9.2 スイングローターとアングルローター

よく使われる遠心分離機のローター（回転体）はスイング型とアングル型です（図3-9-1）。

スイング型は，遠心分離時に遠沈管が水平になるので，遠沈管の底部にきれいに沈殿（菌体）が集まります。よく使用する卓上型の場合，ローターの最大許容回転数は3,000〜4,000 rpmの低速で，アングル型に比べてかかる遠心力が小さく，沈降距離も大きいので，菌体の分離には時間がかかります。おのずと沈降した菌体のペレット（沈殿した菌体）がまだ緩いうちに遠心分離を終えることになるので，上清を除去する際に菌体が流れやすくなります。これに対してアングル型の

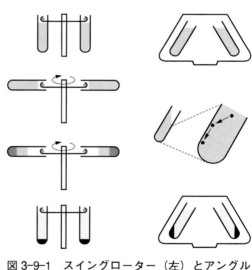

図3-9-1 スイングローター（左）とアングルローター（右）

ローターは8,000〜20,000 rpmの高速回転ができます。菌体は，まず，遠沈管の壁面まで沈降し，更に管壁に沿って底部に移動していきます。スイング型のローターに比べて大きな遠心力をかけることができ，沈降距離も短いので，遠心分離に要する時間が短縮できます（式3-9-4でωが大きく，r_{max}/r_{min}が小さい）。ただし，沈殿の上部にあるのは，遅れて沈降してきた菌体であり，まだ圧縮されていない緩い状態です。このため，遠沈管内の液体を大きく動かすと，はがれてしまうことがあるので，ローターから遠沈管を取り出す際には注意しましょう。

3.9.3 安全上の注意

遠心分離機は高速で回転し，その運動エネルギーも大きいため，使用方法を誤ると，重大事故

第3章 培地の作り方・植菌・培養・集菌

につながったり，機械の寿命を著しく縮めてしまいます。意外に知られていない注意点も多数あるので，是非，以下に目を通して安全に作業をしてください。

(1) 遠沈管とローターの耐遠心力に関する注意

ローターにも遠沈管にも耐えられる遠心力の限界があり，これを超えて使用すると破損することがあり，最悪，遠心分離機が全損することもあります。

まず，遠心分離機の各ローターの上限の回転数を調べます。ローター自体に表示されていない場合は，取扱説明書かメーカーのURL[47]で調べます。ローターの限界を超えた回転数を設定できてしまう遠心分離機もあるので注意しましょう。次に，ローターにセットする遠沈管の耐遠心力を調べます。遠心力は，重力加速度[48]を基準にして，その何倍の加速度がかかるかで表し，例えば$1,000 \times g$と表記されていれば，重力加速度の1,000倍の加速度がかかるという意味です。

オークリッジタイプの遠沈管の中には$50,000 \times g$にも耐えられるものがありますが，滅菌済みの15 mLまたは50 mL容の遠沈管は一般に耐性が低く，一部のメーカーの遠沈管は$1,800 \times g$にしか耐えません。また，あるメーカーのポリプロピレン製の滅菌済み遠沈管は$15,500 \times g$に耐えますが，外見がほとんど同じに見えるポリエチレンテレフタレート製の遠沈管は$3,600 \times g$にしか耐えません。

必ず，遠沈管のメーカーのURLで型番を照合して上限の遠心力を調べ，その範囲内で使用するようにしましょう。遠心分離機のメーカーが自社製品に適合する遠沈管と，その上限回転数のデータを提供している場合もあります[49]。

遠沈管の耐久性は「$\times g$」で表示されているので，上限の回転数に換算しなければなりませんが，それには回転半径が必要です。この値には，ローターにセットした遠沈管のもっとも外側から回転の中心までの距離を使い，遠心分離機の取扱説明書やURLで調べます。最大の回転半径をR［cm］，遠心力をRCF［$\times g$］，回転速度をN［rpm］とすれば，以下の関係があります。

$$RCF = \left(\frac{N}{300}\right)^2 R \qquad\qquad\qquad （式3-9-5）[50]$$

$$N = 300\sqrt{\frac{RCF}{R}} \qquad\qquad\qquad （式3-9-6）$$

回転半径，遠心力，回転速度のうち2つが分かれば，残りの1つの値を読み取ることができる便利な図[51]もあるので，遠心分離機の横に貼っておくとよいでしょう。また，研究室にあるロー

---

[47] 遠心分離機のメーカー名とローターの型番をキーワードにして検索する。

[48] 経度や標高によって異なるので，北緯45°の海上での値$9.80665 \mathrm{\ m \cdot s^{-2}}$を用いる。

[49] 例えば http://www.hitachi-koki.co.jp/himac/rotor/highspeed.html

[50] $RCF = \dfrac{a}{g} = \dfrac{r\omega^2}{g} = \dfrac{1}{g}\dfrac{R}{100}\left(\dfrac{2\pi N}{60}\right)^2 = \dfrac{\pi^2}{g}\dfrac{R}{100}\left(\dfrac{1}{30}\right)^2 N^2 = \dfrac{\pi^2}{g}R\left(\dfrac{N}{300}\right)^2 \cong R\left(\dfrac{N}{300}\right)^2$

Relative Centrifugal Force（RCF）は，遠心力$r\omega^2$（rは回転半径［m］，ωは角速度［$\mathrm{s^{-1}}$]）が重力g［$\mathrm{m \cdot s^{-2}}$］の何倍かを表す。回転半径をR［cm］とすれば$R = r/100$，回転速度をN rpm（revolution per minute）とすれば，$\omega = 2\pi N/60$。ここでは$\pi^2 = 9.869\cdots$なので$\pi^2 g$と近似して計算している。

—70—

表3-9-1　回転速度の上限を求める表

遠心分離機のローター					遠沈管				(10)許容回転数[rpm]
(1)会社名	(2)型番	(3)最大半径[cm]	(4)最大遠心力[×g]	(5)最大回転数[rpm]	(6)会社名	(7)型番	(8)最大遠心力[×g]	(9)最大回転数[rpm]	
○○○	△△△	8.0	10,800	12,000	×××	▽▽▽	7,200	9,000	9,000

(1)(2)(6)(7) 研究室で可能な組み合わせをリストアップする。
(3)(5) 遠心分離機のメーカーのURLを参照するなどして調べる。
　日立工機㈱　http://www.hitachi-koki.co.jp/himac/content/life.html
　㈱トミー精工　http://bio.tomys.co.jp/products/centrifuges/index.html
　久保田商事㈱　http://www.kubotacorp.co.jp/product/
　㈱コクサン　http://www.kokusan.co.jp/
(4) ローターの取扱説明書で確認するか，(3)と(5)から計算する。
(8) 遠沈管のメーカーのURLなどで調べる（メーカー名と型番で検索する）。
(9) (3)と(8)から計算する。
(10) (5)と(9)のうち小さい方の値を記入する。

ターと，購入している遠沈管の可能な組み合わせについて，**表3-9-1**を作成し，それぞれの遠心分離機のそばに掲示しておくことをお勧めします[52]。

　なお，滅菌済みの遠心チューブは使い捨てを前提にしているので，繰り返し使用した場合の安全性は保証されてないことに注意しましょう。繰り返し使用を前提にした遠沈管も，使用しているうちにヒビが入ったり変形することがあります。毎回，ヒビや変形がないか確認してから使用しましょう。

(2)　遠沈管とローターの形状に関する注意

　遠沈管には様々な材質と大きさがあり，ローターとぴったり合う形状のものを用いなければなりません。丸底のローターに先端がとがった遠沈管（滅菌済みタイプの多くはこの形）をセットすれば，遠沈管が変形して内容物が漏れたり，遠沈管を取り出せなくなる場合があります（**図3-9-2A**）。遠沈管がローターの穴に比べて短い場合，本体が重力の何千倍もの加速度で引っ張られるのを蓋の部分だけで支えることになります。蓋が外れるとバランスは崩れ，最悪の場合，遠心分離機を破損します（図3-9-2B）。遠沈管がローターの穴に比べて長いと，はみ出した部分に重力の何千倍もの外向きの力がかかり，折れてしまいます（図3-9-2C）。ローターの蓋が閉まらない場合も（図3-9-2D），無理に遠心分離すると，減速時に蓋が飛び，遠心分離機本体やローターを損傷することがあります。

(3)　遠沈管の滅菌時の注意

　繰り返し使用を前提にした遠沈管をオートクレーブ滅菌する際には，蓋を緩め，更に，空気が確実に出入りできるようにするために，アルミホイルを巻きます。蓋を緩めただけでは，オート

※51　http://www.kubotacorp.co.jp/cgi-bin/calc.cgi
※52　著者の学科では，安全講習の課題として，研究室ごとにこの表を作成させている。

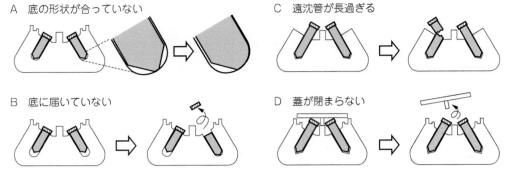

図 3-9-2　ローターに適合しない遠沈管

クレーブ後に蓋が本体に密着していた場合，遠沈管内が減圧になってつぶれてしまうことがあります。蓋を 1/2～3/4 回転ほど緩め（**図 3-9-3**B），蓋が本体に吸い付かないように，蓋と本体の間に挟み込むようにアルミホイルを巻いてからオートクレーブします（図 3-9-3C）。その際，遠沈管の上に他のものを乗せないように注意しましょう。

(4) バランスに関する注意

まず，次の問いに YES か NO で答えてみてください。

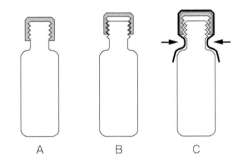

図 3-9-3　遠沈管の包み方

【Q1】 天秤でバランスをとれば形状の異なる遠沈管を用いてもよい。
【Q2】 試料が 1 本の場合，同じ形状の遠沈管に水を入れてバランスを取ればよい。
【Q3】 試料が 1 本の場合，同じ形状の遠沈管に，試料と同じ比重のシュクロースなどの溶液を入れてバランスを取ればよい。

これらの問いの答えは全て「NO」です。遠心分離を行う場合，重さのバランスではなく，モーメントバランス（重さ×重心の回転半径）が取れていなければなりません。重りをひもにつけて振り回す時，**図 3-9-4**A のように重りをひもの中央につけた場合と，B のように先端につけた場合，腕が感じる力は，B の場合の方が大きくなります。従って，

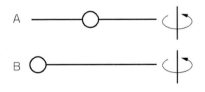

図 3-9-4　モーメントバランス

1) 材質の異なる（重心の位置が異なる）遠沈管同士ではモーメントバランスは取れません（**図 3-9-5**A，B）。
2) 比重 1.2 の溶液と，その 1.2 倍の容量の水（比重 1.0）では，重量のバランスは取れても，重心から回転軸までの距離が異なるので，モーメントバランスは取れていません（図 3-9-5C）。
3) 比重 1.2 の菌体の 50% 懸濁液（懸濁液としての比重は 1.1）を，比重 1.1 の食塩水でバラン

スを取った場合，遠心分離の前のモーメントバランスは取れていますが，遠心分離後は比重1.2の菌体が管底に集中し，重心が回転軸から遠ざかるので，モーメントバランスは崩れています（図3-9-5D）。

4）遠沈管の外側に水滴が付いた状態でバランスを取った場合も，ローター内に水が結露している場合も，モーメントバランスを取ったことにはなりません。

蓋も含めて同一形状（材質）の遠沈管に同一試料を等分するのが正しいバランスの取り方で

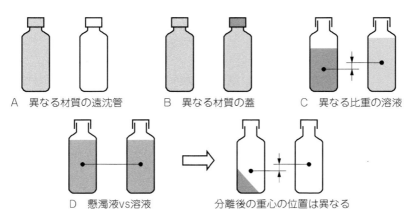

図3-9-5　バランスが取れていない例

コラム27　遠心分離機の事故例（1）

上限の遠心力が6,000×gの50 mL容チューブを，遠心分離機の最大回転数15,000 rpm（24,000×g）で遠心分離してしまった例です。チューブは引きちぎれ（A），ローターは割れ（B），チャンバーは傷つきました（C）。

運転中に高速遠心分離機の蓋が外れ，ローターとチャンバーは傷つき（D, E），蓋の軸は曲がってしまいました（F）。パッキンを装着せずに運転したことが原因と考えられます。

す。実際には，比重に起因するモーメントのアンバランスはある程度許容されますが[※53]，培養液や菌体の懸濁液を分離する場合は，同一試料を等分してバランスを取るのが原則です[※54]。

(5) 試料の漏れに関する注意

アングルローターの場合，分離中の液面は鉛直（回転軸に対して平行）になります（図 3-9-6B）。液面が遠沈管本体の縁を越えた場合，遠沈管と蓋の密閉性が悪ければ試料が漏れてしまいます。試料が漏れれば，アンバランスが生じて機械やローターにダメージを与えるだけでなく，漏れた試料による生物的汚染（病原性微生物や，他の実験にとって有害な微生物やファージ），化学的汚染（例えば発ガン物質や劇毒物），腐食（例えば硫酸アンモニウムは放置するとアルミ合金ローターをひどく腐食させる），最悪の場合は引火爆発（有機溶媒の場合）を引き起こすことがあります。従って，蓋のシールが不完全な場合を想定して，回転時の液面が遠沈管のふちを越える量を入れないようにしましょう。特に，200 mL 以上の大容量の遠沈管では漏れが生じやすくなります。なお，試料を入れて蓋をした遠心管を指で押してみて漏れないからといって，蓋のシールが完全であるとは限りません。仮に図 3-9-6B で，液面が遠沈管のふちよりも 1 cm 回転軸側にあったとします。$1×g$ では 10 m の水柱の圧力が 1 気圧なので，1 cm の水柱は $10,000×g$ で遠心分離した場合，10 気圧もの圧力に相当します。指の力でこのような圧力をかけることは不可能なので，漏れないかどうかをチェックしたことにはなりません。

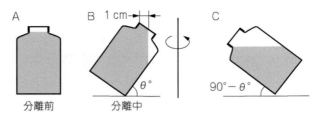

図 3-9-6　安全な液量の求め方

安全な液量は次のようにして求めます。ローターのアングル $θ°$ を取扱説明書かメーカーの URL で調べて，水を入れた遠沈管を $90°-θ°$ 傾け（図 3-9-6C），残った水の量が安全な液量になります。スイング型の遠心分離機を用いる場合はふちの近くまで懸濁液を入れても大丈夫です。

(6) 運転に関する注意

1) ローターを確実に装着する

ローターは，底部のピンと回転軸のピンがかみ合う方向を確認して，確実にセットしなければなりません[※55]。また，ピンを曲げたり折ったりしないように丁寧に扱わなければなりません。ローターをセットしたら，手で軽く回して，確実にセットされているかを確認しましょう。蓋のあるローターであれば，締まるまでに何回まわすかを憶えておきましょう。正しくセットされていなければ，いつもより回した回数が少なくなるので気づくことができます。

2) パッキンの装着を確認する

大型の遠心機の場合，ローターとその蓋の間にはパッキンを装着するようになっています。ローターの蓋のネジは，加速によって締まる方向に切ってあるので，減速する時には逆に緩みま

[※53] 例えば通常の大腸菌培養液のバランスを水で取る場合。
[※54] 硫安塩析の場合も同様に試料を等分しないとモーメントバランスが取れない。
[※55] ピンがない機種もある。

す[56]。パッキンにはこの緩みを防止する役割があるので，装着するのを忘れると，蓋を十分に締め付けることができず，減速時に蓋が外れる可能性があります（本章コラム[27]参照）。もし，回転中に蓋が飛べば，全損または多額の修理費用を要する事故につながります[57]。

3）定常運転に入るまで監視する

　回転が設定まで上がって定常に達するまで，その場を離れてはいけません。遠沈管のセットミス，バランスの取り忘れ，遠沈管の破損などがあっても，その場を離れると対処できません。もし，普段と違う音がしたら，直ちに停止スイッチを押すかタイマーをゼロに戻してから避難し，他の人も近づけないようにします。ローターが完全に停止してから点検をし，必要なら使用を中止してメーカーのサービスマンを呼びます。

4）運転中に絶対に蓋を開けてはならない

　運転中に異音がしても慌てて蓋を開けてはなりません。もし，遠沈管が破損していた場合，破片が高速で飛び散り，失明などの大ケガをする可能性があります。

5）絶対に手でローターを止めてはならない

　巻き込まれれば骨折等の重大事故につながり，回転軸に無理な力がかかり，遠心分離機の寿命を縮めます。「急ぐから」は全く理由になりません。

6）冷却機は常に電源を入れる

　モーターの発熱，ローターと空気の摩擦による発熱によって温度が上がります。室温で遠心する場合も冷却機の電源を入れ，温度を設定しなければなりません。冷凍機がついていないタイプは，外気を取り込んで冷却しているので，外気の取り込み口をふさがないようにします。

7）チャンバーの蓋

　冷却機のスイッチが入っている時は，チャンバー内での結露，氷結を防ぐために，遠心分離機の蓋は閉めておきます。逆に，使用後はチャンバー内を乾燥させるために蓋を開けておきます。極端な結氷があった場合，分離時の風圧ではがれて飛び散り，ローターやチャンバーを損傷する場合があります。

コラム[28] 遠心分離機の事故例（2）

　遠心機のチャンバーと回転軸の間には隙間を埋めるゴム製のパッキンが取り付けられていますが，このゴムが劣化すると，チャンバーに結露した水がモーター部分に流れ込んで故障の原因になるだけでなく，ゴムが高速回転するローターに触れると事故に結びつきます。卓上冷却遠心機からゴムが焦げた臭いと大きな音がして大騒ぎになった例があるのですが，ゴム製のパッキンが経年劣化で破損したことが原因でした。めくれたゴムが接触してローターを傷つけてしまいました。卓上冷却遠心機のローターは取り外しをしないので，その影になってゴムの劣化に気づかなかったことが原因です。常にチャンバー内を清浄に保つためにも，ローター内にたまったホコリを取り除くためにも，定期的にローターを取り外して清掃と点検をすることをお勧めします。普段の運転で感じない異音，異臭がした際には，ローターに接触している部分がないかを確認しましょう。

※56　ローターは減速するが，蓋は慣性で回り続けようとする。
※57　10,000 rpm で回転中に半径 8 cm の蓋が外れ，滑らずに転がれば時速 300 km！（＝2×3.14×10,000×0.08×60/1,000）。

8) 使用後のローターについて

　ローターを外して試料の漏れによる汚れがないことを確認します。外したローターは伏せて置いておきます。これは，ホコリや結露した水がローター内に溜まり，次回の遠心分離の際にバランスが崩れるのを防ぐためです。試料が漏れていた場合，直ちに洗浄します。ローターの汚れはバランスを崩すだけでなく，ローターを腐食させ，破損事故につながるからです。また，危険な試料（組換え生物，発ガン物質，劇毒物，腐食性物質，引火性物質など）が漏れてしまった場合，対処法を知っている人を呼んで適切な対応をしなければなりません。

(7) スイング型遠心分離機に関する注意

　スイング型の遠心分離機は clinical centrifuge とも呼ばれます。4つのアームにいろいろなアダプターをセットすることにより，15 mL や 50 mL のプラスチック製の遠沈管やガラスの試験管を遠心分離することができます。この際，4本のアームには全て同じアダプターを装着しなければなりません。たとえ試料が1本（バランスを入れて2本）であっても，4つとも同じアダプターを装着します（図 3-9-7）。また，遠心分離する際には，アダプターの底にクッションが入っているかを確認しましょう。一部にクッションが入っていなければ，遠心管や試験管が破損する危険があり，バランスも取れません。

　試験管のように背の高い容器を遠心分離する際には，必ず，アダプターにセットした試験管（容器）を 90° スイングさせてもアームにぶつからないことを確認しましょう。もし，アームにぶつかったら遠心分離してはいけません。そのまま強引に遠心分離すれば，試験管が割れたり，容器がアームにかみこんで外れなくなるなど，間違いなくトラブルに結びつきます。

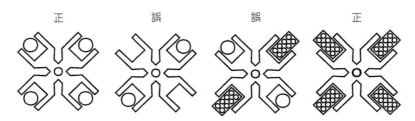

図 3-9-7　スイング型遠心分離機へのアダプターの装着

3.9.4　遠心分離のコツ

(1) 理論式から導けるコツ

　P.68, 69 の式 3-9-1, 式 3-9-4 から以下が導けます。

1) 遠心分離の効果は，遠心力（回転速度の2乗）と時間の積に比例する

　回転速度を 1.2 倍にすれば 1.44 倍の効果が得られます。ただし，最大許容回転速度は厳守しなければならないので，既に上限に達している場合は，時間延長します。時間を 1.44 倍にすれば回転速度を 1.2 倍にしたのと同じ分離効果が得られます。

2) 密度の差を大きくすれば早く分離できる

　高濃度の塩や糖などを含む比重が大きい溶液の中にある菌体を遠心分離する場合，$\rho - \rho_0$ が小さくなるので，分離に時間がかかってしまいます。この時，溶液を薄めることが許されるのな

ら，水や緩衝液で希釈すると早く分離することができます。例えば，密度 1.20 g·cm⁻³ の溶液中にある密度 1.21 g·cm⁻³ の細胞を分離する場合，密度の差は 0.01 g·cm⁻³ しかありませんが，溶液を等量の水（密度 1.00 g·cm⁻³）で希釈して密度を 1.10 g·cm⁻³ とすれば，その差は 0.11 g·cm⁻³ となり，1桁短い時間で分離することができます。希釈は溶液の粘度を下げる効果もあります。

3） 溶液の粘度を下げれば早く分離できる

　事情が許すなら，溶液の温度を上げたり，水で希釈すれば粘度を下げることができます。ちなみに，温度を 0℃ から 20℃ に上げると，水の粘度はほぼ半分になるので（[1.4.2] 参照），半分の時間で分離できることになります。

4） 沈降距離を短くすれば早く分離できる

　r_{max}/r_{min} が大きいスイング型のローターよりも，これが小さいアングル型のローターの方が早く分離できます。

(2) その他のコツ

1） 菌体の懸濁に苦労しているのであれば

　回収した菌体のペレットが固過ぎて懸濁に苦労することがあります。このような場合は，遠心分離の時間を短くするか，回転速度を下げるとよいでしょう。また，ペレットを再懸濁する際，沈殿だけの状態，もしくは少量の溶液を加えた状態でボルテックスミキサーにかけて沈殿を緩めておくと，懸濁が容易になります。

2） ローターを早く予冷したいのであれば

　冷却した状態で遠心分離するには，30分〜1時間前に遠心分離機にローターを装着して予冷しておかなくてはなりませんが，急いでいる時は，ローターを装着して 1,000〜2,000 rpm の低速で空回しをすれば，5〜10分で冷やすことができます。

3.9.5　濾過で集菌する

　培養液中の菌体は濾過によっても分離することができます。糸状菌を分離する場合や，瞬間的に分離したい場合（[7.1.6] 参照）のように，遠心分離よりも濾過が適している場合があります。濾過の理論とコツについては [1.4] で紹介していますので，ここでは培養液を濾過する場合のポイントを紹介します。

　培養液を濾過する場合，培養した微生物が濾し取れる濾紙またはフィルターを用います。糸状菌の場合であれば，図3-9-8 のように，吸引瓶の上にブフナー漏斗を乗せ，濾紙を敷いて濾し取ります。吸引瓶を減圧すれば，圧力差が大きくなり，濾過は速くなりますが，どんなに減圧しても圧力差は大気圧（0.1 MPa）以上にはならないので，真空ポンプでも水流ポンプでも大差はありません[※58]。大気圧以上の圧力をかけるには，特殊な加圧濾過装置が必要です。なお，このような濾過に用いるフィルターはデプスフィルター[※59]であり，強

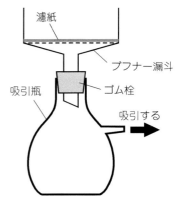

図 3-9-8　培養液の吸引濾過

く吸引し過ぎると細胞がフィルターに突き刺さって穴をふさぎ，かえって濾過が遅くなることがあります。糸状菌などの目詰まりしやすい微生物の場合は，予め，珪藻土などの濾過助剤と混合したものを濾過するとよいでしょう。

3.10　希釈系列の作り方
3.10.1　正確に希釈するためのポイント
　培養液に含まれる生菌の濃度を求めたい時には，培養液を適当に希釈して0.1 mL程度を寒天培地に塗り広げ，コロニーを形成させてその数をカウントします。この際，10倍，100倍，1000倍…と10希釈系列を作りますが，正確に希釈するためのポイントが3つあります。

(1)　試料の液量と希釈溶液の液量
　10倍希釈系列を作るのが一般的で[※60]，試料液に対して9倍の希釈用溶液を加えます。その後の実験に必要な希釈液の量によって，例えば試料液1 mLに対して9 mL，0.1 mLに対して0.9 mL，あるいは10 μLに対して90 μLの希釈用溶液を加えますが，計量する液量が少ないほど相対的に計量誤差が大きくなります。マイクロピペッターの最大容量の3割を切る量を計量するのは避けた方がよいでしょう。また，後述するように，混ぜやすさも考慮した容量にする必要があります。マイクロピペッターの正しい使い方や手入れの仕方，キャリブレーションの方法については［1.8.3］を参照してください。

(2)　確実に混合する
　溶液の混合にはボルテックスミキサーを使うことが多いのですが，このミキサーで作られる流れは層流に近いものなので，上の方の液は上で，下の方の液は下で回り，上下には混ざりにくいのです（**図3-10-1**）。確実に混ぜるには，ミキサーで液を回し，試験管（チューブ）を傾けて乱流を作る操作を少なくとも3，4回繰り返す必要があります。なお，酵母などの大きな細胞は沈みやすいので，一度混合したものであっても，試料液を取る直前にもう一度混ぜるようにしましょう（式3-9-1参照）。

　試験管やサンプルチューブの容量の1/3以上の溶液を入れると液が回りにくくなります。1.5 mLのマイクロチューブに1 mL入れると（**図3-10-2A**），液を回転させることは困難になり，回転させることができたとしても，液が蓋の部分まで上

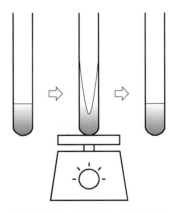

図3-10-1　ボルテックスミキサーでの撹拌

がってきて（図3-10-2B），液が蓋と本体の境目に付着してしまいます（図3-10-2C）。こうなると，よほど慎重に蓋を開けないと，その液はエアロゾルとなって周囲に飛び散ってしま

※58　10〜20 L·min^{-1}程度の排気能力があれば十分。
※59　フィルターには，編み目構造の繊維で絡め捕るように粒子を補足するデプスフィルターと，穴が開いた膜で濾し取るスクリーンフィルターがある。多くの化成品メンブランフィルター，濾紙やガラスフィルターなどはデプスフィルターである。
※60　目的によっては5倍希釈系列であったり，100倍希釈系列が適当な場合もある。

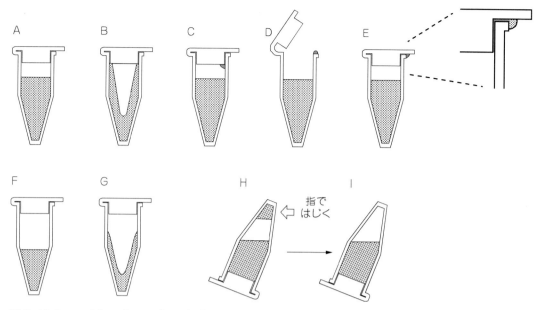

図 3-10-2 マイクロチューブでの混合

す[※61]。また，蓋を開けた時に，チューブの上端に液が付着すると（図 3-10-2D），蓋を閉めた時にその液はチューブの外に押しやられます（図 3-10-2E）。外に露出した液は無菌ではなくなってしまうので，次にチューブを開けた時，この液がチューブ内の液に混ざってしまうとコンタミの原因になってしまいます。希釈に 1.5 mL のサンプルチューブを使うのであれば，試料 50 μL に 450 μL（あるいは 40 μL に 360 μL）の希釈液を加えるようにすれば（図 3-10-2F），このような不都合を避けることができます（図 3-10-2G）。なお，液量が多く，ボルテックスしても液を回転させることができない場合，チューブを逆さにして混ぜることになります。この際，チューブを逆さにしても底部に液がたまったままになってしまい，きちんと混合できないことが少なくありません（図 3-10-2H）。このような場合，逆さにした状態でチューブの底を指ではじいて液を落とす必要があります（図 3-10-2I）。ただし，図 3-10-2C のように蓋と本体の境目に液が残ることに注意しましょう。

(3) 容器やチップへの吸着

　微生物によっては，サンプルチューブやチップに疎水的に吸着してしまうことがあります。特に胞子やファージには表面の疎水性が高いものがあり，容器に吸着しやすくなります[※62]。この現象は，細胞濃度が低いほど顕著になり，10 倍希釈して寒天培地に塗布したらコロニーの数が 1/20～1/30 になってしまった，などということもあり得ます。これを防ぐには，滅菌した 0.1％のペプトン水を希釈液に用いるとよいでしょう。ペプトンにはペプチドが含まれており，その多く

[※61] 試料が組換え体であったり，病原性のある微生物である場合，あなた自身が危険であるだけでなく，周囲の人にも危害を与える可能性が出てくる。

[※62] 酵母の胞子をプラスチックに吸着させて精製するプロトコールもある（B. Rockmill et al.: *Methods Enzymol.*, **194**, 146-149（1991））。

第 3 章　培地の作り方・植菌・培養・集菌

は両親媒性なので，容器の疎水面に吸着し，微生物が吸着するのを防いでくれます。希釈液に水を用いると，細胞内外の浸透圧の差でダメージを受ける微生物も少なくないので，生理的食塩水（0.8〜0.9％）や PBS（phosphate buffered saline，リン酸緩衝生理的食塩水[63]）を用いることが多いのですが，初めて生菌数カウントをする場合は 0.1％のペプトン水[64]を用いるべきでしょう。

3.10.2　希釈系列の例

　具体的な方法をいくつか紹介します。目的や要求される精度に応じて使い分けてください。

(1)　小試験管を用いる方法

　外径 15 mm 長さ 105 mm のリムのない試験管にアルミキャップ（内径 15.5 mm）をしたものを適当な本数，乾熱器で滅菌します[65]。クリーンベンチ内で，滅菌したペプトン水を 0.9 mL ずつ分注します。試料懸濁液をボルテックスミキサーでよく混ぜて 0.1 mL をピペッティングし，チップの中の懸濁液を 1〜2 回吸入吐出を繰り返して確実に希釈液に注入します。この操作を繰り返すことによって 10 倍希釈系列を作製し，寒天培地に塗布する際には，再度，よく撹拌してからピペッティングします。

(2)　マイクロチューブを用いる方法

　1.5 mL 容のマイクロチューブをオートクレーブし，口と蓋の部分を触らないように注意して必要本数を蓋は閉めずにラックに立てます（詳細な手順は，［3-6-2］を参照）。滅菌したペプトン水を 0.36 mL ずつ分注します。試料懸濁液をボルテックスミキサーでよく混ぜて 40 µL をピペッティングし，チップの中の懸濁液を 1〜2 回吸入吐出を繰り返して確実に希釈液に注入します。蓋を閉め，チューブの半分よりやや上を蓋を押さえながらしっかり持ち[66]，ボルテックスミキサーで混合します。混合液が蓋の部分まで上がってこないように注意しましょう[67]。

(3)　96 穴のマイクロプレートを用いる方法

　滅菌された 96 穴のマイクロプレートと 8 連のマイクロピペッターを用いれば一度にたくさんのサンプルを希釈できますが，確実に混合するためには総液量を 100 µL とし，マイクロプレートを旋回振とうできるミキサーを用いる必要があります。10 倍希釈系列を作るのであれば，試料の液量は 10 µL なので，精度は劣ります。また，8 つのチップ全てで 10 µL をきちんとピペッティングするには練習が必要です。

3.11　寒天培地で培養する
3.11.1　寒天の入れ方と濃度

　寒天は通常，1.5〜2.0％となるようにフラスコに入れておき[68]，寒天以外の全ての培地成分が

---

[63]　様々なレシピがある。0.15 M 程度の NaCl が含まれる 10〜20 mM のリン酸緩衝液（pH 7.0〜7.5）。
[64]　必要に応じて 0.85％の NaCl も加える。
[65]　試験管立に 50 本まとめて作っておくと便利。滅菌方法の詳細については第 1 章を参照。オートクレーブで滅菌してもよいが，試験管の中に水が結露している場合は乾燥器に入れて乾かすこと。
[66]　親指と中指で本体を持ち，人差し指で蓋を押さえる。
[67]　ボルテックスミキサーで混ぜる際，手で持った位置まで溶液は上がってくるので，上の方を持つほど溶液は高い位置まで上がってくる。

—80—

溶けたことを確認し，メスアップした後で※69 フラスコに注ぎ入れ，軽くかき混ぜます。適当な栓をし※70，アルミホイルをかぶせてオートクレーブします。オートクレーブの表示温度が60℃まで下がったら※71，オートクレーブの蓋を開け，数分放置します。突沸に注意して，フラスコの口を人がいない方に向けて取り出します。更に数分経過してから，泡立たないように振り混ぜ，均一にします※72。素手で何とか持てる程度（50～55℃）まで放冷し，クリーンベンチに持ち込みます。別滅菌した成分がある場合，手早く混合します。冬季などに冷えた保存溶液を入れたり，冷蔵していた保存溶液を入れると，寒天が固まってしまう場合があります。このような場合は，保存溶液をある程度予熱するか，寒天培地があまり冷えないうちに入れるなどの工夫が必要です。

3.11.2　シャーレに分注する

　滅菌済みのシャーレを包装フィルムの下側を破り，上側からフィルムごとシャーレを押さえつけながらフィルムを引き上げるようにして取り出します※73。必要に応じてシャーレの底側※74に培地名や試料名を記入します。その後，シャーレを5～10枚重ね，フラスコの栓を外して軽く火をくぐらせます。寒天培地はシャーレに目分量で注ぎますが，シャーレの底面の半分～2/3 ぐらいまで培地が行きわたったら注ぐのを止めます。その量は，直径 90 mm のシャーレなら 1 枚あたり 15～20 mL が目安です。寒天が全面に行きわたっていない場合は，シャーレを緩やかに回して行きわたらせます。何枚も作製する場合は次のようにするとよいでしょう。

(1) 下のシャーレから順に注ぐ方法

　最下のシャーレの蓋の部分を持ち，その上のシャーレごと持ち上げ，培地を注ぎます（**図 3-11-1**）。持ち上げたシャーレを元のように戻して重ね，以下，同様の操作を繰り返します。この

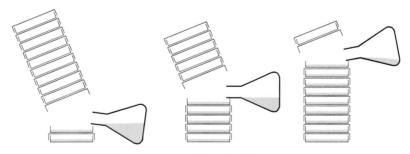

図 3-11-1　寒天培地をシャーレに分注する手順

※68　寒天を先に入れないと，フラスコのふちが培地で濡れた場合，寒天がくっついてしまう。
※69　多くの場合，寒天による体積増加や pH の変化は無視できる。
※70　アルミホイルだけをしてオートクレーブするとコンタミする可能性が高まる。
※71　寒天培地は粘度が高く冷えにくく，突沸の危険がある。通常の液体培地の場合よりも低めの温度に下がるまで待ち，更に，オートクレーブの蓋を開けてから数分待つのが安全。
※72　寒天は容器底部で融けて高粘性・高濃度になっている。放っておくと高濃度の部分から固化してしまう。
※73　シャーレを全部使わない場合，このようにして取り出せば，残りのシャーレの蓋が開かないよう（無菌を保ったまま）にして必要な枚数を取り出せる。
※74　蓋に書くと，複数の蓋を同時に外した時に，どちらの蓋か分からなくなることがある。

方法の欠点は，下の方のシャーレに注ぎにくいことです。10枚作製するなら，上半分に先に注ぎ，注ぎ終わったら上下を入れ替えるとよいでしょう。

(2) 上のシャーレから順に注ぐ方法

重ねたシャーレの最上のシャーレに注ぎ，注ぎ終わったらクリーンベンチの奥から順に重ねずに並べていきます。下の方のシャーレに分注する頃にはフラスコの培地の量が減っているので，フラスコの口をシャーレに近づけやすくなる利点があります。この方法は，後述する乾燥操作を兼ねることができる方法ですが，フラスコを傾けた状態で持ちながら，シャーレを移動させるのはかなり気を使う作業です。

何れの方法で注ぐ場合も，一度培地を注ぎ始めたら，フラスコの培地がなくなるまで，フラスコを置かず，傾けた状態を保つようにします。フラスコの口には培地がついているので（図3-11-2A），フラスコを置いてしまうと，無菌ではない部分まで培地が垂れてきます（図3-11-2B）。再度，培地を注ごうとしてフラスコを傾けると，汚染された培地がフラスコの口に戻ってきて（図3-11-2C），以降に注いだ培地はコンタミしてしまいます。やむを得ず途中でフラスコを置いてしまった場合は，垂れている培地を拭き取ってから，フラスコを180°回して，反対側から以降の培地を注ぐようにします。

図3-11-2　外側を垂れた培地によるコンタミ

分注が終わったら，寒天が固化するまで待ちますが，外気温によってはシャーレの蓋に著しく結露し，寒天面に凝縮水が落下してコロニーが流れてしまうことがあります。このような場合は以下のようにして乾燥させます。まず，クリーンベンチの奥にシャーレを一列に並べ（図3-11-3A），端から順に蓋を手前にずらしていきます（図3-11-3B）。次の列を並べて蓋をずらしていきます（図3-11-3C）。15～30分，風を当てたら，手前のシャーレから順に蓋を閉じていきます（図3-11-3D）。分注の途中で寒天が固まり始めるのを恐れて，熱い寒天培地を分注すると，蓋の裏で凝縮する水の量が増え，クリーンベンチ内で乾燥させるのに時間がかかってしまいます。素手で持てる程度まで冷えてから手早く分注するようにしましょう。

3.11.3　植菌する

(1) フローズンストックから寒天平板培地へ

培養の最初の作業は，−80℃で冷凍している保存菌株を起こすことから始まり，次のような手順で行います。フローズンストックの作り方や扱い方については第6章で詳述します。

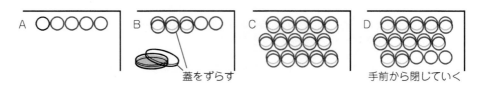

図3-11-3　シャーレの乾かし方

1) 菌株を保管しているフリーザーにもっとも近いクリーンベンチを立ち上げ，白金線も滅菌し，できる限りの準備を整えます。
2) フリーザーから保存菌株のチューブを取り出します。できる限り温度を上げないよう，適当なサイズの穴をあけた発泡スチロールに差し込んで持ち運ぶとよいでしょう。
3) クリーンベンチ内でフローズンストックの蓋を外し，凍った表面を白金線でひっかきます[75]。
4) 図3-11-4の①に示すように寒天培地にジグザグに塗りつけます。
5) 白金線を一度ガスバーナーであぶり，寒天に軽く押しつけて冷やします。
6) シャーレを90°左に回し，②のように，最初に画線した部分から引き伸ばすように画線し，続けて③④と画線していきます。
7) フローズンストックのチューブは直ちにフリーザーに戻し，その後，シャーレは逆さにして適当な温度でインキュベートします。

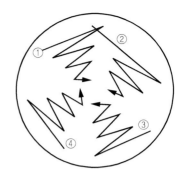

図3-11-4　寒天培地への画線

　ポイントは，チューブをフリーザーから出している時間をできるだけ短時間にとどめ，フローズンストックを融かさないようにすること，そして，寒天培地上にべったり塗り広げるのではなく，コロニーの形状が確認できるよう，シングルコロニーが出るように画線することです。図3-11-4で①を画線した後，一度バーナーで白金線をあぶるのは，白金線に微生物が多量に付着し

コラム㉙　寒天培地に泡ができてしまったら

　泡を立てないようにするのが基本ですが，保存溶液を加えて混ぜた時など，どうしても泡ができてしまい，シャーレに注いでも消えずに残ってしまうことがあります。このような場合は，マイクロピペットで吸い取れる程度であれば分注直後に吸い取ります。あるいは，寒天が固まらないうちに，ガスバーナーを手に持って火で軽くあぶれば[76]，無菌的に泡を消すことができます。ただし，プラスチックシャーレは，あぶり過ぎると溶けてしまうので注意してください。

コラム㉚　未使用の培地を保存するには

　アンピシリン[77]やテトラサイクリン[78]など不安定な薬剤を含む培地は，使用時に調製しなければなりませんが，薬剤を含まないLB培地やYPD培地などは，干からびないようにポリ袋に入れて冷蔵しておけば，1～数か月保存することができます。この際，冷蔵庫の冷気の吹き出し口付近には置かないようにしましょう。凍ったり乾燥したりして使いものにならなくなることがあります。菌液を表面塗布する場合は，塗布する際に寒天面が乾きやすいように，前日に冷蔵庫から出して室温に戻しておくか，塗布する前にクリーンベンチ内で蓋を開けて，風を15～30分当てておきます。

---

[75]　ストックを融かしてはいけない。ひっかくだけで十分な量の菌体が付く。
[76]　数が少なければ，あぶった白金耳をあてても泡を消すことができる。
[77]　中性以下のpHで不安定。調製してから2～3日以内に使用する。
[78]　光によって分解する。

ていた場合，いつまで画線してもシングルコロニーにならないことがあるからです。

(2) 懸濁液の表面塗布

生菌数を測定する場合など，目的菌株のコロニーを形成させる場合，ペプトン水や生理食塩水で適当に希釈した懸濁液を寒天培地に1枚あたり50～100μL置いて，コンラージ棒（スプレッダー）で水分が培地に吸収されてしまうまで塗り広げます。水分が残った状態で培養を始めると，コロニーが流れて計数不能になることがあるので，表面が乾くまで塗り広げる作業を続けます。液量が多過ぎると水分がなくなるまでに時間がかかり，少な過ぎると十分に塗り広げる前に乾いてしまいます。寒天培地を作製した直後だと水分がなくなるのに時間がかかるので，前日ぐらいに作製したものを使用する方がよいでしょう。直前に作製した寒天培地を使用する場合は，クリーンベンチ内でシャーレの蓋を開けた状態で30分ほど乾かしたものを使用するとよいでしょう。塗り広げる際には，シャーレを回しながら塗り広げますが，懸濁液が寒天培地の端に寄ってしまわないように注意します。手動または電動のターンテーブルにシャーレを乗せて回すと便利ですが，手を寒天培地の上にかざさないように注意しましょう。

(3) 懸濁液のスポッティング

寒天培地の表面に10～20μL程度を置き，そのまま5～10分放置して乾かします。1枚のプレートに20～30のサンプルをスポットすることができます（**図3-11-5**）。菌数を大まかに知りたい場合，10倍希釈系列を順にスポットすれば，少ない寒天培地で多数の検体を扱うことができます。コロニー数を数えることもできますが，培養時間が長過ぎるとコロニーがくっついて計数不能になり，計数可能なコロニー数は全面に塗布する場合に比べて少ないので精度は劣ります。また，シングルコロニーを拾う目的にも適しません。

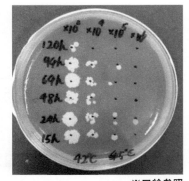
※口絵参照

図3-11-5　スポッティング

(4) 穿刺培養

乳酸菌や大腸菌などの通性嫌気性菌の中には，表面塗布すると生育がよくなかったり，長期保存ができない株もあります。このような場合は，**図3-11-6**のように，ネジ蓋付きの試験管に作製した寒天培地に，先を伸ばした白金線で突き刺すように植菌します（穿刺植菌）。この際，試験管の底まで突き刺してはいけません。発生した二酸化炭素で培地が持ち上げられてしまうことがあります（図3-11-6右）。

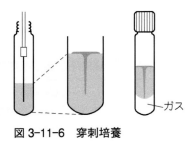
図3-11-6　穿刺培養

(5) 混釈培養

寒天培地が固まる前に菌液を混合して固化させて培養する方法です。酸素を嫌う通性嫌気性菌の培養などに用いられ，菌数計測の場合は，通常，シャーレ1枚あたり1mLの試料を入れるので，表面塗布よりも検出感度は1桁高くなります。次の2つの方法があり，試料はペプトン水や生理食塩水で適当に希釈しておきます。

1) 軟寒天と混合してから重層する方法

寒天濃度0.5～0.8％の軟寒天培地10 mLを試験管に必要本数分作製してオートクレーブし，下層にする通常の寒天平板培地[79]も準備しておきます。軟寒天培地は，クリーンベンチの横に42～45℃のウォーターバスを置いて保温しておきます。軟寒天培地を1本ずつ取り出し，紙タオルなどで水をよく拭き取ってバーナーであぶり，栓を外します。試料0.1～1 mLを加えて手早く混合し，寒天培地の上に注ぎ，穏やかに回すように揺らして全面に行きわたらせ，しばらく放置して固化させます。

2）シャーレで寒天培地と混合する方法

通常の寒天濃度か，やや低めの寒天濃度の培地を作製し，適当な容器[80]に15 mLずつ分注してシリコセンなどをしてオートクレーブし，45～50℃のウォーターバスで保温しておきます。空のシャーレに試料1 mLを入れ，寒天培地を全量注ぎ，シャーレを穏やかに回すように揺らして混合し，しばらく放置して固化させます。

3.11.4　培養する

寒天平板培地は，通常は裏返して寒天面を上にして培養します。これは，蓋についた水滴が寒天面に落下した場合，コロニーが流れてしまうからです。プラスチック製のシャーレの場合，蓋を上にすると，蓋は軽いので隙間が空きやすく，乾燥しやすくなります。寒天側を上にすることで，寒天の重量で密着性が高まり，乾燥をある程度防ぐこともできます。ただし，寒天濃度が低い軟寒天培地で，倒置すると流れてしまう場合は，寒天面を下にして培養します。

長期間培養する場合は，まず，乾燥防止のために，パラフィルムを巻いて培養します。パラフィルムは幅1 cmぐらいに切り，引っ張りながら，シャーレの本体と蓋の間をまたぐように巻いていきます。これで乾燥が防げない場合は，孵卵器の中に水を入れたビーカーを置いて湿度を高めるとよいでしょう。

3.11.5　寒天培地上の菌体を回収する

シャーレ上のコロニーを回収して実験に使用する場合，シャーレに3～10 mLの培地や適当な濃度の塩を含む緩衝液（例えばPBS）を注ぎ，スクレイパーやコンラージ棒（スプレッダー）でコロニーを分散させ，マイクロピペットで回収し，遠心分離による洗浄等を行ったのち，実験に供します。糸状菌の胞子を回収する場合は，適宜，界面活性剤（例えば0.1％（w/v）Tween 80）を添加します。

3.11.6　いろいろな寒天培地の作り方

（1）スラント（斜面培地）の作り方

培地に寒天を1.5～2.0％入れ，湯せんして寒天を溶かします。電子レンジで加熱する場合は，決して目を離してはいけません。大き目のビーカーを使い，吹きこぼれそうになったら直ちに加

---

[79]　培地の量は少な目（1枚あたり10～15 mL）でよい。
[80]　直径22～30 mmの試験管など。18 mmの試験管に15 mLは多過ぎる。

熱を止め，30秒以上待ってから[※81]取り出して撹拌します。手には軍手をして，更にその上にゴムまたはビニールの手袋をすること[※82]。寒天が完全に溶解するまで続けます。ある程度冷めたら，25〜50 mL容のプラスチック製の注射器に10 cmほどのシリコンチューブをつないだものを用いて，試験管に分注していきます[※83]。栓をしてオートクレーブし，適当な傾斜をつけた状態で固化させます。分注には10〜20 mLの駒込ピペットを用いても構いませんが，使用後は直ちにお湯で洗浄しないと，内部で寒天が固化して取れなくなってしまいます。

(2) 白亜寒天培地の作り方

乳酸菌などの有機酸を著量生産する微生物の場合，炭酸カルシウムを入れた培地を用いる場合があります。50〜100 mgの炭酸カルシウムを試験管に計量し，シリコセンをして乾熱滅菌しておきます[※84]。そこにオートクレーブ滅菌した寒天培地をクリーンベンチ内で5 mL注いで固化さ

コラム31 寒天培地培養と液体培地培養の違い

微生物のスクリーニングや薬剤・重金属耐性試験などに寒天培地培養が利用されますが，同じ培地組成であっても，液体培地とは結果が異なることが少なくありません。一般に，物質の移動は拡散と対流によって起こります。対流による物質移動は拡散による移動よりも格段に速いので，液体培地では微生物の細胞が周囲の物質を吸収しても，周囲から速やかに供給され，細胞周辺の濃度は保たれます。これに対して寒天培地には対流がないので，寒天培地上の微生物が周辺の物質を吸収しても，周囲からスムーズに供給されず，コロニーの周辺，特にコロニーの上部ではその物質の濃度は低くなります（図3-11-7）。この物質が栄養分である場合，寒天培地

図3-11-7 コロニー周辺の基質の濃度勾配

上での生育は液体培地での生育に比べて遅くなることは想像に難くありません。逆に，その物質が薬剤や重金属のように，取り込まれると増殖を阻害する物質である場合，液体培地ではどの細胞も等しく影響を受けますが，寒天培地ではコロニー周辺の濃度は下がり，コロニーの上部には届きにくくなるので，みかけの耐性が高くなります。実際に，ある微生物で銅耐性試験を行ったところ，寒天培地培養では液体培地培養の10倍濃度まで生育が可能でした[1]。

コラム33 寒天培地での長期間の培養

糸状菌の有性胞子を得る場合など，数週間以上の長期間，寒天培地で培養するような場合，寒天が乾燥してしまいますが，これを防ぐためにシャーレにテープやパラフィルムを巻くと通気が妨げられてしまいます。このような場合は，ルー（Roux）氏型培養瓶（図3-11-8）にシリコセンを組み合わせると便利です。

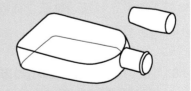

図3-11-8 ルー氏型培養瓶とシリコセン

※81 直後に取り出そうとして振動を与えると突沸することがある。
※82 軍手だけでは，突沸して熱い培地が染み込むとひどいヤケドを負う。
※83 多くのスラントを作製する場合，直径35〜40 mmで出口の内径が数mmある太短いオープンカラムにゴム管をつけてピンチコックで開閉できるようにしたものを用いると便利である。

せます。炭酸カルシウムは不溶性で白く濁っていますが，生産された有機酸を中和すると溶け，次第に透明になっていきます[※85]。

(3) 酸性 pH の寒天培地の作り方

［3.6.1］でも述べましたが，pH 4.5 以下で寒天をオートクレーブすると，培地組成にもよりますが，寒天が加水分解されてしまい，固化しなくなることがあります。このような場合は，寒天だけを別にオートクレーブするか，オートクレーブ後に pH を合わせる工夫が必要です。

(4) 好熱菌用の固形培地の作り方

寒天は 50℃ 以上になると溶け始めます。寒天の終濃度を 2% とすれば 55℃ までは何とか固化した状態を保つことができますが，これ以上の温度で培養したい時は，寒天の代わりにジェランガム（Gellan gum）を用います。ジェランガムのゲル強度は，その濃度，および 2 価のカチオンによって高まるので，培養したい温度によって適当に組成を変更します。培養したい微生物またはその近縁種を公的菌株バンクで探し（第 6 章参照），そのカタログに掲載されている培地の組成を参考にするとよいでしょう。

3.12　嫌気性菌の培養

ここまで，酸素を好む微生物の培養に主眼を置いて解説してきました。酵母や大腸菌は，環境の酸素濃度によってエネルギー獲得のための代謝系を切り換えて，幅広い酸素濃度下で増殖することができます。これに対して，乳酸菌は好気的に培養できるものもありますが，どちらかといえば酸素を嫌い，嫌気状態にしないと生育が悪いものも少なくありません。また，ビフィズス菌や *Clostridium* 属の細菌，メタン生成アーキアなどは酸素があると生育できない絶対（偏性）嫌気性菌です。このような通性嫌気性菌や絶対嫌気性菌を培養するには，低酸素あるいは無酸素の環境を整えてやらなければなりません。

3.12.1　脱酸素剤を利用した培養

平板培地や試験管培地に嫌気性菌を増殖させたい場合には，脱酸素剤とガス非透過性の容器

コラム㉝ 寒天からの栄養素の持ち込み

一般的な寒天はあまり純度が高くないため，栄養要求性試験に影響を及ぼす（入れてないつもりの物質が混入している）ことがあります。最少培地で培養する際，寒天培地での生育は良好だが，液体培地だと生育が悪いことがありますが，これは，最少培地に含まれていない必須微量元素[※86]が寒天からの持ち込みによって補われたからなのです。この点，ジェランガムは寒天に比べて精製度が高いので，栄養要求性試験に好適です。

※84　シリコセンなど，乾熱減菌に耐える栓を用いること。バイオシリコは乾熱減菌できないことに注意。

※85　生産される乳酸の総モル数よりも少ない炭酸カルシウムを入れた場合，白い濁りがなくなったら植え継ぎ時期。

※86　例えば，大腸菌の M9 培地には Fe, Mn, Zn, Mo などの必須微量元素は入っていないので，液体培地を純度の高い水で作製すると生育が悪くなるが，寒天培地の場合は大きな問題は生じない。

(プラスチック袋，あるいは，密閉性小型ジャーなど）の組み合わせで，簡便に嫌気環境を作ることができます[※87]（図 3-12-1）。

脱酸素剤製品の多くは，開封して空気に触れると，微量の水分存在下で酸素吸収反応が始まります。容器容量や培地量（平板培地の枚数）にもよりますが，2〜数時間で酸素濃度を 0.1% 以下にすることができます。約 0.1% 酸素濃度を境に青色からピンク色に変色するタブレット型のインジケーターも市販されています。微生物種によっては，二酸化炭素を要求するもの

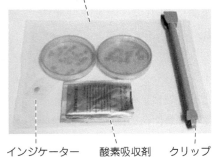

図 3-12-1　脱酸素剤による嫌気培養

もあるので，酸素の吸収とともに，5%，10%，20% の二酸化炭素を発生するタイプの製品を使い分けるとよいでしょう。この方法の欠点は，微酸素濃度（0.1%）に到達するまで 2〜数時間を要し，嫌気状態を持続したままで，経時的なサンプリングができないことです。

培地の調製や，菌数カウントの際の希釈液などについても，酸素濃度を下げる工夫が必要ですが，これらについては，［3.11.3］を参照してください。

液体培養も少量なら，脱酸素剤を利用して行えますが，ある程度以上になれば，フィルター濾過した嫌気ガスをバブリングして培養します。この際に用いる嫌気ガスは，純窒素ではなく，二酸化炭素 20%，窒素 80% の混合ガスを用いる方がよいでしょう。現在の地球の大気は酸素が 21% を占めますが，微生物が生息する嫌気的な環境のほとんどは，通性嫌気性菌の呼吸によって生じるもので，そこには二酸化炭素が 20% 程度存在しています。絶対嫌気性菌の中には，酸素を嫌っているだけでなく，高濃度の二酸化炭素を要求しているものが少なくありません。筆者の経験では[2]，あるビフィズス菌は窒素ガスで嫌気にすると，ミルク培地では全く増殖できませんが，二酸化炭素を 10% 以上含む窒素ガスを用いれば良好に増殖しました。窒素ガスで嫌気にした場合であっても，ミルク培地に核酸を添加すると増殖が可能でした。これは，プリンおよびピリミジンの生合成に炭酸同化反応があり，それにはある程度以上の濃度の二酸化炭素が必要であったためだと考えられます。

3.12.2　バイアル瓶での培養

脱酸素剤や嫌気チャンバーを用いずに絶対嫌気性菌を培養する方法として，ブチルゴム栓とアルミシールで密栓可能なガラス製のバイアル瓶を用いる方法があります（図 3-12-2）。終濃度 1 mg/L 程度のレサズリン[※88]を含む培地をバイアル瓶の容量の 1/3〜2/3 ほど分注します（30 mL

[※87]　三菱ガス化学㈱のアネロパックがよく使われる。
http://www.mgc.co.jp/seihin/a/anaeropack/pdf/pamphlet.pdf
[※88]　レサズリンは酸化還元指示薬の 1 つで，大気と平衡関係にある培地の酸化還元電位（+250〜+400 mV）では紫色を示すが，溶存酸素濃度が低下し，培地の還元度が増すに従って，ピンク色を経て無色（<−110 mV）へと変色する。溶存酸素濃度と酸化還元電位の間には必ずしも相関はないが，絶対嫌気性菌の培養では，レサズリンの呈色によって嫌気度を判断しても実質上問題はない。

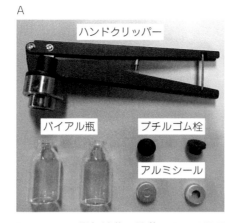

図 3-12-2　嫌気性菌の培養に用いる器具

容のバイアル瓶なら 10～20 mL）。レサズリン指示薬の色がピンクに変色するまで嫌気性ガスをバブリングし，ブチルゴム栓でバイアル瓶に蓋をします[※89]。この上からアルミシールをかぶせ，ハンドクリッパーなどの締機でシールします。アルミシールは中心部のみをはがせるタイプのものを用います。アルミシールの中央部をはがし，露出したブチルゴム栓部分から針付きシリンジを使って還元剤を注入します。還元剤には終濃度 0.5 g/L 程度の Na_2S や L-システインが用いられます。20 倍の濃度の溶液を調製して培地に対して，1/19 量を注入します。還元剤によって培地中の溶存酸素が消費され，レサズリンが無色になります。炭酸固定を行う微生物などの培養では，増殖に伴いバイアル瓶内のガスが消費され内圧が下がります。この際，培養容器の気密性が十分でないと大気中の酸素が入り込み，嫌気状態を保てなくなります。このような場合，あらかじめバイアル瓶の内圧を高めにしておくとよいでしょう。嫌気ガスの供給源（高圧ガスボンベなど）からのチューブの先端にシリンジ針を接続し，大気圧より少し高め（0.15 MPa 程度）の圧力で嫌気ガスを供給することで加圧することができます[※90]。この培地をオートクレーブし，適当な温度まで冷ました後，針付きシリンジを用いて前培養液を植菌します。ビタミン類など別滅菌した溶液を加える場合も同様に針付きシリンジを用いて添加します。バイアル瓶内が加圧されている場合，内圧によりプランジャーが押し返されて溶液が添加しづらいことがあります。シリンジ針の先端が培養液中に浸かっていれば，内圧の影響は軽減されます。針の先端が培養液中まで届かないときは，バイアル瓶を逆さに向け，下からシリンジ針を刺します。

　別滅菌する溶液を嫌気的に調製することが難しい場合[※91]は，還元剤をオートクレーブ後に添加します。別滅菌する溶液を極力高濃度で調製しておけば，添加する体積を減らし，この溶液に

※89　有機物を含まない完全合成培地など，培地の種類によっては，レサズリン指示薬の色がピンク色に変色しないことがある。嫌気ガスの供給速度にもよるが，30 分間程度バブリングを行っても，指示薬の変色が見られない場合は，そのまま次の操作に移る。
※90　高圧ガスボンベに接続する圧力調整器は，制御可能な圧力範囲が異なる種類が複数ある。嫌気ガスの供給源として高圧ガスボンベを用いる場合，使用圧力にあった調整器を選ぶ必要がある。
※91　例えば，添加する溶液の液量が少ない場合，バブリングで酸素除去をすると溶液が乾燥してしまい，体積変化が無視できなくなる。

第3章　培地の作り方・植菌・培養・集菌

由来する酸素の混入を低く抑えることができます。溶液を注入した後，フィルター滅菌した還元剤を添加し，酸素を除去します。なお，ブチルゴム栓は繰り返し穿刺することで，気密性が低下することがあります。レサズリン指示薬が還元剤添加後に無色にならない場合は新しいものに取り換えましょう。

　同じ要領で寒天培地を作製することもできます。寒天を含む培地をオートクレーブし，寒天が固まらない程度にまで冷ました後，前培養液を植菌します。バイアル瓶を水中や氷の上で転がして瓶の内壁面に培地をひろげながら固めます（ロールチューブ法）。コロニーは寒天培地の内部に形成されます。アルミシールとブチルゴム栓を外し，L字型の滅菌した先の細いガラス棒[※92]や先を鉤状にしたニクロム線で釣菌します。

3.12.3　嫌気チャンバーでの培養

　メタン生成アーキアのように，酸素を極端に嫌う絶対嫌気性菌を扱う場合，完全密閉系のチャンバーを用います。チャンバー内は，窒素ガス，アルゴンガス，窒素-水素混合ガス，あるいは，窒素-水素-二酸化炭素混合ガスなどで置換して嫌気環境を作ります。水素を含むガス（4%混合）を使用するタイプは，チャンバー内に残留する酸素を，パラジウムの酸化触媒上で水素と反応させて水に変換し，酸素濃度を下げるしくみを利用するものです。チャンバー内の酸素濃度はガス検知器でモニターします。ゴム手袋が取り付けられているタイプでは，チャンバー内で植菌，培養，サンプリングなどを行うこともできます。

　小スケールの嫌気的液体培養は，次のようにして行うこともできます。上述したブチルゴム製のゴム栓付きバイアル瓶や，密閉性の高いパッキン付きのネジ口キャップがついたフラスコを用い，まず，チャンバー内で培地のヘッドスペースを嫌気性ガスで置換します。これを1日以上チャンバー内で嫌気状態に平衡化した後，植菌して培養実験に供します。この場合，培養は嫌気チャンバー外のインキュベーターで行えます。

3.13　培養した培地および菌体の廃棄

　培養した微生物が組換え微生物や病原性微生物である場合，必ず完全に死滅させてから廃棄しなければなりません（第14章参照）。これらに該当しない微生物であっても，実験室で培養した微生物の濃度は，自然界に生存する場合の濃度とは比較にならないほど高濃度である場合がほとんどです。たとえ無害と思われる微生物であっても，高濃度になれば人知の及ばない影響がでないとも限りません。微生物を培養したら，最後はオートクレーブ（または薬剤殺菌）を基本にしてください。

文　献

1）柳場まなら：オレオサイエンス，**17**（3），117-125（2017）.

2）K. Ninomiya et al.：*J. Biosci. Bioeng.*，**107**，535-537（2009）.

※92　パスツールピペットの先端をバーナーであぶって少し折り曲げたものを用いることができる。

第4章　培養状態の計測と制御

4.1 顕微鏡観察

　培養中の微生物の状態を知るためのもっとも直接的な方法は目で見ることです。細菌は0.1～10μm，原虫や真菌が4～40μm程度の大きさで，直接肉眼で見ることはできませんので，光学顕微鏡を用いて観察することになります（図4-1-1）。

　培養を顕微鏡観察することの目的の1つは，培養がコンタミしていないかを調べることです。もう1つの目的は，培養している細胞がどのような増殖状態にあるかを知ることです。細胞分裂中の細胞の割合が分かれば，培養が対数増殖期にあるのか定常期にあるのか，あるいは生殖期にあるのかが分かります。また，細胞の形態を観察したり，色素染色によって死細胞がどれくらいの割合で混じっているかも評価することができます。

　しかし，どの微生物でも同じ手法で同じように見える訳ではないので，観察対象に適した顕微鏡観察法と標本作製法を選ぶことが必要です。標本によっては染色などの操作が必要となるため多少の時間と手間がかかることがあります。それでも，他の計測法と比べると簡便であり，微量の培養液で十分な評価ができることも併せて考えると，顕微鏡観察は培養状態を知るための大変有効な手法といえます。何よりも，実験に使用する微生物が実験に適した状態にあることは大変重要なので，実験を始める前には顕微鏡観察して普段通りの"顔"をしているか確認する習慣を付けましょう。

　本節では，顕微鏡による微生物の観察方法について概説しますが，詳細については文献1），2）やメーカーのURL[※1]を参照してください。

4.1.1 光学顕微鏡の基本構成

　通常使われる光学顕微鏡は複式顕微鏡と呼ばれるもので，標準的な構造を図4-1-2に示します。基本的な構成要素は次のようなものです。
　①　鏡柱：顕微鏡の骨格。
　②　照明装置：光源ランプ，絞り，コンデンサーなど。

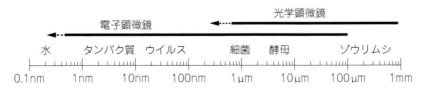

図4-1-1　微生物の大きさと顕微鏡で見える大きさ

※1　http://www.nikon-instruments.jp/jpn/learn-know/microscope-abc/microscope-observation

第4章 培養状態の計測と制御

③ 対物レンズ：標本の直ぐ上にあるレンズ。
④ 接眼レンズ：観察者が覗き込むレンズ。
⑤ ステージ：標本を固定します。
⑥ 粗動ネジ，微動ネジ：ステージと対物レンズとの距離を調節し，焦点を合わせます。

光源からの光はコンデンサーで集められ，ステージ上の標本を照らします。標本を透過した光は対物レンズを通り，拡大された像を作ります。私たちは，この拡大像を接眼レンズで更に拡大したものを観察します。

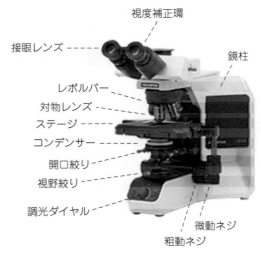

図 4-1-2　光学顕微鏡の構造

4.1.2　顕微鏡観察で重要な要素

顕微鏡観察で重要な要素は，標本が見たい大きさに拡大されていること，細かく見えること，はっきり見えることの3点です。これは倍率，分解能，コントラストと呼ばれます。

(1) 倍　率

対物レンズの倍率と接眼レンズの倍率の積が観察像の拡大倍率です。例えば40倍の対物レンズと10倍の接眼レンズを使うと拡大倍率は400倍です[※2]。通常接眼レンズは交換せず（10倍を使うことが多い），拡大倍率を変える時は対物レンズを交換します。レボルバーと呼ばれる回転式装置に複数の対物レンズが取り付けられています。

(2) 分解能

分解能は顕微鏡が区別できる異なる2点間の最小の距離で定義され，どれだけ細かく見えるかを示します。標本の細部を観察したい時には倍率を高くすればよいと考えがちですが，分解能が不十分だと像ははっきり見えずぼやけた像になり，十分な観察ができません。分解能は波長と対物レンズの開口数（Numerical Aperture；NA）によって決まるので[※3]，細かく見たい時には開口数の大きな対物レンズを使います。

(3) コントラスト

標本が視野内の他の部分と同じ明るさ，色を持っていると，背景に埋もれてしまい，像が見えません。標本が見えるためには，明るさや色の違い，つまりコントラストがあることが必要になります。コントラストには対物レンズとコンデンサーの開口数が大きく影響し，観察に適したコントラストを得るためには，コンデンサーの開口数を対物レンズの開口数の70〜80％ぐらいにするとよいと言われています。対物レンズの開口数は一定なので，コンデンサーの開口絞りを調節してコントラストを変えます。コンデンサーの調節の他にコントラストに大きく影響するのは観察法です。各種の観察法については後述します。

※2　10 μm の酵母細胞は 400 倍に拡大すると 4 mm，1,000 倍に拡大すると 10 mm の大きさに見える。
※3　分解能 = 0.61 × 波長 / NA で表される。通常は人の眼が最大の感度を持っている 550 nm を波長として使う。

4.1.3 対物レンズの仕様

対物レンズの仕様として以下のような項目がレンズの側面に表示されています（**図 4-1-3**）。

⑴ 倍　率

4×，10×，20×，40×，60×，100×などがあります。

⑵ 開口数（NA）

分解能を決める値です。開口数が大きいほど分解能が高くなり像が明るくなりますが，焦点が合って見える奥行きの範囲が狭くなります[4]。倍率が高いレンズほど開口数も大きくなっています。

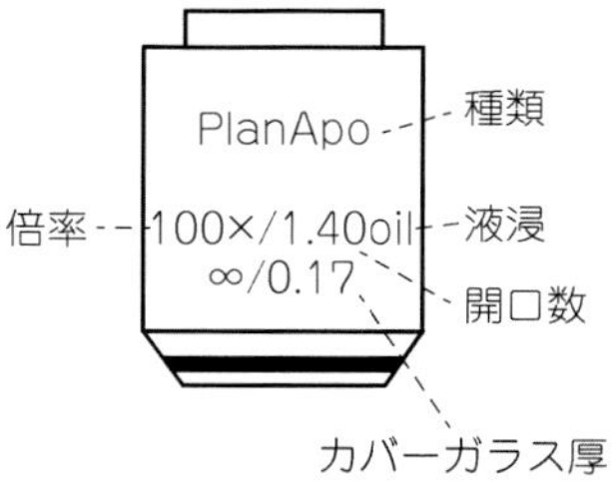

⑶ 乾燥系または液浸系

低倍率で開口数が小さい対物レンズのように，カバーガラスと対物レンズの間が空気である対物レンズは乾燥系と呼ばれます。これに対して，カバーガラスと対物レンズの間を液体で満たす対物レンズは液浸系と呼ばれます。イマージョンオイルで満たす油浸レンズ（「oil」と表示）や水で満たす水浸レンズ（「W」と表示）などがあります。60倍以上の高倍率で開口数の高い対物レンズの多くは油浸レンズです。

⑷ 種　類

色収差と像面湾曲収差の補正のレベルによって分類されています。主にプランアポクロマート，プランアクロマート，アクロマートに分かれます。研究用には色収差が小さいアポクロマートが適しています。写真撮影には平坦な像が得られる「プラン」が適しています。

⑸ カバーガラス厚

「0.17」は厚さ 0.17 mm のカバーガラス標本用の意味です。生物用の対物レンズは通常は厚さ 0.17 mm に合わせて設計されています。「0」はノーカバーガラス標本用，「−」はカバーガラス標本とノーカバーガラス標本共用です。空気とガラスで屈折率が異なるので，カバーガラスの有無や厚さを間違えると，良い像が得られません。

⑹ 各種観察法用レンズ

位相差用，微分干渉用，蛍光用などがあります。

図 4-1-3　対物レンズの表示

4.1.4 顕微鏡の分類と特徴

顕微鏡には観察法によって様々な種類があります。観察する微生物種，生細胞か染色標本かなど，何をどのように観察したいかによって観察方法を選ぶ必要があります。自分の扱う微生物の観察に適した方法を知っておきましょう。

⑴ 形による分類

光学顕微鏡は標本の照明の向きによっても分類することができます。標本を下から照明し，上から見るタイプが正立顕微鏡で，もっとも一般的です。一方，標本を上から照明し，下から覗き込むのが倒立顕微鏡です。培養ディッシュの底の生きた細胞を観察したい時など，底側から観察

---

[4]　これを焦点深度という。

する時には倒立型顕微鏡を用います。

(2) 観察方法による分類

試料の構造が見えるためには視野の他の部分との間にコントラストができなければなりません。コントラストをつけるものとして，試料の分光特性や，試料による光の位相の変化，回折・散乱，屈折などがあり，これらを利用して試料に見やすいコントラストをつける各種の観察法が知られています。通常の観察法で十分なコントラストを得られない時は，異なる観察法を試してみることが有効です。

1) 明視野顕微鏡

もっとも一般的な観察方法で，光が標本を通過する時の光の吸収を利用して観察します。弱いコントラストしか得られない標本の場合は，色素などを用いて染色する必要があります。生細胞を観察する場合は，コンデンサーの開口絞りを絞ってコントラストを強くします。

2) 暗視野顕微鏡

他の観察法とは異なり，側面から光を当てて透過光が対物レンズには入らないようにしてあるので視野は真っ暗で，対物レンズに入ってくる標本によって散乱した光を観察します。暗い視野の中で標本だけが光るので感度は高く，小さ過ぎて他の方法で観察することが難しいものの検出のために用いられます。暗視野観察用のコンデンサーが必要です。

3) 位相差顕微鏡

照明光が試料を通る時に生じる回折光と直接光との位相のずれを利用してコントラストを付けます。光を吸収しない透明な試料でも明暗のコントラストが付くので，無色透明な標本や生細胞を染色せずに観察するのに適しています。よく利用される例として，栄養細胞と胞子の識別や，細菌の成熟胞子（休眠胞子）と，未成熟胞子や発芽初期の胞子の識別を挙げることができます[3]。細菌の休眠胞子は明るく光って見え，後者の胞子は栄養細胞に近い灰色から暗色に見えます。また，位相差像の特徴として細胞の周りに明るいふち取り（ハロー）ができます。特に，厚みのある細胞ではより強いハローができるので，その顕微鏡像から細胞のサイズを計測するとエラーが起きやすくなります。位相差観察用の対物レンズとコンデンサーが必要です。

4) 微分干渉顕微鏡

照明光が試料を通る時に標本の屈折率と厚さの違いによって生じる位相差を利用してコントラストを付け，立体的に見えるようにします（図 4-1-4）。無色透明な標本や生細胞の観察に適しています。厚みのある標本も観察することができます。微分干渉プリズムと偏光板が必要です。

5) 蛍光顕微鏡

蛍光標識した標本に特定の波長の励起光をあて，生じる蛍光を検出します。蛍光の波長は励起光の波長よりも長いため，蛍光波長は通すが励起波長を通さない吸収フィルターを使うことにより蛍光のみが高感度に検出されます。蛍光色素で染色したり，生体内で蛍光タンパク質を発現させたりすることによって，細胞構造を可視化したり，細胞内の目的分子を検出したりすることができます。また，DNA や RNA に結合するアクリジンオレンジ（acridin orange）で

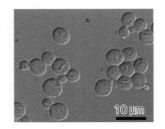

図 4-1-4　酵母の微分干渉顕微鏡観察

染色すれば，ゴミなどの非生物との区別が容易になり，キチンやセルロースに結合するカルコフラワーホワイト（calcofluor white）を用いれば，真菌の細胞壁を染色することができます。水銀ランプやLEDなどの励起用の光源と励起フィルター，吸収フィルターが必要です。

4.1.5　顕微鏡観察の手順

顕微鏡観察では，観察を始める前に，まず，何をしたいのかを考えることが大切です。例えば酵母の培養では，出芽の割合，細胞の形態，コンタミの有無といったように具体的に観察項目を挙げてから観察を進めます。出芽の割合は400倍の拡大倍率（40倍の対物レンズ）で十分ですが，細胞の形態やコンタミの確認は1,000倍の方が適しています（**図 4-1-5**）。また，視野中に観察できる細胞数を多くしたい時には低倍率，詳細な構造を見たい時には高倍率，というように目的に応じて使い分けます。以下に，もっとも一般的な明視野顕微鏡による観察手順を示します。

(1)　光量の調節

電源を入れ，ランプの調光ダイヤルを使って観察者の眼に快適な光量に調節します。特に低倍率の対物レンズでは光量を少なくする方が快適に観察できます。高倍率の対物レンズを使う場合には必要に応じて光量を多くします。また，必要に応じてブルーフィルター[※5]やグリーンフィルター[※6]などのフィルターを用いて光源の色や明るさを調整します。

(2)　眼幅の調整

接眼レンズを覗いて眼の位置を決めます。接眼レンズから少し離れた位置が最適です[※7]。次に，双眼部の開き具合を調整し，接眼レンズの間隔を自分の眼の幅に合わせ，両目で見て視野が1つの丸に見えるようにします。

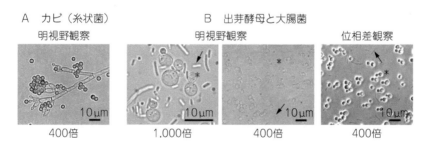

図 4-1-5　微生物の顕微鏡観察例
＊印は出芽酵母（*Saccharomyces cerevisiae*），矢印は大腸菌（*Escherichia coli*）です。1,000倍の画像で見える黒い棹菌は焦点面からずれた大腸菌。
（カビ写真提供：大阪大学・金子嘉信博士）

※5　光源のランプは黄色から赤味を帯びているため，ブルーフィルター（観察用）または色温度変換フィルター（観察および写真撮影用）を用いて自然光に近い光に補正することにより快適な観察環境が得られる。
※6　位相差観察ではグリーンフィルターを用いるとコントラストが良くなる。また，染色標本では緑色や橙色フィルターを用いて写真撮影のコントラストを増強する。
※7　正しい眼の位置を「アイポイント」という。普通の接眼レンズは眼鏡を外さないとアイポイントに眼を置けない。眼鏡マークが付いている「ハイ・アイポイント」と呼ばれる接眼レンズは，眼鏡をかけたまま観察できる。

第4章　培養状態の計測と制御

(3) 標本をステージに乗せる

ステージに標本スライドを乗せるときは，カバーガラスが対物レンズ側になるように，正立顕微鏡ではカバーガラスが上，倒立顕微鏡では下向きにします。標本がレンズ直下にくるようにステージを動かします。

(4) 焦点を合わせる

対物レンズは，どの倍率でも焦点の合うステージの位置はほぼ同じです。低倍率の方が焦点を合わせるのが簡単なので，まずは10倍か20倍の低倍率の対物レンズを使って焦点を合わせた後で，観察に用いる高倍率へと進みます。対物レンズを標本に近づけながら焦点を合わせようとすると，対物レンズが標本にぶつかってしまい，標本や対物レンズにダメージを与えてしまうことがあります。そこで以下のように，対物レンズを標本から遠ざけながら焦点を合わせます。

1) 粗動ネジを使ってステージをカバーガラスに当たらないようにできるだけ上げておきます[8]。

2) 粗動ネジを使ってステージをゆっくりと下ろし，対象物のぼんやりとした影が見えてきたら止めます[9]。

3) 微動ネジで更に焦点を合わせます。

4) レボルバーを回転させて，観察に用いる倍率の対物レンズに交換します。焦点はほぼ合っているので，微動ネジを使って微調整します。

(5) 視度の補正

ほとんどの人は左右の眼のピントがずれているので，視度補正環を使って左右のバランスを取ります。視度補正環のない方の接眼レンズを片方の眼だけで覗き込み，微動ネジで焦点を合わせます。次に，視度補正環付きの接眼レンズをもう一方の目だけで覗き込み，視度補正環を回して焦点を合わせます。焦点板入り接眼レンズの場合は，初めに視度補正環の目盛りを0の位置に合わせ，焦点板の十字や二重線がくっきり見える位置まで視度補正環を回します。

(6) コンデンサーの調節

コンデンサーの調節はコントラストに大きく影響するので，対物レンズを交換するたびに必ず

コラム34　焦点がうまく合わない時は

　うまく焦点が合わない時や標本が小さくて低倍率で見えない場合には，カバーガラスの端や標本中の水滴など，見やすいものを使うと調節が容易になります。サンプルはカバーガラスの下面と同じ位置にあるので，カバーガラスの端を使う場合は，上面ではなく下面に焦点を合わせます。また，培養液や封入液がカバーガラスからはみ出ている場合があるので，レンズを汚さないように十分注意します。もし標本に焦点が合っているはずなのに何も見えなければ，コントラストが十分ではない可能性があるので，コンデンサーを調節してみましょう。

---

[8] 焦点が合った状態での対物レンズの先端からカバーガラス上面までの距離（作動距離）は10倍で10 mm程度あるが，40倍では0.5 mm程度。対物レンズの仕様で決まっているので，普段使う対物レンズの作動距離を覚えておくとよい。

[9] 粗動ネジで動かし続けると一瞬対象物が見えた後でまた見えなくなってしまい，焦点の合う瞬間を逃してしまう。

行うようにします。

1) コンデンサーを上限位置まで上げます。

2) 視野絞りを一杯に絞ると，視野絞りの像が小さな光として見えます。

3) コンデンサーをゆっくりと下げ，視野絞り像の形がきれいな多角形に見えたところで止めます。

4) コンデンサーの取付部辺りにある調節ネジを使って，視野絞り像が視野の中心にくるようにします。

5) 接眼レンズを外し，鏡筒を覗くと対物レンズの瞳と呼ばれる光の円が見えます。コンデンサーの開口絞りを一旦全開にした後，ゆっくりと絞っていくと多角形の開口絞り像が見えるので，この像が対物レンズの瞳の直径の7～8割くらいになるように調整します。接眼レンズを戻します。

6) 視野絞りを開き，光の範囲が視野一杯になるまで広げます。

4.1.6 油浸レンズの使い方

　油浸レンズを使う時には，必ず対物レンズの先端とカバーガラスの間を油浸オイルで満たさなければなりません。まず，低倍率の乾燥系の対物レンズで焦点を合わせた後，カバーガラスの上に油浸オイルを1滴垂らします[10, 11]。レボルバーを回して油浸レンズをセットしたら，微動ネジで焦点を合わせます。カバーガラスと対物レンズの間に気泡が入ると像が歪んで焦点を合わせることができません。そのような場合はカバーガラス上のオイルの気泡を取り除き，対物レンズの先端のオイルもレンズペーパーで一度きれいに拭き取ります。

　カバーガラスに油浸オイルが付いたままだと乾燥系の対物レンズでは観察ができません。再度乾燥系のレンズで観察する時は，油浸オイルを拭き取る必要があります。無水アルコールを含ませたレンズペーパーやキムワイプ，綿棒などを用いて完全に拭き取ります。油浸オイルが残っていると観察像が歪んで見えます。

　油浸レンズを使用後はレンズペーパーを用いてレンズ先端に付着した油浸オイルを拭き取ります。レンズペーパーは拭く度に交換し，オイルが付着しなくなるまで繰り返します。時々は，無水アルコールや洗浄剤を用いて入念なクリーニングを行います[12]。

4.1.7 標本の作製

　微生物を光学顕微鏡で観察するための標本は，染色などの操作を加えずに観察する無染色標本と，色素などで染色する染色標本の2つに大別されます。

---

[10] 倒立顕微鏡の場合は対物レンズ上に垂らしてもよい。この場合，過剰なオイルがレンズ筒を伝って垂れ落ちないように気をつける。また，オイル中に気泡が入ったらレンズペーパーや綿棒を使って取り除く。

[11] オイルはごく少量で十分である。しかし，少な過ぎるとカバーガラスがレンズ先端にくっつくことがあるので，広範囲にわたってスライドを移動させる場合には，オイルを少量足すとよい。

[12] 週に1回程度でよい。クリーニングの方法は，メーカーのURL（http://olympus-lifescience.com/ja/support/learn/05/011/）などを参考にするとよい。

生きたままの細胞を無染色で観察する場合は，少量の培養液を直接スライドガラスに乗せ，カバーガラスをかけます[※13]。固体培養した細胞（プレートやスラントの微生物）を観察する時は，少量の細胞をかき取って，スライドガラス上で少量の水か生理食塩水[※14]に懸濁します。カバーガラスを斜めに立てた状態で1辺を懸濁液につけ，気泡が入らないように注意しながらゆっくりと下ろしてかぶせます[※15]。水滴の中央部分が濃くなるように懸濁しておくと中央から外側に向かって細胞密度の勾配ができるので，ちょうど良い視野を簡単に見つけられます。細胞が視野の中を流れてしまう時は，スライドガラスやカバーガラスに付いたホコリやゴミをなくすと改善します[※16]。プレートから細胞をかき取る時には爪楊枝ではなくチップや細いガラス棒などの屑のでないものを使うようにします。また，液量にも注意し，カバーガラスの大きさに応じてなるべく少ない量を乗せます[※17]。どうしても細胞が流れてしまう場合や，長時間観察する時には，薄いアガロースパッドの上に少量の細胞懸濁液を垂らし，カバーガラスをかぶせるマウント方法が有効です（作製方法は図4-1-6）。

観察対象の微生物やその構造が無染色では十分なコントラストを得られない場合は，染色標本を作製します[※18]。細胞の染色は，細胞の構造物や成分に特異的な色素を用い，例えば核を観察したい時にはギムザ染色します。これは，塩基性色素であるギムザが酸性の核酸に高い親和性があることを利用した染色法です。このように，細胞の構造要素を親和性の差を利用して染色する場合，染色し過ぎたり脱染色が不十分だと，標本全体が染まってしまい，良い像が得られません。一般的に，十分に脱染色することが染色の成否を決めることが多いようです。試料の細胞密度が高過ぎても脱色されにくくなりますので注意が必要です。

4.1.8 顕微鏡下での培養

細菌の分裂，酵母の出芽，カビの分生子形成の様子など，微生物の動的な変化の観察には，スライドガラス上

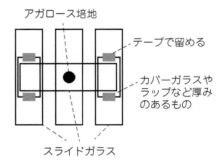

図4-1-6　アガロースパッドの作成方法
3枚のスライドガラスを少し隙間を空けて並べ，両端のスライドガラスにはカバーガラスなどの厚みのあるものをテープで留めておく。培地に2%のアガロースを溶かし，50℃に保温したものを，中央のスライドガラスに3〜5μLを垂らす。その上に，新しいスライドガラスを，中央のスライドガラスに対して十字になるように乗せる。アガロースが固まったら，十字になった中央の2枚のスライドガラスをゆっくりとスライドさせると，アガロースパッドはどちらかのスライドガラスに保持される。

※13　培養液の細胞密度が低くて細胞が見つけにくい時は，遠心分離などで培養液を濃縮する。
※14　培地の浸透圧が高い場合，それに合わせる必要がある。分散性が悪い細胞の場合，界面活性剤を入れる場合がある。
※15　スライドガラスと平行に持ったカバーガラスの真ん中を水滴の上端につけ，ゆっくりと下ろしながら離してもよい。
※16　スライドガラスは70%エタノールを含ませたキムワイプやレンズペーパーで汚れを取る。皮脂などの汚れがあると水をはじいて気泡ができやすく，気泡があると細胞が流れやすくなる。ガラス表面がクリーンな製品を購入し，ホコリに注意して保管する。
※17　経験的には18×18 mmのカバーガラスに1.5 μLが適量である。
※18　各種の染色方法は文献1）を参照のこと。

4.1 顕微鏡観察

で培養する方法やガラスボトムディッシュ[19]を用いて培養する方法があります。スライドガラス上での培養は正立顕微鏡を用いて経時的に観察できる利点があります。

(1) スライド培養

カビの分生子の形成状態や着生状態を観察する方法を以下に紹介します（図4-1-7）。この手順は，培養に酸素が必要な微生物の観察手順です。細菌や酵母の増殖を短時間観察する時は，寒天培地上に少量の培養液を乗せてカバーガラスをかぶせ，5)の段階では4辺とも固形パラフィンなどで閉じます。

1) シャーレにおよそ0.5 mmの厚さの寒天培地を作ります。
2) スライドガラスとカバーガラスをアルコール滅菌しておきます。
3) 滅菌したスパチェラなどで5 mm×10 mmくらいの大きさの寒天培地を切り出し，スライドガラス上に置きます。
4) 観察するカビの胞子を寒天片の一辺に接種します。
5) カバーガラスをかぶせ，胞子を接種した辺以外の3辺を固形パラフィンなどで閉じます。
6) シャーレの中に濾紙を敷き，水を含ませます。水を含ませた濾紙の上に爪楊枝などを足場として置き，その上に接種したスライドガラスを置きます。
7) 恒温器に入れて培養します。この時，濾紙が乾燥しないように注意します。

(2) ガラスボトムディッシュでの培養

長時間の培養を観察したい場合にはガラスボトムディッシュを用いて倒立顕微鏡で観察する方法が適しています（図4-1-8）。十分な量の培地を重層すれば乾燥する心配がありません。カバーガラスを細胞接着性のある分子でコーティングして，観察対象の細胞が動かないように接着固定する必要があります[20]。接着固定に

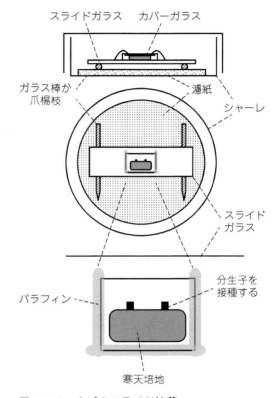

図 4-1-7　カビのスライド培養

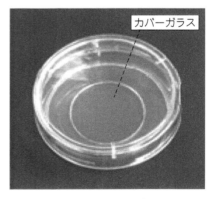

図 4-1-8　ガラスボトムディッシュ

※19　培養ディッシュの底面をスライドガラスにしてあるもの。MatTek Corporation製や松浪硝子工業㈱製のものが購入できる。培養細胞用にポリリジンやコラーゲンでコーティングしたものもある。

はカバーガラス上の培養液の上にアガロースパッドを重層する方法もあります。以下に細胞壁のマンナンに結合するレクチンを用いた酵母の観察法を紹介します。

1) ガラスボトムディッシュの底面に0.2%（w/v）コンカナバリンA（ConA）水溶液を100 μL乗せ，5～10分静置します。
2) ConA水溶液をピペットで除き乾燥させます[21]。
3) 細胞懸濁液または液体培養液100 μLをConAコートしたガラスボトムディッシュに乗せ，10分間静置します。
4) ピペットで培養液を除き，1 mLの新しい培地を静かに重層します。
5) 恒温器または顕微鏡に設置した恒温チャンバーの中で培養します。

YPD培地で培養すると，ConAをコートしたガラス表面に細胞が接着しにくいので，YNB（Yeast Nitrogen Base, Becton Dickinson and Company）培地などの合成培地での培養が適しています[22]。細胞が動きやすい時には，図4-1-6のアガロースパッドを重層する方法もあります。

コラム35　大きさを測るには

顕微鏡下で大きさを測るための物差しをミクロメーターといいます。中央に等間隔の目盛りが刻まれた接眼ミクロメーターを接眼レンズにセットし，対象物が何目盛りに相当するかを計測します。接眼ミクロメーターの一目盛りあたりの長さは対物レンズの倍率によって変わるので，事前に対物ミクロメーター[23]と呼ばれる目盛りが刻まれたスライドガラスを使って，対物レンズの倍率ごとに校正します（図4-1-9）。

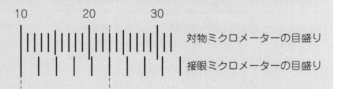

図4-1-9　対物ミクロメーターを使った校正

対物ミクロメーター（最小目盛り0.01 mm）をステージにセットし，焦点を合わせる。接眼レンズを回して目盛りを対物ミクロメーターの目盛りと平行にした後，2つの目盛りをぴったり合う2点を探す。（対物ミクロメーター目盛り数×0.01）/（接眼ミクロメーターの目盛り数）によって接眼ミクロメーターの目盛りあたりの実際の長さを求める。図の例では（13目盛り）×0.01［mm］/（5目盛り）＝0.026［mm］となる。

また，顕微鏡写真には必ずスケールバーを付けます。デジタルカメラで取得した画像の場合は，顕微鏡総合倍率（対物レンズの倍率，装置倍率および写真用投影レンズの倍率の積）と素子サイズが分かればピクセルあたりの長さが計算できます[24]。総合倍率が分からない場合は，対物ミクロメーターの写真を撮り，ソフトウェア上で目盛り間の距離が何ピクセルになるかを計算します。対象物の長さのピクセル数を測れば実際の長さを算出できます。

---

[20] コート剤としてポリリシンやコラーゲンなどの細胞外基質が広く用いられている。観察対象の微生物の表層への結合性や細胞毒性を調べて，適したものを用いる。
[21] 回収した0.2% ConA水溶液はコンタミしていなければ再利用可能。長期間の保存は少量ずつ分注したものを冷凍保存し，凍結融解を繰り返さないこと。
[22] YPD培地の酵母エキスには，酵母由来のマンナンが含まれており，これがConAに結合して拮抗するため。
[23] 0.01 mm間隔で10 mmにわたって目盛りが刻まれているものが一般的である。
[24] （素子サイズ）×（総合倍率）＝（1ピクセルの長さ）。

4.2 菌体濃度・生菌数の測定

　培養液の菌体濃度を知ることは，培養の状態を管理するためにも非常に重要です。また，目的物質の生産性を評価し，より効率の良い生産条件を検討するためにも重要です。菌体濃度は様々な方法で測定（推定）でき，この節では**表4-2-1**に示す9つの方法を順番に解説していきます。一般的に，不溶性物質を含まない低着色の培地を使用した場合，細菌（バクテリア）および酵母には乾燥菌体重量と濁度法を，糸状菌には乾燥菌体重量と湿潤重量法を併用することが多いようです。不溶性物質を含む培地や著しく着色した培地を使用する場合，培養中に微生物の形態が大きく変化する場合，あるいは，菌体濃度が低い場合は，状況に応じて適切な測定方法を組み合わせて菌体濃度や生菌数を測定（推定）する必要があります。

表4-2-1　菌体濃度・生菌数の測定法

項	測定方法	特徴	最低必要量[mg-dry-cell]	微生物			培地の性状			形態変化する	低い菌体濃度
				細菌	酵母	糸状菌	着色あり	濁りあり	ともになし		
4.2.1	乾燥重量法	正確。必要細胞量大	10～50	◎	◎	◎	◎	×	◎	◎	×
4.2.2	濁度法	簡便。培地の濁りや細胞形状変化に影響される	0.01ª	◎	◎	×	△	×	◎	×	○
4.2.3	充填容量法	特殊な遠心管が必要。必要細胞量大	5～10ᵇ	○	○	○	○	△ᵈ	○	×	×
4.2.4	顕微鏡観察	ほとんどの菌種，状況に適用できるが手間がかかる	<0.001	○	○	○	○	○	○	○	○
4.2.5	静電容量法	数μm以上の細胞についてオンライン計測が可能	0.001	×	○	△	○	△	○	△	○
4.2.6	NAD測定	細胞あたりの含有量が変動する場合あり。操作も煩雑	1～5ᶜ	○	○	○	○	○	○	△	△
4.2.7	湿潤重量法	必要細胞量大。乾燥重量法より迅速だが，精度に難	50～200	×	×	◎	◎ᵉ	×	◎ᵉ	△ᵉ	×
4.2.8	平板培養法	測定用培地の影響あり。培養に時間を要し，精度に難	<0.001	○	○	×	○	◎	○	△	○
4.2.9	最確数法	低濃度で有効。平板培養できない微生物にも適用可	<0.001	○	○	×	○	○	○	△	◎

a　OD＝1の時0.25 g-dry-cell·L⁻¹なら，ODが0.04の培養液1 mLには0.01 mg-dry-cellが含まれる。
b　充填容量0.02 mLを下限とし，0.02 mL＝20 mg wet cell＝5 mg dryとして換算。
c　10 OD unit≒2.5 mg-dry-cellとして換算。
d　不溶性成分の沈殿が菌体の沈殿と区別できる場合に限る。
e　糸状菌など確実に濾過できる細胞に限る。

4.2.1　乾燥菌体重量の測定

　菌体量を測定するもっとも直接的で精度の高い測定方法です。しかし，菌体の乾燥に数時間程度を要し，必要な菌体量も多いので，培養状態を監視する方法としては適切ではありません。濁度法と組み合わせて，間接的に乾燥菌体濃度を推定するのが一般的です（**図4-2-1**）。ここでは

—101—

第4章 培養状態の計測と制御

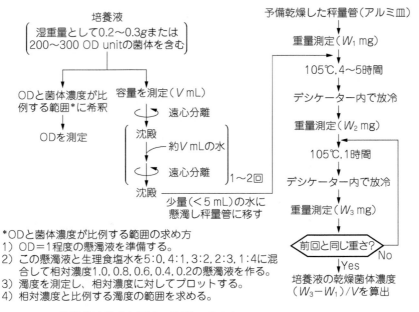

図 4-2-1 乾燥菌体濃度と濁度の関係の求め方

まず，乾燥菌体量の測定法について述べ，[4.2.2]で濁度の測定法について述べます。

(1) 集菌と洗浄

　上清を遠心分離して除いたときの湿菌体重量が0.2～0.3g程度になる培養液，もしくは200～300 OD unit（本章コラム36参照）の菌体を含む培養液を準備します。培養液を遠心分離して上清を捨てます。捨てた上清と同じぐらいの容量の水を加えて沈殿した菌体を懸濁し，再度遠心分離して菌体を回収する操作を1～2回行い，代謝産物や培地成分を取り除きます。この後，得られた菌体を乾燥させて重量を測定します。

　乾燥重量の測定には，要求される測定精度にもよりますが，乾燥菌体として少なくとも10 mg，できれば数十 mg以上が必要でしょう。目安として，OD=1の培養液1 Lには乾燥重量として0.25 gの菌体が含まれていると仮定し，乾燥菌体重量の測定に必要な培養液量を求めればよいでしょう。別の方法として，予め重量を測定した遠心管を用いて適当量の培養液を遠心分離し，上清を丁重に取り除いた後，再度重量を測定すれば，湿重量が測定できますので，この1/4

コラム36　OD と OD unit

　ODは菌体濃度［g-dry-cell・L^{-1}］と一定の範囲で比例するパラメーターですが，OD unitは，これに培養液量を掛けた細胞量を表す単位です。慣例としてODが1の培養液1 mLに含まれる細胞量を1 OD unitと表現します[25]。例えば，$OD_{600}=6$の培養液を50 mL遠心分離すれば，「300 OD unit」の細胞が得られます。

---

[25] 広く一般に認められた単位ではないので，論文に書くときはその都度，定義，測定法，測定機器を明記する必要がある。

〜1/5が乾燥重量であるとして必要な培養液量を求めることもできます。

一部の微生物は，菌体の洗浄に水を用いると，細胞内外の浸透圧差によって破裂してしまうことがあります。このような場合には洗浄には生理食塩水を用います。

培地自体が不溶性成分を含んでいると，菌体量を過大評価してしまうので，微生物を植菌しない培地を遠心分離した時に，どの程度の沈殿が生じるか（菌体の重量に比べて不溶性物質の量が無視できるかどうか）を確かめておく必要があります。

(2) 容器重量の測定

菌体懸濁液は，ガラス製の秤量管やアルミ皿などの容器に入れて乾燥させますが，容器の重量を予め測定する必要があります。これらは汚れのないもの（水分や皮脂などが付着していないもの）を使用し，素手で触らないようにします。後述する条件で1時間ほど予備乾燥した後，デジケーター中で室温に戻してから，風防付きの精密天秤で1 mgまたは0.1 mgの単位まで重量を測定し，記録しておきます。

(3) 乾燥処理

(1)で述べた要領で洗浄した菌体を少量の水（1〜3 mL）に懸濁し，(2)の手順で予備乾燥し，重量を測定しておいた秤量管に移します。遠心管に残った菌体は少量の水で共洗いして，全て秤量管に移します。その後，乾熱器などを用いて105℃で恒量化するまで（重量が一定になるまで）乾燥させます。具体的には，内径2〜3 cm程度の秤量管に4〜5 mLの懸濁液を入れた場合であれば，まず4〜5時間後に，(4)に述べる手順で秤量管ごと重量を測定します[26]。その後，乾燥器に戻して1〜2時間乾燥させた後，再度重量を測定する操作を，測定した重量が前回の重量と同じになるまで続けます。ただし，酸化によって徐々に重量が増加することがあるので，長過ぎる乾燥は禁物です。

通常は105℃で常圧乾燥させますが，場合によっては，加熱による熱分解や酸化による重量増加が無視できないことがあります。このような場合は，凍結乾燥を行うか，シリカゲルや濃硫

コラム37 3/4，2/3，1/2の法則

遠心分離した沈殿の約3/4が細胞で，残りは細胞の隙間にある培地です。回収した細胞の2/3は水分で，残りが固形分（乾燥菌体）です。そして，固形分の約1/2がタンパク質になります。平均的な目安の値として覚えておくと便利です。

この法則を利用すれば，乾燥菌体重量を求める際の洗浄液に含まれる溶質量の影響を定量的に考察できます。菌体の沈殿が4 gあるとすれば，その3/4が細胞で，その1/3が乾燥菌体ですから，乾燥菌体重量は約1 gです。例えば培地が10%の溶質（糖など）を含んでいるとすれば，沈殿の1/4が培地ですから，4 gの沈殿には約0.1 gの溶質が含まれています。そのまま乾燥させた場合，この重量は，乾燥菌体重量の1割にもなり，無視できません。しかし，例えば沈殿の50倍の体積の水で一度洗浄すれば，細胞の間隙に残る溶質は最初の1/200の0.0005 gとなり無視できるようになります。洗浄に生理食塩水（0.85〜0.9% NaCl）または0.1%のペプトン水を用いた場合，沈殿の間隙水に含まれる溶質は0.009 gまたは0.01 gですから，多くの場合，乾燥菌体重量に比べて無視してもよいでしょう。

---

[26] 開口部の小さい容器を使用する場合や，懸濁液の量が多い場合は，乾燥に時間がかかる。

酸，五酸化二リンなどの乾燥剤を入れたデシケーターに秤量管を入れ，真空ポンプで減圧して乾燥させます。なお，濃硫酸や五酸化二リンは強力な乾燥剤で，水と直接接すると爆発的に反応するので，取扱いには十分な注意が必要です[※27]。

(4) 秤　量

秤量には，0.1 mg～1 mg 程度の秤量が可能な精密天秤を使用します。乾燥させたサンプルは，吸湿を防ぐため，シリカゲル[※28]を入れたデシケーターに移し，冷ましてから秤量します。熱いまま秤量すると，上昇気流が発生し，正確な重量を測定することができません。

4.2.2　濁度の測定

(1) 原　理

培地中で微生物が増殖すると，培地は次第に濁っていくので，この濁り具合（濁度）を光学的に測定すれば，微生物量を推定することができます。濁度を精度良く測定するためには，積分球式濁度計という特殊な装置を用いて透過光と散乱光の両方を測定する方が望ましいとされていますが，簡便には分光光度計を用いて透過光のみを測定することができます。

入射光の強さを I_0，透過光の強さを I，菌体（粒子）濃度を C [mg・L^{-1}] とすれば，

$$\log \frac{I_0}{I} = KC \qquad (式 4\text{-}2\text{-}1)$$

の関係があります。ここで，K は光路長 1 cm のセルで測定することを前提とした比例定数（濁度係数）で，単位は [L・g-cell^{-1}] です。式 4-2-1 の左辺は濁度であり，濁度が 1 であれば，透過光の強度は入射光に比べて 1 桁減少したことを意味します。

分光光度計では，図 4-2-2 に示すように，光源ランプからの並行光線をセルに当て，透過する光を

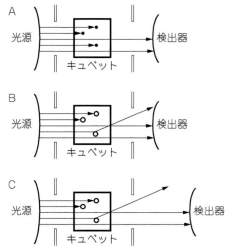

図 4-2-2　吸光度と濁度の違い

コラム38　Absorbance, Turbidity, Optical Density

Absorbance は吸光度で，例えば 280 nm で吸光度を測定した場合，その値を A_{280} と表現します。Turbidity は濁度で，Optical Density は光学密度を意味しますが，濁度の測定値を示す略号には，培養分野の研究者の多くは，T ではなく OD を用い，660 nm で測定した場合なら OD_{660} と表記します。

※27　研究室でホコリをかぶったデシケーターを見つけたとき，不用意に水で洗うと危険。デシケーターの中にはこれらの乾燥剤が入っていることが多く，大量の水に対して少量ずつ溶かすなど，適切に処理しなければならない。

※28　青いものを使う。他の乾燥剤でも構わないが，取扱いには十分注意すること。

検出器で計測します。吸光度の測定においては，光が溶質分子に文字通り吸収されるので，セルと検出器の距離にかかわらず，検出器に届く光の強さは変化しません（図 4-2-2 A）。これに対して，濁度の測定においては，細胞などの粒子による散乱光が生じるため，セルから検出器までの距離が短いほど，より多くの散乱光が検出器に届き（図 4-2-2 B），逆に長ければ検出器に届く散乱光は少なくなります（図 4-2-2 C）。その結果，K は細胞の大きさや形，培地の屈折率の他，光の波長や装置の形状によって異なり，特に，酵母や動物細胞などの大型の細胞を測定する場合，機種によって測定値が 3 倍以上異なることもあります。従って，後述する検量線は分光光度計の機種ごとに作成しなくてはなりません。

(2) 波長の選択

300〜800 nm の範囲で測定します。波長が短いほど感度は高くなりますが，培地に含まれる成分の吸収（色）は大きくなる傾向があります。このため，微生物培養液の濁度の測定は 600 nm 付近の波長で行うのが一般的です[29]。培地に濃い色（特に緑色系の色）がついている場合は，遠心分離によって細胞を洗浄して色物質を取り除く必要があります。また，培地自体が濁っている場合には，濁度による細胞濃度の測定は難しく，後述する packed volume 法などで測定する必要があります。

(3) 検量線

(1)で述べたように，使用する菌体や装置により，濁度と細胞濃度の関係は異なるので，それぞれの実験条件において培養液の濁度と乾燥菌体濃度の関係を調べなければなりません。培養液の一部を生理食塩水などで適当に希釈し，濁度が 1.0 程度の懸濁液を作ります（図 4-2-1）。次に，この懸濁液をもとにして適当な希釈系列（例えば，原液×1，原液×0.8，原液×0.6，原液×0.4，原液×0.2）を調製して，それぞれの濁度を測定します。残った培養液は，液量を測定した後，[4.2.1] で述べた手順で乾燥菌体重量を測定し，この値を液量で除することによって乾燥菌体濃度を計算します。

調製した希釈液の菌体濃度に対して測定した濁度をプロットし，濁度と乾燥菌体濃度が比例する範囲において，その傾きを計算することによって式 4-2-1 の比例定数 K を求めます。**図 4-2-3** では，OD は 0.6 付近まで乾燥菌体濃度と比例しており，その傾きは 4.0 L·g-cell^{-1} なので，次回からは，培養液の OD を 0.6 以下になるようにして希釈して測定し，その値を 4.0 L·g-cell^{-1} で割れば乾燥菌体濃度に換算することができます。なお，濁度と乾燥菌体濃度が比例する範囲

コラム❸❾ 炭酸カルシウムを添加した培地での濁度測定

乳酸菌など，有機酸を多量に生産する微生物を培養する場合，pH の低下を防ぐため，培地に炭酸カルシウムを添加して培養することがあります。この炭酸カルシウムは不溶性ですので，培地には濁りがあり，菌体濃度を濁度法によって測定することは困難です。このような場合，サンプリングした懸濁液に適当量の塩酸を添加して，炭酸カルシウムを溶かすことで，濁度から菌体濃度を推定することができます。

---

[29] クロロフィルなどで緑色になるシアノバクテリアの場合，730 nm が使われる。

は，0.3以下とも0.5以下ともいわれますが，1近くまで比例する場合もあり，分光光度計の機種にもメンテナンスの良し悪しにも左右されます。実際に図4-2-3のようにグラフを書いて，濁度と乾燥菌体濃度が比例する範囲を求め，測定値がその範囲に収まるように希釈して測定するようにしましょう。

(4) 測定上の注意

培養条件により，菌体の形状が変化するものは，培養フェーズや培地によって濁度係数が大きく変化してしまうことがあるので注意が必要です。培養中に顕微鏡で細胞の形態を観察し，変化があるようなら，まずは，対数増殖期と定常期の

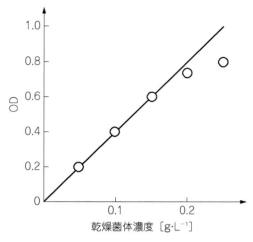

図4-2-3 乾燥菌体濃度とODの関係

菌体について濁度と乾燥菌体濃度の関係を調べてみます。有意に異なるようであれば，培養フェーズごとに換算係数を求めなければならない場合もあるでしょう。

菌体の沈降速度は細胞径の2乗に比例するので（[3.3]参照），動物細胞や酵母などの大型の細胞は，濁度を測定している間にもセルの中で細胞が沈降していき，凝集性のある酵母[※30]では，更に沈降速度が速くなります。このような細胞の濁度を測定すると，濁度が次第に減少していくので，懸濁液を撹拌してセルを入れてから，分光光度計で数値を読むまでの時間を一定にするなどの工夫も必要になります。

4.2.3 Packed cell volumeによる測定

充填容量[※31]（Packed cell volume；PCV）法と呼ばれることもある方法です。図4-2-4に示すようなメモリ付の遠心分離管を使用します。培養液を遠心分離し，このメモリ付遠心管の底部に集められた菌体体積を測定する方法です。5 mL容量と，10 mL容量のものがあり，5 mL容量のものは細菌・酵母・胞子に使用され，10 mL容量のものはカビなどの菌糸体に用いられるのが一般的です。最近はディスポーザブルタイプの専用遠心管も市販されています。この方法は動物細胞培養にも適用可能です。

一定量の培養液を遠心管に入れて，スイングローターを備えた遠心機で1,200～2,500×gで1～10分の条件で遠心分離をし，遠心管底部にたまった細胞の体積を測定します。

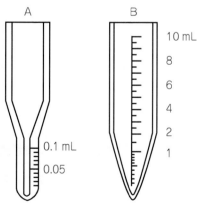

図4-2-4 メモリ付遠心分離管
A：細菌・酵母用，B：糸状菌(カビ)用

※30　カルシウム依存性の凝集であれば，EDTAもしくはEGTAを終濃度で5 mM程度（培地の2価以上のカチオンの総濃度を上回る濃度）添加すれば，酵母は凝集しなくなり，濁度の測定が容易になる。
※31　血球容量測定に使用されるヘマトクリット測定もほぼ同様の原理の測定方法。

この方法は，培地が不溶物を含んでいても（培地自体に濁りがある場合でも），沈降速度の差によって細胞と不溶物が区別できる層を作る場合には適用可能です。予めPCV（遠心管の目盛りを読み取った値）から乾燥菌体重量や細胞数を求める検量線を作成しておけば，これらの値をPCVから求めることができます。ただし，検量線を作成する際には，充填容量が遠心分離の条件，培地の密度や粘度によって変化することに注意が必要です。

4.2.4 血球計算盤による測定と染色法

血球計算盤（血球計算「板」ではありません，英語ではHemocytometer，ヘマチトメーターとも呼びます）は，正確に直接菌体量として，細胞濃度（胞子でも構いません）を個数を用いて測定する手段として用いられています。本項では血球計算盤について紹介するとともに，これを用いた菌体濃度の測定法の実際と，それをサポートする染色法について紹介します。

(1) 血球計算盤の原理と種類

菌体濃度とは，単位培養液あたりの菌体量であり，菌体量はこれまで「g-cell」という単位で扱ってきましたが，単純に考えれば，菌体の個数を数えてもよいはずです。つまり，顕微鏡を見て細胞を数えればよいわけですが，個数を数えただけでは菌体濃度になりません。どれだけの液量の中の細胞数を数えているのか，分からないからです。そこで，血球計算盤の登場となります（図4-2-5）。血球計算盤は，ある決まった体積の空間を準備し，その中をサンプル懸濁液で満たし，その中の細胞（粒子）の数を顕微鏡で見て数えることにより，菌体濃度を測定します。盤の中央に測定エリアがあり，顕微鏡で覗き込むと，そこに格子状の線が入っています。カバーガラスを乗せると，測定エリアの深さは一定になり，そこにサンプルを入れて，顕微鏡で観察することにより，ある一定の体積の中にある細胞の数を知ることができます。ビュルケルチルク（Bürker-Türk）型の血球計算盤には，カバーガラスをきちんと密着させ，一定の深さになるようにするため，留め金がついています。

正確に測定する必要がある場合は，検定された血球計算盤を使います。検定には，JIS規格と，更に厳しい日本血液検査器機検定協会（Japan Hematological Inspection Society；JHS）のJHS規格があり，JHS規格の血球計算盤には検定証が添付されています（図4-2-6）。この血球計算盤の場合は，0.1000 mmであるべき深さが0.1015 mmになっていたので，測定した細胞濃度の値に補正係数0.985を乗じる必要があることが分かります。なお，血球

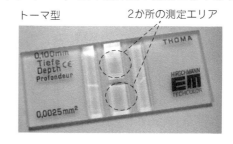

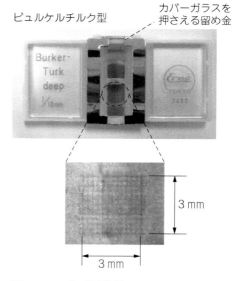

図4-2-5 血球計算盤

第4章　培養状態の計測と制御

計算盤は2つのサンプルを同時に測定できるように，上と下に測定エリアを持つ場合が多く，この血球計算盤の場合は，上（Upper）と下（Lower）のそれぞれの値が記載されています。

　血球計算盤は，サンプル中の細胞を数えるために，区切りの線が入っており，この線のパターンによって，いくつかの種類があります。代表的なものはトーマ（Thoma）型，ビュルケルチルク（Bürker-Türk）型，改良ノイバウエル（Neubauer）型で，トーマ型は1mm四方のエリアに，他は3mm四方のエリアに線が入っています。微生物のように小さい細胞の場合であれば，線の刻みが細かいトーマ型，もしくはビュルケルチルク型，動物細胞のような大型の細胞であればビュルケルチルク型，改良ノイバウエル型がよく用いられています。トーマ型と

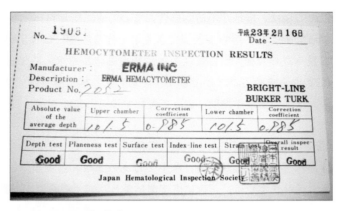

図4-2-6　JHSの検定証

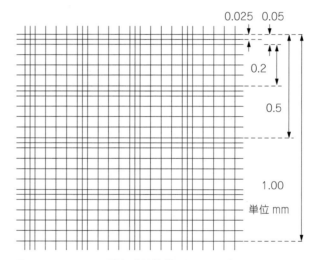

図4-2-7　トーマ型血球計算盤の区切りパターン

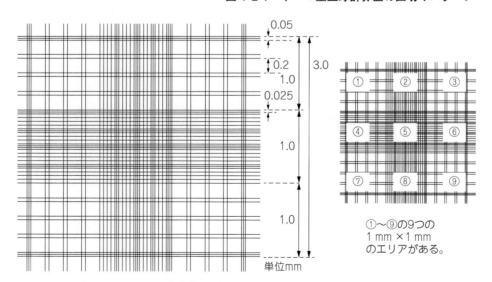

図4-2-8　ビュルケルチルク型血球計算盤の区切りパターン

—108—

ビュルケルチルク型の区切りパターンをそれぞれ**図 4-2-7** と**図 4-2-8** に示しておきます。なお，顕微鏡にて観察した際に，区切りパターンが見えにくいので，明るく見えるように加工したもの（ブライトラインと呼ばれています）も市販されています。

(2) 測定と計算

はじめに血球計算盤のホコリやゴミをきれいに取り除いた後，カバーガラス[※32]を血球計算盤の上にきちっと乗せて，密着させます。密着できないと再現性を損ねるので，留め金がついている場合は利用しましょう。きちんと乗せることができれば，カバーガラスサポートの辺りにニュートン

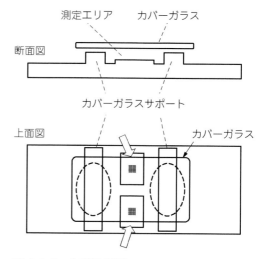

図 4-2-9　血球計算盤

リングと呼ばれる虹色の輪が見えます（**図 4-2-9** の点線の長円で囲まれた部分）。その後，サンプルの細胞の入った懸濁液をそっとカバーガラスの端に乗せる（マイクロピペットを用いて図4-2-9 の矢印の部分から少量乗せるとよいでしょう）と，サンプル溶液が吸い込まれて測定エリアに入ります。

顕微鏡で観察し，サンプル懸濁液がむらなく行きわたっていることを確認してください。細胞を数えるときには計数器（カウンター）を用いる方がよいでしょう。また，顕微鏡は，双眼[※33]の方が見やすく，特に，位相差顕微鏡[※34]や微分干渉顕微鏡がお勧めです。

個数を数え終わったら，その計数したエリアの体積で割れば，細胞濃度が算出できます。通常の血球計算盤の深さは 0.1 mm なので，0.2 mm×0.2 mm のエリアで数えたのであれば，その体積は，0.2 mm×0.2 mm×0.1 mm＝0.02 cm×0.02 cm×0.01 cm＝4×10^{-6} cm^3＝4×10^{-6} mL なので，例えばここに細胞が 16 個存在した場合，その濃度は $16/(4\times 10^{-6})=4\times 10^{6}$ cells・mL^{-1} となります。細胞がちょうど区画の線の上にある場合は，線の上にある細胞を 1/2 個と数える

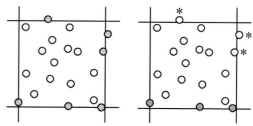

図 4-2-10　細胞の数え方
左：区画線の上にある細胞（斜線）を別にカウントし，2 で割って区画の内側の細胞の数に加える。右：左と下の区画線の上の細胞（灰色）はカウントし，右と上の線の上にある＊印の細胞はカウントしない。この場合どちらも 16 個になる。

※32　普通の顕微鏡観察に利用するものよりも平らに成形された範囲が広いものを用いる。通常は血球計算盤とセットで販売されているので，追加購入する際には同じものを購入する。
※33　使う前に，両目の幅に合うように眼幅を調整し，一方の目で焦点を合わせた後，視度補正環を調整して他方の焦点を合わせる（[4.1.6] 参照）。
※34　屈折率の異なる透明な物質を光が透過する際に生じる位相差をコントラストに変えて観察できる。細胞などの粒子は透明に近くよく分からないが，位相差顕微鏡を使えば，厚さの厚いところが黒く，薄いところは明るくなる。微分干渉も原理は異なるが，同じような画像が得られる（[4.1.4] 参照）。

方法と（**図 4-2-10 左**），左の線と下の線にかかっている細胞はカウントしますが，右と上の線の上にかかっているものはカウントしない方法（図 4-2-10 右）があります。なお，ビュルケルチルク型の場合は 1 mm×1 mm のエリアが 9 つあるので，一回のサンプル調製でトーマ型の 9 回分計測することができます。

　細胞数はどの程度測定すれば正確でしょうか。筆者の経験では，1 つのエリアに 10 個以下だとバラツキが大きくなります。一方，100 個を超えてくるとカウントが大変なので，数十個が適切ではないかと思います。更に，サンプルはよく混合して均一にしておく必要があります。また，細胞によっては活発に移動するものもあります。このような場合は，粘度の高い溶液（例えば 4% ポリビニルアルコール）に細胞を懸濁して観察します。

（3）よく用いられる染色法

　細胞は透明に近く，そのままでは顕微鏡観察がしにくいので，染色して観察を容易にする方法が考案されています。また，生きている細胞だけを染めたり，何かを蓄積している細胞だけを染めたり，鞭毛や核などの細胞の特定の構造物を染色するなど，様々な染色法があります。細菌の場合はグラム染色が，動物細胞の場合は核を染めるギムザ染色や，細胞の生死を判別するトリパンブルー染色が有名です。一方，ここ最近の蛍光顕微鏡の発達や，蛍光色素の発達に伴って，可視化して蛍光を利用して観察する手法が主流になり，煩雑な操作を伴う染色法は嫌われる傾向にありますが，ここでは，簡便な染色法を 2 つ紹介します。何れも染色液とサンプルをよく混ぜて，均一になるようにした後に，顕微鏡で観察する手法です。

1）酵母のアルカリ性メチレンブルー染色法[4]

　メチレンブルーは酸化された状態で青色ですが，還元されると無色になります。これを利用すれば，酵母の生死が簡便に判定できます。メチレンブルーが細胞内に入ると，死細胞は還元力を失っているため青く染色されますが，生細胞では還元されて無色のままです。通常は弱酸性の緩衝液か蒸留水に溶解したメチレンブルーで酵母を 1〜5 分程度染色し，顕微鏡観察しますが，同じ生細胞でも活性によって色素の取り込みが異なるため，生死が判定しにくい場合があります。アルカリ性メチレンブルー染色法は，これを改良したもので，メチレンブルーの 0.1 w/v% エタノール溶液と 0.2 M グリシン緩衝液（pH 10.2）を容量比 1：9 で混合し，これを菌液と等量混合して 15 分間放置します。染色した後は，血球計算盤を用いて測定を行えば，細胞濃度も分かります。

2）動物細胞のトリパンブルー染色法

　トリパンブルーは，生細胞には取り込まれませんが，死細胞には取り込まれてタンパク質に結合して着色するので，細胞の生死判別ができます。0.2% トリパンブルー水溶液と 4.25% NaCl 水溶液を 4：1 の割合で混ぜ，この液に培養液を等量混合し，すぐに顕微鏡観察します。ただし，この手法では，死滅した細胞がアポトーシス[※35]を引き起こしているかどうかは分かりません。また，トリパンブルーの最終濃度が 0.01% より低くなると染まりにくくなります[5]。

※35　プログラム細胞死の一種。栄養源不足などにより細胞が自発的に死ぬメカニズムが存在することが近年明らかにされている。

—110—

4.2.5 細胞濃度計測

培養プロセスで物質生産をしている主役は細胞なので，細胞の濃度，状態や活性をオンラインで計測し，制御することは培養の最適化を図るために重要です。オンライン計測には静電容量による生細胞モニターと光の透過率または散乱光計測による濁度モニターが主に使用されていますが，それぞれ特徴があるので，測定したい濃度，細胞種等により適切な装置を選択する必要があります。

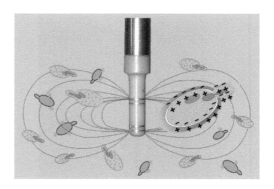

図 4-2-11　電場と細胞分極模式図

(1) 静電容量によるオンライン生細胞濃度モニター

培養を管理し，最適化する上で，細胞の濃度はもちろん，細胞の状態，例えば，生細胞の割合や細胞の体積変化をモニターすることはとても重要です。静電容量計測を利用すれば，生細胞の濃度をオンライン計測することができます。生細胞に適切な周波数の交流電場をかけると，細胞膜で仕切られた細胞は，細胞の内外で分極し，生細胞1つひとつが小さなコンデンサーとなって静電容量を示します。分極の模式図を図 4-2-11 に示します。静電容量は生細胞の濃度に比例し，細胞の体積の増加に伴って増加します。死細胞は細胞膜が破損しているので，分極せず，静電容量に寄与しません。培地成分や泡も分極しませんので，静電容量は生細胞の数と形状に依存します。

図 4-2-12　センサー外観

センサーの外観およびセンサーを5Lの培養槽に取り付けた様子をそれぞれ図 4-2-12 および図 4-2-13 に示します。このセンサーを装着した培養槽で昆虫細胞SF9を増殖させ，バキュロウイルスを感染させた際の培養経過を図 4-2-14 に示します。顕微鏡観察で測定した細胞総数は感染後もさほど大きく変化しませんが，静電容量は急激に増加しています。これは感染によって細胞の体積が増加したためです。静電容量は，細胞径と細胞数の4乗に比例するの

図 4-2-13　培養槽取り付け例

第4章 培養状態の計測と制御

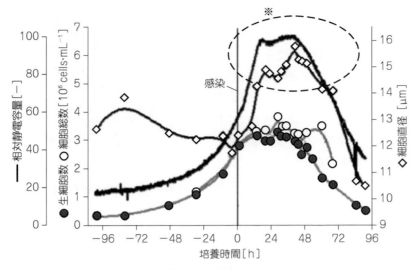

図 4-2-14 昆虫細胞（SF9）培養の経時変化
※静電容量は感染後に急増している。

で、細胞の大きさの変化を鋭敏に反映します。感染40時間後には、生細胞の死滅に伴って、静電容量は減少します。静電容量の計測は生細胞数だけでなく、感染プロセスや細胞の形態変化を捉えるのにも有効であることが分かります。

一方、直径1μm以下の小さな菌体では静電容量が小さいので、濃度が高くても十分な信号変化が得られません。チャイニーズハムスター卵巣由来（CHO）細胞では $10^5 \sim 5 \times 10^9$ cells・mL^{-1}、パン酵母では $10^6 \sim 2 \times 10^{10}$ cells・mL^{-1} の

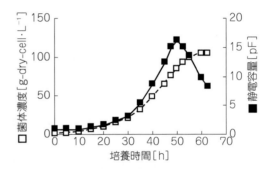

図 4-2-15 大腸菌の高密度培養における静電容量と菌体濃度の経時変化

測定が可能です。図 4-2-15 は、大腸菌流加培養における、静電容量と濁度（OD）をもとに計算した菌体濃度の経時変化を表したものです。OD は死菌も計測するため、静電容量とは異なる増殖曲線を示します。この場合、生菌数を反映する静電容量は、OD で測定した菌体濃度よりも10時間早くピークに達していることが分かり、静電容量の測定が培養終点を特定するのに有効なことを示しています。

(2) 光学センサー

細胞濃度の増加に伴って、培養液の濁度（OD）が増加するので、オンラインまたはオフラインで OD をモニターすることによって細胞濃度がモニターできます。図 4-2-16 のように、培養槽内の適当な場所に置いた反射板に光を当て、反射して戻ってくる光の量を測定します[※36]。細胞がない時の受光量を T_0、細胞がある時の受光量を T とすれば、透過率は T/T_0 であり、比例定

※36 ガラス製の培養槽であれば、ステンレス製の DO センサーが鏡として利用できる。

数を k とすれば，濁度は $-k\log(T/T_0)$ で与えられます。オンライン計測中に培養液をサンプリングしてオフラインで細胞濃度を計測し，比例定数 k を求めておけば，細胞濃度をこの光学センサーでオンライン測定できます。ただし，k は光路長に比例する定数なので，培養槽内面から反射面までの距離が培養中に変わらないように，反射板はしっかり固定されていなければなりません。

細胞濃度がある程度以上高くなると，細胞濃度と濁度が比例しなくなり，測定が困難になります。このような場合には，**図 4-2-17** のように，培養液に光を当て，細胞によって散乱されて戻ってくる光の量を測定する方法があります。

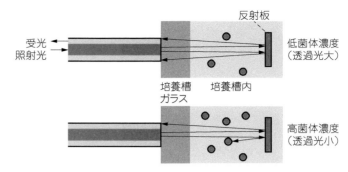

図 4-2-16 透過光による濁度測定原理

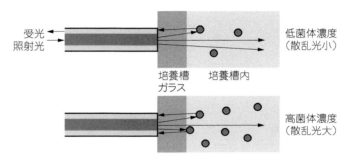

図 4-2-17 散乱光による濁度測定原理

細胞濃度が高いほど散乱光は多くなるので，前述の反射式の光学センサーの場合と同様に，実際の細胞濃度と散乱光強度の関係を調べておけば，細胞濃度をオンライン測定できます。透過型および散乱型の測定の光源は波長 600 nm または 660 nm 付近の赤色光，あるいは，900 nm または 980 nm の近赤外光を出す LED が，受光部はフォトダイオードが一般的です。外乱光の影響を避けるため，光源を 1 kHz 程度でオン／オフしたパルス光とし，受光したパルス光を測定しています。外乱光の多くは瞬時には変化しない連続光なので，パルス光のみを計測することで，外乱光の影響を受けにくくしています。一般に，動物細胞では最初に述べた反射式の濁度測定によって，微生物では後述した散乱光強度の測定によって，細胞濃度を測定します。

これまでは，光源および受光部に接続する光ファイバーを組み込んだプローブを培養液中に挿入して OD または散乱光を計測するのが一般的でしたが，図 4-2-16 および図 4-2-17 に示すように，槽外にプローブを装着して測定することで，以下のようなメリットが生じます。

1) センサーを取り外して滅菌するので，センサーの破損や劣化の恐れがありません。
2) 培養後の洗浄などのメンテナンスの必要がありません。
3) 培養中にセンサーが不調になっても，コンタミのリスクなく，交換できます。
4) 培養液にセンサーを挿入しないので，撹拌，混合効率に影響しません。
5) 培養槽の天板は各種のセンサーの取付口や液体の出入口などで混み合っているが，このセンサーは天板のスペースを使わずに装着できます。

光源および受光部に接続した光ファイバーの端面を，培養槽に向けてベルトによって固定して

第4章　培養状態の計測と制御

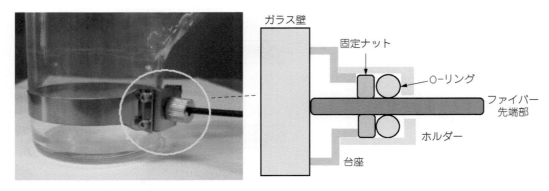

図 4-2-18　センサー固定具

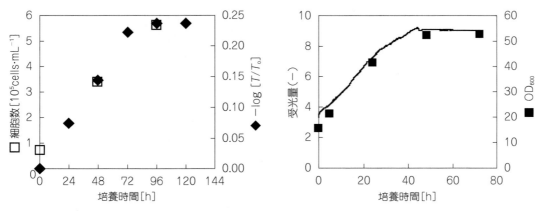

図 4-2-19　透過光による CHO-K1 細胞培養のモニター

図 4-2-20　散乱光によるパン酵母培養のモニター

いる例を**図 4-2-18** に示します。オートクレーブ滅菌する際はベルトを外し，滅菌後装着します。OD や散乱光量は細胞濃度だけでなく，培地中の固形分や気泡の影響を受けます。通気培養では，培養液中に分散する気泡だけではなく，微生物に付着する気泡の影響も受けます。従って，消泡剤添加の前後での濁度の変化が無視できないこともあります。

図 4-2-19 に CHO-K1 細胞の培養において，槽内の溶存酸素センサーを反射板として培養槽外から OD（$-\log(T/T_0)$）を測定した例を示します。ここでは細胞播種の時の受光機器表示値を T_0 としています。**図 4-2-20** に散乱光によりパン酵母の培養を測定した例を示します。何れの場合も，オフラインで測定した細胞濃度とよく一致していることが分かります。

4.2.6　抽出した NAD(H) による測定

微生物量を細胞内に恒常的に存在する物質量で推定することも可能です。例えば，アデノシン3リン酸（ATP）はルシフェラーゼの発光反応を用いて高感度に定量できます[※37]。ニコチンアミドアデニンジヌクレオチド（NAD(H)）の測定には，テトラゾリウム塩やレザズリン等の発色試

※37　測定用キットが市販されている。

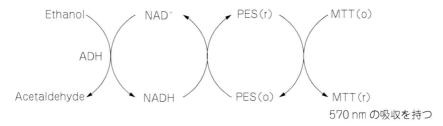

図 4-2-21　サイクリングアッセイ反応概略図
ADH；Alcohol dehydrogenase, PES；Phenozine ethosulfate, MTT：Methylthiazolyl diphenyl-2H-tetrazolium bromide,（r）；還元型,（o）；酸化型

薬を用いて測定する方法[※38]などがあります。ここでは，熱水抽出によりNAD(H)を抽出し[※39]，テトラゾリウム塩の一種であるmethylthiazolyl diphenyl-2H-tetrazolium bromide（MTT）とアルコールデヒドロゲナーゼを用いたサイクリング反応によりNAD(H)濃度（NAD^+とNADHの濃度の和）を測定する方法を紹介します。酸化型のNAD^+と還元型のNADHのバランスは培養状態により変化しますが，その合計量の変動は少ないので，培養中に菌体あたりのNAD(H)量が変化しないと仮定し，別に求めておいた菌体あたりのNAD(H)量から，培養中の菌体量を推定することができます。

(1)　サイクリングアッセイの原理

Bransky らのサイクリングアッセイ法[6]は図4-2-21に示すサイクリング反応を利用したNAD(H)の定量方法です。アルコールデヒドロゲナーゼの反応によって生じたNADHは酸化型のphenozine ethosulfate（PES(o)）を還元し，生じた還元型PES(r)は更に酸化型MTT(o)を還元します。これによって生じる還元型MTT（MTT(r)）は570 nmに吸収極大を持つので，その吸光度の増加速度によってサイクリング反応の速度を測定することができます。アルコールデヒドロゲナーゼとその基質であるエタノール，PESおよびMTTが十分にあれば，サイクリング反応の速度はNAD(H)の濃度に依存します。NAD(H)の濃度と570 nmの吸光度の増加速度が比例する範囲（〜100 μM）で吸光度の増加速度の検量線を作成し，試料中のNAD(H)濃度を算出します。

(2)　NAD(H)の抽出

10 OD unit程度の培養液を遠心分離して菌体を回収し，10 mM Tris-HCl（pH 7.0）で2回洗浄します。ガラスの試験管に移し，80℃で5分間[※40]保温し，NAD(H)を抽出します。冷却遠心機で$10,000 \times g$で5分遠心分離し，上清を細胞抽出液とします。

[※38]　測定用キットが市販されている。
[※39]　NADHが酸性pHでは不安定だがアルカリpHでは安定であること，逆にNAD^+はアルカリpHでは不安定で酸性では安定であることを利用し，それぞれをアルカリ条件もしくは酸性条件で菌体を加熱することによって別々に抽出することもできる。
[※40]　ここではパン酵母を対象とした場合の保温時間を挙げたが，最適抽出温度と時間は扱う細胞によって異なる場合があり，NAD(H)の抽出量が最大になる条件を予め調べておく必要がある。

第4章　培養状態の計測と制御

(3)　サイクリング反応

1) φ15 mm×100 mm 程度のガラスの試験管に，**表4-2-2** に示す ADH を除く試薬を取り，30℃のウォーターバスで5分間程度予熱します。

2) ADH を投入して素早く撹拌し，キュベットに移します。

3) 恒温機能付きの分光光度計を使用し，30℃に保持しながら，タイムスキャンモードで570 nm の吸光度を2分間程度測定します。

4) 吸光度の経時変化から反応初速度（1分あたりの A_{570} の増加量）を求めます。

5) 初速度と NAD^+ 濃度の関係をプロットして検量線を作成します。

6) 細胞抽出液サンプルの初速度を測定し，検量線から NAD(H)濃度を推定します。

表4-2-2　サイクリングアッセイ反応液組成

試薬	添加量 [μL]	終濃度
1 M Bicine buffer (pH 7.0)	100	100 mM
25 mM EDTA 溶液	200	5.0 mM
3 M エタノール溶液	200	600 mM
10 mM PES 溶液[a]	200	2.0 mM
2.5 mM MTT 溶液[b]	200	0.5 mM
細胞抽出液もしくは NAD^+ 溶液[c]	80	—
ADH 溶液[d]	20	50 mU/mL

a 使用当日に脱イオン水で調製し，遮光して氷上で保冷する。
b 脱イオン水で調製し，遮光して冷蔵保存する。1か月程度保存可能。
c 10，25，50，75，100 μM の溶液を 10 mM 酢酸ナトリウム緩衝液（pH 4〜5）[※41] で調製し，冷凍保存。
d 使用当日に脱イオン水で2.5 U/mL となるように調製し，氷上で保冷する。

(4)　乾燥菌体重量への変換

　NAD(H)量から乾燥菌体重量を求めるには，この2つの値の関係式が必要ですが，不溶性物質を含む培地では，乾燥菌体重量を求めることができません。このような場合は，できるだけ組成が似ている不溶性物質を含まない培地，具体的には，遠心分離などで不溶性物質を除いた培地を用いて対象とする微生物を培養し，乾燥菌体重量を求めるとともに，NAD(H)量を測定します。

4.2.7　糸状菌の菌体濃度の測定

　糸状菌は培養液中に分散しにくく，細胞形状が一定でないため，濁度法やプレートアッセイによる菌体量の推定は困難です。乾燥菌体重量法は精度が高いのですが，乾燥に時間がかかるため，培養経過のモニターには適しません。そのような場合には，以下に示す乾燥工程を省いた湿潤重量法を用います。糸状菌の菌体濃度測定については，[12.6] も参照してください。

1) 20〜50 mL の培養液をサンプリングし，適当な濾紙を使って吸引濾過します。

※41　$NAD(P)^+$ は pH 4〜5 の溶液中でもっとも安定。NAD(P)H は pH 10〜11 の溶液中でもっとも安定（pH を調整しない 10 mM Tris で調製するとよい）。

2) 菌糸を濾紙からはぎ取り，新しい濾紙2～3枚に挟んで水分を吸い取る作業を2回行います。
3) 菌糸を濾紙からはぎ取り，重量を測定します。

予め乾燥菌体重量との関係式を求めておくことにより，乾燥重量を推定することも可能です。湿潤重量は乾燥重量の3～5倍くらいに相当するのが一般的です。

4.2.8 プレートによる生菌カウント

微生物細胞の生存数を測定する方法の1つとして，寒天培地プレート（平板）によるコロニーカウント法があります（図4-2-22）。この方法は，生菌数の測定方法として，食品・医療・環境分野など幅広い分野で利用されています。寒天培地に，適当に希釈した培養液を塗布して培養し，得られたコロニーを数えて，コロニー形成ユニット（colony forming unit；cfu）を算出します。培地は適当な栄養培地を使用します。バクテリアの場合，nutrient agarやLB寒天培地がよく利用されます。酵母などの真菌の場合，YM寒天培地（[2.3.2] 参照）やポテトデキストロース寒天培地がよく利用されます。コロニーを形成できない微生物には適用できません。

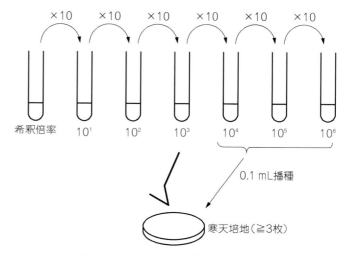

図 4-2-22　寒天プレートによる生菌カウント
生菌数濃度が10^6 cfu/mLと予想される場合，10^4, 10^5, 10^6倍希釈液を播種する。

1) 培養液を1 mL程度サンプリングし，生理食塩水（0.85% NaCl），培地もしくは0.1%ペプトンで10倍希釈系列を作ります。
2) 生菌濃度が10^3 cfu・mL^{-1}と予想される希釈液，および，その1桁濃い希釈液と薄い希釈液について，0.1 mLを寒天培地にコンラージ棒で塗布します。同じ希釈倍率で少なくとも3枚の寒天培地に塗布します。
3) 対象とする微生物の最適温度で適当な日数培養し，コロニーを数えます。
4) 30～300個程度のコロニーが得られているプレートのコロニー数とその希釈倍率から生菌数濃度を計算します。

4.2.9 最確値法（most probable number（MPN）法）

最確法とも呼ばれます。この方法は，段階希釈した試料を，それぞれ5本（または3本）の培地に植菌し，そのうち何本に微生物の増殖が認められるかを調べることによって，確率論的に希釈前のサンプル中に含まれる生菌数を算出する方法です。プレート培養ではコロニーが得られないほど希薄な培養液やコロニーを形成しない微生物の生菌数を推定するために有効な方法で，食

品衛生法では，生食用の牡蠣中の腸炎ビブリオの検出に MPN 法が採用されています。測定手順は以下の通りです。

1) 液体培地を 5 mL ずつ試験管に分注し，アルミキャップをつけてオートクレーブします。1 つの試料に対して 20〜40 本必要です。

2) 滅菌した液体培地で試料液の 10 倍希釈系列を作ります（原液〜10^7 倍）。

3) 各段階の希釈液を，液体培地を含む 5 本の試験管に，それぞれ 1 mL ずつ播種し，適当な温度で所定の日数，インキュベートします。

4) 各希釈段階の試験管について，微生物が生育した試験管の本数を数え，最確数表（**表 4-2-3**）を用いて試料に含まれていた微生物濃度を決定します。

7 段階の希釈系列を作って実験した結果の例を **表 4-2-4** に示しています。この場合，5 本の試験管のうち少なくとも 1 本に増殖が認められなくなったもっとも小さな希釈倍率は 10^5 倍です。この希釈段階を Ⅰ，次の希釈段階を Ⅱ，更にその次の希釈段階を Ⅲ とします。それぞれの段階で増殖が認められた試験管の本数は 4 本，1 本，0 本となるので，最確値表で対応する数値を読むと 0.17 となります。この 0.17 に希釈倍率を乗じた 1.7×10^4 個 /mL が試料液に含まれていた微生物濃度となります。この場合，Ⅲ の段階が 0 本なので，10^4 倍希釈した時の Ⅰ，Ⅱ，Ⅲ の本数がそれぞれ 5 本，4 本，1 本として最確値表を読み取ることもでき，読み取った数値 1.7 を 10^4 倍して，同じ値を得ることができます。

4.3　pH の測定と制御

生命活動にはタンパク質が必須であり，そのタンパク質の立体構造の形成や機能には，タンパク質を構成するアミノ酸残基の官能基の解離状態が深く関わっています。この解離の平衡は pH によって変化するので，pH は微生物の増殖や代謝反応に影響するもっとも重要な環境因子の 1 つになります。生物の増殖に適した pH の範囲は，一般に，最適 pH の ±1 程度，増殖が可能な範囲でも ±1.5 程度と狭くなっています。また，最適な pH は微生物によって大きく異なっています。例えば，細菌や放線菌では pH 6〜8，酵母やカビは pH 4〜6 であるのに対し，硫黄細菌のように pH 0.5〜1.0 で生育するものから，硝化細菌のように pH 13 に耐えられるものもいます。そのため，微生物を効率良く増殖させるためには，培養液の pH を測定し，増殖に適した範囲になるように制御する必要があります。

本節では，pH 測定の原理，校正方法，そして制御方法について解説します。

4.3.1　培養液の pH の計測

培養液の pH 計測にはガラス電極がよく用いられ，ガラス薄膜を介して pH が異なる溶液が接触すると，pH の差に比例した膜電位が発生することを利用して pH を測定します。**図 4-3-1** の左図のように，飽和に近い KCl 溶液などで満たされた 2 本の塩化銀電極（ガラス電極と参照電極）を用います。ガラス電極は，測定したい溶液との間がガラス薄膜で隔てられています。もう一方の参照電極は，電極液と測定したい溶液が，互いに混ざってしまわないよう多孔質セラミックなどで隔てられています。参照電極と測定したい溶液とは，イオンの出入りができ，電気的に接続

表 4-2-3　最確数表[7]

I	II	III					
		0本	1本	2本	3本	4本	5本
0本	0本	<0.018	0.018	0.036	0.054	0.072	0.09
	1本	0.018	0.036	0.055	0.073	0.091	0.11
	2本	0.037	0.055	0.074	0.092	0.11	0.13
	3本	0.056	0.074	0.093	0.11	0.13	0.15
	4本	0.075	0.094	0.11	0.13	0.15	0.17
	5本	0.094	0.11	0.13	0.15	0.17	0.19
1本	0本	0.02	0.04	0.06	0.08	0.10	0.12
	1本	0.04	0.061	0.081	0.10	0.12	0.14
	2本	0.061	0.082	0.10	0.12	0.15	0.17
	3本	0.083	0.10	0.13	0.15	0.17	0.19
	4本	0.11	0.13	0.15	0.17	0.19	0.22
	5本	0.13	0.15	0.17	0.19	0.22	0.24
2本	0本	0.045	0.068	0.091	0.12	0.14	0.16
	1本	0.068	0.092	0.12	0.14	0.17	0.19
	2本	0.093	0.12	0.14	0.17	0.19	0.22
	3本	0.12	0.14	0.17	0.20	0.22	0.25
	4本	0.15	0.17	0.20	0.23	0.25	0.28
	5本	0.17	0.20	0.23	0.26	0.29	0.32
3本	0本	0.078	0.11	0.13	0.16	0.20	0.23
	1本	0.11	0.14	0.17	0.20	0.23	0.27
	2本	0.14	0.17	0.20	0.24	0.27	0.31
	3本	0.17	0.21	0.24	0.28	0.31	0.35
	4本	0.21	0.24	0.28	0.32	0.36	0.40
	5本	0.25	0.29	0.32	0.37	0.41	0.45
4本	0本	0.13	0.17	0.21	0.25	0.30	0.36
	1本	0.17	0.21	0.26	0.31	0.36	0.42
	2本	0.22	0.26	0.32	0.38	0.44	0.50
	3本	0.27	0.33	0.39	0.45	0.52	0.59
	4本	0.34	0.40	0.47	0.54	0.62	0.69
	5本	0.41	0.48	0.56	0.64	0.72	0.81
5本	0本	0.23	0.31	0.43	0.58	0.76	0.95
	1本	0.33	0.46	0.64	0.48	1.1	1.3
	2本	0.49	0.7	0.95	1.2	1.5	1.8
	3本	0.79	1.1	1.4	1.8	2.1	2.5
	4本	1.3	1.7	2.2	2.8	3.5	4.3
	5本	2.4	3.5	5.4	9.2	16	>16

された状態になっているので，これらの2つの電極の間に生じる電位差が，ガラス薄膜に生じる電位差になります。

　実際には，ガラス電極と参照電極に加えて温度補償用の電極の3本を1つにまとめ，取扱いを容易にした複合電極（図4-3-1右側）がよく用いられます。測定範囲はpH 0〜14，精度は±0.05〜0.10，応答時間は数十秒〜数分が一般的です。複合電極には，参照電極と測定したい溶液を電

表 4-2-4　最確値実験の例

希釈回数	増殖					増殖した試験管数	表の読み位置
1	+	+	+	+	+	5	該当無
2	+	+	+	+	+	5	該当無
3	+	+	+	+	+	5	該当無
4	+	+	+	+	+	5	Ⅰ
5	+	+	+	+	−	4	Ⅱ
6	+	−	−	−	−	1	Ⅲ
7	−	−	−	−	−	0	該当無

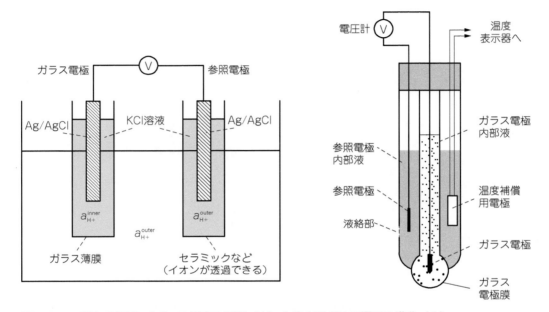

図 4-3-1　ガラス電極による pH 測定の原理（左）と複合型ガラス電極の構造（右）

気的に接続するための液絡部がありますが，この液絡部を測定したい溶液につけた状態でないと，正しく pH を測定できないことに注意してください。

　一般に，ガラス電極の最重要部であるガラス膜が汚れると応答が鈍くなります。また，液絡部の汚れによる目詰まりも応答の遅れにつながります。応答が遅いと感じたら，生物系の実験では，その原因のほとんどはタンパク質の吸着によるものなので，タンパク質分解酵素による洗浄を行うと，回復させることができます[42]。

　培養プロセス用に蒸気滅菌可能（120℃，1.2気圧，30分）なガラス電極も数多く市販されており，培養液の pH を培養中に直接計測することが可能になっています。ただし，滅菌操作によって，ガラス成分が溶出し内部電極が疲労し，応答が悪くなってくるので，目安として数十回

※42　1％のペプシンを溶かした 0.1 M の HCl 水溶液に室温で数時間浸漬する。pH 電極製造会社からタンパク質除去溶液（洗浄液）として市販されているものを利用すると容易。液絡部まで浸漬した場合は，内部液を交換すること。

の使用で新しいものに交換する必要があります。

　pH 電極の使用にあたって注意しなければいけないことは，滅菌操作の前に校正することはもちろんですが，滅菌によってずれが生じていないかどうかを確認することです。前述したように，滅菌操作によりガラス成分が溶出することで，これによりゼロ点がずれ，測定値と実際の値にずれを生じることがあります。滅菌後の培養液を採取して別の pH 計を用いて計測した値と，培養槽に装着した pH 電極で計測した値とがほぼ同じ値となっていることを確認してください。ずれが許容できない場合は，始めから準備をやり直すことも検討してください。また，pH 3 以下の酸性の領域および pH 10 以上のアルカリ性の領域では，ガラス電極の起電力と pH が比例しなくなる現象が生じます。それぞれ酸誤差，アルカリ誤差と呼びます。一度誤差が生じてしまうと，正しい値を測定できないので注意が必要です。これらの誤差は，pH 電極のガラス膜の組成と作用する酸・アルカリの種類によって大きさが異なります。特に溶存二酸化炭素やアンモニウムイオンによる影響が大きいことが分かっており，これらの濃度が高くなり過ぎないように培地組成や pH 調整用の酸・アルカリを選択する必要があります。

4.3.2　ガラス電極による pH 測定の原理と校正

　ガラス電極を用いて pH を測定する場合，参照電極内と試料溶液の間は，セラミックなどの多孔質（液絡部）で隔てられていますが，水素イオンなどは自由に出入りできます[43]。このため，参照電極内の pH（水素イオンの活量）は，試料溶液の pH と同じになり，次の Nernst の式に従って電位差が発生します。

$$E = E_0 + \frac{RT}{F} \ln \frac{a_{H^+}^{inner}}{a_{H^+}^{outer}}$$

$$= E_0 + \alpha \log \frac{a_{H^+}^{inner}}{a_{H^+}^{outer}}$$

$$= E_0 - \alpha \Delta pH$$

E_0：膜の両側の非対称性による不斉電位［V］，R：気体定数 8.314［J·mol^{-1}·K^{-1}］
T：絶対温度［K］，F：ファラデー定数 96,485［C·mol^{-1}］

　ここで，α は 1 pH 単位あたりの理論電位（Nernst 勾配）で，25℃において理論上は約 59 mV になりますが，実際には電極の状態などによって変化します。ガラス電極内部液には，通常，pH が約 7 の塩化カリウム溶液が用いられるため，E_0 は pH 7 の標準緩衝液を用いて，実際の Nernst 勾配は pH 4 もしくは 9 の標準緩衝液を用いて，次のような手順で校正します。

1) 電極を純水で洗浄し，やわらかい紙で拭う。
2) pH 7 のリン酸緩衝液に浸漬して穏やかに撹拌し，値が安定したら，ゼロ点調節（「Zero」と表示されていることが多い）で所定の pH に合わせる[44]。

※43　内部液（KCl 溶液）も徐々に漏出する。

3) 電極を洗浄後，pH 4 の酸性フタール酸カリウム緩衝液に浸漬して穏やかに撹拌し，値が安定したら感度調節（「Span」または「Sense」と表示されていることもある）で所定の pH に合わせる。アルカリ側の pH を測定したい場合には，感度調節には pH 9 のホウ酸緩衝液[※45]を用いる。
4) pH のずれがなくなるまで，操作 2)，3) を繰り返す。

4.3.3　培養液の pH の制御

　pH を制御する培養を行う場合，培養槽の pH を測定し，目標値からずれていれば，その差を小さくする動作をするフィードバック制御を行います。具体的には，pH 電極を装着したジャーファーメンターを用いて培養し，pH コントローラーによって pH の測定値と目標値と比較し，一定以上のずれがあれば酸またはアルカリを滴下するポンプを動かす制御を行います（図 4-3-2）。

　微生物が乳酸や酢酸などの有機酸を生産して pH が低下する場合は，水酸化ナトリウムなどを滴下しますが，合成培地などで窒素源としてアンモニウムイオンを消費したことが pH 低下の主因である場合，窒素源の補充を兼ねて，アンモニア水で pH を調整することもあります。pH が上昇する場合

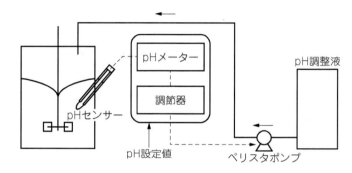

図 4-3-2　バイオリアクターの pH 調節装置の概略

コラム㊵　酸・アルカリの滅菌

　pH 調整に用いる 1〜5 M の水酸化ナトリウム（カリウム）溶液に，胞子を含め，雑菌が生き残っていることはまずありませんが，心配であれば，除菌フィルターで濾過滅菌[※46]するとよいでしょう。水酸化ナトリウム（カリウム）をガラス容器に入れて加熱すると，ガラスが溶け出してしまいますので，オートクレーブによる滅菌はお勧めできません。ただし，アルカリを入れる容器やチューブは蒸気滅菌しておく必要があります。具体的には，ジャーファーメンターに，空のガラス容器をシリコンチューブで接続した状態でオートクレーブ滅菌し，クリーンベンチ内で滅菌していない（フィルターで除菌した）アルカリ溶液を入れるようにします。なお，硫酸はガラス容器に入れてオートクレーブ滅菌できますが，塩酸やアンモニア水はオートクレーブ滅菌してはいけません。塩酸は塩化水素ガスが発生してオートクレーブの釜を腐食させ，アンモニア水は猛烈な臭気が発生しますので，フィルターで除菌しなければなりません。

※44　pH は温度によって変化することに注意。
※45　pH 9 の標準緩衝液は，空気中の二酸化炭素を吸収して pH が変化するので，密栓して保存し，開封して時間がたったものは使用しないようにする。開封前の使用期限にも注意すること。
※46　アルカリに耐えるフィルターを用い，必ず保護メガネを装着して作業をすること。安全のため，ルアーロック式（ねじ込み式）のフィルターとシリンジを用いることが望ましい。

は，硫酸か塩酸でpHを下げますが，塩酸はステンレスなどを腐食させるので，特別な理由がない限り，硫酸を用いる方がよいでしょう。

　培養液のpHを制御する際に気をつけなければならないのは，応答遅れです。滴下した酸またはアルカリが撹拌されて培養液中に分散し，pH電極がそれを検知するまでには，ミニジャーファーメンターの場合，5〜20秒程度の時間を要します。このため，pHが設定値を上回っている間，ずっと酸を送るポンプを動かし続けると，pHが下がり過ぎてしまいます。そこで，例えば，20秒周期で設定値と目標値を比較し，ずれがあれば2秒だけポンプを動かして様子を見る，というように，応答遅れを考慮した制御を行うのが一般的です（［4.6］参照）。

　条件によってpHが上昇することも低下することもある場合，酸とアルカリの両方でpHを制御しなければなりません。このような場合，不感帯を設けるのが一般的です。例えば，pHを7.0に制御する場合，pHが6.9を下回ればアルカリが，pHが7.1を上回れば酸が入るように設定します。このpH 6.9〜7.1の範囲が不感帯で，これを設けておかないと，少しでも酸を入れ過ぎてpHが設定値を下回ると，すぐにアルカリが入り，また，行き過ぎてすぐに酸が入る，という状況を繰り返してしまう[※47]危険があるからです（［4.6］参照）。

4.4　温度の測定と制御

　生物内で起こる反応（生化学反応）も化学反応であるため，その反応速度は温度により影響を受けることになります。一般的に化学反応は，低温条件下においては反応性が低く，高温条件下においては反応性が上昇します。しかし，生化学反応では，ある限界を超えた温度になると，多くの反応を触媒している酵素は失活し，細胞膜もその流動性が高まって本来の機能を失い，ついには微生物は死滅してしまいます。pHの場合と同様に，微生物の種類により増殖が可能な温度範囲は限られていますので（図2-1-3参照），培養中は最適な温度に維持する必要があります。

　本節では，温度測定の原理と培養液の温度の制御方法について解説します。

4.4.1　培養液の温度の計測

　温度計測用センサーには，金属抵抗温度センサー，サーミスター温度センサー，熱電対などがあります。

(1)　金属抵抗温度センサー

　バイオプロセスで用いられているもっとも代表的な温度センサーです。金属の電気抵抗Rと絶対温度Tの間には次式の関係が成り立ち，抵抗値から温度を測定することができます

$$\Delta R = k \Delta T \tag{式4-4-1}$$

　純度が99.999％の白金を用いた白金温度計は，非常に広い温度範囲においてkの値がほぼ一定であるため，−200℃から＋500℃以上と広範囲の温度を測定できます。分解能はフルスケールの0.1％程度になります。バイオリアクターの操作状態にもよりますが，培養液がよく撹拌されて

[※47]　ハンチングという。

いれば応答時間は数秒程度と速いことも特徴です。
(2) サーミスター温度センサー

温度が上がると電気抵抗が著しく変化する金属酸化物の半導体を用いたセンサーです。このセンサーにおいても式(4-4-1)の関係が成り立ちますが，金属抵抗温度センサーよりもkが大きいため，非常に感度が高いセンサーとなります。更に応答も非常に速い上，測温部の微小化も可能と長所も多いのですが，安定性に問題があること，電気抵抗と温度が直線関係にならない（温度係数が温度によって変化する）という欠点もあります。計測可能な温度は$-50℃$から$+300℃$程度です。

(3) 熱電対

熱電対は電気抵抗の異なる2本の金属線を2つの端点で円環状に接合したものです。2つの接合点の温度差に依存して2つの接合点間に起電力が発生して電流が流れる性質（ゼーベック効果）を利用します（図4-4-1）。電圧差を測温接合点と基準接合点の温度差に変換し，測温接合点の温度を求めます。熱電対にはその使用の際に外部電源が不要という利点がある一方，保護管が必要となるため，応答が遅れ，小型化が難しいという欠点があります。

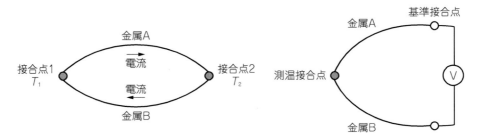

図4-4-1　ゼーベック効果と熱電対

コラム41　冷却水の供給元は？

ジャーファーメンターを用いた培養には，多くの場合，冷却水が必要です。水道水を蛇口から直接冷却水として利用する場合，次の点に注意が必要です。まず，夏場は日中の水道水の温度が30℃を超え，逆に冬場は水道水の温度が1～2℃に下がることがありますので，冷却水の温度が培養温度よりも2～3℃以上低いかどうか，冷却水が冷え過ぎないかを確認しましょう。1日の間の水道水の温度変化が大きい場合にも注意が必要です。

もう1つ注意しておかなければならないのは，水圧の変動です。施設によっては，昼間は建物全体の水の使用量が多いので水圧が下がり，逆に，夜間は水圧が上がります。水圧が高い夜に流量を調整すると，昼間に冷却水が流れなくなったりします。逆に，昼間に流量を調整すると，夜になって水圧が上がって流量が増え，最悪の場合，ホースが外れて（チューブが破裂して），研究室が水浸しになることがあります[48]。できる限り，恒温水サーキュレーターを使用する方がよいでしょう（終夜運転可能で，できれば冷却機がついているもの）。やむを得ず水道水を使用する場合は，温度，水圧の変動を考慮し，少なくとも初回の培養では，目を離さないようにしましょう。

---

[48] 階下に漏水し，高価な電子機器を台無しにしてしまった悲惨な例もある。

4.4.2 培養液の温度の制御

温度は迅速かつ正確に計測できますが，設定値に制御するためには，外気温の影響に加えて，微生物の増殖に伴って発生する発酵熱や撹拌によるジュール熱も考慮する必要があります。フラスコ培養の場合は，恒温器や恒温水槽で，空気または水を介して間接的に培養液を制御することになりますが，応答遅れや精度の問題が起こることが多く，注意が必要です。特に，恒温器の場合，気相の温度よりも液温は低くなることに注意が必要です（第3章コラム 26 参照）[49]。室温よりも高い温度に制御する場合，温度センサーと温度コントローラーとヒーターの組み合わせによる ON/OFF 制御が多く用いられますが，室温以下[50]で制御する場合は冷却機（Chiller）が必要です。ファーメンターを用いた培養では，計測された温度に基づいて，培養装置内に循環させている冷却水やヒーターの ON/OFF をすることで温度制御を行います。この方式では応答遅れが問題となるため，[4.6] で解説するような工夫がなされますが，何れにしても，培養槽内の温度の分布を最少にしておくことが前提となるので，培養槽は常に撹拌しておく必要があります。一般に培養槽が大型になると，培養槽内に温度の分布ができやすくなります。

4.5　DO の測定と制御

4.5.1　好気培養の始まり

1940年代にペニシリンをはじめとする抗生物質の工業生産が始まり，続いて発酵による各種の生理活性物質の工業的な生産が可能になってきました。それまでの日本の微生物利用産業は，清酒醸造などに代表される嫌気培養による伝統的な醸造業が主でしたが，これらの工業生産は，好気培養による微生物大量生産の幕開けでした。これを可能にしたのは，工業生産に適した微生物の分離と育種などの技術とともに，装置および培地の滅菌方法の開発や，大量の無菌空気を培養槽に送り込む技術の開発でした。その後，各種抗生物質に加え，アミノ酸生産が工業化され，日本での微生物大量培養は全盛期を迎えます。しかし，1970年代後半まで，培養槽に挿入できるセンサーは温度センサーと信頼性に乏しい pH センサーだけでした。pH，基質，菌濃度，生産物濃度等は培養液を培養槽からサンプリングすれば槽外で計測できますが，溶存酸素（Dissolved Oxygen；DO，以下 DO）に関しては，培養液をサンプリングした後も，微生物による溶存酸素の消費が続き，温度も変化してしまうため，正確に DO を計測することができません。このため，DO は好気発酵ではもっとも重要なパラメーターであるにもかかわらず，経験と勘で制御されていました。

4.5.2　隔膜式 DO センサーの原理

DO センサーは，1970年代には排水処理，その他工業的な用途や研究室用途で利用されていました。海外では隔膜式ポーラログラフ式 DO センサーが利用されていました。代表的な DO センサーの電解槽部（センサーの先端部分）の断面模式図を 図 4-5-1 に示します。電解槽内に白金

---

[49]　この温度差は，恒温器内の湿度が低いほど顕著で，2〜3℃以上の無視できない差が出る場合もある。
[50]　実際には室温よりも 4〜5℃以上高い温度にしか制御できない。

—125—

カソードと銀アノードが収納され，電解液として塩化カリウム溶液が充填されています。白金カソードはテフロン製ガス透過膜に密着しており，白金とガス透過膜の間には薄層の電解液が存在します。テフロン製ガス透過膜は培養液に接しており，培養液中に溶存している酸素はガス透過膜を透過してその薄層の電解液に溶けます。白金カソードに，銀アノードに対して－700 mV を印加すると，酸素透過膜を透過した酸素は白金カソード上で還元され，酸素に比例した電流が得られます。酸素透過膜を透過する酸素は，培養液中の DO 濃度に比例するので，センサーの電流を計測することで培養液中の DO 濃度を計測できます。

アノードの銀を鉛などの卑金属に代えると，電極間でガルバニ電池が構成され，自ら電圧を発生します。白金と鉛を電極外部で抵抗（例えば 1 kΩ）を介して接続すれば，外部から電圧を印加しなくても，酸素に比例した電流が流れ，抵抗の両端の電圧を測ることによって DO 濃度が測定できます（図 4-5-2）。

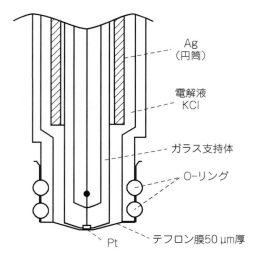

図 4-5-1 隔膜式ポーラログラフ DO センサー電解槽

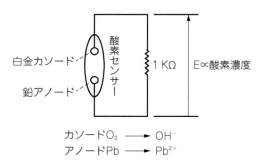

図 4-5-2 ガルバニ式酸素センサー基本回路

これが日本が開発したガルバニ式酸素センサーで，電圧の印加が不要であるため，装置が単純化できました。しかし，当初のセンサーは，電解槽がプラスチック製で密閉されていたため，オートクレーブ滅菌をすると電解液が沸騰して電解槽内圧が上がり，ガス透過膜が破れてしまうなどの問題点があり，培養には利用できませんでした。

4.5.3 発酵用 DO センサーの開発

1970 年後半になって，大橋，石川，正田らにより，世界で初めて繰り返し蒸気滅菌が可能な，ガルバニ式酸素センサーが開発されました[8,9]。その断面構造を図 4-5-3 に示します。

ステンレス製電解槽（⑧）の内壁に鉛（⑨）が張りつけてあり，電解槽が鉛アノードのリード線の役割を果たし，アノードターミナル（③）に接続されています。電解槽の中心軸部にはガラス管（⑮）が配置されています。ガラス管の下端がガラス封止され，その下端面に白金（⑫）が熔着担持され，白金のリード線がガラスを貫通し，カソードターミナル（①）に導かれます。白金とガラスの熱膨張係数はほぼ同じ値なので，蒸気滅菌によるヒートサイクルを繰り返しても，破損することなく白金とガラスの密着を保つことができます。電解槽上部にある直径 1 mm 程度

4.5 DO の測定と制御

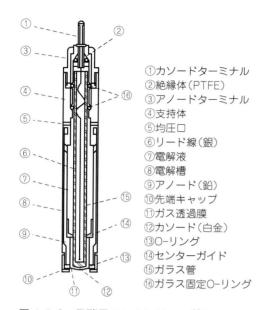

① カソードターミナル
② 絶縁体（PTFE）
③ アノードターミナル
④ 支持体
⑤ 均圧口
⑥ リード線（銀）
⑦ 電解液
⑧ 電解槽
⑨ アノード（鉛）
⑩ 先端キャップ
⑪ ガス透過膜
⑫ カソード（白金）
⑬ O-リング
⑭ センターガイド
⑮ ガラス管
⑯ ガラス固定 O-リング

図 4-5-3　発酵用 DO センサーの断面図

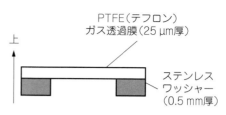

図 4-5-4　ワッシャー付き酸素透過膜

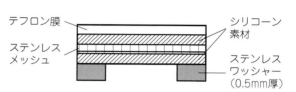

図 4-5-5　耐圧強度を高めたガス透過膜

の穴（⑤）は，注射針を挿入して電解液を注入するためのもので，酸素透過膜に圧力がかからないように，電解槽内外の圧力を同圧にするための均圧孔の役割も果たします。

酸素透過膜は**図 4-5-4** に示すように金属製ワッシャーと一体に形成され，O-リング（図 4-5-3 ⑬）を介して先端キャップ（図 4-5-3 ⑩）で電解槽にネジで固定することにより，電解液の漏出を防ぎます。現在では，**図 4-5-5** に示すように，ガス透過膜を金属メッシュと重層することで耐圧性を高め，均圧孔をなくした密閉式センサーも販売されています。

4.5.4　DO センサーの性能

最近の隔膜式センサーの性能は以下の通りで，どのメーカーも大差がありません。

(1) 測定範囲

0～100%酸素分圧（0～36 mg-O_2・L^{-1}）。更に高濃度でも測定可能ですが，常圧での培養では，これ以上の高濃度になることはありません。

(2) 測定下限

一般的に測定下限は 0.1 mg-O_2・L^{-1} です。0.01 mg-O_2・L^{-1} の測定が可能なセンサーも製造できますが，通気する培養液中の気泡には酸素が含まれているので，局所的には不均一になっています。測定された値がどのような意味を持つのか，目的は何なのかをよく考えてから測定する必要があります。

(3) 応答速度（**図 4-5-6**）

90%応答は約 30 秒です。膜を薄くすることによっ

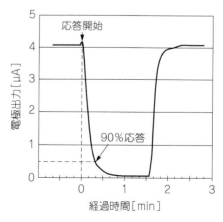

図 4-5-6　DO センサーの応答曲線

第4章　培養状態の計測と制御

て，強度は落ちますが，更に応答を早く（10秒程度に）することも可能です。

⑷　安定性

通常の培養条件であれば，2週間程度の培養での出力の変動は±5％以内です。125℃，30分の繰り返し滅菌が30回以上可能です。

4.5.5　DOセンサーの使用法

センサーを培養槽に取り付け，培養槽と共に蒸気滅菌します。微生物培養では培養槽に培地を入れた状態で蒸気滅菌することが多いのですが，動物細胞培養では，培養槽は，空の状態で蒸気滅菌し，その後，フィルターで除菌した培地を入れることが多いようです。次に，培地を培養温度に調整するとともに，通気を行って，培地を空気飽和状態にします。この状態でのセンサー出力を100％に，センサーからコネクターを取り外した時の出力を0％に校正すれば準備完了です。

DO濃度の絶対値を知りたい場合は，次の手順で校正したセンサーを用いて，空気飽和した培地のDO濃度を測定すれば，上述の酸素飽和度から換算することができます。

1) 亜硫酸ナトリウム1〜2gに水100 mL，1％硫酸銅を1滴加えて軽く混ぜます[※51]。
（$2Na_2SO_3 + O_2 \rightarrow 2Na_2SO_4$ の反応でDO濃度がゼロの溶液ができます）

2) この溶液にセンサーを浸し，応答するのを待ってゼロ点を校正します。

3) 培養槽にイオン交換水（脱イオン水）を張り，30℃で培養を行う場合には，30℃で通気撹拌して空気飽和した水を作ります。イオンが含まれていると空気飽和による飽和酸素濃度が変わるので，イオン交換水を用います。またセンサーには温度特性があるので，水温は培養を行いたい温度（ここでは30℃）で一定とします。

4) 空気飽和した水にセンサーをつけ，出力が安定したら，その出力を $7.5\ \mathrm{mg\text{-}O_2 \cdot L^{-1}}$ として校正します。ただし，$7.5\ \mathrm{mg\text{-}O_2 \cdot L^{-1}}$ は30℃での空気飽和による溶存酸素濃度です。他の温度で培養する場合の飽和酸素濃度は，**表4-5-1**を参照してください。

DOセンサーは使用しているうちに内部液が変質し，アノード表面にガルバニセンサーでは酸化物（PbO），ポーラロセンサーでは塩化物（AgCl）が付

表4-5-1　空気飽和した蒸留水の溶存酸素濃度

温度 [℃]	DO [$\mathrm{mg\text{-}O_2 \cdot L^{-1}}$]	温度 [℃]	DO [$\mathrm{mg\text{-}O_2 \cdot L^{-1}}$]
16	9.87	31	7.43
17	9.67	32	7.31
18	9.47	33	7.18
19	9.28	34	7.07
20	9.09	35	6.95
21	8.92	36	6.84
22	8.74	37	6.73
23	8.58	38	6.62
24	8.42	39	6.52
25	8.26	40	6.41
26	8.11	41	6.31
27	7.97	42	6.21
28	7.83	43	6.12
29	7.69	44	6.02
30	7.56	45	5.93

[※51]　混ぜ過ぎると亜硫酸ナトリウムが全て酸化されてしまう。亜硫酸ナトリウムは溶存酸素の消去には大過剰なので，粒が少し残っているくらいの混ぜ方でよい。

着して，応答が遅くなったり，不安定になったりします。このような時は，電解液の代わりに2〜3％程度の酢酸を入れて，1日放置し，その後水洗して電解液およびガス透過膜を交換します[※52]。ポーラロセンサーでは，アノード表面を磨いて塩化銀を落とし，電解液とガス透過膜を交換します。

4.5.6 蛍光式酸素センサー原理

近年，蛍光式酸素センサーが培養分野でも利用されるようになりました。蛍光物質を特定の波長の光で励起すると，蛍光が発光されます。この蛍光は酸素に阻害されるので（図4-5-7），蛍光強度は酸素濃度に反比例します。しかし，蛍光強度は，酸素濃度だけでなく，光源や受光器の劣化，蛍光物質の汚れや劣化などの影響で変化してしま

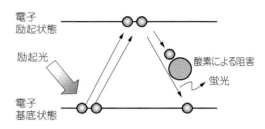

図4-5-7　蛍光式酸素センサー原理

うので，酸素濃度を正確に測定できません。そこで，蛍光光量に依存しない測定法が利用されています。例えば，酸素濃度が高いと消光速度が速いことを利用し，蛍光の消失速度で測定しています。蛍光式酸素センサーは隔膜式センサーと同様，気体も液体も計測できます。

蛍光物質を励起する方式として，光源から直接照射する方法と，光ファイバーを通じて照射する方法があり，光源としてはレーザーまたはLEDが用いられますが，価格および簡便さからLEDが主流になっています。

蛍光式酸素センサーと従来の隔膜式センサーの特徴は，**表4-5-2**のようにまとめられます。

表4-5-2　蛍光式酸素センサーと隔膜式センサーの比較

蛍光式酸素センサー	隔膜式センサー
酸素を消費しない 撹拌不要	酸素を消費する 電極近傍の酸素を供給するため撹拌が必要
撹拌速度の影響を受けない	撹拌速度の影響を受ける
非接触でも測定可能［4.5.7(1)］	培養槽に挿入して使用
蒸気滅菌によりゼロ点出力が変動しない。従って毎回ゼロ校正する必要がない	蒸気滅菌によりゼロ点出力が変動する
ゼロ点もゼロ点以外も温度の影響を受ける 温度補償は可能	酸素ゼロは電流ゼロなのでゼロ点は温度の影響を受けない。ゼロ点以外は受ける 温度補償は可能
光学系が必要なので計測器が高価	計測装置が簡単で安価
センサーが安価で構造が簡単	センサーが高価で複雑
蛍光物質は130℃の蒸気滅菌に耐える	130℃の蒸気滅菌に耐える
圧力の影響を受けない	ガス透過膜が押されるので圧力の影響を受ける場合がある（均圧孔型は受けない）

※52　洗浄液は重金属を含む廃液として処理する。

4.5.7 蛍光式DOセンサーの形状

(1) 培養槽固定型

蛍光式酸素センサーでは，蛍光物質を培養槽のガラスなどの透明部内壁に固定し，透明部外部から励起し，蛍光を測定することができます。蛍光物質を培養槽の透明部に固定するには，直接塗布する方法と，蛍光物質を固定したフィルムを貼り付ける方法があります。蛍光物質を塗布する大きさは，光軸が合えばよいので，直径3〜5mm程度です。ディスポーザブルの培養槽の底面に蛍光物質を塗布した例を図 4-5-8 に示します。

(2) 培養槽挿入型（プローブ型）

直径6mm程度のステンレスパイプの一方の端を透明部材で閉じその外面に蛍光物質を固定し，パイプ内に光ファイバーを導入して蛍光物質を励起し，蛍光を測定します。図 4-5-9 に示したセンサーでは，ケーブルの取り外しを容易にするため，パイプ内に光ファイバーを配置し，光コネクターを介して光の授受をするように工夫されています。

図 4-5-8　塗布した蛍光物質

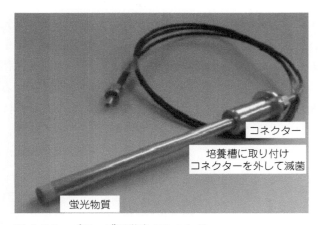
図 4-5-9　プローブ型蛍光DOセンサー

4.5.8　DO制御

［7.4］で詳述するように，好気培養において，DOは重要な基質であり，その濃度を適切な範囲に制御することは非常に重要です。

培養中のDO濃度 C [mg·L^{-1}] の変化は次式で表されます。

$$\frac{dC}{dt} = k_L a(C^* - C) - Q_{O_2} X \tag{式 4-5-1}$$

ここで，k_L は液境膜物質移動係数 [m·h^{-1}]，a は単位容積あたりの気液接触面積 [m^{-1}]，C^* は飽和溶存酸素濃度 [mg·L^{-1}]，Q_{O_2} は酸素比消費速度 [mg·g-cell^{-1}·h^{-1}]，X は菌体濃度 [g-cell·L^{-1}] です。右辺第二項は菌体による消費で，X は培養の進行に伴って大きくなっていきます。従って，DOを一定に制御する，即ち，dC/dt をゼロにするには，供給項である右辺第一項を大きくするか，Q_{O_2} を下げる必要があります。

コラム42　DO ジャンプ

式 4-5-1 は溶存酸素濃度 C の経時変化のグラフの傾きを表しています。回分培養では基質は次第に消費され，菌体濃度 X が増加して行くので，C のグラフは右下がりとなり，傾きは次第に大きくなります。基質が枯渇すると，Q_{O_2} が急激に低下するため，右辺第二項が小さくなり，C のグラフは急激に上昇します。DO ジャンプと呼ばれるこの現象によって，基質が枯渇するタイミングを知ることができます。

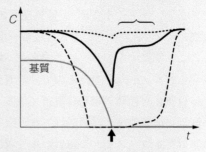

図 4-5-10　DO ジャンプ

例えば，Pichia pastoris での組換えタンパク質生産では，増殖基質であるグリセリンが枯渇するタイミングを DO ジャンプで知り，誘導物質であるメタノールの流加を開始します。パン酵母の培養においては，DO ジャンプを指標に基質投入を繰り返す培養[※53]が行われることもあります。

図 4-5-10 の矢印のタイミングで基質が枯渇すると，溶存酸素濃度が急上昇します。培地に生産した生産物や培地に含まれているアミノ酸を基質にできる間（中括弧の区間）も，ある程度酸素を消費しますが，これらも枯渇すると溶存酸素濃度は飽和レベルまで戻ります。酸素供給（右辺第一項）が適度であれば，図 4-5-10 の太線のように DO ジャンプがはっきり確認できますが，撹拌回転数が高過ぎると $k_L a$ が高くなって DO ジャンプは見にくくなり（点線），逆に，$k_L a$ が十分でなければ，DO が枯渇するので（破線），基質がなくなるタイミングを知ることができなくなります。基質が枯渇する直前が最も $Q_{O_2} X$ が大きいので，この時点の DO 濃度が 50% 飽和ぐらいになるように撹拌回転数をセットするのが理想的です。

コラム43　DO を見れば微生物と会話できる？

DO 濃度は，式 4-5-1 に従って変化します。流加培養をしている際に，基質の供給を止めると，槽内の基質濃度は次第に下がっていき，基質がなくなると Q_{O_2} は大きく低下し，DO 濃度が急増（DO ジャンプ）します。基質の供給を止めるとすぐに DO 濃度が上昇する場合は（図 4-5-11 上），槽内の基質がすぐになくなり，微生物は「ひもじいよ」と言っていることが分かります。逆に，しばらくの間 DO 濃度が上昇しなければ（図 4-5-11 下），微生物は満ち足りた状態であることが分かります。

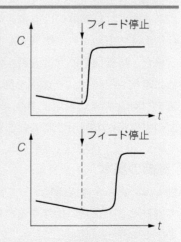

図 4-5-11　流加培養でフィードを止めた時の DO の変化

微生物の基質の比消費速度と菌体濃度が分かっていれば，フィードを止めてから DO 濃度がジャンプするまでの時間から，槽内の基質濃度のおおよその値を推算することもできます。

※53　基質を投入すると DO 濃度は減少し，基質がなくなると再び DO 濃度が上昇するので，そのタイミングで再び基質を投入する。

第 4 章　培養状態の計測と制御

(1)　酸素供給速度による制御

　撹拌を早くすれば気泡が分散し，気液接触面積 a が増えるので，右辺第一項は大きくすることができます（図 8-1-1 参照）。通気速度の増加も a の増加に貢献します。通気するガスの酸素分圧を高めて C^* を大きくしても右辺第一項を大きくすることができます。微生物培養では撹拌回転数により制御するのが一般的ですが，動物細胞はせん断力に対して脆弱なため，撹拌回転数を高くするとダメージを受けるので，酸素分圧を高めることによって制御するのが一般的です。なお，k_L は気体と液体の種類によって決まるパラメーターなので，操作することはできません。

(2)　酸素比消費速度（呼吸活性，比呼吸速度）による制御

　酸素はグルコースなどの基質から呼吸によってエネルギーを獲得する際に消費されるので，呼吸活性は培地中の基質濃度に依存して変化します[※54]。流加培養で高菌体濃度まで培養する場合などでは，培養槽の通気撹拌速度を上限まで上げても酸素供給が不足する場合があります[※55]。このような場合は，基質の供給速度を次第に下げ，Q_{O_2} を低下させることによって，溶存酸素濃度を適切な範囲に保つことができます。

4.5.9　酸素の供給法

　酸素を供給する方法として，培養液中に気泡として供給し，撹拌翼で気泡を分散する方法が一般的で，微生物の培養ではほとんどこの方法が用いられます。しかし，培養液に微生物の代謝産物が蓄積すると[※56]，泡が消えにくくなり，そのまま培養を続けると排気ガスとともに発泡した培養液が培養槽外に排出されてしまうことがあります。この場合，機械消泡や消泡剤によって泡を消す必要があります。

　動物細胞培養では培養液自身の発泡性が高かったり[※57]，泡によって細胞が損傷を受けたりすることがあるので，培養液には直接通気せずに，酸素を供給する方法を取ることがあります。一般的には培養液の上面から，空気または空気と純酸素の混合ガスを供給しますが，これでも不足している場合，培養液中にガス透過性のチューブを配置して酸素ガスを通気し，チューブ壁面から培養液に溶解させます。その例を**図 4-5-12** および**図 4-5-13** に示します。ガス透過チューブは多孔質テフロン製で，表面に 70% の空隙があり，ここで気液が接触します。抗体医薬やワクチンなどの実生産にも利用されています。

4.6　制御の基本

　制御とは，何らかの要因によって制御したい変数の値が設定値からずれた場合，そのずれを解消してプロセスを正常に操作するための方策のことです。例えば，培養液の溶存酸素（DO）濃度を DO センサーで計測して，もし溶存酸素濃度が低ければ，撹拌回転数を上げ，酸素供給速度を高める必要がありますが，この撹拌回転数を変更するなどの方策が制御となります。目的の生

※54　温度，pH，代謝物濃度などにも影響される。
※55　酸素分圧を上げる方法は工業スケールではコストと安全性の面から現実的ではない。
※56　タンパク質をはじめとする両親媒性物質。
※57　血清が入った培地は泡が立ちやすい。

—132—

4.6 制御の基本

図 4-5-12 ガス透過チューブ
　　　　　（矢印部分）を備え
　　　　　た培養槽

①ガラス培養槽
②温調ジャケット
③多孔性テフロン
　チューブ
④沈殿管
⑤コンデンサー
⑥回転軸

図 4-5-13　50 L 培養槽

産物や菌体を効率良く生産するには，制御対象プロセスがどのような状態であるかを計測し，適切な値に制御する必要があります。本節では，制御の基本を解説し，より高度な制御にはどのようなものがあるのかを概説します。

4.6.1　フィードバック制御とフィードフォワード制御

　ここでは，ジャーファーメンターにおいて「撹拌回転数を変えて DO 濃度を一定に保つ」操作を例に，ある制御変数を目標の値（設定値）に制御する時，調節器はどのような手順で自動調節を行っているのかを説明します。制御の方式(手順)には，様子を見ながら撹拌回転数を加減するフィードバック制御と，予め予想して撹拌回転数を加減するフィードフォワード制御があります。
　まずはフィードバック制御について説明しましょう。「撹拌回転数を変えて DO 濃度を一定に保つ」操作に，DO 濃度が変化する原因を書き加えて，もう少し正確に表現すると，「微生物による酸素吸収速度やガス流量の変化（外乱[※58]）に起因する DO 濃度の変化（制御変数）を，撹拌回転数を調節することにより，ある設定値に保つ」となります。制御を行うときに信号がどのように流れているかを表した図をブロック線図といい，この制御の場合は**図 4-6-1** のように書くことができます。まず，調節部で設定値と DO センサーの測定値を比較して偏差を計算します。コントローラーは，設定値の方が測定値よりも高ければ回転数を増やし，逆であれば減らす判断をして，それを制御信号としてジャーファーメンターに伝え，撹拌回転数を変更します。
　この制御では，撹拌回転数（プロセスへの入力）の変化により DO 濃度（プロセスからの出力）が変化するという因果関係からいえば，出力から入力へのフィードバック（DO 濃度によって撹

※58　信号伝達系に，外から入ってくる妨害となる信号のこと。

第4章 培養状態の計測と制御

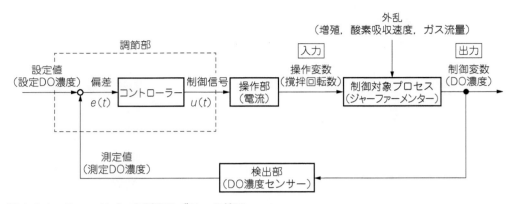

図 4-6-1　フィードバック制御のブロック線図

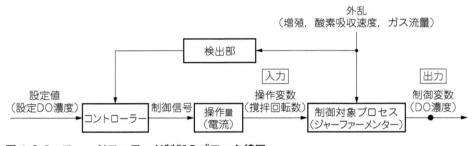

図 4-6-2　フィードフォワード制御のブロック線図

拌回転数を変えるという逆方向の流れ）が存在することになります。このように，信号の伝達経路にフィードバックループがある制御をフィードバック制御と呼びます。これを制御の用語を用いて表現すると，制御系の設計とは，「時間 t によって変化する偏差 $e(t)$ に対して，どの程度の撹拌回転数を変化させるかという制御信号 $u(t)$ を自動的に算出するメカニズムを与えること」ということができます。

一方，図 4-6-2 に示すように，予め微生物増殖量から酸素取り込み速度の増加という外乱が予測されている場合には，この予測量に基づいて撹拌回転数を調節するような操作も考えられます。このような制御は，情報の流れを考慮して，フィードフォワード制御と呼びます。現実には，外乱を正確に予測することは難しいので，培養の制御には，多くの場合，フィードバック制御を用います[※59]。

4.6.2　ON/OFF 制御

培養槽の pH を一定の値に保つために酸やアルカリを添加するといったように，ある制御変数を一定値に保つために，操作変数を調節する制御を定値制御といいます。ON/OFF 制御（ON/OFF フィードバック制御）は，まさしくヒーターの加熱や pH 調整剤の添加量を ON と OFF で

※59　培養中に，例えば DO の枯渇などの大きな変化が予想される場合は，フィードフォワード制御とフィードバック制御を組み合わせた制御を行うことがある［12.5.6］参照）。

制御する方法ですが，設定値に達するまで偏差を解消する操作を続けると，設定値を挟んで制御変数の値が振動してしまうこと（ハンチング）が問題となります。これを回避するには，設定値に達する少し手前で偏差を解消するための操作をやめるようにするのが一般的です。これを図示すると**図 4-6-3**のようになり，設定値の前後で操作を行わない領域を不感帯といいます。

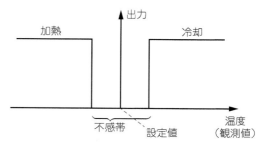

図 4-6-3　ON/OFF 制御

また，応答が遅いと，不感帯を設けていても設定値を大幅に超えてしまうこと（オーバーシュート）があります。このような場合，次に述べるような制御を行います。

4.6.3　PID 制御

　プロセス制御では，より確実にかつ迅速に目標値に近づけるため，PID 制御がしばしば用いられます。P, I, D はそれぞれ Proportional（比例），Integral（積分），Differential（微分）の略で，以下，部屋の温度をヒーターで一定に保つ場合を例に説明します。

(1) 比例制御

　偏差を解消するための操作量を，偏差の大きさに比例させます。具体的には，**図 4-6-4** のように，室温が設定温度よりもかなり低い間はヒーターをフルに働かせ，設定値に近づいてきたら，ヒーターの出力を徐々に下げていくように制御します。

(2) 積分制御

　過去から現在までの偏差の積分値に応じて操作量を増やします。寒い日では，室温が不感帯まで上昇して加熱を止めた時，室温が設定値まで上がらないうちに下がり始め，偏差が残り続けてしまいます（**図 4-6-5**左）。このような時，一定の期間，偏差を積算して，その値に応じてヒーター出力を大きくするように制御します。

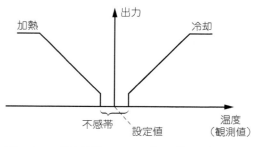

図 4-6-4　比例制御における観測値と出力の関係

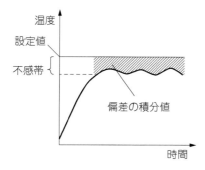

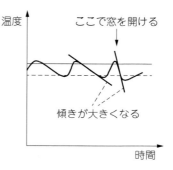

図 4-6-5　積分制御（左）と微分制御（右）

第４章 培養状態の計測と制御

(3) 微分制御

偏差の微分値に応じて操作量を加減します。例えば，窓を開けて室温が急に下がると，偏差の微分値，即ち，偏差の経時変化のグラフの傾き（図4-6-5右）は大きくなります。この微分値に応じてヒーターの出力を大きくすることで，応答速度が改善されます。

実際の制御では，これらの制御を組み合わせることによって，応答速度と制御の精度を高めています。制御信号 $u(t)$ と偏差 $e(t)$ との関係は定数 K_P, T_I, T_D を用いて次式で表されます。

$$u(t) = K_P \left\{ e(t) + \frac{1}{T_I} \int_0^t e(\tau) \mathrm{d}\tau + T_D \frac{\mathrm{d}e(t)}{\mathrm{d}t} \right\}$$

4.6.4 最適化と最適制御

製品がある基準を満たしつつ，経済性・利益といったある評価基準が最大（最小）になるようにプロセスの操作変数を調整することを最適化といい，最適化した操作変数で操作するような制御を最適制御といいます。数学的な最適化手法は最適化を図りたい対象のシステム方程式[※60]の線形性により異なります。酵素反応や発酵プロセスに代表されるバイオプロセスは，複数の因子（pH，温度，各種の反応成分）が互いに独立でなく影響し合う典型的な非線形システムとなり，最適解は単純には求まりません。このようなシステムに対する最適化手法としては，シンプレックス法，最大原理，遺伝的アルゴリズムなどを用いたものがあります[11-15]。中でも，遺伝的アルゴリズムは，生物進化の遺伝的法則を模倣して開発された探索的最適化を行う手法であり，最適化すべき操作変数が多くて，通常の方法ではなかなか最適解が見つからない場合に，短い時間で最適に近い解を探索できます。遺伝的アルゴリズムでは，各操作変数の値を離散的遺伝子の組み合わせで構成されるランダムな複数の個体で表したのちに，評価関数に従い高い値を持つ個体の選択（淘汰）と，個体間の遺伝子配列の部分的な交換やある遺伝子の変更（交差・変異）とを繰り返すことにより，最適条件を迅速に探索することができます。

4.6.5 プロセスの制御とモデリング

プロセス制御を行うためには，一般に，プロセスに対する入出力の関係についての時間的変化（これを動特性といいます）を表現するモデルが必要となります。しかし，バイオプロセスに関する因子は非常に多いため，それらすべてを把握できる場合は極めてまれです。そのため，プロセスの動特性に対し支配的な入力因子と出力因子の間の関係を定式化する際には，プロセスの動特性に対して付随的な因子を省略するなどして，主要因子間の関係を把握すること（モデル化）が求められます。通常は，数式モデルとして常微分方程式を用いて表現しますが[13,16]，ニューラルネットワーク（Artificial neural network；ANN）のような非線形モデルを用いる場合もあります。

ANN は神経生理学により明らかにされた生体の神経回路網を模倣して開発された，プロセス

※60　菌体，基質，生産物などの濃度の経時変化を微分方程式で表したもの（第７章参照）。

における入出力の関係を表現するための非線形モデルであり，入力因子と出力因子の間の予め分かっている関係は全く考えず，実験データだけに基づいてモデルを構築します。ANNの構成要素であるニューロンは，一般に，重み係数を含む多入力の和に対するシグモイド関数からの1出力という情報処理系として表現されます（図4-6-6）。このようなニューロンをいくつか連結させ，多入力多出力系の非線形モデルを構成していきます。ニューロンの数，ネットワーク構造はモデルの性質を決定づける要素であり，時系列データ処理やパターン認識といった目的に応じ選択され，たくさんの実験データから得られた学習用入出力データセットを用いて重み係数を決定することでモデルを完成させます。

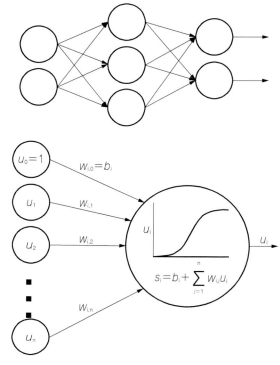

図4-6-6　一般的なANNの構造とニューロンにおける入出力

4.6.6　様々なプロセス制御法

　バイオプロセスは，主として回分・半回分操作（濃度などが変化していく非定常状態）で行われ，数式モデルの構築が難しく，プロセスの非線形性，制御目標の多さに対して操作変数が限られている，などの問題点のために通常のPID制御系では十分に満足のいく制御性能の得にくい対象と考えられています。そこで，フィードフォワード・フィードバック制御[12,15]や，プロセスの動特性の変動に対応して制御系の特性を調整していく適応制御[10,15]，更には，知識ベース型制御と呼ばれるファジィ制御[10-15]やエキスパートシステム[13-15]といった制御方法が適用されています。

　ファジィ制御は，ファジィ（あいまい）集合という概念を基に展開されたプロセス制御法であり，この手法により，過去の経験則から導き出された言語表現によるあいまいなルール[※61]をプロセスの運転操作に利用することができます。例えば，DO濃度1 ppmは「DO濃度が低い」というファジィ集合に帰属する度合いは0.4であるというように，あるファジィ集合への帰属度と状態量の関係（メンバーシップ関数）を定義することにより，「DO濃度が低いから攪拌回転数を少し上げよう」といった言語表記された経験則を，IF-THEN形式のプロダクションルールで表し，経験的な知識を制御システムに取り込むことができます。

　エキスパートシステムは伝統的な清酒醸造のように熟練技術者の知識を用いて制御方策を推定し運用するためのシステムであり，知識ベース，推論エンジン，ユーザーインターフェースから

※61　職人さんの経験や勘，実験のノウハウなど。

第4章　培養状態の計測と制御

構成されます。熟練者から得られた知識は，ユーザーインターフェースを介して知識ベースに格納され，推論エンジンはプロセス運転中に起きた何らかの事象に対して知識ベースを用いて推論を行います。得られた推論結果はユーザーインターフェースに表示され，プロセスの運転に利用されます。このシステムでは，推論エンジンに，前述のニューラルネットワークやファジィ制御が取り入れられて構成されることが多く，種々の発酵プロセスへの応用が報告されています。

文　献

1）日本生物工学会編：生物工学実験書改訂版，培風館（2002）.

2）野島博編：顕微鏡の使い方ノート〔改訂第3版〕，羊土社（2011）.

3）関口順一：生物工学会誌，**91**，50（2013）.

4）佐見学：日本醸造協会誌，**90**，536–541（1995）.

5）日本組織培養学会編：組織培養の技術〔第3版〕，朝倉書店（1996）.

6）C. Bernofsky et al.：*Anal Biochem.*，**53**，452–458（1973）.

7）日本生物工学会編：生物工学実験書〔改訂版〕，培風館，p. 294（2002）.

8）M. Ohashi et al.：*Biotech. Bioeng. Symp.*，**9**，103–116（1979）.

9）M. Ohashi et al.：U.S. patent No.4178223（1979）.

10）日本生物工学会編：生物工学ハンドブック，pp.433–449，コロナ社（2005）.

11）小林猛，本多裕之：生物化学工学，pp.134–154，東京化学同人（2002）.

12）清水和幸編：バイオプロセスシステム工学，pp.427–676，アイピーシー（1994）.

13）吉田敏臣：培養工学，pp.90–204，コロナ社（1998）.

14）山根恒夫，塩谷捨明編：バイオプロセスの知的制御，共立出版（1997）.

15）清水浩編：バイオプロセスシステムエンジニアリング，シーエムシー出版（2002）.

16）山根恒夫：生物反応工学〔第3版〕，産業図書（2002）.

第5章　培養サンプルの取扱い・分析・記録・解析

　微生物培養の実験は，菌体，基質，生産物などの濃度の経時変化を取る実験ということができます。この際，サンプリングごとにその場で測定しなければならないものや，手早く培養上清を得れば冷凍保存してあとでまとめて測定できるもの，逆に，溶存酸素濃度や酸素消費速度のように，培養の状態を変えずに測定しなければならないものもあります。本章では，まず，サンプリング後の培養液と菌体との分離操作，菌体と上清それぞれの保存方法を解説します。また，定量の基本的な知識，基本の分析機器である分光光度計と液体クロマトグラフィーを使用する際の注意点について解説します。その上で，データの取り方と解釈し，実験ノートの書き方について解説します。

5.1　サンプリングと培養液の分離

　培養の実験は多くの場合，菌体，基質，生産物の濃度などの経時変化を取ります。ここでは，フラスコ培養でのサンプリングの具体的な手順と，サンプリングで得た培養液の菌体と上清を分離する手順について説明します。ジャーファーメンターでのサンプリングの手順は，[8.3.9] を参照してください。

5.1.1　サンプリングの手順と注意点

　フラスコは恒温槽や恒温室，具体的には振盪式のウォーターバスやエアインキュベーターなどで培養しますが，無菌的にサンプリングするためには，クリーンベンチに持っていかなくてはなりません。既に第1章などでも説明していますが，あらためて注意点をまとめておきます。

(1)　コンタミ対策

　フラスコや試験管には無数の微生物が付着しています。落下菌はもちろん，人の手もウォーターバスの水も雑菌の巣であることを忘れてはなりません[※1]。標準的な手順を示しますので，第1章を参照しながら適宜アレンジしてください。

　1)培養装置の振盪や回転を止めてフラスコを取り出します[※2]。ウォーターバスで培養していた場合はペーパータオルで水をふき取ります。

　2)クリーンベンチに持ち込む前に，アルコールなどの薬液を染み込ませたペーパータオルでフラスコの首の部分から下を拭きます（[1.5.2] 参照）。この際，口の部分と栓の部分には触らないようにします。

　3)栓をつけたままフラスコの口をバーナーであぶります（[1.5.1] 参照）。綿栓はあぶり過ぎ

※1　栓の部分にウォーターバスの水がかからないように培養していることが前提。
※2　フラスコを固定しているスプリングが固い場合，外した反動でフラスコをぶつけて割ってしまうことがあるので，両手でしっかり持って外す。

第5章　培養サンプルの取扱い・分析・記録・解析

ると燃えてしまうことがあるので注意しましょう。

4) ヤケドはしないように注意をして栓を取ります[※3]。この時，フラスコは斜めに持ち，栓を外した瞬間に手がフラスコの口の上に来ないようにします（[1.7.2]参照）。

5) マイクロピペッターや滅菌したメスピペットでサンプリングします。振とうフラスコの場合，マイクロピペットでは届かないので滅菌ピペット（[1.3.4]参照）を準備し，ピペッターを装着してサンプリングします。

(2)　手早く作業する

撹拌を停止すれば酸素供給速度は大きく低下し（図7-5-3および第7章コラム67参照），恒温槽や恒温室から取り出せば温度は変化してしまいます。サンプリングに手間取るほど，これらの影響は大きくなるので，培養している場所からクリーンベンチまでの距離ができるだけ短くなるように工夫し，前もって準備できることは全て準備してからフラスコを取り出します。増殖が速い微生物の場合，培養槽や恒温室にセットしたまま無菌操作をせずにサンプリングする方が目的にかなっている場合もあります（第3章コラム24参照）。

(3)　サンプリングの回数と量

サンプリングの回数と量が多いと培養液量が減少し，溶存酸素濃度に対する影響は顕著になります。[6.4]と[6.5]で詳述しますが，溶存酸素濃度 C [mg・L^{-1}] の変化速度は，

$$\frac{\mathrm{d}C}{\mathrm{d}t} = k_{\mathrm{L}}a(C^* - C) - Q_{\mathrm{O}_2} \cdot X \qquad\qquad (式5\text{-}1\text{-}1)$$

で与えられます。

ここで，k_{L} は液境膜物質移動係数 [m・h^{-1}]，a は単位液量あたりの気液界面積 [m^{-1}]，C^* は飽和溶存酸素濃度 [mg・L^{-1}]，Q_{O_2} は酸素比消費速度 [mg・g-cell^{-1}・h^{-1}]，X は菌体濃度 [g-cell・L^{-1}] です。撹拌を停止すれば単位液量あたりの気液界面積が小さくなって $k_{\mathrm{L}}a$ が低下し，フラスコのヘッドスペースの換気が悪ければ（通気の悪い栓を使っていれば）飽和溶存酸素濃度が下がり[※4]，式5-1-1の右辺第一項が小さくなります。逆に，培地がエキス類が入った高栄養の培地で増殖速度が早ければ Q_{O_2} は大きくなり，菌体濃度 X が増えれば右辺第二項が大きくなります。つまり，dC/dt が負の値になり，溶存酸素濃度の低下速度は大きくなります。

これは，高栄養な培地で菌体濃度が高いほど，サンプリングで撹拌を止めると菌体は酸素欠乏状態になる可能性が高まることを意味しています。通気の悪い栓を用いている場合，ヘッドスペースの酸素濃度が下がると，撹拌を止めなくても酸素欠乏状態になってしまうので（第7章コラム66参照），サンプリングの回数の影響をもろに受けます。つまり，サンプリングで栓を外すと外気が導入されて C^* が大きくなり，酸素欠乏状態が解消されることになります。また，サンプリングで培養液量が減ると，X が小さくなって酸素消費速度も減少するので，C^* は下がりに

────────────────

※3　フラスコが複数あるなら，まとめてあぶっておくと，最初にあぶったフラスコは冷えるのでヤケドしにくくなる。

※4　飽和酸素濃度は気相の酸素濃度に比例するので，フラスコ内の酸素が消費されて気相の酸素濃度が下がれば C^* は低下する。

くくなります。さらに，多くの場合，培養液量が減れば単位液量あたりの気液界面積は大きくなるので，結果として式5-1-1の右辺第一項は大きくなり，溶存酸素濃度が高い状態をより長い時間維持できるようになります。

実際に，サンプリングを頻繁に行った方が増殖が良くなった例もあります。予備検討ではうまくいったが（経時的にサンプリングしたが），本番ではうまくいかなかった（サンプリングをしなかったので酸素欠乏になった），ということもあり得るのです。

実践的には，通気の良い栓を用い（[3.5]参照），十分に撹拌する培養を心がけましょう。また，サンプリングによる液量の変化やサンプリング回数が多い場合，その影響を確かめる実験[※5]を行った方がよいでしょう。

5.1.2 遠心分離による分離

遠心分離による分離が最も一般的な方法ですが，ぐずぐずしていると状態が変化してしまいます（第2章コラム⑩参照）。素早く遠心分離できるよう，1.5～2.0 mL容のマイクロチューブを用いるとよいでしょう。15 mLや50 mLのプラスチックチューブで遠心分離する場合，上限の遠心力に注意しましょう（[3.9.3]参照）。また，サンプリングする量は，分析に必要な最小限の量にしないと，培養液量が減少して，酸素供給速度などの培養の状態が変化してしまうことに注意しましょう。遠心分離に要する遠心力と時間は，細胞の径などによって異なり，径の小さな球菌の分離には特に時間がかかります。また，サンプル量を少なくして小さな遠心チューブを用いれば，大きな遠心チューブよりも細胞が沈降する距離を短くすることができ，分離に要する時間を短縮することができます（[3.9.1]の式3-9-1参照）。

以下，濁度の経時変化を取りながら約1 mLの培養上清を得る場合を例に，具体的な手順を説明します（図5-1-1）。

① 1 mLの培養液をサンプリングし，
② 1.5 mL容のマイクロチューブに取る。
③ このうち0.05，0.10または0.20 mLを取り，
④ あらかじめ0.95，0.90または0.80 mLの水[※6]を分注した

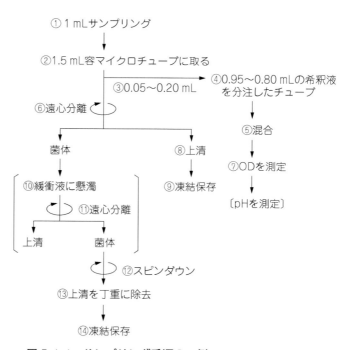

図5-1-1　サンプリング手順の一例

※5　サンプリングを全くしないフラスコを対照実験に立てる。

第5章　培養サンプルの取扱い・分析・記録・解析

　　マイクロチューブに入れ，1〜2回チップを共洗いする。

⑤　蓋を閉めてよく混合する（［3.10.1］の(2)参照）。

⑥　残りの培養液を遠心分離する。

⑦　⑥の間に，1 mL 容セルを用いて⑤の濁度を測定する（［5.4］参照）。

⑧　遠心分離した上清をデカンテーションまたはピペッティングで別のチューブに回収し，

⑨　凍結保存する。

⑩　菌体が必要な場合は，菌体を適当な洗浄液※7（緩衝液，水など）に懸濁し，

⑪　再度遠心分離して上清を捨て，

⑫　チューブを⑪の分離の時と同じ向きに遠心機にセット※8 して 5 krpm ぐらいまで回転を上げてすぐに止めることにより，チューブの内壁に残っている上清を管底に集める（この操作をスピンダウンという）。

⑬　上清をピペッティングで丁重に除去※9 した後，

⑭　凍結保存する。菌体を破砕して酵素活性を測定する場合などはそのまま凍結保存し，菌体を生きたまま保存したいのであれば，15〜20%（w/v）のグリセリンを含む培地に懸濁してから凍結する（［6.5］参照）。得られる菌体量の目安は，OD＝1 の時，乾燥重量として 0.25 mg·mL^{-1}，湿重量として 1 mg·mL^{-1} 程度である※10。

　⑩⑪の操作は不要な場合もあり，逆に培地からの持ち込みを避けたいのであれば 2 回以上行うべき時もあります。培養液の pH は，濁度を測定した懸濁液を回収して pH を測定できる場合もあります。※11

コラム44　バクテリアの mRNA は 2 分で半減

　バクテリアの mRNA の半減期は非常に短く，2 分程度しかありません。遠心分離では全く間に合いませんし，急速濾過しても細胞の活動は止まらないので，サンプリングした瞬間の状態を解析することはできません。このため，DNA マイクロアレイや次世代シーケンサで遺伝子発現の解析をする場合，細胞を培養液ごと熱したフェノールや液体窒素に投入して，瞬時に全ての代謝を停止させる手法が用いられます。

※6　希釈溶液が水でよいかどうか予め確認する。水で希釈すると細胞が破裂してしまう場合もあり，溶質濃度（浸透圧）が高い培養液を水で希釈すると細胞が大きくなり，濁度も大きくなる。

※7　必要に応じて冷却しておく。

※8　異なる向きにセットすると，沈殿が管底からはがれてしまう。遠心分離する際，チューブを常に同じ向きにセットするよう習慣づけておく。

※9　沈殿が上になるようにチューブを少し傾け，沈殿をつつかないように上清を吸い取る。最初の遠心分離の時よりも沈殿が動きやすくなる場合（特に，最初の遠心分離とチューブをセットする向きがずれた時）があるので注意すること。

※10　全タンパク質の 5% の組換えタンパク質を発現している OD＝1（≒0.25 g-dry-cell/L）の大腸菌培養液を 0.08 mL 遠心分離すれば，乾燥菌体の半分がタンパク質であると仮定すると 0.25 mg-dry-cell/mL×0.1 mL ×0.5 mg-protein/mg-dry-cell×0.05×1000＝0.5 μg となり，CBB 染色の SDS-PAGE で十分視認できる。

—142—

5.1.3 濾過による分離

例えば，流加培養で制限基質の濃度を測定する場合（第7章参照），制限基質の濃度は低く，消費は非常に速いので，遠心分離では正確な測定ができません。このように，分離に時間がかかると不都合が生じる場合，急速濾過によって菌体を除去するとよいでしょう。図5-1-2のような装置を準備し，適当なポアサイズ（孔径）の濾過フィルター（例えば 0.45 μm）をセットし，減圧した状態にしておきます。培養液をサンプリングしたら直ちに濾過して菌体を分離します。あらかじめフィルターの乾燥重量を測定しておけば，菌体濃度にもよりますが，フィルターに捕集された菌体を生理食塩水か水で洗浄した後，乾燥菌体重量を測定することもできます。試料が少量の場合，ルアーロック式のシリンジに 0.45 μm のフィルターを装着して濾過するとよいでしょう[12]。

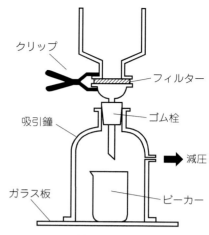

図5-1-2 培養液の急速濾過
フィルター濾過ユニットを取り付けたガラス製の吸引鐘（きゅういんしょう）の中にビーカーなどを置き，減圧して濾過する。チューブを取り付けてプラスチックチューブに導いてもよい。

5.2 サンプルの保存

前の日の食べ残しは冷蔵庫に入れないと腐ってしまいます。冷蔵庫に入れていても，何日か経てば腐ったり味が変わったりしてしまいます。培養サンプルも同じで，最低限，冷蔵が必要で，すぐに分析しないなら，−20℃以下で冷凍しておきましょう。ただし，次の点に注意が必要です。

5.2.1 溶液の保存

ピルビン酸，オキサロ酢酸などは冷凍しても分解されていきます[13]。チオール類も容器のヘッドスペースの酸素によって酸化されていきます[14]。化合物として安定性は Merck Index や試薬の Safety Data Sheet などを調べればわかりますが，純粋な溶液であれば安定であっても，夾雑物によって分解（変化）が早まる場合もあります[15]。研究上重要な代謝物であれば，サンプリング直後のサンプルと1～2週間冷凍保存したサンプルを分析して，同じ値が得られるかを確認しておきましょう。なお，密閉の確実性の観点から，保存容器の蓋は押し込みタイプよりネジ口タイプの方が好ましく，押し込みタイプの場合は一番深い位置まで確実に押し込まれていることを

---

[11] 培地には緩衝能があるので，水や生理的食塩水で希釈する場合，希釈による pH の変化は無視できることが多い（希釈せずに測定した場合と同じ温度で比較して確認する）。
[12] すぐつまるので必要量が多い場合には向かない。圧力をかけ過ぎてフィルターが外れると培養液が飛び散るので，ルアーロック式のシリンジを強く推奨する。ロックできない場合，しっかり押さえ，必ず保護メガネと白衣を着用して作業すること。
[13] 二重結合をもつ化合物は安定性を疑うべき。
[14] 1.5 ml 容のチューブに 1 mM のシステイン溶液 1 ml を入れた場合，ヘッドスペースの 0.5 ml の空気には約 0.1 mL 即ち約 4 μmol の酸素分子が含まれるから，溶液に含まれる 1 μmol のシステインは全て酸化されてしまう。
[15] チオールの酸化は銅イオンによって著しく進む。

確認しましょう。

5.2.2 溶液の解凍

解凍する際には，溶液を全て解凍し，よく混ぜてから分析しなければなりません[※16]。溶液の温度を氷点下に下げると，氷の結晶が成長し（図 5-2-1B），溶質は凍っていない部分に濃縮されていきます（図5-2-1C）。十分低い温度にすれば，最終的に溶質が含まれる部分も凍りますが，凍った試料には溶質の濃度分布ができます。解凍する際，溶質濃度が高い部分が先に溶けるので，中途半端に解凍すると正確な濃度は測定できません。また，解凍した溶液は，溶質濃度が高い部分が底に沈んでいるので（図5-2-1D），全て解凍した上で，しっかり乱流を作ってよく混ぜてからピペッティングしましょう。マイクロチューブの溶液の混ぜ方については［3.10.1（2）］を参照してください。特に注意が必要なのは，定量に用いる標準液を解凍する場合です。部分解凍したり，よく混ぜずにチューブの上部（下部）からピペッティングすれば，実際より低い（高い）濃度で検量線を引くことになり，試料の濃度を過大（過小）評価してしまいます。何よりも不都合なことは，その標準液の濃度が変わってしまったことに気づかずに，以降の定量を行ってしまうことです。

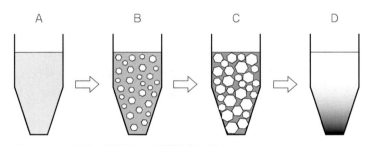

図 5-2-1　凍結・解凍時の溶質濃度の分布

5.2.3 細胞の保存

細胞の生理状態を保った状態で保存することは不可能なので（第2章コラム[10]参照），ここでは，細胞内の酵素の活性を測定する場合などの細胞の保存方法について述べます。菌株として保

コラム[45] 果汁の凍結濃縮

果物のジュースは，保存性を上げ，輸送時の量を減らすため，搾汁後に濃縮します。これを水で薄めて販売するのが濃縮還元ジュースです（「還元」は元の濃度に戻すという意味）。果汁を濃縮する際に，加熱すれば風味を損ないますし，減圧濃縮してもフレーバーが飛んでしまいます。そこで，果汁を部分的に凍らせ，網かご状の容器に入れて遠心分離し，未凍結の部分を集める凍結濃縮という手法がとられます。アイスキャンディを吸っていると甘い部分が先に抜けてしまい，味の薄い氷の部分が残るのと同じ理屈です。サンプルを部分解凍して分析すれば，濃縮液を分析することになるのです。

※16　複数回凍結融解すると不都合があるなら，小分けにして保存する。

存する場合については，第5章を参照してください。

　培養液を遠心分離して細胞を集めた時，細胞の隙間には培地が残っています（第4章コラム**37**参照）。目的によっては細胞を洗浄して[17]これを除去する必要がありますが，この洗浄は凍結する前に行っておかなくてはなりません。レタスなどの葉物野菜を冷凍するとぐずぐずになり，肉や魚も凍結するとドリップが出てしまいます。細胞も同様に多かれ少なかれ細胞膜にダメージを受けるので，凍結融解後に洗浄すると，漏出した細胞質を失うことになります。

5.3　定量の基本

　定量とは，目的物質の量（濃度）を何らかのシグナルに置き換え，標準物質のシグナルと比較することによって，目的物質の量（濃度）を知ることです。例えば，タンパク質の濃度は，280 nm の吸光度というシグナルに置き換えて測定することができます。様々な定量法がありますが，この節では，定量の際に注意しなければならない点をいくつか解説します。

5.3.1　測定上限と検量線

　どのような測定法にも必ず測定上限があり，これを超える濃度（量）は正しく測定できません。例えば，目的物質 X を呈色試薬 Y と 1：1 で反応させて比色定量する場合であれば，Y の濃度より少ない範囲でないと X の濃度は測定できません[18]。反応時の Y の濃度が X よりも十分大きくなるように，試料を希釈してから反応させる必要があります。

　検量線は多くの場合，目的物質の濃度とともにシグナルが直線的に増加する（直線に近似しても差し支えない）範囲で作成します。しかし，検量線は英語で standard curve であり，もう一度日本語に訳すと標準曲線であることに注意しましょう。つまり，検量線は，本来，曲がることを前提にしているのです。これは，うかつに最小二乗法で直線に近似してはいけないことを意味しています。

　ある物質を定量するために，濃度が 0 から 3 の標準物質で定量操作を行って，**表5-3-1** のシグナル（例えば吸光度の値）を得たとします。濃度 C に対してシグナル S をプロットすると**図5-3-1** の○のようになり，最小二乗法で直線に近似すると，$S = 0.622C + 0.1012 (R^2 = 0.9808)$ となります。ここで，この定量に用いた反応が実は Monod 型の反応で，濃度 C とシグナル S の間に $S = 5C/(C+5)$ の関係があるとします（図3-5-1破線）。未知試料を分析したシグナルが 0.100，0.150，0.200 だったとすると，C の真の値はそれぞれ 0.102，0.155，0.208 なのですが，直線近似した式で計算すると，C の値はそれぞれ -0.002，0.078，0.159 と真の値と大幅に異なる値になってしまいます。濃度が高いと真値からのズレ（**表5-3-2** の括弧内の値）は相対的に小さくなりますが[19]，濃度が低い部分でのズレは無視できず[20]，場合によっては誤った結論を導いてしまい

---

[17]　集めた細胞を緩衝液に懸濁して再度遠心分離する。
[18]　目的物質 X の量が呈色試薬 Y の量よりも少なくても，Y が X と反応して濃度が下がると，反応速度が低下して，所定の時間内に反応が終わらなくなることもある。
[19]　表5-3-2 の $S = 1.000$ および 2.000 の場合，真値との差はそれぞれ $+16\%$ と -8%。
[20]　$S = 0.150$ の時，直線近似での計算値は真値の半分になる。

—145—

第5章 培養サンプルの取扱い・分析・記録・解析

表 5-3-1 実験データ

濃度 C	シグナル S
0.00	0.000
1.00	0.833
2.00	1.429
3.00	1.875

表 5-3-2 近似の仕方による真値からのズレの違い

S の値	C の値 真値	直線で近似	折線で近似
0.100	0.102	−0.002 (—)	0.120 (1.18)
0.150	0.155	0.078 (0.51)	0.180 (1.16)
0.200	0.208	0.159 (0.76)	0.240 (1.15)
1.000	1.250	1.445 (1.16)	1.280 (1.02)
2.000	3.333	3.053 (0.92)	3.360 (1.01)

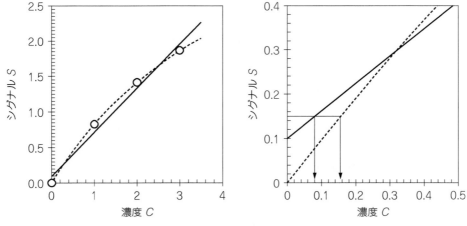

図 5-3-1 シグナル S と濃度 C の関係（左図の破線部を拡大したものが右図）

ます。

図 5-3-1 のように Monod 型のデータであれば，各データポイントを折れ線で結んだ検量線で計算した方が，直線で近似した場合よりも真の値に近い値を得ることができます（表 5-3-2 右端の列）。ただし，折れ線で近似すると，各データポイントの値に誤差があった時，もろにそれを反映してしまうので，一長一短があります[※21]。何れにしても，安直に最小二乗法で直線に近似するのではなく，どのように検量線を引くか，よく考える必要があります[※22]。また，低濃度でのデータが重要なのであれば，検量線の範囲を低くして測定しなおすことも検討しましょう。

5.3.2 標準物質

定量の際に標準が必要になりますが，言うまでもなく，正確な濃度で調製する必要があります。自分で標準溶液を作製する場合，次の点に注意しましょう。

(1) 試薬の吸湿

試薬が吸湿していれば正確に秤量することは不可能です。減圧デシケーターに入れ，許容さ

※21 Monod 型と分かっていれば，その式に対して近似すればよい。
※22 プロットしたデータをフリーハンドでなめらかに結んだ方が真の値に近い値を得られる場合もある。

る範囲で温めながら減圧すれば，試薬を乾燥できることもありますが，完全に乾燥できたかどうかを確かめることは容易ではありませんし[23]，吸湿により不可逆的に変質する試薬もあります。

(2) 試薬の劣化・分解

調製した標準溶液が腐敗したり，分解したり，蒸発して濃度が変わってしまう場合があります。糖やアミノ酸の溶液は防腐剤[24]が入っていなければ，冷蔵保存はできません。沸点が低い物質の溶液は，密封が不完全だと蒸発して次第に濃度が低下します。高価ですが，高気密性サンプル瓶が市販されています。また，繰り返し開閉による濃度変化が危惧される場合は，最初に1〜数回の分析に必要な液量に小分けして保存します。ピルビン酸やオキサロ酢酸などの溶液は冷凍しても分解するため保存はできません。

市販の標準液を購入すれば事は簡単なのですが，高価なので，次のような方法もあることを知っておきましょう。

1）分子吸光係数と吸光度から濃度を求める

例えばタンパク質を定量する際に標準にする牛血清アルブミンであれば，数 mg を秤量して数mL の水に溶かします[25]。280 nm の吸光度を測定し，1 mg/mL の溶液の吸光度が 0.65 であるとして調製した溶液の濃度を計算します（コラム46参照）。必要なら水を加えて，きりの良い濃度に揃えます。

コラム46 タンパク質の分子吸光係数の求め方[1]

タンパク質の 280 nm 付近の紫外部吸収は，トリプトファン，チロシン，シスチン[26]（システイン2分子の S–S 結合による吸光）に由来し，タンパク質に含まれるそれぞれの残基数を x, y, z とすれば，その分子吸光係数 ε [M^{-1}cm^{-1}] は，$\varepsilon = 5,500x + 1,490y + 125z$ で与えられます。タンパク質の分子量が w であれば，1 mg/mL 溶液の 280 nm の吸光度は（$5,500x + 1,490y + 125z$）/w で算出できます。牛血清アルブミン 1 mg/mL 溶液の場合，$x=2$, $y=20$, $z=17$, $w=66,296$ で算出すると 0.65 となります。

コラム47 揮発性の液体の標準液の作り方

エタノールを例に説明します。100 mL のメスフラスコに純水を8分目まで入れ，電子天秤にのせ，ゼロ合わせをします。99.5%エタノールを 1.005 g 秤量します。ある程度混ぜた後，100 mL にメスアップし，再度，よく混合します。密封できるチューブに適当量を分注して冷凍保存します。使用時には必ず全量を解凍し，よく混ぜてから使用します（[5.2.2] 参照）。メスフラスコにあらかじめ水を入れるのは，エタノールを蒸発しにくくするという意味があります。

---

[23] 恒量化するまで（容器ごと重さを量り，重量が一定になるまで）乾燥させる。潮解性のある試薬などは乾燥させにくい。

[24] アミノ酸標準液は塩酸溶液なので冷蔵保存が可能。

[25] 計量する量も濃度も大体でよい。概ね 1 mg/mL になるように調製する。

[26] システイン残基が全て S–S 結合しているとは限らない。S–S 結合しているかどうか不明な場合は，細胞内タンパク質は全て S–S 結合をしておらず，細胞外タンパク質は全て S–S 結合をしている（システイン残基数の半分を Z）として計算する。

—147—

第5章　培養サンプルの取扱い・分析・記録・解析

　2)　市販品で自作品を検定する

　市販の標準液は高価なので，大切な実験にだけ使い，それ以外には自作した標準液を市販の標準液で検定して使用します。

5.3.3　妨害物質

　比色定量では，試料に目的物質とともに含まれる別の物質が呈色を妨げたり，逆に，呈色反応を起こしたり促進したりすることがあります。標準溶液を試料と同じ溶液で調製すれば，妨害物質の影響をキャンセルできることもありますが，培養液が試料の場合，厳密な対照は準備できないので，そうはいきません[27]。このため，厳密な定量をする場合には標準添加法を用います。特に，蛍光分析の場合は，常に消光物質の存在を考えなければならないので，一度は標準添加法で妨害の程度を確認するべきでしょう。標準添加法とは，次項で詳述しますが，簡単に言うと，試料にある濃度の標準物質を添加し，その分，シグナルが増えるかを見る方法です。例えば，ある試料を定量して10 mgという値が出た時，その試料に10 mgの標準物質を添加して測定すれば20 mgになるはずですが，もし，15 mgにしかならなかったとすれば，妨害物質によってシグナルは50%に減少しているということなので，その試料に含まれる目的物質の量は実は20 mgだったということになります。

表 5-3-3　妨害物質の例

対象	測定法	妨害物質
タンパク質	Lowry-Folin 法	還元剤，界面活性剤，キレート剤，Tris など
	Bradford 法	界面活性剤
	BCA 法	還元剤，グルコース，リン脂質など
	紫外部吸光法	核酸，Triton X-100，ジチオスレイトール[28] など
全糖	フェノール硫酸法	NO_3^-，NO_2^-，I^-，Cu^{2+}，Fe^{2+}など[2]

5.3.4　標準添加法

　培養液に含まれる物質が目的物質による呈色を妨害することが少なくありません。標準溶液を純水で作製した場合，妨害物質が含まれる試料では，目的物質の濃度を過小評価してしまいます。初めて培養の経時変化を取る時には，培養の中盤と終盤のサンプルについて，以下に示す標準添加法によって妨害物質の有無を確かめておくことをお勧めします。

　試料溶液1容に対して発色試薬液を9容添加し，最大濃度が S の検量線を引く比色法を例に説明します。まず，目的物質が $0.3S$〜$0.5S$ 含まれている実サンプルを3本の試験管に80 μL ずつ分注します（**表 5-3-4**）。これに濃度が 2S の標準液を0，10，20 μL 添加し，それぞれの試験管

※27　植菌前の培地や目的物質の生産を開始する前の培地を用いても，培養によって生じる別の代謝産物が妨害物質になっている場合や，培地に含まれている妨害物質が培養で分解される場合，その影響はキャンセルできない。

※28　酸化されると自己閉環して紫外部吸光が生じる。

表 5-3-4 標準添加法の測定例

試験管 No.	1	2	3
添加濃度	0	0.2S	0.4S
実サンプル	80 μL	80 μL	80 μL
2×標準液	0 μL	10 μL	20 μL
水	20 μL	10 μL	0 μL
呈色試薬	900 μL	900 μL	900 μL
吸光度	A_0	A_1	A_2

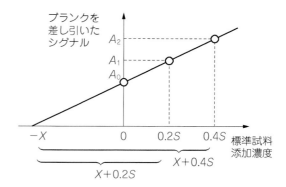

図 5-3-2 標準添加法の検量線
X は真の濃度，S は検量線の最高濃度

に水を 20，10，0 μL 添加して総量を合わせます[※29]。呈色試薬を加えて反応させたとき吸光度が A_0，A_1，A_2 になったとして，これを標準添加濃度に対してプロットすれば（図 5-3-2），横軸との交点の絶対値が目的物質の真の濃度になります。

5.3.5 反応温度の影響

反応温度は酵素反応や化学反応の速度に大きく影響します。温度設定が 1℃ 異なれば，酵素活性や蛍光強度は数 % 異なるとされていますし，化学反応の速度も 10℃ で 2～3 倍異なるとされています[※30]。ここでは温度に関する注意点を概説します。

(1) 温度計の誤差

実験室によくあるアルコール温度計は 1～2℃ 狂っているものも珍しくありません。熱電対や半導体を利用した温度計も，検定を受けているものでなければ精度は保証されません。検定を受けた温度計は高価なので，研究室に 1 つ，精度が保証された温度計を常備し，普及版の温度計を校正して（ズレを確認して）使用するとよいでしょう。

(2) 反応容器の熱伝導と熱容量

酵素活性を測定する際には，設定温度と実際の温度の差を少なくするため，ガラスの試験管を使うようにします。プラスチックのサンプルチューブは使い捨てにすれば便利ですが，熱伝導が悪いのでお勧めできません。例えば，1.5 mL 容のプラスチック製のサンプルチューブに 0.5 mL の反応溶液を入れ，液温より 10℃ 高いウォーターバスで加温する場合，設定温度との差が 1℃ 以内になるまでに 2～3 分を要し，反応時間が短い場合は大きな影響が出てしまいます。また，30℃ でプレインキュベートしていた 0.9 mL の反応液に，氷冷していた試料溶液を 0.1 mL 添加して酵素反応を開始する場合，試料を添加した時点で液温は 27℃ に下がります。実際には容器の熱容量があるのでここまで下がりませんが，速やかに所定の温度にするためには，熱伝導の良いガラスの試験管を用いるべきなのです。やむを得ずプラスチック製のサンプルチューブ使用する

※29 実サンプルと標準液と水を合計した 100 μL に対して濃度 2S の標準液を 10 μL および 20 μL 添加しているので，添加濃度はそれぞれ 0.2S および 0.4S になる。
※30 活性化エネルギーによって異なる。ざっくりした目安の値。

場合は，所定の温度に加温（冷却）するのにどれぐらいの時間がかかるのかを調べ[※31]，十分な時間プレインキュベートしてから反応を開始するようにしましょう。また，氷冷（冷蔵）している酵素試料液や基質溶液を添加するのであれば，その容量をできるだけ少なくするか，これらの溶液もプレインキュベートする配慮が必要です。

酵素活性をエンドポイント法[※32]で測定し，煮沸して反応を止める場合，熱伝導が良いガラスの試験管を使うのはもちろんですが，反応液の量にも注意しましょう。液量を極力少なくしないと，昇温に時間がかかって酵素が失活するまでの反応が無視できなくなるからです。また，試験管をまとめて煮沸する場合は密集させないようにしましょう。例えば9本の試験管を3×3本に並べると（図5-3-3A），真ん中の試験管は温まりにくくなるので，間を開けて並べるようにします（図5-3-3B）。

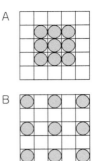

図5-3-3　煮沸時の試験管の並べ方

5.4　分光光度計の使い方

ここでは実践的なノウハウを紹介します。

(1) セルの使い分け

分光光度計に用いるセルには，石英，ガラス，プラスチックの3種類があります（表5-4-1）。石英セルはどの波長でも使えますが，割れやすく非常に高価です。ガラスセルは比較的安価ですが割れやすく，紫外部（320 nm以下）では使えません。これに対してプラスチックのセルは，紫外部での測定には向きませんが[※33]，丈夫で安価です。濁度の測定や可視部での比色定量であれば，プラスチック製のセルで何も問題はありません。

表5-4-1　セルの比較

材質	紫外部での測定	強度	価格
石英	○	△	×
ガラス	×	△	△
プラスチック	×～△	○	○

(2) 少量での測定

標準の1 cm×1 cm×4 cmのセルであれば3 mL，1 cm×0.25 cm×4 cmのセルであれば1 mL入れるのが標準的です。どちらの場合も，水面が光路にかからない範囲で液量を減らすことができます（図5-4-1）。分光光度計のメーカーに問い合わせれば，光路のウインドウサイズと位置情報は得られますが，自分で確認することもできます。具体的には，所定の液量から次第に液量を減らしていき，同じ吸光度の値が得られる範囲を調べます[※34]。0.1 mL以下の微量で測定できるマイクロセルも市販されていますが，分光光度計の光路（セルホルダーの窓）の幅よりもセル

[※31] 熱容量が小さな熱電対温度計を差し込んで実測する。
[※32] 一定時間酵素反応をさせて反応を止めてから生産物の増加分を測定する方法。
[※33] ポリメチルメタクリレート製であれば280 nm程度まで使用できる。詳細はメーカーのデータシートを参照のこと。
[※34] セルを上下にわずかにずらしても測定値が変わらないことを確認する。もし，値が異なれば，水面かセルの底が光路にかかっている。

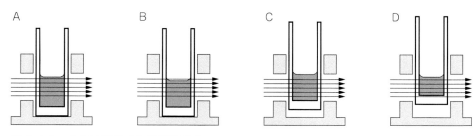

図 5-4-1　少ない液量での測定の仕方
水面に光路がかからない範囲で液量を減らすことができる（A）。光路が水面より上に出てしまった場合（B），セルをわずかに浮かせるとよい（C）。ただし，セルを浮かせ過ぎるとセルの底の部分で光路がさえぎられてしまう（D）。

の幅が広くないと測定値が安定しなくなります。

(3) セルの向きと汚れ

　セルに傷があると，セルを入れる向きによって吸光度の値が変わります。セルを逆向きに入れても値が変わらないことが確認できなければ，ゼロ合わせをした時と常に同じ向きで使用しましょう。特に，プラスチック製のセルの壁面は光学的に均質な平滑面でないことが多いので[※35]，油性マジックで印をつけるなどして，向きを一定にして測定しましょう。セルが汚れていたり，冷たい試料を入れて曇ってしまうと，当然のことながら正しい値を測定できません。キムワイプなどでよく拭き取ります。また，セルの内側に泡が付着していないかも確認しましょう（特にプラスチック製のセルの場合）。

(4) セルのガタつき

　分光光度計のセルホルダーにはスプリングがあり，セルを一定の向きに固定するようになっていますが，スプリングに不具合があるとセルが固定できず，差し込み方によって値が変化してしまいます。試料を入れたセルを何度か抜き差しして，値が変わらないかどうかで確認できます。セルホルダーに問題がなくても，プラスチック製セルにはその形状によって，ガタつきが発生しやすい場合があります。このような場合，ホルダーの4角のうち決めた1角にセルの角を沿わせて差し込み，最後にセルを真上から鉛直方向に押し付けます。なお，セルホルダーは使用するセルサイズに合ったホルダーを使いましょう。ミクロセル用の高さの低いホルダーに4 cm高のセルもセットできますが，傾きやすくなります。

(5) ゼロ合わせは水で

　セルホルダーが空の状態で分光光度計を立ち上げ，水を入れたセルを入れた時の吸光度がいつもと同じぐらいであることを確認する習慣をつけましょう。紫外部でガラスセルを使った場合や，セルが汚れている場合[※36]に気づくことができます。なお，ブランクの試料を入れてゼロ合わせをするのは，上述の確認をしてからにしましょう（[5.6.4] 参照）。

※35　側壁面に照明などを反射させて観察すると波打っているのがわかる。
※36　タンパク質などで汚れている場合は肉眼では見えない。

(6) 試料溶液による共洗い

　試料溶液を入れて吸光度を測定した後，セルにはその溶液が残っています。できるだけ取り除いたうえで次の試料溶液を少量入れ，その溶液を捨てる共洗い操作をしないと，次の試料の吸光度が変化してしまいます[37]。毎回水で洗っても，残った水で試料は薄まってしまいます[38]。

　なお，セルに反応物が吸着する場合があり，このような場合には共洗いすると吸光が増加してしまうことがあるので注意が必要です。例えば Bradford 法によるタンパク質定量の場合，色素が吸着するので，60～70% のエタノールで洗い，その後，水洗して，水気をよく取り除いて[39]から測定する必要があります。

(7) 使用後のセルの洗浄

　使用後はセルを速やかに洗浄しましょう。水に浸けて保存すると雑菌が生えて付着することがあるので，基本的には乾いた状態で保管する方がよいでしょう[40]。汚れがひどい場合は，中性の洗剤[41]に漬け置きし，細めの綿棒で軽くこするとよいでしょう。ガラスまたは石英製のセルを超音波洗浄器にかけてはいけません。セルは溶融接着で作られていますが，超音波をかけるとばらばらになってしまうことがあります。プラスチック製のセルはキムワイプなどでごしごしこすると傷がつくことがあります。

(8) 吸光度と濁度の違い

　[4.2.2] で説明したように，濁度は分光光度計によって異なることに注意しましょう。

(9) 測定上限

　吸光度（濁度）の測定上限は，機種，吸光度計の状態，波長などによって異なります。0.5 を超えると直線性がなくなる（濃度と吸光度が比例しなくなる）場合もあれば，2 を超えても直線性が維持される場合もあります。測定試料を倍に希釈した時，半分の吸光度になれば，その吸光度はきちんと測定できた値です。もし，倍に希釈した時，半分より大きな値であれば，直線性のない範囲で測定していることを意味します。倍に希釈して，吸光度が半分になる範囲で測定する必要があります。

(10) 試料をこぼしたら

　分光光度計の測定室やセルホルダー部分に試料をこぼしたら，ただちに拭き取り，水を染み込ませたペーパータオルで拭きましょう。多くの分光光度計では，セルホルダーは取り外しが可能です。酸・アルカリなどの有害物，培養液などをこぼした場合，特に，強酸をこぼした場合は，セルホルダーを外して洗浄し，純水でリンスした後，十分に乾かしてから再装着します。

---

[37] 吸光度が 0.500 の試料を測定し，1 mL のセルに 50 µL 残ったとする。次に吸光度 0.100 の試料を 1 mL 入れると，その吸光度は 0.119 になり，19% も増えてしまう。

[38] 毎回同じ量が残ればよいが，そうはいかない。

[39] 内壁に残った水滴をキムワイプに吸わせるか，底に集めてマイクロピペッターで除去する。

[40] エタノールに浸けて保存するとタンパク質などがこびりついてしまうことがある。

[41] アルカリ性の洗剤はガラスや石英を溶かすので使用してはならない。

5.5 HPLC の使い方

High performance liquid chromatography（HPLC）は微生物の培養結果を解析する上でよく使われる機器です。ここでは，その概略を説明した上で，実践的な注意点を解説します。

5.5.1 システムの概略

最も一般的な HPLC は，2 台のポンプ（1 台の場合もある），インジェクター，カラム，検出器，データ処理装置から成ります（**図 5-5-1**）。カラムは一定の温度に保てるカラムオーブンに格納されている場合もあり，ポンプの手前に自動で展開溶媒を脱気するオンラインデガッサーがついている場合もあります。また，インジェクター部分にオートサンプラーがついている場合もあります。

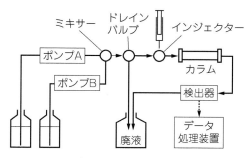

図 5-5-1　標準的な HPLC の構成

5.5.2 ポンプシステム

(1) アイソクラティック（isocratic）システム

1 台のポンプで一種類の溶媒を送液します（**図 5-5-2**A）。ゲル濾過クロマトグラフィーのように，一定の溶媒で展開する場合に用います。

(2) 高圧グラジエントシステム

2 種類の展開溶媒を 2 台のポンプでそれぞれ送液してミキサーで混合し，カラムに流す方式です（図 5-5-2B）。2 台のポンプの送液速度を変えて溶媒の混合比率を変化させ，濃度勾配（グラジエント）をかけることができます。イオン交換クロマトグラフィーや逆相クロマトグラフィーのように，それぞれ塩や極性溶媒の濃度を次第に増加させて溶出する場合に用います。

(3) 低圧グラジエントシステム

2 種類の溶媒をポンプの手前のバルブで切り替えて吸入して送液します（図 5-5-2C）。バルブを切り替えるタイミングで溶媒の混合比率を変化させ，濃度勾配をかけることができます。ポンプで高圧をかける前に溶媒を混合するのでこう呼ばれています。ポンプが 1 台で済むので安価ですが，カラムに届く濃度勾配が細かく変動するため分離が良くなかったり，気泡が生じるなどの短所があります。

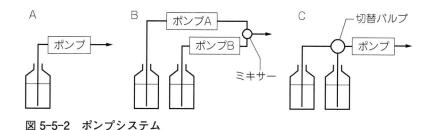

図 5-5-2　ポンプシステム

5.5.3 インジェクター

インジェクターは図5-5-3のように60°回転する六方バルブとサンプルループから成っています。通常は「INJECT」のポジションで運転し，この状態では，ポンプから送液された展開溶媒はサンプルループを通ってカラムに流れています。六方バルブを60°ひねって「LOAD」ポジションに切り替えると，展開溶媒はポンプからカラムに直接流れ，サンプルループは高圧がかかる流路から独立します。この状態で，注入孔から試料溶液をサンプルループに注入し，六方バルブを「INJECT」ポジションに戻すと，ポンプからの展開溶媒はサンプルループを経由してカラムに流れます。試料を注入する具体的な手順は以下の通りです。

1) インジェクターが「INJECT」の状態であることを確認します。
2) 試料溶液を専用のニードル[※42]をつけたシリンジに取り，注入孔にしっかり差し込みます[※43]。
3) インジェクターを「LOAD」側に切り替え[※44]，試料溶液を注入します。試料に余裕がない場合は，シリンジの目盛で所定量を注入[※45]しますが，精度を重視する場合は，サンプルループの容量の数倍程度の試料溶液を注入してサンプルループ内を試料溶液に置き換えます。サンプルループは10 µL～5 mLまで様々な容量のものが市販されており，目的に応じて付け替えます。
4) シリンジを差し込んだまま，インジェクターを「INJECT」側に切り替えます。
5) シリンジを抜き，シリンジを洗浄します。シリンジのピストンは抜いた状態で保管し[※46]，使用する際は水で濡らしてから[※47]ピストンを挿入します。

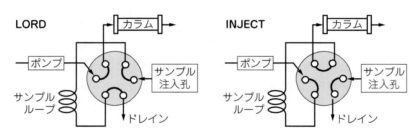

図5-5-3　HPLCのマニュアルインジェクターの構造

5.5.4 カラム

ゲル濾過，イオン交換，疎水性相互作用など，様々な分離モードのカラムが市販されており，カラムの性質や選択方法はメーカーのカタログやURLを参照してください。ここでは実践的な注意事項を述べます。

※42　インジェクターの口径と形状に適合する専用の針。
※43　LOADに切り替える前にシリンジを差し込むのが正しい手順。切り替えてから差し込むと，注入孔に微量残存している前回のサンプルがサンプルループに押し込まれ，ゴーストピークの原因になる。
※44　ニードルを曲げないように注意してレバーを倒す。
※45　サンプルループの容量よりも少ない量であること。
※46　汚れが残っているとピストンが固着して抜けなくなることがある。
※47　乾いた状態で挿入するとガラスが削れ，密閉性を損なう原因になる。

(1) ゲル濾過クロマトグラフィー

　小さい分子ほど細孔内まで拡散して溶出が遅れることを利用した分離法で，グラジエントはか
けないのでポンプは1台でも可能です。分画や分子量の決定が目的の場合，試料の注入量が多く
なるほど分離が悪化するので，注入量はカラム体積の1/50～1/100程度にします。また，分子が
ゲルの細孔に十分に拡散しない条件では分離が悪くなります。具体的には，流速が速いほど，試
料溶液の粘度が高いほど分離は悪化します[48]。微生物が生産する多糖のように，大きな分子を分
離したい場合，サイズ排除限界ができるだけ大きなカラムを用い，内径7.5 mmのカラムなら
0.2 mL·min⁻¹（線流速[49]として0.5 cm·min⁻¹）以下に流速を下げ，試料の粘度を下げるために，
多糖濃度は検出可能な範囲でできるだけ下げ，カラム温度を30℃以上に保って[50]分析するとよ
いでしょう。

　シリカ系のカラムの場合，pHの上限は7.5で，これ以上のpHではカラムがダメージを受け
ます。また，カラムの担体との静電的な相互作用を防ぐため，展開溶媒には0.2 M以上のNaCl
を入れるのが一般的です。

(2) 逆相クロマトグラフィー

　固定相と溶質分子の疎水性相互作用の差を利用した分離法で，多くの場合，シリカ担体にオク
タデシル基を導入したカラム[51]を用います。シリカには，シラノール基（SiOH）があり，これ
が解離した状態だと，溶質分子との間に静電的な相互作用が起きてしまいます。このため，トリ
フルオロ酢酸（TFA）[52]やギ酸を添加してpHを下げ，シラノール基の解離を抑えた状態で使
用するのが一般的です[53]。試料には適当な酸を添加してpHを2.5～3に下げ，遠心分離して不溶
性物質を除いてから注入し，その後，アセトニトリルなどの極性溶媒の濃度勾配をかけて溶出し
ます。カラムの使用後は，必ず用いた極性溶媒の濃度を最大にして，少なくともカラム体積分ぐ
らい送液して，吸着した低極性分子を洗い流しておきましょう（本章コラム[48]参照）。

(3) イオン交換クロマトグラフィー

　固相と溶質分子の静電的な相互作用を利用した分離法で，解離基と多糖やポリビニル，ポリア
クリルアミドなどの担体に，ジエチルアミノエチル基（DEAE）やカルボキシメチル基（CM）
など，それぞれ，正または負に荷電する官能基が導入されたものを用います。クロマトグラ
フィーを実施するpHにおいて，正に荷電している分子は陽イオン交換カラム（CMなど）に，
負に荷電した分子は陰イオン交換カラム（DEAEなど）に吸着します。未吸着の物質を洗い流
した後に，NaClなどの濃度勾配をかけて吸着した分子を溶出させます。試料のpHとカラムを

※48　タンパク質濃度が約0.03 g/mLを超えると粘度が急激に上昇する。
※49　流速を断面積で割った値。内径7.5 mmのカラムに1 mL·min⁻¹で送液する場合，断面積は3.14×(0.75/2)²
　　　＝0.442 cm²で1 mL＝1 cm³なので，線流速は2.23 cm·min⁻¹。カラムをスケールアップする場合，線流速を
　　　合わせるのが一般的。線流速［cm·min⁻¹］に断面積［cm²］を掛け算すると流速［mL·min⁻¹］になる。
※50　温度を上げると粘度は下がる（例えばhttps://www.ryutai.co.jp/shiryou/liquid/water-mitsudo-1.htm参照）。
※51　C18カラム，ODS（Octadecylsilane）カラムとも呼ばれる。
※52　TFAは劣化が早いので1 mLのアンプル入りを購入する。TFAは金属を腐食させるので，マイクロピペッ
　　　トで扱ったら，分解洗浄する。
※53　シラノール基を十分にキャッピングしたカラムならアルカリ側で使用できるものもある。

第5章　培養サンプルの取扱い・分析・記録・解析

平衡化する緩衝液のpHは同じであるべきであり，試料のイオン強度は十分低くなければカラムに目的物質を吸着させることはできません。カラムの平衡化に用いる緩衝液に対して試料を透析するか，ゲル濾過クロマトグラフィー[54]による脱塩を行うのが一般的です。

5.5.5　検出器

(1)　紫外可視分光検出器

最も一般的な検出器で，190〜900 nmの吸光度で検出します。トリプトファンやチロシンをもつタンパク質は280 nmに，核酸は260 nmに吸収極大があります。逆相クロマトグラフィーにおいてはペプチド結合に起因する210〜230 nmの吸光でモニターする方が感度が高くなります[56]。波長が低いほど感度は高いのですが，アセトニトリル由来の吸光によってグラジエント溶出の際にベースラインが右上がりになります[57]。

(2)　示差屈折率検出器（Refractive Index Detector）

RI検出器ともいい，溶質濃度による屈折率の違いで検出します。どんな物質でも検出できますが，感度は低く[58]，グラジエント溶出はできません。温度による変動が大きいので，カラム

コラム48　逆相クロマトグラフィー

固定相よりも移動相の極性が高いクロマトグラフィーを逆相クロマトグラフィーといいます。多糖＞シリカ＞水＞極性溶媒，の順に極性が高いので，例えばイオン交換クロマトグラフィーの場合，固相は解離基（極性基）を導入した多糖であり，移動相は水なので，固定相の方が極性が高く，「順相」になります。これに対して，シリカにオクタデシル基を導入すると，固相は水よりも極性が低くなるので「逆相」になります。

この状態では，極性がないオクタデシル基の周辺には，水分子が水素結合ができない不安定な（熱力学的に不利な）状態で存在しているので，ペプチドやタンパク質など，水よりも極性が低い部分がある分子があれば，水分子と置き換わり，その分子はカラムに吸着されます。ここにアセトニトリルなどの極性溶媒を導入すれば，溶媒分子が吸着していた分子と置き換わり，結果として吸着していた分子は溶出されます。

溶媒の極性が低いほど溶離力は高く，メタノール，アセトニトリル，2-プロパノール，テトラヒドロフランの順に低極性分子を溶離する力が高くなります。逆相カラムには，試料に含まれている低極性の分子が次第に溜まり，吸着容量が低下していきます。送液時の圧力が上昇してきたら，通常使用している溶媒よりも溶離力が高い溶媒を流して低極性分子を洗い流せば，カラムの状態をかなり改善できることがあります。この時，2-プロパノールとテトラヒドロフランは水と相溶性がないので，水系の溶液からいきなり切り替えてはいけません。まずアセトニトリルを流してから，通常よりも流速を落とした状態で溶媒を切り替えないと，カラムにダメージを与えてしまいます[55]。

---

[54]　Sephadex G-25などを陰イオン交換クロマトグラフィーと同じ緩衝液で平衡化したカラムを用いる。脱塩の場合，カラム体積の1/10〜1/5の試料をアプライしてもよい。

[55]　溶媒の界面で局所的な圧力上昇が起きるため。低極性溶媒から水に戻す時も，間にアセトニトリルなどの相溶性の溶媒をはさむ。

[56]　280 nmだと，感度が低いだけでなく，TrpかTyrを含むペプチドでなければ検出できない。

[57]　アセトニトリル濃度が高い方の展開液のTFAの濃度を下げて吸光度のバランスを取る裏ワザもある。

[58]　機種や条件にもよるが，試料中の濃度として0.1 mg·mL^{-1}程度は必要。

オーブンを用いて温度を一定に保つのが一般的です。溶解している気体の濃度にも影響されるので，オンラインデガッサーを装着した方がよいでしょう。

(3) 電気伝導度検出器（Conductivity Detector）

イオン性の物質を検出でき，温度の影響が大きいのでカラムオーブンと併用するのが一般的です。pH を高くすれば，糖もイオン化するので検出できます。この際，アルカリは空気中の二酸化炭素を吸収して pH が変わるので，展開溶媒は用時調製が基本です。

5.5.6 分析時の注意点

HPLC を使う際，高価なカラムを壊さないため・寿命を縮めないための「べからず」が 3 つあります。

(1) 不溶性物質を入れるべからず

展開液や試料に不溶性物質が含まれていれば，カラムにたまっていき，ついには使用不能になってしまいます。粉末試薬には意外なほどゴミが入っているので，粉末試薬を溶かして調製する展開液は 0.2 μm のフィルターでろ過してから使用します[59]。展開液入れる容器には埃が入らないような対策[60]を講じるとともに，連続して使用する場合，展開液を継ぎ足すのではなく，時々中身を入れ換えましょう。これらの対策を講じても，カラムには次第に不溶性物質がつまっていくので，ガードカラム（プレカラム）かプレカラムフィルター（望ましくは両方）をつけるようにしましょう。ガードカラムは本体価格の 3 割を超える場合もありますが，圧力が上がったり分離が悪くなってきても，ガードカラムだけを交換すればよいので，多くの場合，トータルのコストを抑えることができます。

試料溶液は，注入する直前に遠心分離するか，0.2 μm のフィルターで濾過して，不溶性物質を取り除きます。pH を変えたり，濃縮したり，薄めたり[61]，時間が経過すると，不溶物が生じることがあるので，試料を**注入する直前**にこれを取り除く操作が必要です。

(2) 圧を上げるべからず

カラムには耐圧上限があり，これを超える圧力がかかる流速で送液すると，カラム内でゲルがつぶれたり，カラム内に隙間ができ，以降の分離能が著しく低下してしまいます。使用前にカラムの取扱説明書で圧力の上限を調べ，HPLC の電源を入れたら，すぐに（カラムをつなぐ前に）ポンプの圧力上限をその値に設定しましょう。なお，取扱説明書に書かれた上限の流速は，カラムに詰まりがない状態での流速です。使用に伴って不溶物が詰まってくれば，上限より低い流速でも圧力上限を超えてしまうことに注意しましょう。この場合，圧力が上限を超えないように流速を下げて使用するか，カラム（ガードカラム）を交換しなければなりません。新品のカラムを

---

[59] フィルターを装着した純水製造装置で作った水と，アセトニトリル，メタノール，TFA など HPLC グレードの試薬で調製した展開溶媒は濾過しなくてよい。

[60] 例えばメジウム瓶のように，ネジ式のキャップを取り付けられない容器に展開液を入れる場合，瓶の口の部分をチューブごとアルミホイルで覆う。

[61] 塩析とは逆に，塩濃度が増すとタンパク質の溶解度が上がる塩溶という現象がある。塩溶しているタンパク質の溶液を水で希釈すると不溶化してしまう。

第5章　培養サンプルの取扱い・分析・記録・解析

使う時は，標準的な展開溶媒と流速における圧力を調べ，取扱説明書に記入してファイルするとともに，実験ノートに記録しておきましょう。カラム（ガードカラム）の交換時期の目安になります。

(3)　空気を入れるべからず

　カラムに気泡が入ると，カラム内での流れが乱れて，分離が悪化し，ひどい場合は使用不能になってしまいます。気泡が入ってしまう原因と対策は以下の通りです。

1)　展開溶媒がなくなった

　空気を送り込むことになればカラムのダメージは深刻です。残量と流速から展開溶媒がなくなるまでの時間を計算してアラームをセットする習慣をつけましょう。もし，この状態になってしまったら，まずカラムを外し，流路に脱気した展開溶媒を満たした後，カラムを逆向きに（出口側に）つなぎ直し，入口側を上に向けます。そして，ポンプを送液可能な最低の流速にセットし，カラム入口に展開溶媒が出てくるまで送液します。その後，カラムを順方向につなぎ直し，脱気した展開溶媒を一晩かけて流し，カラム内に残った気体を展開溶媒に溶解させて取り除きます。カラムが再生できたかどうかは，事故前と同条件の分析データについて，ピークの半値幅[※62]をピーク高さで割った値を比較して判断します。カラムにダメージがあれば，この値が大きくなります。

2)　展開溶媒の脱気が不十分

　オンラインデガッサーが付いている場合を除いて，展開溶媒は使用前に減圧脱気する必要があります。超音波洗浄器につけながら減圧脱気するのが効果的ですが，マグネチックスターラーで撹拌しながら脱気しても構いません。アセトニトリルなどの溶媒は，減圧するとどんどん蒸発してしまうので，超音波をかけるだけにするか，減圧するとしても10〜20秒程度の短時間にします[※63]。

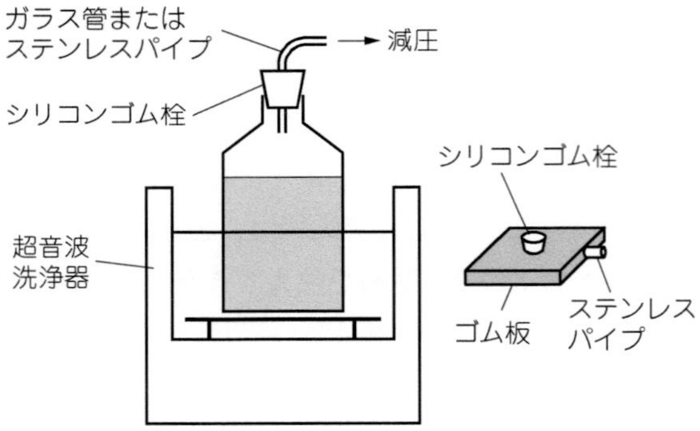

3)　試料とともに空気を注入した

　試料を注入する際，シリンジ内の気泡

図 5-5-4　溶媒の脱気

瓶は傷がない肉厚のものを使用する。ゴム栓は市販の減圧アダプターを用いてもよい。

を取り除いてから注入しましょう。大量の試料を注入する場合，プラスチックシリンジに必要量を吸い取り，空気をできるだけ取り除いた状態にして口にゴム栓などをあててピストンを引けば，少量の試料を手軽に脱気できます。

4)　インジェクターから入り込んだ

　インジェクターのドレインパイプの出口の高さは，注入孔の高さと同じでなくてはなりませ

※62　ピークの半分の高さに横線を引き，ピークの幅を測る。

※63　減圧条件を一定にしておかないと，調製するごとに溶媒濃度が変化し，溶出時間の再現性を損なう。

—158—

ん。注入孔よりも出口が低い位置にあると，注入孔を洗浄した時，洗浄液がドレインパイプから流れ出し，注入孔から空気が入り込んでしまいます。

5) カラムの充填液が一部蒸発していた

カラムを取り外した時はキャップを確実に閉めます。装着時にキャップを外す際，キャップの締め付けが十分ではないと感じた場合や，長期間使用しなかったカラムを接続する場合，カラムの入口付近に気泡が入っていることがあります。そのまま送液すると，カラム入口の気泡をカラム内部に押し込んでしまうので，カラムを一旦逆方向に接続してゆっくり送液し，カラムの反対側から展開液が出てきたのを確認してから順方向に接続するようにします。

5.5.7　使用後の注意

使用後は，カラムは購入時に充填されていた溶媒に置換し[※64]，キャップをしっかり締めます。プラスチック製のキャップの場合，手で締め，道具は使ってはいけません。金属製のキャップの場合，締め付け過ぎるとねじ切れてカラムが使用不能になるので注意しましょう。流路は水か20％以上のメタノール（エタノール）に置換します。

5.6　データの取り方と解釈

培養の実験は経時変化を取る実験であると言ってもよいでしょう。「経時変化の実験とは」と問われると，「一定の時間間隔でデータをとること」と答えてしまいがちですが，少なくとも培養実験においては正解ではありません。この節では，培養実験において経時変化のデータを取る際に留意すべき点について解説します。

5.6.1　培養のスケジューリングとサンプリングのタイミング

ある微生物を初めて培養するとき，何時ごろ培養を始めて，どれぐらいの時間間隔でサンプリングすればよいでしょうか。そのためには，まず，目的をはっきりさせなければなりません。微生物の培養経過は，[2.1]でも述べたように，誘導期，対数増殖期，減速期，静止期，減衰期の5つの段階に分けることができます（**図 5-6-1**）。最大の比増殖速度を求めたいのであれば，対数増殖期に集中してデータを取らなければなりませんし，比増殖速度と基質濃度の関係を知りたいのであれば，基質濃度が減少しはじめてから枯渇するまでの対数増殖期から静

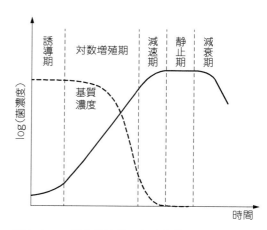

図 5-6-1　微生物培養の経時変化

※64　カラムの取扱説明書に記載されている。この溶媒に置換して保存するのが最も安定。置換する際には溶媒の相溶性に注意すること。

第5章 培養サンプルの取扱い・分析・記録・解析

止期にかけてのデータが必要です。また、菌体濃度の最大値を知りたいのであれば、減速期から減衰期にかけてのデータが、立ち上がりの早さを知りたければ誘導期から対数増殖期にかけてのデータが必要です。

　培地や環境を変えた時の誘導期の長さを予測することは簡単ではありませんが、新鮮な前培養液を用いて、前培養と同じ培地に予熱してから植菌すれば、誘導期はほとんどないと考えてよいでしょう。静止期まで培養した前培養液を、新しい培地に0.1%植菌する場合を想定すれば、微生物が増殖して再び静止期に至るまでに1,000倍に増えることになります。これは約10世代（2^{10}＝1,024）に相当します。世代時間が20分の微生物（例えば大腸菌）であれば200分、世代時間が2時間の微生物（例えば酵母）であれば20時間を要することになります。仮に、前培養液の濁度が10であったとすれば、その半分の5程度まではほぼ対数的に増殖していたと考えてよいでしょう。以上の仮定を元にすれば、自分が経時変化を重点的に取りたい時間帯は、植菌してからだいたいどれぐらいの時間が経過した頃かを予測することができます。

　では、世代時間が予測できない場合はどうすればよいでしょうか。このような場合は、植菌量を対数的に変化させる予備実験を行うとよいでしょう。新鮮な前培養液と、試験管またはフラスコに入った培地を数本準備し、前培養液を培地の容量に対して、1/100、1/300、1/1,000、1/3,000、1/10,000量植菌します（**図5-6-2**）。酵母の世代時間と同程度と予測される場合であれば、帰宅前に植菌し、翌朝まで培養して濁度を測定します（図5-6-2の〇）。翌朝、濁度が0.1前後だった培養液について、その後も適当な時間間隔で濁度を測定すれば、最大の比増殖速度を計算することができ（図5-6-2の△）、これらのデータを元にすれば、どれぐらい植菌した時、どれぐらいの培養時間でどれぐらいの濁度になるかを予測できるようになります。増殖が速いバクテリアであれば、朝一番に濁度が0.05ぐらいになるように植菌して、夕方まで適当な時間間隔で経時変化をとればよいでしょう。

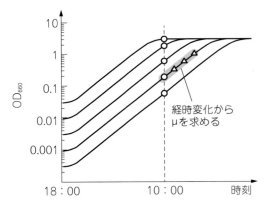

図5-6-2　植菌量と増殖曲線

5.6.2　経時変化のデータはすぐにプロット

　培養液の濁度の経時変化を取る実験が終わって、データをプロットしたら、3時間目のデータが左図のようにおかしかった（**図5-6-3左**）。あなたはどうしますか？　3時間目のデータはきっと何かのミスだろうから省こう、というのは憶測でものごとを判断する良くない考え方で、ある意味データのねつ造と言うこともできます。濁度は短時間で測定できるのですから、データはすぐにグラフにプロットしましょう。プロットしたとき、「あれ？」と思ったら、すぐに時間を確認した上で再サンプリングして測り直せばよいのです。希釈が間違っていなかったがどうかも、残った希釈液の液量やマイクロピペットのダイヤル設定を見れば確かめることができます。

　測定し直したデータは、たとえば15分後に再サンプリングしたのであれば、図5-6-3の右図

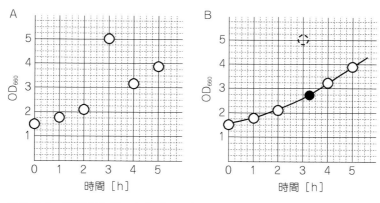

図 5-6-3　経時変化データのプロット

の●のように15分ずらしてプロットすればよいのです[※65]。このような再測定を行っていれば，3時間後のデータの削除は許容されるでしょう。データをすぐにプロットするメリットは他にもあります。まず，次のデータが予測できるので，あらかじめ適当な希釈倍率を設定することができます。また，変化が思ったよりも大きければ，サンプリング間隔を狭めて，より質の高いデータをとることができます（逆に，変化が少なければ，サンプリング間隔を広げることもできます）。「経時変化のデータはすぐにプロット」は培養実験の基本です。縦横に罫線が入った実験ノートであれば，その場でノートにグラフを記入しましょう。

5.6.3　不用意に直線を引かない

図 5-6-4 の A のようなデータを得た時，無造作に最小二乗法を使ってBのように直線に近似する人が意外に多いのですが，あなたはどうでしょうか？　本当に直線に近似してよいかどうかは，よく考えなくてはなりません。もしかすると，Cのように4番目のデータが何かのミスで高めに出ていて，実はMonod型の曲線なのかもしれませんし，Dのように2番目のデータが高めに出ていて，実は指数的に増加する曲線なのかも知れません。あるいは，Eのように4つのデータはすべて正しく，2段増殖している微生物なのかもしれません。データの精度に自信があれば，再現性を確認した上でEであることを前提に研究を進めることもできますが，精度に自信が持てなかったり，深く考えずに直線に近似しようとしていたなら，その可能性に気づくことすらで

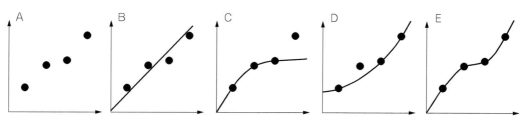

図 5-6-4　経時変化データの解釈

※65　グラフの形を知ることが目的なので，プロットが等間隔である必要はない。

第5章　培養サンプルの取扱い・分析・記録・解析

きません。

　微生物からのメッセージを見落とさないようにするには，直線になると決めつけないこと，そして，平素から測定精度を意識して，誤差を小さくする努力を怠らないことが大切です。

5.6.4　ブランクの値も大切なデータ

　分光光度計で吸光度や濁度を測定する時は，まず，キュベットに水を入れてゼロ合わせをして，ブランクを測定し，その値を実験ノートに記録します。その後，必要なら，再度ゼロ合わせをしてからサンプルの吸光度や濁度を測定します。キュベットにいきなりブランクの溶液（懸濁液）を入れてゼロ合わせをすると，ブランクの値がどれくらいだったのかが記録として残りません。試薬が劣化していてブランクの値が異常に高かったり，あるいは，紫外部の吸光測定に間違ってガラスキュベットを使っていたりすることに気づくことができません。なお，濁度は分光光度計によって異なる測定値を示すので（[4.2.2] 参照），いつも同じ分光光度計を使うか，機種ごとに乾燥菌体濃度に換算する係数を求めておく必要があります。

5.6.5　サンプリングの回数と量

　三角フラスコなどで少量の培地を入れて培養する場合，サンプリングの回数や量が多くなると，培養液量が変化し，酸素供給等の培養条件が変わってしまいます。目安として，総サンプリング量は培地容量の1割程度，多くても2割以内に収まるように実験をデザインしましょう。

　ジャーファーメンターから撹拌を停めてサンプルを抜き出したりする場合も，あまり頻繁に撹拌を停止すると酸素供給が悪くなって，培養結果に影響を及ぼします（第7章コラム67参照）。実験の目的（経時変化を取りたい，詳しい変化を解析したい，ある時間帯の変化を確認したいなど）に合わせて，サンプルを取る回数と量を設定しましょう。

5.7　実験ノートの書き方

　実験ノートは研究者にとって，そして，研究室にとって非常に大切なものです。研究室の方針によって多少の違いはありますが，できる限り詳細に記録し，第三者が実験ノートを見てその実

コラム49　ネガコンとポジコン

　ある操作によって結果が変化することを示すためには，その操作を行わない時には結果が変化しないことを示さなければなりません。例えば，ある酵素の活性があることを示すには，酵素を入れない場合（もしくは基質を入れない場合）に，生産物が増えないことを確認しなければなりません。このような対照実験をネガティブコントロール（ネガコン）と言います。これに対して，ある操作をしても結果が変化しないことを示すためには，確実にその変化が起きる試料を用いて，その実験系が正常に機能していることを示さなければなりません。例えば，注目する酵素の活性がないことを示すためには，別に入手したその酵素を用いて，その方法で活性が測定できていること（その実験系が正しく機能していること）を示さなくてはなりません。このような対照実験をポジティブコントロール（ポジコン）と言います。ネガコンとポジコンを的確に立てられるようになれば，一人前の研究者の仲間入りができます。

験を再現できるように書くことが原則です。また，成功した結果だけ書くのではなく，失敗した
り中止した実験も全て記録に残さなくてはなりません。この節では，参考までに，標準的な実験
ノートの書き方を解説します。必ずこうしなければならないと言う訳ではありませんので，所属
研究室（機関）の方針を優先してください。

5.7.1 実験ノートの形式

実験ノートには，次のような形式が求められます。

(1) 綴じてあるノートを使います。ルーズリーフを使ってはいけません。一部の例外[66]を除い
て，電子媒体をノート代わりにしてもいけません。

(2) できればページ番号が印字されているものを使います。大学ノートでも構いませんが，自分
でページ番号を記入しなければなりません。また，糊綴じではなく[67]紐で綴じられたものを
使います。縦横に罫線があってグラフや表を作製しやすい紐綴じのノート[68]も市販されてい
ます。

(3) 必ずボールペンなどの油性インクで書き，書き損じても修正液で消してはいけません[69]。取
り消し線で訂正します。

これらは，後からデータを挿入したり[70]，不都合なデータを消去するなどの改ざんをしていな
いことを証明するために必要なことです。

5.7.2 実験ノートを書く際の心得

(1) 再現できるように書く

後輩があなたのノートを見ただけで実験が再現できるように書きます。例えば，濃度だけで容
量が記述されていない場合，その実験は再現できません。また，培地組成は書かれているが，ど
んな容器と栓を用いたのかや，振とう条件，温度，時間などの記述がない場合も，再現できませ
ん。研究室に同じ種・属の微生物株が複数ある場合，どの株か特定できるように書かなければな
りません。

(2) その日のうちに書く

必ずその日のうちに記入します。後述の書き方をすれば，考察部分を除いて実験中にほとんど
でき上がっているはずです。「あとでまとめて書く」はダメです。

※66 DNA マイクロアレイデータなど膨大なデータを扱う場合やシミュレーションなど。研究室の責任者の了解
を得ること。

※67 糊綴じのノートは経年劣化でバラバラになることがある。

※68 コクヨ㈱ http://www.kokuyo-st.co.jp/stationery/labnote/
日本技術貿易㈱ http://www.ngb.co.jp/service/list/laboratory_notebook/ では知的財産管理の観点から
実験ノートの必要性についても解説している。

※69 消しゴムで消せるボールペンも不可。水性インクも，もしノートが濡れると読めなくなるので不可。

※70 特許出願時の証拠書類とする場合などを考慮し，「余白を作らないように書き，余白ができてしまったら斜線
を入れて後から書き足せないようにする」と指導する機関もある。このようなケースでは，通常，ノートの
各ページの下に発明者（invented by），記入者（written by），確認者（証人）（Understood and witnessed
by）の直筆の署名欄が設けられている。

第5章　培養サンプルの取扱い・分析・記録・解析

(3) 失敗した実験，途中で中止した実験も記録する

　実験ノートは成功したデータだけではなく，失敗したデータ，中止したデータも全て記録します。実験の8割，9割は失敗します。1つの失敗から如何に多くの情報を引き出すかが研究の成否を決めると言っても過言ではなく，失敗データをきちんと記録して丁寧に考察しない人には，良い研究はできません。

(4) データは原則として全てノートに記録する

　試薬の量の計算は，メモ用紙などに書くのではなく，[5.7.3]でも述べるように，ノートに書き込みます。何かトラブルがあった時，計算間違いがなかったかを確認するためにも必須です。測定機からプリントアウトされたデータは，年月日を記入した上で，はがれにくい糊でノートに貼り付けます[※71]。感熱紙や感圧紙は長期保存できないので，そのまま貼ってはいけません[※72]。コピーしたものを貼ります。クロマトグラフィーのチャートなどをまとめてファイルする場合は，それぞれに年月日，サンプル名など必要事項をボールペンで記入するとともに，実験ノートにはどのファイルに元データを保存したのかを記述しておきます。電子媒体にデータがある場合は，バックアップを兼ねてプリントアウトしたものをノートに貼るかファイルしておきます。何れの場合にも，ノートには，データを収納した電子媒体のファイル名と所在を記録しておきます。

(5) 字は丁重に書く

　数字は特に丁寧に書きます。文字の場合は判読しにくくても前後の文脈から推理できますが，数字はそれができません。**数字は，必ず，誰でも読み取れる丁寧な字で書きましょう**。

5.7.3　実験ノートに書くべき内容

　実験ノートには，皆さんの実験室での行動と思考を全て記録する，と考え，**実験で取り扱った数字は全て記録**しましょう。記述するべき具体的な内容は以下の通りです。

(1) 日　付

　年月日から記入します。ノートの表紙に記載を始めた年月日が書かれていれば，各ページの「年」は省略しても構いません。その日の気温と天気を記入しておくと役立つ場合もあります[※73]。

コラム50　トラブルシューティングはトラぶる前に読む

　親切な実験書やキットの取扱説明書にはトラブルシューティング（失敗例とその原因の解説）が掲載されていることがあります。このトラブルシューティングには，どんなところで失敗しやすいか，実験手順のどこに特に気を付けなければならないかが書かれていますが，失敗してから読むのではなく，失敗しないために実験を始める前に目を通しておきましょう。

[※73]　縮合反応などの水を嫌う実験やそれに用いる試薬の開栓は雨の日を避けた方がよい場合がある。

[※71]　スティック糊には5年10年と長い年月が経過するとはがれるものがある。はがれてもどこからはがれたかが分かるように年月日を記入しておく。

[※72]　年数が経過すると消えたり真っ黒になるものがある。糊の溶剤で真っ黒になる場合もある。一度コピーを取ってから貼るとよい。

—164—

(2) 実験の目的

　何のためにその実験を行うのかを，**必ず実験を行う前に文字で書きましょう**。例えば，

● 何のために何を調製（培養）するのか。

● どんな作業仮説を検証するのか。

● 何と何を比べるのか。

などです。例えば，「クローニングした○○遺伝子を発現させ，△△に対する親和定数を測定するために，まず，IPTG で発現を誘導し，組換えタンパク質がどの程度，どの画分に発現するか（可溶性画分か不溶性画分か）を確認する。」などと，可能な限り具体的に記述します。

　また，どのような図表を作成して結果をまとめるのかも事前にイメージし，得られたデータを元に，どのように研究を展開させるのかも考えてから実験に臨みましょう。これらを文字にしたり，図表をイメージすることによって頭の中が整理され，実験のデザインはより的確なものになり，トラブルにも臨機応変に対応できるようになります。筆者の経験では，「こんな結果になったのですが，どうしましょうか」と質問に来る学生に対して，「あなたはそもそも何をしたくて（何を知りたくて）この実験をしたのですか」と問うと，8～9 割の学生は何をすべきかを自分で考えつくことができます。目的をしっかり文字で書いて，何をしたいのかを明確にしてから実験をするようにしましょう。

(3) 実験材料

　酵母エキスや酵素などの天然物[74] を使用した場合は，メーカーとカタログ番号の他にロット番号も記録します。酵素の場合は重量（容量）あたりの活性も記録します。他の試薬類（化合物）についてはメーカーとグレードを記録します。「断りのない場合は△△社の特級試薬を用いた」とノートの最初のページに明記し，これ以外の場合[75] について記述する，というやり方もあります。

(4) 実験方法

　初めて行う実験であれば，実験を行う前に実験手順（プロトコール）を手で書き写します。コピーを貼ったり，もらったファイルのプリントアウトを貼るのはやめましょう。プロトコールに書かれた試薬，濃度，手順には全て意味があるので，これらも考えながら書き写し，不明な点があれば教員や経験者に確かめます。初心のうちは 2 回目以降も手順を書くことをお勧めしますが，「方法については No. △[76] の○○ページ参照」として省略してもよいでしょう。ただし，サンプルの本数，保管温度，反応時間などを含めて，プロトコールを少しでも変更していれば，変更している箇所を漏れなく記述しなければなりません。

(5) 結　果

実験で扱った数字は全て記録します。具体的には，

1) 実験を始めた時間，終了した時間。特に，植菌した時間は忘れずに記録します。

※74　使用を開始した（開栓した）年月日を試薬瓶に書き込んでおくとよい。

※75　例えば「生化学用」「電気泳動用」「液クロマトグラフィー用」あるいは 1 級の試薬などを用いた場合や，いつもとは違うメーカーから買った場合など。

※76　実験ノートには通し番号を付けておく。

2) 調製した培地の容量，分注した本数も記録します。
3) 計量する試薬の量を別の紙に書いてはいけません。実験ノートで計量すべき量を計算し，天秤の横に実験ノートを持っていき，計量したらその数値にチェックを入れるようにします（図 5-7-1）。
4) pH を調整する際には，合わせる pH の値だけでなく，初発の pH と温度[※77] も記録します。これも，別の紙にメモして後でノートに転記するのではなく，ノートに直接記入します。
5) 調整に用いた酸，アルカリの濃度と調整に要した容量[※78] も記録しておくと，後で役に立つことが少なくありません。
6) 凍結サンプルは何℃でどれぐらいの時間をかけて解凍したか，「○℃で△分処理」した場合は昇温と降温をどのように行いどれぐらい時間がかかったかも記録します。

などです。培養実験であれば，まず，実験方法を記入し，さらに，結果を書き込む表をノートに

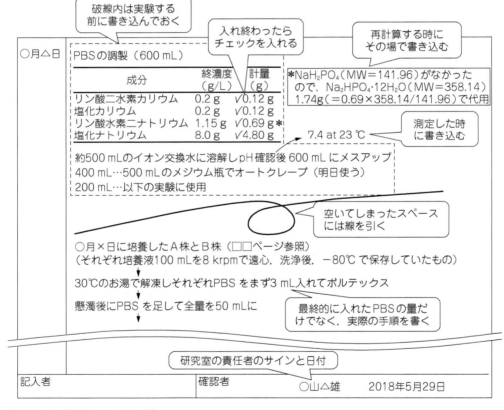

図 5-7-1　実験ノートの一例
この場合，記入者欄への記名は省略している。責任者の確認は毎日行う場合もあるが月に 1〜2 回の場合もある。

※77　pH は温度で変化するので，pH 計には通常，温度も表示される。
※78　概数でもよいが，アルカリ（酸）の入った瓶の調整前後の重さの差を測れば，手間をかけずに正確に測定できる。

作ってから実験をします（図8-3-11参照）。その他，例えば以下の点のように，いつもと違う点，気が付いた点を記録します。

1) 試薬が溶けるのに時間がかかった，初発のpHが違っていた，など。
2) 培養液がいつもより泡だっていた，いつもと違う臭いがした，など。
3) 遠心分離した菌体の沈殿の色が違った，2層になっていた，体積が多かった，沈殿が懸濁しにくかった，など。
4) コロニーの形状や大きさが違った，いつもより培養に時間がかかった，など。

(6)考　察

必ず適当な対照実験を行い，その結果と比較して検証します。対照実験は実験を計画する段階で考えておかなければならない基本中の基本です。予想外の結果や不都合な結果は，必ず，丁寧にその原因を検討しましょう。決して不都合な結果を無視するようなことをしてはいけません。

科学の基本は再現性です。過去に似たような実験（培養）をしているのなら，必ずその結果と比較してみましょう。同じ条件で培養したのであれば同じような結果が得られているはずなので，異なっている場合は，その理由を調べましょう。また，過去の実験と少し条件を変えて実験を行ったところ，異なる結果を得たのであれば，その違いが変更した条件で説明できるのかどうかを考察し，必要であれば確認実験を行います。これらは，新しい発見につながったり，培養の再現性を高めるのに役立ちます。

コラム51　研究の三大不正

　捏造，改ざん，盗用を研究の三大不正といいます。捏造（Fabrication）は存在しないデータや研究結果などを作成すること，改ざん（Falsification）は得られた結果を真正でないものに加工すること，盗用（Plagiarism）は他の研究者のアイデア，方法，結果，論文や用語を了解や適切な表示をすることなく流用することで，総称してFFPと呼ばれることもあります。再現性のないデータや実験ノートがない場合は捏造と見なされることもあり，都合の悪いデータを省くことは改ざんと見なされます。卒論・修論で先輩の論文を引用する際は，丸写しではなく，適切に引用した上で，要約したり，より詳しく説明して自分の文章で書きましょう。再現実験ができるように実験ノートをきちんと書き，予想外の結果も丁寧に考察し，自分の文章で論文を書くことは，科学を志す者にとって大切な基本です。

文　献

1) C. N. Pace et al. : *Protein Sci.*, **4**, 2411-2423 (1995).

2) 富士川龍郎 ら：農芸化学会誌, **48**, 483-491 (1974).

第6章　継代と保存

6.1　菌株の入手

　微生物を使った研究をする時，どこからどんな菌株を手に入れるかということがまず問題になります。人間に個性があるのと同じように，たとえ同種の微生物であっても，菌株によって性質・能力が大きく異なることがよくあります。物質生産能力であれ，分解能力であれ，目的に合った有望な株を研究に用いているかどうかは，研究の進捗に大きな影響を及ぼします。研究室で受け継がれている菌株を使うような場合は，選択の余地は少ないかもしれませんが，全く新規の研究をスタートする場合，「どんな菌株を入手するか？」から検討を始めることになるでしょう。

　菌株の入手方法は，大きく分けて，①野外・自然環境などから自分で分離してくる，②公的菌株保存機関から提供してもらう，の2つがあります。①の方法は微生物の分類群ごとに異なり，非常に多岐にわたるため，ここでは割愛し②の公的菌株保存機関から菌株を入手する際の流れ・注意点と，入手した菌株の復元方法などについて紹介します。

　どんな微生物をターゲットにする場合でも共通するのは，適切な培地を用意し，適切な培養条件（温度，好気・嫌気条件など）を設定することです。そのためには，まず，研究対象の微生物の分類群の性質や，目的とする形質に関して，教科書をはじめとする成書を参考にして基本知識を得た上で，研究対象とする微生物，もしくは，できるだけ近縁の微生物に関する学術論文にあたることを強くお勧めします。学術論文は，Google Scholar[1]やPubMed[2]などの検索サービスで検索[3]できます。

6.1.1　公的菌株保存機関（バイオリソースセンター／カルチャーコレクション）

　菌株の入手方法としてポピュラーなのが，先述の②公的菌株保存機関から提供してもらう，というものです。図書館が本や雑誌を収蔵しているように，微生物株を収集・保存している機関が世の中にはあります。これを公的菌株保存機関（バイオリソースセンター／カルチャーコレクション，以下BRC/CCs）といいます。図書館のように市民誰もがというわけにはいきませんが，微生物を扱うための一定の設備を備えていればBRC/CCsから菌株を入手することができます。国内外の代表的なBRC/CCsを**表6-1-1**にまとめます。世界には多数のBRC/CCsがあり，より詳細な一覧はウェブサイト[4]で検索することができます。

　保存している菌株のラインアップはBRC/CCsごとに個性があります。多岐にわたる微生物の

※1　http://scholar.google.co.jp/
※2　http://www.ncbi.nlm.nih.gov/pubmed
※3　その微生物の学名をキーワードにして検索し，古いものから順に見ていくとよい。
※4　http://www.wfcc.info/home/

第6章　継代と保存

分類群を網羅的に収集・保存している"総合百貨店"のような BRC/CCs もあれば，特定の分類群やコンセプトなどに特化した"専門店"もあります。表6-1-1 に挙げているもののうち ATCC，DSMZ，JCM，NBRC は代表的な"総合百貨店"，CBS や NIES は"専門店"の性質が強い BRC/CCs です。欲しい菌株が保存されていそうな BRC/CCs に目星をつける必要があります。まずは国内の BRC/CCs で探してみることをお勧めします。菌株の入手に短時間かつ安価で済むことが多いからです。国内の主な BRC/CCs をまとめて検索できるページ[※5] もあるので，これで検索してみるとよいでしょう。

表6-1-1　代表的な BRC/CCs

BRC/CCs（国名）	機関略号	主な保存微生物
American Type Culture Collection（USA）	ATCC	細菌・糸状菌・酵母・ウイルス
Westerdijk Fungal Biodiversity Institute〔Centraalbureau voor Schimmelcultures〕（The Netherlands）	CBS	糸状菌・酵母
China Center for Type Culture Collection（China）	CCTCC	細菌・糸状菌
DSMZ-Deutsche Sammlung von Mikro-organismen und Zellkulturen GmbH（Germany）	DSMZ	細菌・アーキア・糸状菌・ウイルス
Medical Mycology Research Center（Japan）	IFM	病原真菌・病原放線菌
Japan Collection of Microorganisms, RIKEN BioResource Research Center（Japan）	JCM	細菌・アーキア・糸状菌・酵母
Korean Collection for Type Cultures（Korea）	KCTC	細菌・糸状菌・酵母・微細藻類
Genetic Resources Center, National Institute of Agrobiological Sciences（Japan）	NIAS（MAFF）	食糧・農業関連微生物
Biological Resource Center, National Institute of Technology and Evaluation（Japan）	NBRC	細菌，酵母，糸状菌，微細藻類，ファージ
Microbial Culture Collection, National Institute for Environmental Studies（Japan）	NIES	微細藻類

　では提供を依頼する株をどうやって絞り込むかですが，多くの BRC/CCs でオンラインカタログが公開されており，菌株番号・学名・キーワードなどで検索ができるように整備されています。国内の主な BRC/CCs のリンク先をまとめているページ[※6]があるので，これも有効に活用するとよいでしょう。各 BRC/CCs で運営しているウェブサイトからすぐにオンラインカタログにたどり着けるはずですので，是非一度，このウェブサイトを訪れてみてください。

　ちなみに，昔は分厚い電話帳のような紙のカタログが発行されていました。それはそれで面白かったのですが，アップデートが大変なことやかさばることから紙媒体のカタログは発行されなくなってきています。

※5　http://www.nbrc.nite.go.jp/jscc/idb/search
※6　http://www.nbrc.nite.go.jp/jscc/aboutjsccc_ja.html

—170—

6.1.2 Material Transfer Agreement（MTA）

　目的の菌株を保存している BRC/CCs が見つかったら，そこに提供を申し込みます。BRC/CCs が用意している書式に必要事項を記入し提供申し込みの書類を作成します。ここで必要になるのが，物質移動合意書（Material Transfer Agreement；MTA）という書類です。日本語訳は長いので多くの場合 MTA と略されます。MTA は，リソースを利用するにあたり，利用者の権利と義務を明確にして双方の合意を確認する契約書です。たいていの場合，この書類には機関長や所属長の公印が必要になります。機関に知的財産権（知財権）の担当部署が設置されている場合は知財担当部署の管理責任者の決裁でよい場合もあります。筆者の経験上，こういった決裁には多少の時間がかかりますので，早めに手続きをお願いするとよいでしょう。

　提供を依頼する際に，気をつけなければいけない菌群があります。バイオセーフティレベル 2 以上のもの，遺伝子組換え生物，そして植物防疫法や家畜伝染病予防法により規制されているものです。これらは実験系外や環境中への逸失に特に注意しなくてはいけないものであり，法令などによってこれらの使用・移動・保管に許可や届け出が義務付けられているので十分な注意が必要です。以降でこれらについて少し紹介します。

6.1.3 バイオセーフティレベル 2

　微生物の提供を受ける際，ユーザー側の実験設備について確認されることがあります。例えば，安全キャビネットとオートクレーブ（第 1 章参照）が実験室に設置されているか，といったことです。ご存知のように微生物の中にはヒトや家畜に病原性を持つものが含まれます。微生物はヒト・動物への感染性などの危険度によって，4 段階のリスクグループ（Risk Group 1〜4）に分けられ，それに応じた封じ込めレベル（Biosafety Level，BSL1〜4）が定められています（[14.3] 参照）。ほとんどの BRC/CCs で BSL3 以上の微生物は提供対象にしていませんので，ここでは BSL2 の微生物の提供を依頼する場合を紹介します。

　BSL2 の微生物を BRC/CCs から提供してもらう場合，外界に拡散しないよう適切な設備の下で実験を行えるか（封じ込めができるか），実験後に確実に微生物を死滅させ，廃棄できるかを確認されます。もちろん，BSL1 であっても適切な管理下で安全に微生物を扱うことが重要なのは言うまでもありませんが，BSL2 以上では安全確保のために提供段階のチェックもより厳しく

コラム52　知的財産権

　アイデアや表現方法，芸術作品，科学的知見など，明確な物体として存在しないが「財産」と認めるべきものに与えられる財産権を，知的財産権（知財権）といいます。例えば，著作権も知的財産権の一種です。砕けた表現をすれば，パクリによる利益の横取りから発案者・原作者を守るための権利です。微生物株についても知的財産権が存在します。BRC/CCs から提供された微生物株を用いた研究に基づき特許出願など新たな知財権を得た場合，後からその株の寄託者と利益を巡る係争になりかねません。このような事態を避けるため，菌株の権利関係について予め MTA に明記して取り決めるのです。このような手続きを行わないと，他者の知財権を侵害する加害者になることもありますし，自分が被害者になることもあります。

第6章　継代と保存

なります。

　自分が入手しようとしている微生物がBSL2以上に該当するかどうかは，入手先のBRC/CCs
のオンラインカタログなどに明記されているはずですので，事前にチェックしておくとよいで
しょう。

　これから実験に使う微生物がBSL2に該当する，と言われると何か非常に怖いものを扱うとい
う印象を持つかもしれませんが，過度に身構える必要はありません。適切に封じ込める措置を
とっていれば安全ですし，飲み込んだり菌体が傷口から体内に入るなどしない限り，健康な人が
BSL2の微生物で重篤な病気を発症することはまずありません。しかし，たとえBSL1のもので
あっても，実験中の微生物への暴露をできるだけ少なくするよう，常に留意しておくことは強調
するまでもなく大切であり，ガラスで手を切らないようにする，ヤケドに気をつけるなど，基本
的な安全管理の1つとして，意識を常に持っておくことが大切です。

6.1.4　遺伝子組換え生物

　BSL2以上の微生物と同様に，遺伝子組換え生物をBRC/CCsから提供してもらう場合も，特
別な規制を受けることになります。遺伝子組換え生物の場合も，提供申し込み時に別途書類が必
要になります。遺伝子組換え生物の移動・保管は，「遺伝子組換え生物等の使用等の規制による
生物の多様性の確保に関する法律」（通称，カルタヘナ法）によって制限されます。研究室で組換
え微生物を扱う場合は，この法律について熟知しておく必要があります。大学にしても企業にし
ても，遺伝子組換え生物を扱う可能性のある機関では，こういった法令遵守に関する導入教育が
行われているはずなので，必ず受講するようにしてください。また，カルタヘナ法に関する詳細
は，[14.2]，および文部科学省※7や農林水産省※8のウェブサイトを参照してください。

　遺伝子組換え生物，と聞くと2種類の動物が交じり合った"バケモノ"を連想するかもしれませ
ん。しかし，微生物を扱う研究室では案外身近に存在し，卒業研究や学生実験でも作出する可
能性が十分にあるものです。例えば，遺伝子が発現しているかを確認するマーカーとしてGFP
（Green fluorescence protein；緑色蛍光タンパク質）遺伝子を大腸菌 *Escherichia coli* に組み込
んだ場合，GFP遺伝子はオワンクラゲ由来のものなので，組み込まれた大腸菌は遺伝子組換え
生物ということになります。

　特定されていない生物の遺伝子を組換える場合もあります。例えば，環境中にどのような微生
物がいるか，培養を介さずに調べる場合，クローンライブラリー法と呼ばれる手法がよく使われ
ます。これは，環境中から全DNAを抽出し，リボソームRNA遺伝子などの特定の領域の
DNAをPCRで増幅し，その塩基配列を網羅的に解読していく手法です。詳細は割愛しますが，
増幅したDNAをプラスミドDNAに組み込んで，大腸菌に導入すれば，その大腸菌は遺伝子組
換え生物ということになります。

　遺伝子組換え生物の厳密な定義は，実は少し複雑です。まず，[14.2]を読み，もし，よく分

※7　http://www.lifescience.mext.go.jp/bioethics/carta_expla.html
※8　http://www.maff.go.jp/j/syouan/nouan/carta/seibutsu_tayousei.html

からなければ，所属機関の安全管理を担当する部署を訪ねて，詳しい人に聞けば教えてくれるはずです。

6.1.5 植物防疫法や家畜伝染病予防法により規制される微生物株

BSL2 以上の微生物と遺伝子組換え生物に加えて注意が必要なのが，海外産の植物病原菌です。

海外産の植物病原菌の提供を受けたい場合は，所管の植物防疫所に申請を行って，事前に植物防疫所長の許可を得る必要があります。これは，国内の BRC/CCs に保存されている海外産の株の場合も同様です。この手続きを怠ると植物防疫法違反になりますので十分に注意してください。家畜伝染病予防法により規制される微生物株も同様です。

ある動物がそれまで分布していなかった地域に導入されると，天敵がいないために爆発的に個体数を増やし，その地域の生態系を撹乱してしまうことはよくあります。時に，島嶼部など外界と隔離されて独自の進化を辿った生物たちで構成されている生態系では，撹乱によって1つの歯車が狂うだけで生態系のバランスが崩れ，多くの種が絶滅に追い込まれてしまうこともまれではありません。小笠原諸島に逸出したトカゲの一種，グリーンアノールが小笠原固有種の昆虫をエサとして捕食してしまい，生態系を脅かしていることは昨今メディアによく取り上げられているところです。同様に，これまで侵入したことがなかった微生物が新天地で猛威を振るうこともあります。ヒトで例えるならば，エボラウイルスが良い例です。ヒトが普段は出会わないエボラウイルスに感染すると，もっとも病原力の高いウイルス種では死亡率80%以上という出血熱の症状を呈します。エボラウイルスの場合，自然宿主は判明していませんが（コウモリという説があります），自然宿主に感染している状態では，宿主に対して特に悪さをせず安定的にウイルスが保持されているものと考えられています。

こういったカタストロフィーは，植物とその病原菌の間にも起こり得ることです。つまり，海外産の植物病原菌が日本国内に侵入した場合，現地では大して問題になっていない菌でも国内在来の植物に接した時に甚大な被害をもたらす恐れがある，ということです。このような可能性を想定して微生物の移動を規制する，というのがこれら法律の役目な訳です。

ここまで紹介してきたようなリスクのある微生物の提供を申し込む際は，BRC/CCs から必ず必要な書類を要求されます。書類に不備があれば修正を指示されるでしょうし，所属機関の責任者や監督官庁の承認など必要な手続きがとられていなければ微生物株の提供を断られるでしょう。こういった微生物株は，使用しようとする人がそのリスクに気づいていなかったり，軽く見ている場合が少なくありませんが，入手手続きの厳重さが，いわばフィルター機能として働いて注意が喚起されます。しかし，明らかにリスクが想定できるような遺伝子組換え生物やレベル2以上の病原菌でなくても，実験室で扱う微生物が環境中に逸出した時に，思いもよらない悪影響を及ぼす恐れがあることを忘れてはいけません。微生物株の利用者は，そのリスクを十分に理解し，責任を持って研究を遂行することが求められます。

6.2 菌株の提供形態

一通りの提供手続きが済むと，いよいよ BRC/CCs から菌株が送られてきます。BRC/CCs に

よって異なりますが，Aガラスアンプル，B保護剤の入ったクライオチューブ，C寒天培地の入ったスラント（斜面培地）またはプレート，D液体培地の入ったバイアル瓶，の何れかが送られてくるはずです（図6-2-1）。

Aのガラスアンプルには，乾燥保存した菌体が入っています。基本的に，アンプルの内部は真空状態になっています。長期間保存できるうえ運搬も比較的容易なため，乾燥保存が可能な菌株はこの形態で保存されています。分類群によって偏りはありますが，BRC/CCsから菌

図6-2-1　菌株の様々な提供形態
A：ガラスアンプル，B：クライオチューブ，C：スラント（斜面培地），D：バイアル瓶

株が送られてくる際のもっともポピュラーな提供形態です。アンプルの形状はBRC/CCsによってバリエーションがあるようです。

B〜Dは，アンプルでは保存できない菌株か，乾燥してしまうと形質が大きく変わってしまう恐れのある微生物の提供形態です。生菌が保護剤の中に浸かっている状態，または培地上で生えている状態で手元に届きます。

Bのクライオチューブは，乾燥はできないが，適当な保護剤の中に入れれば−80℃での凍結保存が可能な微生物に用いられます。クライオチューブは，中身が融解した状態で冷蔵（4℃）で届く場合と，ドライアイス中で凍結したまま届く場合があります。ドライアイス入りの梱包で届けられる場合，運送費を別途請求されることがあります。特に海外のBRC/CCsから入手する場合は相当の金額になることもあるので注意が必要です。提供を依頼した時点でBRC/CCs側から費用負担について確認の連絡があるはずですが，何もないようなら念のためe-mailでコンタクトをとっておくと無難です。

CとDは，AまたはBの方法で保存ができないか，運搬中に菌株が死滅するリスクを考えてBRC/CCs側が適当と判断した場合に用いられます。

Dのバイアル瓶は，少しでも酸素に触れると死んでしまうような絶対嫌気性の細菌やアーキア（archaea）など，気相を何らかのガスで置換したい場合に用いられる提供形態です。

菌株の復元方法は，後述するように，提供形態によって異なります。BRC/CCsによっては，菌株ごとの基本の提供形態がオンラインカタログ上に掲載されていることもありますので，確認しておくとよいでしょう。

6.3　菌株の復元方法

菌株が手元に届いたら，なるべく早めに菌株の復元と植え継ぎを行います。

図6-2-1に示したA〜Cの形態の何れかで手元に届くことがほとんどです。B，Cの場合は，通常の無菌操作と作業内容は同じですが，Aのガラスアンプルの場合は普段あまり行わないような操作が必要になります。ここでは主にガラスアンプルからの復元・植え継ぎ方法を詳述し，B，Cの場合の注意点を簡単に紹介します。

(1) ガラスアンプル

菌体は適当な保護剤とともに、乾燥された状態になっています。保存液を凍結した後に乾燥させる場合（凍結乾燥、いわゆるフリーズドライ）と、常温のままゆっくりと減圧していき乾燥させる場合（L乾燥）の何れかで作製されます。何れの場合も、微生物細胞は凍結または乾燥に伴う物理的な傷害を受けるので、そのダメージを極力低減できるような保護剤が用いられています。凍結乾燥の場合はスキムミルクを含む保護剤、L乾燥の場合はグルタミン酸ナトリウムやポリビニルピロリドンを含む保護剤が開発されています。予め増殖させておいた微生物をこういった保護剤の溶液に懸濁し、真空乾燥させて、真空状態でガラス管を熔封したものが、手元に届くガラスアンプルです。アンプル中の菌体は仮死状態にあり、常温で輸送できますが、保管は低温で行う方がよいでしょう。

アンプルを開封する前に、アンプルカッターまたはヤスリ、滅菌した復水液と復元用の培地[※9]、アルコール綿[※10]、滅菌した脱脂綿（乾いているもの）[※11]、滅菌したパスツールピペット、白金耳を用意しておきます。以下の作業はクリーンベンチまたは安全キャビネット内（遺伝子組換え生物、BSL2の場合）で実施してください。

まずアンプルカッターまたはヤスリでガラス表面に傷をつけます（図6-3-1 ①）。この時、あまりしっかり傷をつけようとすると、ガラスが割れることがありますので十分に気をつけてください（筆者もひやりとしたことがあります）。傷の周囲をアルコール綿で消毒した後、無菌の乾いた脱脂綿で覆い、アンプルを折って開封します（図6-3-1 ②）。次に、パスツールピペットで復水液を少量採取し、開封したアンプルに入れます（図6-3-1 ③）。数回ピペッティングすれば乾燥した菌体が懸濁します。この時、勢い良くピペッティングしたり復水液の量が多過ぎたりすると、アンプルから懸濁液があふれ出て周囲を汚染しますので、注意してください。アンプル中から懸濁液を採取して、指定された培地に接種し白金耳またはディスポーザブルループで画線します（図6-3-1 ④）。

画線は微生物の純粋性を確認する作業で、こ

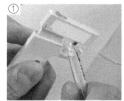
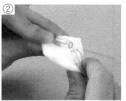
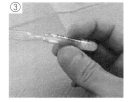

図6-3-1 アンプルからの微生物の取り出し方[※12]
①アンプルをカッター[※13]で挟み、回転させることでガラス表面に傷をつける。
②無菌の乾いた脱脂綿でアンプルを包み、両方の親指で均等に力をかけて奥側に押すようにして開封する。
③パスツールピペットで復水液を注入し、菌懸濁液を採取する。
④指定培地に菌懸濁液を接種し、白金耳やディスポーザブルループで培地表面を撫でるように画線する。力を入れると寒天の表面をひっかいてしまうので注意。

※9　BRC/CCsから届いた説明書などを参照する。
※10　70％（w/w）のエタノールを染み込ませた脱脂綿。
※11　市販の脱脂綿（カット綿）をオートクレーブし、乾燥させたもの。
※12　作業者（筆者）は左利きなので、適宜持ち手を逆転すること。
※13　アンプルカッターの名称で市販されている。安価なヤスリタイプ（ハート形）や両刃ヤスリでも代用できる。

第6章　継代と保存

れによって汚染の有無が確認しやすくなります。もし明らかに見た目の異なるコロニーが生じたら元々コンタミしている可能性がありますので，BRC/CCs に問い合わせるとよいでしょう[14]。図6-3-1 ④では平板培養に接種する方法を示していますが，培地の形状は扱う微生物によって異なりますので，適当なものを選択してください。あとは適当な条件（温度など）で培養して，生育してくるのを待つばかりです。

(2)　クライオチューブ

　菌体は保護剤の中に浸漬された状態になっています。保護剤は菌種によって組成が違いますが，凍結による傷害を軽減するグリセロール，DMSO[15] の単独またはそれらにトレハロースを加えた混合液が用いられます。かなり多くの微生物が，この保護剤に入れておけば−80℃での凍結保存に耐えることができます。

　菌株が手元に届いたら，内部の液を白金耳やディスポーザブルループで採取し，復元用の培地に接種します。カビなどでは，菌の懸濁液ではなく，菌が生育した寒天（含菌寒天）片が入っていることがあります。この場合も同様に，寒天ごと取り出して指定培地の上に乗せれば復元できます。

　クライオチューブ中に余った懸濁液は再度−80℃でストックしておくことも可能ですが，凍結と融解を繰り返すと生残率は落ちていくので注意が必要です。

(3)　スラント（斜面培地）またはプレート

　菌体は培地上でよく生育した状態で送られてきます。培地に接種する作業については［1.7］を参照してください。

　送られてきた菌株は，見た目は旺盛に生えていても既に死滅していることもあります。新しい培地に接種して，生育してこないようであれば，提供を依頼した BRC/CCs に問い合わせてください。

6.4　継代培養

　入手して復元した菌株は，当然のことながら面倒を見なければ死滅します。そこで，適切な継代（植え継ぎ）という操作が必要になってくる訳です（［1.7］参照）。

　菌を適切な培地に継代した後，生育したことを確認してこれを冷蔵（4〜8℃）しておくと，菌株の種類によっては常温より長く保存できると言われています[16]。例えば，微生物が生育した寒天培地に乾燥防止のためのテープを巻き冷蔵庫に保管します。この際，冷気が直接当たる場所はテープを巻いていても乾燥しやすく，奥の壁面に近い所は凍結して寒天がグズグズになってしまうことがあるので，できるだけ避けましょう。このような点に注意すれば，2週間〜1か月程

---

[14] *Candida albicans* などでは純粋でも見た目に異なるコロニーを生じる株が知られているので必ずしもコンタミというわけではない。

[15] DMSO は解凍後に細胞に損傷を与える場合があるので，解凍後は速やかに回復培地を加えて希釈するのが無難。

[16] 常温の方が長く保存できる場合もある。2本（枚）作製し，乾燥しないように注意して常温と冷蔵のどちらが長持ちするかを比べておくとよい。

度は保存ができ，菌株や目的によっては2～3か月使用できる場合があります。同じ菌株を使って短期間に何度も実験したい時は，効率の面だけでなく，継代回数をなるべく少なくするためにも，冷蔵庫で一時的に保管しておくとよいでしょう。しかし，冷蔵すると死滅しやすくなる菌種もいるので，注意してください。

［6.5］に示す凍結保存が不可能な菌種はやむを得ませんが，研究に用いる菌株の継代回数は少ないほどよいと考えられています。継代を繰り返すことにより株の表現型が変わっていく可能性があるからです。

6.5 凍結保存

研究に用いる菌株を入手・復元した後に是非とも行っておきたいのが，菌株のバックアップです。一定期間ごとに継代を繰り返すのは手間がかかりますし，前節で述べたように生育しなくなったり，性質が変化してしまうリスクもありますので，入手した菌株を一度増殖させた後にバックアップを作っておくことをお勧めします。そこでもっとも汎用されるのが，保護剤中に菌株を浸漬し−80℃で凍結する方法です。この方法は，操作もごく簡便で消耗品も比較的安価に入手でき，もっとも合理的な保存方法といえます。

本書では概要の紹介のみとしますが，微生物の保存条件は各論的に注意深く検討する必要があります。詳細については成書[1,2]を参照されることをお勧めします。

6.5.1 保存容器

凍結保存にはクライオチューブと呼ばれるチューブを用います。シリコンゴム製パッキングの付いたポリプロピレン製のネジ口チューブで，−80℃に耐えられる1.5～2.0 mL容のマイクロチューブなどでも代用できます。遺伝子組換えに用いるコンピテントセルはマイクロチューブに入れて凍結保存することが多いようですが，マイクロチューブは密閉性に欠け，雑菌混入や保存菌の漏れのリスクが高いので，菌株の保存には向きません。

チューブのキャップには，本体よりもネジが大きいアウター式と，ネジの径が本体の径よりも小さいインナー式があります。ラックに格納する際はインナー式の方が扱いやすいのですが，雑

コラム53 継代が難しい菌

耐久性の高い胞子を作る菌であれば，常温で数か月放置しておいても新しい培地に継代すれば復活するものもいますが，どんな菌種であれ生残性について楽観はしないのが基本姿勢です。筆者の知る菌の中には，例えば，酵母の一種 *Malassezia restricta* のように，10％（w/v）グリセロール中で凍結保存（［6.5］参照）していたものを復元すると非常に旺盛に生育するのに，1週間以内に継代しないと劇的に成長が悪くなる菌というものがいます。また，Synergistetes門の細菌のように，同じ培地上に別種の特定の細菌が生えていないと良好に生育しないというものも存在します[3]。これらの理由ははっきりしないことが多いようですが，必要な微量成分が培地に不足していたり，物理的・化学的な刺激が継続的な増殖に不可欠だったり，といった原因が考えられます。人間も特定の環境で働いてばかりでは仕事の能率が落ちるように，菌たちにもリフレッシュが必要なようです。そのリフレッシュの方法を探すことは，その菌の生き様（生態）を知る1つの重要な研究テーマです。

第6章　継代と保存

菌汚染防止の観点からはアウター式が勝ります。キャップとチューブの境目がキャップに覆われており，キャップを外した時にネジの部分に触れてしまう可能性も少ないからです。キャップの上にも字が書けるタイプのチューブであれば（アウター式の多くはこのタイプ），チューブの側面だけでなく，キャップにも試料名か記号を書いておくと，あとでチューブを探す時に便利です。更に，パラフィルムをキャップ全体とチューブ本体にかかるように軽く伸ばしながら巻いておきます。キャップに書いた字が消えにくくなり，パラフィルム越しに文字が読め，保存中にキャップとチューブ本体の境目に霜などがつかず，何よりもチューブを取り出す時などにキャップとチューブ本体の境目を直接触らずに済み，汚染のリスクを下げることができます。保存したい株の数が非常に多い場合は，96穴マイクロプレートの利用を検討してみましょう。菌株を起こす場合も96ピンレプリケーターを使えば，作業性も良好です。

6.5.2　保護液

保護液は，10〜15%（w/v）のグリセロール溶液[17]を用いるのがもっとも簡便で一般的です。生残率が低い場合は，5%（w/v）トレハロースを加えたり，5〜10%（v/v）のDMSOをグリセロールの代わりに使うこともあります。保護液のベースには水や生理食塩水などが汎用性がありますが，培地をベースにした方が生存率が高くなる傾向にあり，微生物に応じて最善のものを選びます。

6.5.3　ストックの作製手順

保存したい菌株を，例えば，試験管に調製した5 mLの適当な培地で培養します[18]。この培養液に対して，2倍濃度で調製して滅菌[19]した保護液を等量（この場合は5 mL）加えます。ただし，塩濃度が高い培地を用いる場合，凍結時のイオンの濃縮による細胞損傷が無視できないことがあります。このような場合は遠心分離で回収した菌体に保護液を加えて懸濁します。

シャーレで培養した微生物の場合は，［3.11.5］で説明した手順中の生理食塩水溶液を保護液に置き換えて細胞の懸濁液を作製します。これを1時間ほど常温で放置し，細胞を保護剤になじませた後，チューブ[20]に分注すればストックが完成です。クライオチューブに保護液を分注しておき，白金線でコロニーを多めにかき取って懸濁する方法もあります。

この時に複数のチューブに分注しておくと後々便利です。チューブに分注する量は，使用目的によって適宜変更し，例えば，解凍した懸濁液を前培養液として植菌するなら，1回分＋αの量を分注します。解凍せずに使用する元ストックとするのであれば，溶けにくいように少し多めに

---

[17]　グリセロールは粘張なので，天秤にビーカーを乗せて重量で計量する。

[18]　一般的に，盛んに増殖している（対数増殖期にある）ものよりも，増殖が落ち着いたものを使用する方が復元性がよい。培養液量は目的に応じて加減する。

[19]　一般的に，オートクレーブによる滅菌で構わない。

[20]　クライオチューブの場合，菌株名などの情報は鉛筆で記入するとよい。油性インクを用いると，消毒用エタノールなどの溶媒に触れた時に消えてしまうことがある。チューブにテープを貼るのも，低温ではがれてしまうことが少なくないので避けた方がよい。どうしてもテープやラベルをつける必要がある場合は，耐凍性の製品であることを確認して使う。

—178—

1 mL 程度を分注するとよいでしょう。分注したチューブを−80℃で保管すれば作業完了です。

6.5.4 保存性の確認

　凍結してから1〜3日後に解凍して培養し，しっかりと生育してくることを確認します[21]。簡便には，同じように画線した時の生え具合を比べますが，できれば凍結前後の生菌数濃度をコロニーカウント法で調べましょう。これで生育してこない時はもちろん，出現コロニー数が激減するようであれば，保存方法を検討し直さなければなりません。菌種と保護剤の相性もあるので，予め数種類の組成の保護剤を用意しておき，凍結前後の生残性をチェックして最適なものを選択すると理想的です。一般的に凍結保存はかなり広範な分類群の微生物に対して適用が可能ですが，一部のフハイカビの仲間のように，現在の知見では凍結保存が不可能な菌種も存在します。また，胞子を形成する微生物であれば，培地や培養方法を工夫して胞子を作らせることで，凍結保存による保存性の向上が期待できます。

6.5.5 ストックの使い方と本数

　凍結保存の確認の結果，問題がなければ凍結を継続します。さて，ストックの使い方ですが，一度溶かした（溶けてしまった）ストックは，もう使用しないのが基本です。凍結融解を繰り返すと，生残率はどんどん低下していきます。何らかの理由で凍結融解に耐性ができた細胞が生き残る可能性が高いので，結果として，変異した株を使うことになりかねません。ストックは溶かさないようにして使うのが原則で，かつ，ストックを室温にさらす時間と回数を最小限にする工夫をしなければなりません。具体的には，

1) フリーザーにできるだけ近くにあるクリーンベンチを立ち上げ，植菌に使う白金線も予め火炎滅菌しておきます。また，植菌する寒天培地も，すぐに使えるように準備しておきます。

2) 保存菌株リスト[22]で，目的の株がフリーザーのどこにあるのか（何段目のどのボックスのどの位置に入っているのか）を確かめます。

3) フリーザーから目的の株のチューブを取り出し，手早くクリーンベンチに持っていきます。手で温めてしまわないよう，発泡スチロールに差し込んで持ち運ぶか，ちょうどチューブを差し込めるような穴が開いたアルミブロックをフリーザーで一晩予冷しておき，それに入れて持ち運ぶとよいでしょう。多数の株を同時に植菌したい場合は，冷やしたアルミブロックか，ドライアイスを砕いたものを準備し，低温を保つようにしましょう。

4) チューブの蓋を外し，白金線で凍ったストックの表面をこすり，寒天培地に手早く画線します。表面をガリガリ削ったりする必要はなく，表面を軽くこするだけで十分な量が植菌できます。

5) 直ちにチューブに蓋をし，一刻も早くフリーザーに戻します。

　凍結したチューブを常温にさらす回数が増えれば，チューブ全体では融けていないように見え

※21　一般的に，チューブを35℃程度の水中に浸漬して急速に解凍することが望ましいとされる。
※22　フリーザーに保存する菌株のリストは常時，整備しておく。

第6章　継代と保存

ても，実際には凍結試料の表面で凍結融解を繰り返すことになりますので，たとえ，手早く作業をしてもチューブ内の微生物の生残率は次第に低下していきます。ストックをフリーザーから出す回数を最小限にする工夫も必要です。頻繁にストックを使用したり，培養の再現性を重視する研究の場合は，［8.3.1］や［12.1.2］に詳述するように，2次ストックを作製するとよいでしょう。ただ，ストックを作り直すということは，菌株を植え継ぐことであり，植え継ぐごとに微生物の性質が変化してしまうリスクが高まります。かといって，1つの菌株で何十本もストックを作製すれば，フリーザーがすぐに一杯になってしまいます。凍結した微生物がどれぐらい保存できるかは，微生物によっても，保存状態によっても異なるので，必要なストックの本数も研究の目的によって異なります。例えば，筆者の所属する理研バイオリソース研究センターJCM（表6-1-1参照）では以下のようにしています。強調しますが，凍結融解を繰り返さない，そして，植え継ぎの回数も最小限に抑えるのが原則です。

　微生物を適当な保護液に懸濁し0.3〜0.5 mL分注した一次ストックを10本作製して凍結します。このうち1本は1〜3日後に解凍して生残率をチェックし，問題がなければ，6本は提供用アンプルを作製するためのシード保存としてディープフリーザーで，2本は永久保存として液体窒素で，また1本は危険分散として別の場所に保存しています。提供用のアンプルを作製する際には，ディープフリーザーの6本のうち1本全部を使い切ります（シードを再凍結することはありません）。そしてシード保存が残り2本になったら，それを用いて増殖させ，次のシードストックにしています。

6.5.6　停電への対応

　一度凍結保存を作製してしまえば植え継ぎの手間がなくて楽なのですが，ここで気をつけたいのが，停電への対応です。落雷に伴う瞬間停電で機器のスイッチが切れ，庫内の温度が上がって菌株の死滅につながる恐れがあります。停電解消後に自動的にスイッチが入る機器かチェックしておくとともに，停電後に異常が無いか必ず見回るようにした方がよいでしょう。

　また，研究室のある建物全体のメンテナンスで，半日ほど停電になることがあります。大抵の研究機関ではこういったことを想定して，停電時も通電している回路というものが部屋のどこかに設置されています。筆者の知る限りでは，そのような回路ではコンセントの差込口が赤くなっているか，差込口上部に赤いシールが貼られており，区別できるようになっていました。施設に

コラム54　大事な菌株は奥に入れる

　フリーザーには縦型の場合は断熱性の内扉があり，ディープフリーザーの場合は発泡スチロールボードが断熱材として入っています。これらの断熱材と本体の間には隙間があり，そこに霜がつくと，隙間は広がり，ますます霜がつきやすくなり，断熱性が失われてしまいます。フリーザーの温度センサーは中央より奥にあることが多いので，表示される温度が−80℃でも，扉付近は−60℃程度のことも珍しくありません。開閉が頻繁であれば，温度はもっと上昇するかもしれません。扉を開ける時間は最小限にとどめ，こまめに霜取りをしましょう。大切な菌株のフリーズボックスは，温度が上昇しやすい内扉やボード近くに置かないようにしましょう。

—180—

非常電源回路がない場合，小型の発電機を準備しておくのも手ですが，使用時には屋外に置かなければならならず，燃料の取扱いにも注意が必要です。キャンプ用の廉価なものは電圧が安定しないものが多く，フリーザーのコンプレッサーを痛めることがあるので注意が必要です。

　液化炭酸ガスのボンベを接続し，温度が上昇した時に自動的にガスを放出して冷却できるフリーザーもありますが，液化炭酸ガスの残量の確認が面倒なので，注意を怠るといざという時に役立たなかったということもあり，あまり普及していないようです。

　計画停電の場合，フリーザーにドライアイスを入れるのがもっとも手軽な対応ですが，半日停電すると庫内温度は−55〜−60℃位まで上昇してしまいます。また，ドライアイスから発生する二酸化炭素は，保存チューブ内に浸透すると凍った溶液を酸性化するので，通電再開後，フリーザーの再稼働が確認された時点で速やかにドライアイスを庫内から出しましょう。

6.6　凍結乾燥保存

　BRC/CCs で提供用の菌株の保存形態として多く採用されているのが，凍結乾燥保存です。表6-1-1 に紹介したような一定の規模の BRC/CCs に提供を依頼すると，菌体を凍結乾燥したガラスアンプルがかなりの確率で送られてきます。

　保管が容易である，しばらく常温保存しても復元率が落ちにくいことから運搬中のリスクが少ない，といった利点があります。しかし，入手した菌株のバックアップを作製する用途でこの方法を採用している研究室はまれでしょう。凍結乾燥して高度の真空を保ったままバーナーでガラスアンプルを熔封するのは手間がかかり，設備を調えるために相応のお金がかかります。

　なおアンプルの熔封は，ほとんどの BRC/CCs で 1 本 1 本，人が手作業で行っています。アンプルの作製作業は要するにガラス細工で，品質には問題の無い範囲で，完成品に個性が出ます。もし機会があれば，アンプルを作っている現場を見学するのも面白いかもしれません。

コラム55　凍結保存は−20℃でも可能か？

　大学の研究室ではスペースが不足するものです。ディープフリーザーの中は特にスペースが限られていますから，「−80℃のディープフリーザーを−20℃程度の冷凍庫で代用したらよい」と思うかもしれません。これが，菌株の命取りになることがあります。凍結保存は一般に−60℃以下の低温が必要とされています。−20℃程度の凍結では徐々に細胞を傷つけるらしく，−20℃の冷凍庫で筆者も試したところ復元できない菌株がありました。人間にしろ微生物にしろ，ぐっすり眠ることが健康にいいようです。

文　献

1) 根井外喜男編：微生物の保存法，東京大学出版会（1977）.
2) 酒井昭編：凍結保存，朝倉書店（1987）.
3) S. R. Vartoukian et al. : *Environ. Microbiol.*, **12**, 916–928（2010）.

第7章　培養の理論と実際

　微生物を培養する技術は，古くは紀元前のワインやビールから始まり，今では広く産業に用いられています。微生物を用いたものづくりを効率的に行うには，微生物の挙動を予測すること，そして，菌体の増殖，基質の消費，物質の生産を定量的，速度論的に扱うことが大切です。産業規模でものづくりを行う際には，生産計画をたてるための「定量的な予測」がどうしても必要になります。菌体はいつまでにどれぐらい増えるのか，いつまでにどれぐらい原材料が必要なのか，生産物がいつまでにどれぐらいできるのか，それぞれを予測する必要があるからです。

　しかし，微生物は生き物であり，機械や電気のように正確にその挙動を予測することはなかなか難しいことも事実です。これは，たった1つの微生物細胞（せいぜい直径数μm）の中にも数千もの反応が同時に進行しているためで，これらをすべて理解し，記述し，操作することは現在の技術では不可能と言えるでしょう。

　では，実際にはどうやって予測しているのでしょうか。人間の挙動をある一定の仮定の下で予測できるように，微生物の挙動も，ある一定の状況においては予測したり，モデル化したり，評価したりすることができます。本章では，これらの微生物の挙動を表現する数式について，分かりやすく解説します。

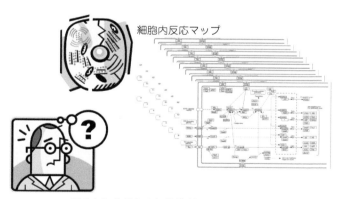

図 7-1-1　細胞内の反応は複雑

7.1　培養の理論

7.1.1　Monod の経験式

　微生物の増殖を表現する数式としてよく用いられているのが，Monod（モノー）が提唱した経験式です（式7-1-1）。

—183—

$$\mu = \frac{\mu_m S}{K_S + S} \quad (式7\text{-}1\text{-}1)$$

この式は,「微生物の増殖の速さを表す比増殖速度μは,2つの定数K_Sとμ_mを用いて,制限基質濃度Sの関数として表すことができる」という意味です。理論的に導いた式ではなく,実験データによく合う式がこの式なのですが,基質濃度が増殖に及ぼす影響を定量化できます。比増殖速度については,後の項で詳細に説明しますが,ここではこの値が大きければ大きいほど微生物は早く増える,と理解しておいてください。基質とは,微生物の増殖に必要な炭素源,窒素源,酸素,ビタミンなどの栄養源ですが,そのうち,最初に消費し尽くされてしまう基質を制限基質と呼びます。この制限基質は,もっとも消費量が多い炭素源としての糖や,水に溶けにくい酸素である場合が多く,経験式もこれらのものを中心にとりまとめられています。

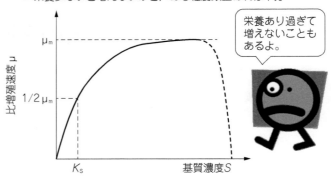

図7-1-2 Monodの経験式における比増殖速度と基質濃度の関係
最大の比増殖速度μ_mの1/2の比増殖速度を与える基質濃度がK_Sである。式には表現されていないが,基質濃度が高くなり過ぎると,浸透圧の影響などで比増殖速度は低下していく。

式7-1-1と図7-1-2を見れば,基質濃度Sが定数K_Sよりも十分大きい場合には,増殖速度μは一定値のμ_mに近づくことが分かります。逆に,K_Sよりも十分小さい場合には,μはSにほぼ比例するようになります。これはすなわち,Sが大きければ(食べ物がたくさんある場合)増殖は制限されず,最大の速度で増殖しますが,基質濃度が小さくなる(食べ物が少なくなってきた場合)と,残っている基質の濃度に微生物の増殖が左右されるということを表しています。

Monodの式はあくまで経験式であり,微生物によってはあてはまらない場合もあります。また,実験毎にパラメーターが変化したり,実験した基質濃度範囲を超えた範囲には適用できないことに留意して用いる必要があります。

7.1.2 比速度とは

比速度は,英語ではspecific rateと呼ばれるパラメーター(変数)です。言葉としては速度に「比」がつくので,速度を比較した値のように思われがちですが,速度と比速度は全く異なる概念で,比速度は速度を菌体量で割った値です。例えば比生産速度は,単位菌体あたり,単位時間あたりの生産量であり,単位はg-product・g-cell^{-1}・h^{-1}です。一見,難しそうに思えるかも知れませんが,実は私たちは日常生活でもこの概念を使っています。このことを体感して理解を深めるために,次の問1~問3を解いてみてください。解く時には必ず式と単位を考えてください。

【問1】 どちらの職人が優秀？
　　A 班は 20 人の職人がいて 10 日で 400 個の製品を作る。
　　B 班は 10 人の職人がいて 15 日で 450 個の製品を作る。
【問2】 どちらの家族が大食い？
　　A さん一家 5 人は 10 日で 10 kg の米を食べる。
　　B さん一家 3 人は 5 日で 6 kg の米を食べる。
【問3】 どちらが「若い（出生率が高い）」町？
　　A 町は人口 1 万人で 5 年間に 100 人子供が生まれた。
　　B 町は人口 2 万人で 3 年間に 240 人子供が生まれた。

答えは全てBですが，皆さんはどのように計算しましたか？

問1　A　$\dfrac{400 個}{20 人 \times 10 日} = 2 \dfrac{個}{人\cdot 日}$　　　B　$\dfrac{450 個}{10 人 \times 15 日} = 3 \dfrac{個}{人\cdot 日}$

問2　A　$\dfrac{10\,\text{kg}}{5 人 \times 10 日} = 0.2 \dfrac{\text{kg}}{人\cdot 日}$　　　B　$\dfrac{6\,\text{kg}}{3 人 \times 5 日} = 0.4 \dfrac{\text{kg}}{人\cdot 日}$

問3　A　$\dfrac{100 人}{1 万人 \times 5 年} = 20 \dfrac{人}{万人\cdot 年}$　　　B　$\dfrac{240 人}{2 万人 \times 3 年} = 40 \dfrac{人}{万人\cdot 年}$

と計算したはずです。何れの場合も，量を時間で割り，更に，人数で割って，一人あたり時間あたりの製品の数，米の量，子供の数を計算していますが，実は，これが比速度の概念なのです。
　微生物を扱う場合は，人数は菌体量に置き換えて考えればよく，量を時間で割った「速度」を更に菌体量で割ったものが微生物の「比速度」になります（図 7-1-3）。問1は微生物による物質の比生産速度を，問2は微生物による基質の比消費速度を，問3は微生物の比増殖速度を求める場合に相当します。
　製品を作る時，職人の数を増やしたり，1 日に働かせる時間を長くすれば，1 日あたりに作ることができる製品が多くなるのは当たり前の話で，効率良く作ろうとするなら，職人の腕を良くしなければなりません。微生物による物質生産においても同様であり，A 株と B 株のどちらの生産性がよいかを比べる場合，菌体量を増やせば生産物量が増え，時間を伸ばせば生産物量が増えるのは当たり前ですから，これらの条件を揃えて，菌体あたり時間あたりの生産量，つまり，比生産速度を比較しなければなりません。基質の消費速度や菌体の増殖速度を比較する場合も同様であり，前者であれば比消費速度を，後者であれば比増殖速度を比較しなければなりません。つまり，比速度を用いることによって，培養槽の大きさや，培養時間などに関係なく，菌体の能力を比較できるようになります。

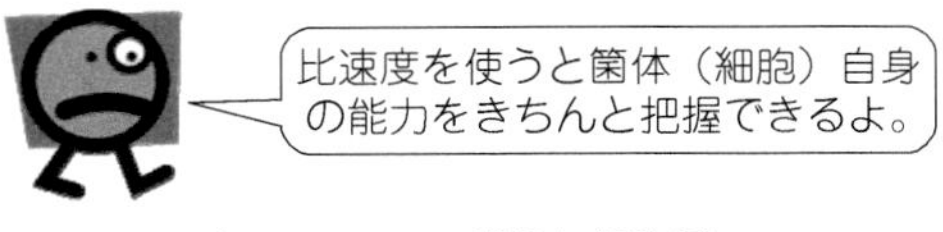

比速度を使うと菌体（細胞）自身の能力をきちんと把握できるよ。

$$\text{比速度} = \dfrac{\left(\begin{array}{c}\text{増えた細胞量}\\ \text{(or 食べた基質量 or つくった生産物量)}\end{array}\right)}{(\text{乾燥菌体重量})(\text{時間})}$$

図 7-1-3　比速度の定義

7.1.3 濃度の変化速度と比速度の関係

本項では濃度の速度と比速度の関係を解説します。前項で解説したように，速度は単位時間あたりの量[※1]の変化であるのに対して，比速度は単位時間あたり，単位菌体量あたりの量の変化です。従って，比速度に菌体量を掛けると速度になります（速度を菌体量で割ったものが比速度でしたよね）。菌体の水分は条件によって異なるので，単位菌体量は通常は乾燥菌体重量として扱います（[4.2.1] 参照）。単位菌体量あたり，時間あたりの菌体量の変化が比増殖速度，基質の消費量が比消費速度，生産物の増加量が比生産速度です（**表 7-1-1**）。

更に理解を深めるために，問 4～問 6 に答えてみてください。分かりにくければそれぞれ問 1～問 3 と見比べるとよいでしょう。

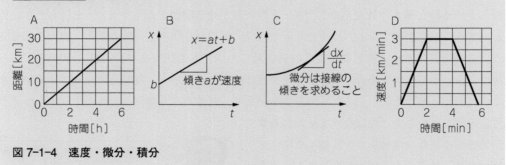

コラム56 速度・微分・積分

数学が嫌いな人でも以降の話を理解しやすいように少し復習をしておきます。

図 7-1-4A は P さんが歩いた距離と時間の関係を示しています。P さんの歩く速度を求めるには，30 km を 6 時間で歩いているから，距離を時間で割って，30/6＝5 km/h と計算するはずです。つまり，**量を時間で割ったものが速度**です。

図 7-1-4A を一般化してみましょう。ある量 x が時間 t によって変化し，$x=at+b$ であるとします（図 7-1-4B）。x が変化する速度を求めよ，と言われたら，x を t で微分した値，a が答えです。つまり，**量を時間で微分すれば速度**です。x が進んだ距離であり，図 7-1-4C のような経時変化であれば，ある時間における接線は，その時の速度を表します。つまり，ある**変数を時間で微分すれば，その変数の変化速度**を求めたことになります。

図 7-1-4D は，電車が A 駅を出発して B 駅に着くまでの速度の経時変化を示したものです。A 駅と B 駅の距離は何 km でしょうか？　答えは，台形の面積を求めて 12 km です[※2]。つまり，**速度を時間で積分すると量**になります。

図 7-1-4　速度・微分・積分

※1　ここでは濃度も広い意味での「量」として扱う。
※2　電車が 3 km/min で 6 分進めば，進んだ距離は 3 km/min×6 min＝18 km と計算するが，これは図 7-1-4D の図でいえば，3×6 の長方形の面積を求めたのと同じこと。同じように考えれば，台形の面積を求めればよいことが分かる。

表 7-1-1　比速度

	比生産速度 specific production rate	比消費速度 specific consumption rate	比増殖速度 specific growth rate
単位	g-product·g-cell^{-1}·h^{-1}	g-substrate·g-cell^{-1}·h^{-1}	h^{-1}
記号	ρ（ロー）	ν（ニュー）	μ（ミュー）
意味	単位菌体量あたり単位 時間あたりの生産量	単位菌体量あたり単位 時間あたりの消費量	単位菌体量あたり単位 時間あたりの菌体増加量

μ は u（ユー）と，ν は v（ヴイ）と，ρ は p（ピー）と混同しないように注意する。書き順も違う。比生産速度は q_p と表現することもある。μ の単位は［h^{-1}］であるが，これは，乾燥菌体の増加量と単位乾燥菌体量が約分された結果であり，実際には，単位時間あたり，単位乾燥菌体重量あたり，どれぐらい菌体が増えるかを表している。

【問 4】　一日あたり ρ［個］の製品を作る職人が X［人］いて，できた製品を倉庫に入れていく。倉庫の製品の数の増加速度［個·日$^{-1}$］は？

【問 5】　缶にキャンディが入っている。X［人］の子供がそれぞれ毎日 ν 個のキャンディを食べる時，缶のキャンディの数［個］の増加速度［個·日$^{-1}$］は？

【問 6】　人口 X 人，人口増加率が μ［人·人$^{-1}$·年$^{-1}$］の町の人口の増加速度［人·年$^{-1}$］は？

　問 4 の答えは ρX で，単位は［個·日$^{-1}$］です。ρ の単位は［個·人$^{-1}$·日$^{-1}$］で，これに X［人］を掛けるので［個·日$^{-1}$］になることを確認してください。ところで，製品の数を P とすれば，その増加速度は，P を時間で微分したものですから，dP/dt と書くこともできます。これが ρX なのですから，

$$\frac{\mathrm{d}P}{\mathrm{d}t} = \rho X \qquad\qquad （式 7\text{-}1\text{-}2）$$

という式が成立します。実は，これが微生物培養における生産物濃度の変化速度を表す微分方程式なのです[3]。

　問 5 の場合，キャンディの数は減っていきますが，増加速度として考えるので，マイナスを付けて $-\nu X$［個·日$^{-1}$］です。キャンディの数を S とすれば，その増加速度は dS/dt と書くことができるので，同様にして，

$$\frac{\mathrm{d}S}{\mathrm{d}t} = -\nu X \qquad\qquad （式 7\text{-}1\text{-}3）$$

が得られ，これが微生物培養における基質濃度の変化速度を表す微分方程式になります。人口増

※3　生産物を量［g-product］で考える場合は，菌体も量［g-cell］で考える。濃度も広い意味での「量」なので，濃度［g-product·L^{-1}］で考える場合は，菌体も濃度［g-cell·L^{-1}］で考えればよい。基質や菌体の場合も同様に，濃度で考える場合は菌体も濃度で考えればよい。

第7章　培養の理論と実際

加速度は人口に比例し，その比例係数が人口増加率 μ［人・人$^{-1}$・年$^{-1}$］なので，問6の答えは μX［人・年$^{-1}$］です。人口増加速度は dX/dt なので，

$$\frac{\mathrm{d}X}{\mathrm{d}t} = \mu X \qquad\qquad (式7\text{-}1\text{-}4)$$

と書くことができ，これが微生物培養における菌体濃度の変化速度を表す微分方程式になります。

7.1.4　菌体の増殖速度と比増殖速度

［7.1.3］で解説したように，菌体濃度の変化速度は，

$$\frac{\mathrm{d}X}{\mathrm{d}t} = \mu X \qquad\qquad (式7\text{-}1\text{-}5)$$

という微分方程式で表現できます。

$$\frac{1}{X}\,\mathrm{d}X = \mu\mathrm{d}t \qquad\qquad (式7\text{-}1\text{-}6)$$

と変形して $t=0$ の時 $X=X_0$ として両辺を積分すると，

$$\ln X - \ln X_0 = \mu t \qquad\qquad (式7\text{-}1\text{-}7)$$

（$\log_e X - \log_e X_0 = \mu t$ と同じです）

$$\ln \frac{X}{X_0} = \mu t \qquad\qquad (式7\text{-}1\text{-}8)$$

$$\frac{X}{X_0} = e^{\mu t} \qquad\qquad (式7\text{-}1\text{-}9)$$

コラム57　対数計算の復習

$$\log x + \log y = \log xy \qquad \log x - \log y = \log \frac{x}{y}$$

$$\log x^y = y\log x \qquad \log_a x = \frac{\log x}{\log a}$$

$\log_a x = y$ であれば，$y = \log_a a^y$ なので，$x = a^y$

　工学分野では底を e（$=2.71828\cdots$）にすることが多く，この場合 $\log_e x$ ではなく $\ln x$ と書きます。つまり，$\ln x = \log_e x$ です。$\ln 2 = \log_e 2 = 0.6913\cdots$

コラム58　10世代で1,000倍

　2の10乗は1,024なので，$2^{10} \fallingdotseq 10^3$ です。これを覚えておくと，例えば，前培養液を0.1%植菌し，前培養終了時と同じ菌体濃度まで増殖させれば，菌は1,000倍に増えており，10回分裂したことになる，という計算が簡単にできます。1個の大腸菌が世代時間20分で10時間増殖すれば何個に増えるか，という問題も，30回分裂するので，$2^{30} = (2^{10})^3 = (10^3)^3 = 10^9$ 個に増える，という要領で簡単に計算できます。

—188—

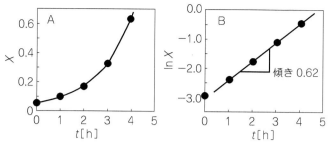

図 7-1-5　比増殖速度の求め方

表 7-1-2　菌体濃度の経時変化

t [h]	X [OD$_{660}$]	ln(X)
0	0.053	−2.94
1	0.093	−2.38
2	0.167	−1.79
3	0.323	−1.13
4	0.626	−0.47

$$X = X_0 e^{\mu t} = X_0 \exp(\mu t) \quad\text{(式 7-1-10)}$$

となり，この式は微生物が指数的に増殖することを表しています（図 7-1-5A）。

比増殖速度と同じような情報を持つパラメーターに倍加時間（ダブリングタイム）t_d [h] があります。これは 1 個の細胞が 2 個に増えるのに要する時間を表しており，世代時間ともいいます。細胞が 2 分裂で増える場合[※4]には，式 7-1-8 に $X = 2X_0$ を代入して，

$$\ln 2 = \mu t_d \quad\text{(式 7-1-11)}$$

の関係が得られます（$\ln 2 = 0.6931\cdots$）。

比増殖速度は，次のようにして実験データから算出することができます。式 7-1-7 は，縦軸に $\ln X$，横軸に t を取ると，切片が $\ln X_0$ で傾きが μ の直線の式と見なすことができます。表 7-1-2 のような OD$_{660}$ の経時変化のデータがあるなら，その自然対数（底が e の対数）を計算し，図 7-1-5B のグラフのように，時間に対して $\ln X$ の値をプロットし，その傾きを求めれば，その値が比増殖速度になります。菌体濃度には測定誤差もあるので，実際に比増殖速度を算出するためは最初と最後の 2 点で算出するよりも，経時変化から複数のデータを元に計算した方が正確に計算できることは，言うまでもありません。

7.1.5　生産物の生産速度と比生産速度

［7.1.3］で解説したように，生産物濃度の増加速度は，

$$\frac{dP}{dt} = \rho X \quad\text{(式 7-1-12)}$$

で与えられます。分母を払って積分すると，

$$\int dp = \int \rho X dt \quad\text{(式 7-1-13)}$$

※4　生物によっては 1 個の細胞が 4 つに増えるものがあるので，その場合は除く。

第7章 培養の理論と実際

$t=0$ の時 $P=P_0$ で, ρ が一定であれば,

$$P - P_0 = \rho \int X \mathrm{d}t \qquad \text{(式7-1-14)}$$

となり, $\int X \mathrm{d}t$ に対して P をプロットすれば切片が P_0 の直線になり, その傾きが ρ になります。$\int X \mathrm{d}t$ は, 時間 t に対して菌体濃度 X をプロットしたグラフを積分することによって求めることができます。**表 7-1-3** と**図 7-1-6**A に示す菌体濃度と生産物濃度の経時変化のデータを例に, その方法を具体的に説明します。まず, B列の濁度 (OD) の測定値に適当な換算係数 ([4.2] 参照) を掛けてC列の乾燥菌体濃度 X に換算します。次に, **図 7-1-6**B の菌体濃度の経時変化のグラフにおいて各区間の面積を求めます (E列)。例えば0時間後から6時間後の区間の面積は, E4に示すように $(0.05+0.8) \times (6-0) \div 2 = 2.55$ g·h となります。更にF列ではその積算を計算します。例えば, 18時間後であれば, F6 = E4 + E5 + E6 = 21.75 g·h です。最後に, F列に対してD列を散布図としてプロットすれば, その傾きから比生産速度が求まります (**図 7-1-6**C)。

表 7-1-3 菌体濃度と生産物のデータ

1	A	B	C	D	E	F
2	t [h]	OD [−]	X [g-cell·L⁻¹]	P [g·L⁻¹]	$\int_{i-1}^{i} X\mathrm{d}t$ [g·h]	$\int_{0}^{i} X\mathrm{d}t$ [g·h]
3	0	0.2	0.05	0	0	0
4	6	3.2	0.8	2	2.55	2.55
5	12	6.4	1.6	10	7.20	9.75
6	18	9.6	2.4	28	12.0	21.75
7	24	10.4	2.6	48	15.0	36.75
8	30	8.8	2.2	67	14.4	51.15

C3 = B3 * 0.25 (OD=1 の時 0.25 g-cell·L⁻¹ として換算)
E4 = (C3+C4) * (A4−A3)/2 (台形の面積の公式で計算)
F4 = E3+E4 (積算量を計算する)

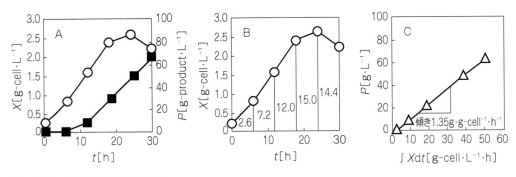

図 7-1-6 比生産速度の求め方

7.1.6 基質の消費速度と比消費速度

［7.1.3］で解説したように，生産物濃度の増加速度は，

$$\frac{dS}{dt} = -\nu X \qquad (式7-1-15)$$

で与えられます。比生産速度の場合と同様に分母を払って $t=0$ の時，$S=S_0$ で，ν が一定であるとして積分すると，

$$S - S_0 = -\nu \int X dt \qquad (式7-1-16)$$

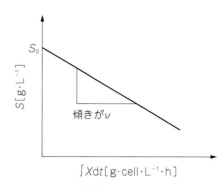

図7-1-7 比消費速度の求め方

となり，［7.1.4］で述べた比生産速度の場合と同様に，$\int X dt$ に対して基質濃度 S をプロットすれば，切片が S_0 の右下がりの直線になり，その傾きが ν になります（**図7-1-7**）。

　基質濃度を経時的に測定する際には，サンプリングしても菌体は休止状態になるわけではなく，培地中の基質を消費し続けていることに注意が必要です。培養液を冷やしたり，菌体を分離すれば変化を抑えられますが，菌体濃度が高ければ基質の消費は速く，培養液が冷えるまで，あるいは，菌体を遠心分離するまでの基質の消費が無視できなくなります。このような場合は，急速濾過によって菌体を除去するとよいでしょう（［5.1.3］参照）。

7.1.7 生産性の評価

　生産物濃度［g-product·L^{-1}］は，生産性の高さを表す分かりやすい指標であり，培養実験においてはもっとも気になるパラメーターの１つで，工業生産においては，生産物の精製の容易さを示す指標としても重要です。しかし，生産物濃度だけを見て一喜一憂していてはいけません。このパラメーターには，時間のファクターも菌体量のファクターもありません。同じ１g·L^{-1} の生産物が得られた場合であっても，１日で生産できたのか，それとも１週間かかったのか，そして，１g-cell·L^{-1} で達成できたのか，それとも 10 g-cell·L^{-1} に増やしたから達成できたのかが，どちらも表現できていないからです。

　培養液あたりの生産速度［g-product·L^{-1}·h^{-1}］も，文献でよく見るパラメーターですが，これは生産設備の利用効率を評価する際に必要なパラメーターです。実生産においては，固定費に

コラム59　単位の重要性

　等号で結んだり，足し算，引き算をする数の単位は同じものでなければなりません。１m に１kg を足したり引いたりできませんし，１m＝１kg などとすることもできません。このような間違いをする人はいないと思いますが，系が複雑になり，変数が増えて，式が複雑になってくると間違えることもあります。これを避けるために，常に「単位系」を整理し，いろいろな表現をしないようにすることが重要になります。物質の量を mol（モル）で表現したり g（グラム）で表現したり，時間を min（分）で表現したり h（時間）で表現したりすると，間違いのもとです。また，式を立てたら，必ず，「＋」「－」「＝」の両側の項の単位が同じになっているかを確認しましょう。

第7章　培養の理論と実際

関係する非常に重要なパラメーターなのですが（第11章参照），ラボで培養条件を検討する際には，さほど重要なパラメーターではありません。菌体の活性（比生産速度）が高くなっていなくても，菌体濃度が高くなっていれば高い生産速度を達成できるからです。

　微生物による効率のよいものづくりをするには，菌体の活性を高く保つことがもっとも重要であるといってよいでしょう。たくさんの職人を集めて長い時間働かせれば，たくさんの製品ができるのは当たり前であり，誰にでもできます。どうやって腕のよい職人を集め，その職人に機嫌良く働いてもらえるかがポイントであり，培養の研究の重要性（醍醐味）はここにあると言っても過言ではありません。この検討を行うためには，比生産速度の評価は必須であり，ものづくりをするのであれば，必ず求めなければならないパラメーターと言ってよいでしょう。

コラム60　これで評価ができている？（その１）

　Ｐさんが，培地Ａである微生物を20時間培養したところ，菌体濃度は2.5 g-cell・L^{-1}となり，生産物濃度は2.5 g-product・L^{-1}となった。Ｐさんは生産性を比較するために，生産物濃度を菌体濃度で割って1 g-product・g-dcell^{-1}と計算した。培地Ｂを用いた場合には，この値は0.5 g-product・g-cell^{-1}だったので，Ｐさんは培地Ａが培地Ｂに比べて生産性が2倍になったと結論づけた。更に，培地Ａの濃度を1.5倍にして菌体濃度を1.5倍にすれば，3.75 g-product・L^{-1}の生産物ができると予測した。

　このケースでは，Ｐさんが計算したパラメーターはそもそも経時変化が考慮されていません。培地Ａと培地Ｂでの菌体の増殖経過が一致していない限り，この値で生産性を比較することはできません。仮にこの物質が，増殖が定常に達してから生産が始まる増殖非連動型の生産物であるとします。菌体が数時間程度で増殖しきっている場合は，十数時間の生産期間がありますが，培養終了直前にようやく定常に達したのであれば，ほんの短い時間しか生産期間がありません。後者のケースでは，培地の濃度を上げると，定常期に達するまでの時間が伸び，生産が始まらないうちに培養を終えることになってしまい，むしろ生産性は落ちてしまいます※5。前者のケースでも，十数時間の生産期間の間に，基質が枯渇してしまえば，菌体濃度を1.5倍にしても生産量は増えません。

コラム61　これで評価ができている？（その２）

　比生産速度で生産性評価するように，と上司に命じられたＰさんは，20時間の培養で1 g-product・g-cell^{-1}が達成されたのだからと，この値を20で割って0.05 g-product・g-cell^{-1}・h^{-1}と計算した。

　このケースでは，生産物濃度を培養時間で割ると，その単位は確かに比生産速度と同じ単位の数値になります。しかし，この計算では20時間の平均の比生産速度を求めていること，言い換えれば，20時間の間，生産速度は一定であることを前提にしてしまっていることに注意しなければなりません。上述のケースでは，どちらの場合も，時間によって比生産速度が異なることは明らかなので，平均の比生産速度はほとんど意味を持ちません。

　なお，このケースでは，Ｐさんのように計算すると，初発の菌体濃度はほとんどゼロに等しく，生産物濃度もゼロに等しいという仮定が入ってしまうことにも注意が必要です。

※5　このようなケースでは，培地の濃度を上げるのではなく，単に培養時間を伸ばすだけで生産性は向上する。

7.1.8　菌体収率と生産物収率

　収率には，微生物が基質を消費して増殖し，何かを生産する時，どれだけの基質を消費してどれぐらい菌体が増えたか，という菌体収率 $Y_{X/S}$［g-cell・g-substrate^{-1}］と，どれだけの基質を消費してどれだけの生産物を作ったか，という生産物収率 $Y_{P/S}$［g-product・g-substrate^{-1}］[6] があります。Y は yield の頭文字で，X/S は菌体の増加量を基質の消費量で割ることを，P/S は生産物の増加量を基質の消費量で割ることを表しています。培養開始時に S_0 であった基質濃度が培養終了時に S_1 まで減少し，これに伴って，菌体濃度が X_0 から X_1 に増え，生産物濃度が P_0 から P_1 に増えたのであれば，

$$Y_{X/S} = \frac{\Delta X}{\Delta S} = \frac{X_1 - X_0}{S_0 - S_1} \qquad (式 7\text{-}1\text{-}17)$$

$$Y_{P/S} = \frac{\Delta P}{\Delta S} = \frac{P_1 - P_0}{S_0 - S_1} \qquad (式 7\text{-}1\text{-}18)$$

として計算することができます。この収率の値が高ければ高いほど，当然ながら効率よく菌体増殖（物質生産）がなされているということになり，実生産においては変動費に直結する重要なパラメーターになります（第 11 章参照）。なお，$Y_{X/S}$ は比増殖速度 μ を比消費速度 ν で割ることによって，$Y_{P/S}$ は比生産速度 ρ を比消費速度 ν で割ることによっても算出することができます。

$$Y_{X/S} = \frac{\Delta X}{\Delta S} = \frac{\dfrac{\Delta X}{X \Delta t}}{\dfrac{\Delta S}{X \Delta t}} = \frac{\mu}{\nu} \qquad (式 7\text{-}1\text{-}19)$$

$$Y_{P/S} = \frac{\Delta P}{\Delta S} = \frac{\dfrac{\Delta P}{X \Delta t}}{\dfrac{\Delta S}{X \Delta t}} = \frac{\rho}{\nu} \qquad (式 7\text{-}1\text{-}20)$$

7.2　回分培養・流加培養・連続培養

　培養の方法は，培地を加えたり培養液を抜いたりするかどうかで，3 つのタイプに分類できます（**表 7-2-1**）。まず，フラスコや試験管での培養のように，植菌した後，培地を加えたり抜いたりしない培養を回分培養といいます。植菌した後，培地を追加していく培養を流加培養といいます。また，培地を加えるとともに，加えるのと同じ速度で培地を抜いていく培養を連続培養といいます。以下，この表をもとに，実践に軸足を置いて解説します。理論の詳細については，文献 1）〜6）を参照してください。

※ 6　mol-product・mol-substrate^{-1} の単位で計算する場合もある。

第7章　培養の理論と実際

表 7-2-1　回分・流加・連続培養

	回分培養 （batch）	流加培養 （fed-batch）	連続培養 （continuous）
培地の流入・流出	なし $F_{in}=F_{out}=0$	流入のみ F_{in} $F_{in}>0, F_{out}=0$	流入＝流出 F_{in}　　F_{out} $F_{in}=F_{out}>0$
培養液量	一定	増加	一定
基質濃度の制御	不可能	可能	可能
菌体濃度	一般に低い[a]	高濃度が可能[b]	任意に設定可能
生産物濃度	低い	高い	一定
培養操作	易しい	やや複雑	複雑
雑菌汚染の損害	そのバッチ限り	そのバッチ限り	甚大（長期の出荷不能）

a　<10 g-cell・L^{-1}
b　>100 g-cell・L^{-1} も可

7.2.1　回分培養

　回分培養では，最初にあった基質（栄養分）を菌体が消費し，これを元に菌体が増殖し，生産物を生産します（図 7-2-1）。これに伴って，基質の濃度は減少していき，その濃度を制御することはできません。通常の培地では，得られる菌体の濃度は 10 g-cell・L^{-1} を超えることは少なく[※7]，生産物の濃度もさほど高くなりません。菌体濃度を高めるには，最初に培地に入れる基質の濃度を高めればよいのですが，高くし過ぎると浸透圧が高まって生育にも物質生産にも支障が生じるようになってしまいます。また，菌体の比増殖速度は，［7.1.1］の Monod の経験式で示したように，基質濃度に左右されます。物質の比生産速度は，［7.3.3］で詳述しますが，比増殖

コラム⑫　収率の値が 1 を超える？

　培養をしていて，収率を計算すると，しばしば 1 を超える，すなわち，1 g の基質から 1 g を超える菌体や生産物ができることがあります。よくある間違いは，最初と最後の基質濃度の差を分母にして，途中で添加した基質を計算に入れなかった場合です。例えば，流加培養の場合は流入した基質も計算に入れなければなりません。また，注目している基質以外にも，利用できる基質がある場合，例えば，グルコースだけでなく，アミノ酸も基質にできる場合などには，グルコースの消費量を分母にすれば，収率が 1 を超えることがあります。

※7　例えば，YPD 培地（グルコース濃度 20 g・L^{-1}）で酵母を培養すると，菌体収率は 0.2 g-cell・g-glusose^{-1} 程度なので，得られる菌体濃度は 4 g-cell・L^{-1} となる。

—194—

速度（基質濃度）に依存する場合が多く，基質濃度の制御ができない回分培養においては生産性を高く保つことができません。

　回分培養終了後，ほとんどの培養液を抜き出し，少しだけ残した培養液に新鮮な培地を入れて，回分培養を繰り返すことを反復回分培養といいます。前培養が不要で，短い時間で繰り返し培養することにより効率良く培養が行えるという特徴があります。ビールの製造工程では，麦汁の発酵に用いた酵母を回収して，次回のバッチに利用します。これも反復回分培養の一種です。

7.2.2　流加培養

　流加培養は，半回分培養（semi-batch）と呼ばれることもあります。流加培養は，培養中に基質溶液を供給することにより，消費分を補うことができます[※8]。きちんと計算して適当な流速で基質を供給（流加）すれば，基質濃度を任意の値に制御することができ，高い菌体濃度と生産物濃度を達成することができます（理論については［7.3］参照）[※9]。そのため，産業スケールで培養生産を行う場合，流加培養がもっとも一般的に用いられる培養方法となります。

図7-2-1　微生物の回分培養

　一方，培養槽の容量には限りがあるため，流加培養では培養槽が一杯になると培養は終了せざるを得ません。培養を長時間行うためには，最初の仕込み量を少な目にし，供給する基質の濃度を高めする必要があります。また無菌的に培地を流加するための配管やポンプも必要になります。ジャーファーメンターで実施する際の詳細は［8.3］を参照してください。

　流加培養では，基質の濃度を制御することができますが，これによって，次のようなメリットが得られます。

(1) 高密度培養

　高濃度の菌体を得ようとして，それに見合う基質を培養槽に最初から全部入れてしまうと，浸透圧が著しく高まり，菌体の増殖は阻害されてしまいます。そこで，基質濃度が常に微生物の増殖に適当な濃度に保たれるよう，微生物が消費した分だけ基質を供給するようにすれば，高濃度まで培養することができます。パン酵母の工業生産においては，50〜60 g-cell・L^{-1} 程度まで菌体濃度を高める培養が行われており，大腸菌では，微量元素のバランスまで考慮した過不足のない培地を用いるなどして，100 g-cell・L^{-1} を超える培養も報告されています[7]。

(2) 基質阻害の回避

　エタノール，メタノールなどのアルコール類，フェノールなどの炭化水素，酢酸，乳酸などの

※8　生産された副産物（増殖や生産に悪影響を及ぼす場合がある）を希釈することもできる。
※9　「high cell density」のキーワードでヒットする論文のほとんどは流加培養を行っている。

有機酸など，低濃度でも増殖阻害を起こすものを基質とする場合，流加培養によって，阻害が起きない濃度に保って培養することができます。

(3) 基質による抑制の解除

グルコースがあれば，グルコース以外の糖を取り込んだり分解したりするタンパク質や酵素は抑制されます。しかし，流加培養でグルコース濃度を低く保てば，グルコースを炭素源としながら，グルコースによる抑制を回避することができます。

(4) 副生成物の抑制

パン酵母の場合，糖濃度が高くなると，たとえ酸素が十分に存在してもエタノールを副生し，菌体収率が低下しますが，流加培養によってこれを回避することができます（［12.5］参照）。同様に，大腸菌もグルコース濃度が過剰になると酢酸などを副生し，菌体収率が低下するだけでなく，増殖阻害を引き起こすので，流加培養が行われます（［12.1］参照）。

7.2.3 連続培養

(1) 連続培養の特徴

連続培養は，培地を供給しながら同じ速度で培養液を引き抜く培養法で，供給する基質の濃度などを操作することによって，任意の菌体，基質濃度を実現することができます（**図7-2-2**）。実際には，ポンプ1を所定の流速に設定し，ポンプ2の流速はポンプ1より2～3割高く設定しておきます。引き抜きをするチューブの位置は，一定に保ちたい培養液量の水面の位置に固定しておきます。そうすると，所定の液

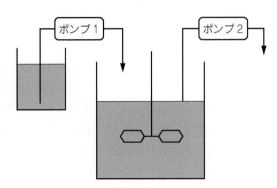

図7-2-2 基質の供給と引き抜き

量を超えた分の培養液は，ポンプ2によって直ちに系外に引き抜かれ，培養液量を常に一定に保ちます。

実際には，培養槽の培地に植菌して回分培養を行い，菌濃度がある程度増えた時点で培地の供給と引き抜きを開始します。最初は菌体，基質，生産物の濃度は変動しますが，次第に一定の濃度になり，定常状態が成立します。この様な状態を実現する培養をケモスタットと呼びます。流入する基質の濃度を高く設定すれば，菌体の比増殖速度は大きくなり，高い菌体濃度で定常に達します。培地の流入速度を上げることによっても基質の供給速度は大きくなりますが，培養液を引く抜く速度も大きくなります。基質濃度が上昇すれば比増殖速度が上昇していきますが，菌体の増殖の速さには限界があり，それ以上に早い速度で培地を供給すると増殖が追いつかず，菌体濃度は減少して行き，最後には菌体がいなくなってしまいます。これをウオッシュアウトと呼びます。

(2) 連続培養の実際

一方，長時間運転するためには，ポンプや撹拌機等の可動部やチューブなどは長時間の運転に耐える信頼性の高いものを用いる必要があります。更に，雑菌汚染を避けるため，密閉性が高

く，殺菌漏れがないような形状の培養槽※10，供給する培地の確実な殺菌など，装置的技術的な難しさもあります。連続培養は，連続操作に入る前に回分培養を行い，その後，培地の供給と引き抜きを開始しますが，培養の状態が安定するには（定常状態に達するまでには）ある程度の時間が必要です。一端雑菌汚染が発生すると，培養槽を滅菌して回分培養からやり直して定常運転に戻すまでには長い時間がかかってしまい，その間，

図 7-2-3 活性汚泥による廃水処理

生産が停止し，多大な損害が発生します※11。このため，工業スケールで連続培養が使われるのは，系を無菌的に操作する必要がない廃水処理（図 7-2-3）や，次の動物細胞のような特別なケースに限られます。

　動物細胞の培養では，一般に，細胞を増やすのに時間がかかります。ある血液製剤の生産においては，生産物が培養中に分解されやすいことが問題になりました。そこで，このケースでは高い細胞濃度と生産物収率を両立するため，生産物を回収しながら培養を行っています。これは，抜き出した培養液から細胞を分離し，細胞のみを培養槽に戻す灌流培養と呼ばれる手法です。灌流培養は連続的に生産物を含む培地を抜き出すことができ，しかも細胞を戻すために高い希釈率（培養液の容量あたり出し入れする培地量）を維持でき，高効率連続生産が可能になるという利点があります。

7.2.4 物質収支式

　培養槽（バイオリアクター）の中で起きる反応にも，化学反応の前と後で物質の総質量は変化しないという質量保存の法則が適用できます。これに基づいて，培養槽における物質収支式を立てることができ，基質に過不足はないか，副産物が生じているのか，微生物の能力を向上させる必要があるのかなど，基本的な問題点を明らかにし，解決の糸口を見つけることができます。培養槽内での物質量の変化量（増減）は，

　　　変化量＝流入量－流出量＋生成量－消費量　　　　　　　　　　　　　　　　（式 7-2-1）

という式で表すことができます。このうち流入と流出は人為的な項であり，回分培養にはどちら

※10　洗浄しにくく，汚れが残りやすい場所は，滅菌が十分ではなくなり，汚染の原因となる。
※11　顧客に製品を提供できなくなると，信用の失墜という金銭に代えられない大きな損害が出る。

第 7 章　培養の理論と実際

もなく，流加培養では流出の項がありません。生成と消費の項は，微生物（動植物細胞）の反応
による項であり，微生物等の種類，酸素を含む基質の濃度，周辺の環境（温度，pH，浸透圧な
ど），発酵槽内における様々な物理化学因子によって変化します。式 7-2-1 を用いて，ある操作
の前後で量を比較すれば，様々な情報を得ることができます。例えば，培養の始めと終わりで基
質の量と生産物の量を比較すれば，どれぐらい基質が消費され，どれぐらいの生産物が生産され
たのかを計算することができ，更に，消費量と生産量を比較することによって，副産物の有無を
予測したり，生産物収率を計算することができます。

　式 6-2-1 には時間のファクターが入っていませんが，式の両辺を単位時間で割ってみましょ
う。すると，左辺は「単位時間あたりの変化量」，すなわち「変化速度」になります。右辺もそ
れぞれ速度になり，

　　　　変化速度＝流入速度－流出速度＋生成速度－消費速度　　　　　　　　　（式 7-2-2）

と書き換えることができます。これらの収支式は培養槽内での基質，生産物，菌体などの量の変
化を表現しており，その時間的変化を予測することができます。つまり，生成速度や消費速度を
表す式（反応速度式）をあらかじめ求めておけば[※12]，時間的変化を予測できる「数式モデル」を
作ることができます。これらの具体的な数式は，流加培養を例にとって，[7.3]で説明します。

7.2.5　経過の近似計算

　式 7-2-2 は常微分方程式になりますが，菌体，基質，生産物などについてこの収支式を立て，
初期濃度を与えれば，計算機を用いた近似計算によって経時変化をシミュレーションすることが
できます。菌体の増殖速度が，

$$\frac{\mathrm{d}X}{\mathrm{d}t} = \mu X \qquad\qquad\qquad （式 7-2-3）$$

　比増殖速度が，

$$\mu = \frac{\mu_m S}{K_S + S} \qquad\qquad\qquad （式 7-2-4）$$

で与えられており，実験によって μ_m と K_S が求められているとします。時刻 t_0 における基質濃
度が S_0，菌体濃度が X_0 であれば，時刻 t_0 における菌体濃度の変化速度は，

$$\frac{\Delta X}{\Delta t} = \mu_0 X_0 = \frac{\mu_m S_0}{K_S + S_0} X_0 \qquad\qquad\qquad （式 7-2-5）$$

という数値データとして計算することができます。時刻 t_0 における菌体濃度と菌体濃度が X_0 な
ので，時間 Δt が経過した時刻 t_1 における菌体濃度 X_1 は，

※12　理論式をもとに，実験によってパラメーターを求める場合が多い。

—198—

$$X_1 = X_0 + \Delta X = X_0 + \mu X_0 \Delta t = X_0 + \frac{\mu_m S_0}{K_S + S_0} X_0 \Delta t$$

（式 7-2-6）

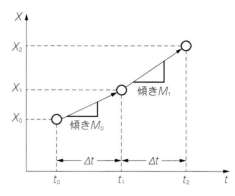

図 7-2-4 傾きと初期値からの計算

と近似計算することができます（**図 7-2-4**）。菌体は実際には式 7-4-6 に示したように指数関数で増殖しますが，Δt を小さくすれば，実用上十分な精度で菌体濃度を計算することができます[※13]。同様にして，基質濃度の減少も計算することができ，順次，μ の計算に反映させていきます。更に，実験によって比生産速度と比増殖速度の関係を求めておけば，生産物濃度も計算できるようになり，実験を行わなくても結果を予測することができるようになります。

7.3 流加培養の理論と実際

　前節までに述べたように，流加培養は工業スケールにおいても汎用される効率のよい培養法です。本節では，流加培養の理論を導くとともに，パン酵母の流加培養実験を例にして，その実際を紹介します。

7.3.1 用いる記号と意味

　本節では，基質濃度，菌体濃度，生産物濃度変化を表す数式を構築するために，記号がたくさん出てきます。既に説明したものがほとんどですが，最初にそれぞれの記号が何を表現しているかを整理しておきます。本来ならば，SI 単位を用いるべきですが，ここではバイオテクノロジーの現場で一般に用いられる表記を用いました。また，重さ「g」には，基質，生産物，乾燥菌体の区別がつくように「g」の後に対象物を表記しています。
なお，「g-cell」は全て乾燥菌体としての重量です（[g-dry-cell] と明記されることもあります）。

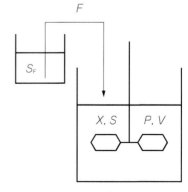

F	培地流入（流加）速度	[L·h^{-1}]
K_S	Monod 式の飽和定数	[g-substrate·L^{-1}]
P	生産物濃度	[g-product·L^{-1}]
S	基質濃度	[g-substrate·L^{-1}]
S_F	流加培地の基質濃度	[g-substrate·L^{-1}]
t	培養時間	[h]
V	培養液量	[L]

図 7-3-1　流加培養

※13　Runge-Kutta-Gill（RKG）法などの数値計算プログラムも同様の原理で計算している。

第7章　培養の理論と実際

X	菌体濃度	$[\text{g-cell}\cdot\text{L}^{-1}]$
$Y_{\text{X/S}}$	菌体収率	$[\text{g-cell}\cdot\text{g-substrate}^{-1}]$
μ	比増殖速度	$[\text{h}^{-1}]$
μ_{m}	最大の比増殖速度	$[\text{h}^{-1}]$
ρ	比生産速度	$[\text{g-product}\cdot\text{g-cell}^{-1}\cdot\text{h}^{-1}]$
ν	比消費速度	$[\text{g-substrate}\cdot\text{g-cell}^{-1}\cdot\text{h}^{-1}]$
ν_{G}	菌体増殖に使われる基質の比消費速度	$[\text{g-substrate}\cdot\text{g-cell}^{-1}\cdot\text{h}^{-1}]$
ν_{M}	菌体の維持に使われる基質の比消費速度	$[\text{g-substrate}\cdot\text{g-cell}^{-1}\cdot\text{h}^{-1}]$

添字0　初期値（$t=0$ の時の値）

7.3.2　流加培養の基本式

(1)　菌体量・基質量・生産物量の変化速度

　回分培養における菌体濃度，基質濃度，生産物濃度の変化速度はそれぞれ，

$$\frac{\mathrm{d}X}{\mathrm{d}t} = \mu X \tag{式 7-3-1}$$

$$\frac{\mathrm{d}S}{\mathrm{d}t} = -\nu X \tag{式 7-3-2}$$

$$\frac{\mathrm{d}P}{\mathrm{d}t} = \rho X \tag{式 7-3-3}$$

で与えられることを［7.1.4］と［7.1.5］で説明しました。これらは濃度の変化速度式ですが，流加培養では，培養液量が増加し，これによる濃度の変化が起きるため，話が複雑になってしまいます。そこでまず，これらの式を「濃度」の変化速度の式から，培養槽にある「量」の変化速度の式に書き換えます。

　まず，菌体量について式を構築してみましょう。槽内の菌体濃度を X $[\text{g-cell}\cdot\text{L}^{-1}]$，槽内の培養液の体積を V $[\text{L}]$ とすると，菌体量は VX $[\text{g-cell}]$ と表現でき，その変化速度は $\mathrm{d}XV/\mathrm{d}t$ $[\text{g-cell}\cdot\text{h}^{-1}]$ と書くことができます。［7.2.4］で説明したように，

$$\text{変化速度＝流入速度－流出速度＋生成速度－消費速度} \tag{式 7-3-4}$$

ですが，流入する培地に菌体は含まれておらず，流加培養では流出はないので，菌体の流入速度と流出速度の項はゼロです。消費速度については，菌体が分解して系からなくなるということを想定しなければ，この項も無視できます。従って，培養槽の菌体量の変化速度は，

$$\frac{\mathrm{d}VX}{\mathrm{d}t} = \mu VX \tag{式 7-3-5}$$

で与えられます。結果として，式 7-3-1 の X を VX に置き換えた式になっています。生産物量

—200—

についても同様に，流入，流出が
なく，消費（分解）もないと仮定
すれば，生産物濃度 P を生産物
量 VP に置き換えて，

$$\frac{\mathrm{d}VP}{\mathrm{d}t} = \rho VX \quad （式 7\text{-}3\text{-}6）$$

と書くことができます。基質につ
いては，流加培地から濃度 S_F［g-
substrate・L^{-1}］の培地が流速 F
［$L・h^{-1}$］で流入しているので，
流入速度は $S_F F$［g-substrate・
h^{-1}］です。流出はなく，生成もないので，

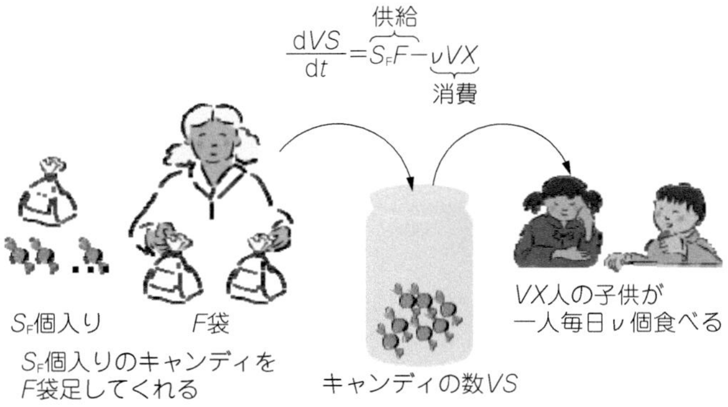

図 7-3-2　式 7-3-7 の意味
子供がキャンディを食べ，お母さんが補給してくれる時の瓶の
中のキャンディの数の変化速度を考える。

$$\frac{\mathrm{d}VS}{\mathrm{d}t} = S_F F - \nu VX \tag{式 7-3-7}$$

が得られます（**図 7-3-2** 参照）。

(2) 菌体量の変化

式 7-3-5 を解きます。

$$\frac{1}{VX}\mathrm{d}VX = \mu\mathrm{d}t \tag{式 7-3-8}$$

と変形して，$t = 0$ の時 $X = X_0$，$V = V_0$ として積分すると，

$$\int_{VX = V_0 X_0}^{VX = VX} \frac{1}{VX}\mathrm{d}VX = \int_{t=0}^{t=t} \mu\mathrm{d}t \tag{式 7-3-9}$$

$$\ln VX - \ln V_0 X_0 = \mu t \tag{式 7-3-10}$$

$$\ln\frac{VX}{V_0 X_0} = \mu t \tag{式 7-3-11}$$

$$\frac{VX}{V_0 X_0} = \exp(\mu t) \tag{式 7-3-12}$$

$$VX = V_0 X_0 \exp(\mu t) \tag{式 7-3-13}$$

この式は，菌体量が，時間変化とともに指数的に増加していくことを表しています。

—201—

第7章　培養の理論と実際

(3)　菌体濃度の変化速度

積の微分公式 $\dfrac{\mathrm{d}(uv)}{\mathrm{d}x} = u\dfrac{\mathrm{d}v}{\mathrm{d}x} + v\dfrac{\mathrm{d}u}{\mathrm{d}x}$ を用いると，式 7-3-5 は，

$$\frac{\mathrm{d}VX}{\mathrm{d}t} = X\frac{\mathrm{d}V}{\mathrm{d}t} + V\frac{\mathrm{d}X}{\mathrm{d}t} = \mu VX \qquad\qquad (\text{式 } 7\text{-}3\text{-}14)$$

と変形できます。ここで $\mathrm{d}V/\mathrm{d}t$ は培養液量の変化速度を意味しますが，流加培養では，培養液量の変化は培地の流入によって引き起こされます。従って，$\mathrm{d}V/\mathrm{d}t$ は培地の流入速度 F に等しいことになり，

$$\frac{\mathrm{d}V}{\mathrm{d}t} = F \qquad\qquad (\text{式 } 7\text{-}3\text{-}15)$$

式 7-3-14 に代入し，

$$\frac{\mathrm{d}VX}{\mathrm{d}t} = XF + V\frac{\mathrm{d}X}{\mathrm{d}t} = \mu VX \qquad\qquad (\text{式 } 7\text{-}3\text{-}16)$$

式 7-3-16 を整理して式 7-3-5 と並べると，

$$\frac{\mathrm{d}X}{\mathrm{d}t} = \mu X - \frac{F}{V}X \qquad\qquad (\text{式 } 7\text{-}3\text{-}17)$$

$$\frac{\mathrm{d}VX}{\mathrm{d}t} = \mu VX \qquad\qquad (\text{式 } 7\text{-}3\text{-}5)$$

　槽内の菌体量（総量）XV の変化を表す式 7-3-5 の右辺には負の項はないので減少することはありません。しかし，式 7-3-17 の右辺の第二項には負の符号がついているので，菌体濃度 X は必ずしも増加するとは限らず，$\mu < F/V$ つまり $\mu V < F$ の場合には，菌体濃度は減少していくことになります。具体的には，比増殖速度が低くなるような，例えば，流加培地の基質濃度が低かったり，温度が低いなどの理由で比増殖速度が低くなると，菌体濃度が減少していく場合があるのです。$\mu V = F$[*14] であれば $\mathrm{d}X/\mathrm{d}t = 0$ となり，培養液量は増えるものの，菌体濃度は一定になり，この状態を擬定常といいます。

(4)　生産物濃度の変化速度

　菌体濃度の場合と同様に式 7-3-6 に積の微分公式を適用すると，

$$\frac{\mathrm{d}VP}{\mathrm{d}t} = P\frac{\mathrm{d}V}{\mathrm{d}t} + V\frac{\mathrm{d}P}{\mathrm{d}t} = PF + V\frac{\mathrm{d}P}{\mathrm{d}t} = \rho VX \qquad\qquad (\text{式 } 7\text{-}3\text{-}18)$$

※14　後に出てくる式 7-3-29 と式 7-3-30 を代入して整理すると，$X_0 = S_F Y_{X/S}$ となる。

整理すると，

$$\frac{\mathrm{d}P}{\mathrm{d}t} = \rho X - \frac{F}{V} P \tag{式 7-3-19}$$

(5) 基質濃度の変化速度

同様に式 7-3-7 に積の微分公式を適用すると，

$$\frac{\mathrm{d}VS}{\mathrm{d}t} = S\frac{\mathrm{d}V}{\mathrm{d}t} + V\frac{\mathrm{d}S}{\mathrm{d}t} = SF + V\frac{\mathrm{d}S}{\mathrm{d}t} = S_\mathrm{F}F - \nu VX \tag{式 7-3-20}$$

整理して，

$$\frac{\mathrm{d}S}{\mathrm{d}t} = \frac{F}{V}(S_\mathrm{F} - S) - \nu X \tag{式 7-3-21}$$

(6) まとめ

以上をまとめると，培養液量，菌体濃度，生産物濃度，基質濃度の変化速度を表す式は，

$$\frac{\mathrm{d}V}{\mathrm{d}t} = F \tag{式 7-3-15}$$

$$\frac{\mathrm{d}X}{\mathrm{d}t} = \mu X - \frac{F}{V} X \tag{式 7-3-17}$$

$$\frac{\mathrm{d}P}{\mathrm{d}t} = \rho X - \frac{F}{V} P \tag{式 7-3-19}$$

$$\frac{\mathrm{d}S}{\mathrm{d}t} = \frac{F}{V}(S_\mathrm{F} - S) - \nu X \tag{式 7-3-21}$$

となり，これらが流加培養の基礎式となります。

7.3.3　流加培養の意義と理論式の導出

　流加培養の最大の特徴は，［7.2.2］でも説明したように，基質濃度を制御できることにあります。本項では，基質濃度を制御するための理論を解説します。

(1) 回分培養では比生産速度を高く維持できない

　［7.1］で説明したように，微生物の比増殖速度 μ は基質濃度 S の関数となり（**図 7-3-3**A），多くの微生物は Monod の経験式に従います。回分培養では，微生物の増殖に伴って基質濃度は次第に減少し，比増殖速度も減少していきます（図 7-3-3B）。ところで，微生物が物質を生産する際，多くの場合，その比生産速度は基質濃度または比増殖速度に依存します。例えば，乳酸

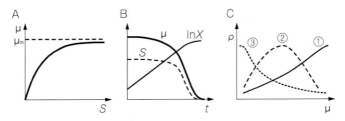

図 7-3-3　基質濃度，比増殖速度，比生産速度の関係

菌はその増殖のために乳酸を生産するので，図 7-3-3C の①のように，比増殖速度とともに比生産速度は高まります（増殖連動型生産）。これに対して，菌体外に分泌される加水分解酵素のように，比生産速度が比増殖速度に連動しない場合もあります（図 7-3-3C の②③）。

ところで，式 7-3-6 は分母を払うと，

$$dVP = \rho VX dt \tag{式 7-3-22}$$

$t=0$ の時 $P=0$ として，$t=0$ から $t=T$ まで積分すると，

$$VP = \rho \int_0^T VX dt \tag{式 7-3-23}$$

となります。この式を見れば，生産物の量 VP を増やそうとすれば，菌体量 VX を増やし，生産期間 T を伸ばし，比生産速度を高く保てばよいことが分かります。しかし，回分培養ではこれを実現することができません（**図 7-3-4**）。生産物が増殖連動型の①のケースでは，比生産速度が高いのは菌体量が少ない間であり，菌体量が増えて基質が減少し，比増殖速度が落ちると比生産速度は落ちてしまいます。増殖非連動型の②のケースでは，比生産速度が高いのは，培養終盤の一時期だけです。③のケースでは，菌体濃度が高まる培養終盤に比生産速度が高まりますが，間もなく基質が枯渇して生産が続きません。このように，回分培養では，どのケースでも高い比生産速度を維持することはできません。

(2) 比生産速度を高く維持するには

増殖非連動型の②のケースで考えてみましょう。**図 7-3-5**A に示すように，比増殖速度が μ^*

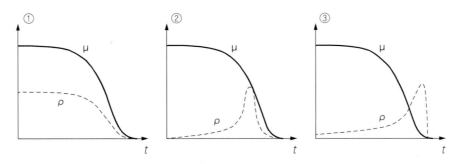

図 7-3-4　回分培養での比生産速度の経時変化（①〜③は図 7-3-3 の C に対応）
菌体を職人にたとえると，①は職人さんが増えた時には職人さんの機嫌が悪くなっている。②は職人さんがとても気難しく，生産性が高いのは短時間だけ。③は職人さんが増えて機嫌もよいのに原料が入荷しない状態。

—204—

の時，比生産速度が最大になるものとします。比増殖速度は基質濃度の関数なので（Monodの経験式），最大の比生産速度を保つためには，基質濃度を，比増殖速度がμ^*になる濃度S^*に保てばよいことになります（図7-3-5B）。

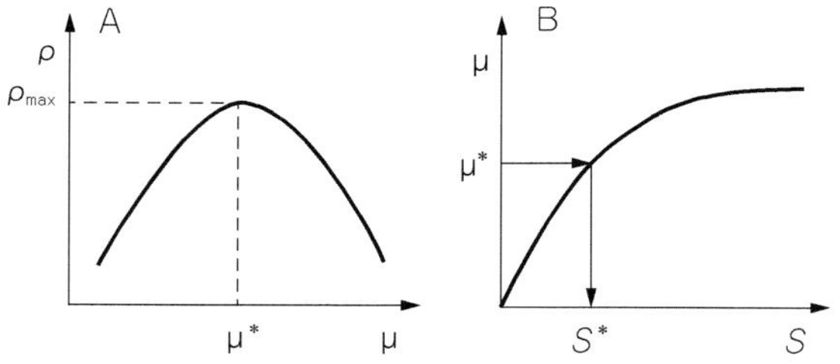

図7-3-5　最大の比生産速度を与える基質濃度

⑶　基質濃度を一定にするには

基質濃度をS_Cで一定に保つには，菌体が消費する分を補うことができる流入速度Fを求めなければなりません。基質濃度が一定ということは，$dS/dt=0$にすればよいので，式7-3-21の左辺$=0$とおいて，

$$\frac{F}{V}(S_F-S)-\nu X=0 \qquad \text{（式7-3-24）}$$

これをFについて解くと，

$$F=\frac{\nu VX}{S_F-S} \qquad \text{（式7-3-25）}$$

となります。しかし，この式には変数がたくさんあり，事前に比増殖速度をある値で一定にすると決めておくとしても，流速を決定するためには，その都度，菌体濃度X，基質濃度S，培養液量Vを測定しなければならず，はなはだ不便です。そこでまず，式7-3-13を代入します。また，流加する培地の基質濃度S_Fが槽内の基質濃度Sよりも十分に大きければ，$S_F-S\cong S_F$と近似できるので，

$$F=\frac{\nu V_0X_0}{S_F}\exp(\mu t) \qquad \text{（式7-3-26）}$$

と書き換えることができます。ところで，微生物は基質を増殖の他に，自身の菌体の維持にも使います。つまり，トータルの基質の比消費速度νは，増殖に使われる基質の比消費速度ν_Gと菌体の維持に使われる基質の比消費速度ν_M※15の和になります。

$$\nu=\nu_G+\nu_M \qquad \text{（式7-3-27）}$$

動物などは生体の維持にたくさんのエネルギーを使っていますが，微生物の場合は，増殖に用いる基質に比べて，維持に用いる基質の消費は無視できることが多いので，消費した基質は増殖に用いた基質と見なすことができます。［7.1.8］で説明した式7-1-19より，

※15　維持定数mともいう。

第7章　培養の理論と実際

$$\nu = \frac{\mu}{Y_{X/S}} \qquad\qquad (式7\text{-}3\text{-}28)$$

の関係が得られるので，式7-3-26に代入して，

$$F = \frac{\mu V_0 X_0}{Y_{X/S} S_F} \exp(\mu t) \qquad\qquad (式7\text{-}3\text{-}29)$$

となります。式を見て分かるように，基質濃度を一定に保つためには，菌体の指数的な増殖に合わせて，基質の流入速度を増加させる必要があり，このような流加方法を一般的に「指数流加法」と呼びます。

7.3.4　パラメーターの決め方

　微生物が生産する有用物質の多くは増殖非連動型で生産されます（［7.3.3］参照）。この場合，生産物を効率良く作るには，まず，図7-3-3Cのように，比増殖速度 μ と比生産速度 ρ の関係を実験で調べ，その結果に基づき，最大の比生産速度 ρ_{max} を与える比増殖速度 μ^* を長い時間保てばよいわけです。そのためには，式7-3-29に従って，様々な μ^* を設定した流加培養を行い，それぞれの条件での比生産速度 ρ を求めますが，その際のパラメーターは以下のように設定します。

(1)　μ の範囲

　まず，用いようとしている培地と培養条件において，制限基質の濃度を十分に高くして回分培養を行います。糖を制限基質にするのであれば，糖濃度を2～3%にして回分培養を行い，対数増殖期における比増殖速度を求めます。この際，基質濃度の経時変化も取り，菌体収率 $Y_{X/S}$ も求めておきます。ここで求めた比増殖速度が，その条件での最大の比増殖速度 μ_{max} ですから，流加培養実験では，これよりも低い範囲に μ を設定します。

(2)　$Y_{X/S}$ の設定

　文献値があればその値を参考にしますが，μ を μ_{max} に近い値に設定する場合は，回分培養での $Y_{X/S}$ を使用すればよいでしょう。酵母，大腸菌，乳酸菌などの $Y_{X/S}$ は μ_{max} に近い比増殖速度においては，0.1～0.2 g-cell·g-sugar^{-1} 程度です。好気呼吸ができる微生物の場合，μ が低くなると収率が大きくなり，0.4を超えることもあります（図12-5-5参照）。設定したい μ に近い μ が得られた培養の $Y_{X/S}$ を参考に次の実験の $Y_{X/S}$ を設定するとよいでしょう（表7-3-5参照）。

(3)　V_0，X_0 の設定

　V_0 はジャーファーメンターの容量の1/3程度にし，流加培地の総量は最大でもジャーファーメンターの容量の1/3以下にします。X_0 の設定は自由度が高いのですが，低過ぎると流加培地の流速が低くなり，ポンプの精度が問題になります。高過ぎると酸素消費速度が大きくなり（［4.5.8］および［7.4］参照），溶存酸素が枯渇して比増殖速度を制御できなくなることに注意しましょう。

※16　グルコースなら50 wt%が限度で，60%になると温度が下がると結晶が析出してしまう。

—206—

(4) S_F の設定

S_F は基質の溶解度を超えて設定することはできません[※16]。濃すぎるとポンプの精度の問題が生じ，薄すぎると液量の増加による不都合[※17]が生じます。式 7-3-29 に従って流加培養した時の培養液量は，

$$V = V_0 + \frac{V_0 X_0}{Y_{X/S} S_F} \{\exp(\mu t) - 1\} \qquad (式 7\text{-}3\text{-}30)$$

で表すことができるので，例えば t 時間後の液量を初発液量の 1.5 倍にしたいのであれば，$V = 1.5 \times V_0$ とおいて X_0, $Y_{X/S}$, μ を代入すれば S_F を求めることができます。

7.3.4 流加培養の実際―酵母の流加培養

筆者らが大阪大学で指導していた学生実験を具体例に，流加培養の実際を説明します。この実験では，グルコースを制限基質としたパン酵母の流加培養を行い，式 7-3-29 に基づいて流入速度を操作することによって，比増殖速度を一定にして培養することを目的としています。培地組

コラム63　たくさん作るには

1 人の職人がいます。この職人は 1 か月の間に，1 個の製品を作るか 1 人の弟子を一人前の職人に育てることができます。6 か月の間にできるだけたくさんの製品を作るにはどうすればよいでしょうか。ただし，1 か月に製品 10 個分の材料しか入荷せず，翌月に持ち越すことはできないものとします。

この職人さんが偏屈で弟子を取らなければ，6 個の製品しか作ることができません。しかし，最初の 3 か月間，弟子の育成に専念すれば，その間に職人さんを 8 人に増やすことができ，残り 3 か月で 24 個の製品を作ることができます[※18]。増殖非連動型の物質生産のほとんどは，培養前半は増殖に最適な条件に設定し（増殖に専念させ），適当なタイミングで生産に最適な条件に切り替えるのが最善の戦略なのです[※19]。

表 7-3-1　弟子の育成期間と生産数

育成期間 [か月]	職人数 [人]	製作期間 [か月]	製品数 [個]
0	1	6	6
1	2	5	10
2	4	4	16
3	8	3	24
4	16	2	20
5	32	1	10
6	64	0	0

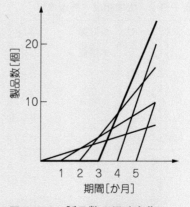

図 7-3-6　製品数の経時変化

※17　例えば，発泡した時，あふれやすくなる。
※18　正確には，4 か月目に弟子を 2 人育成すれば，6 か月で 26 個作ることができる。
※19　材料の入荷と持ち越しに制限があるのは，溶存酸素の問題を表現している。

第7章 培養の理論と実際

成，スケジュール，サンプリング間隔や分析項目などは，適宜，皆さんの実験の場合に置き換えて考えてください。

(1) 培養日程

　月〜金の午後と木曜の午前中が学生実験に割り当てられており，実際に実験するのは火曜日から木曜日の3日間です。

月曜日　・実験の説明

　　　　・培地の調製法の検討

火曜日　・前々培養（スラントから試験管培地へ）

　　　　・培地作製と滅菌

水曜日　・午後一番に前培養植菌（試験管からフラスコへ）

　　　　・流加培養の準備とジャーファーメンター（5L容）のオートクレーブ滅菌

　　　　・夜に本培養植菌（フラスコからジャーファーメンターへ）

木曜日　・朝一番にサンプリングし，流加の式を完成させ，流加開始

　　　　・経時的にサンプリングし，液量，菌体，グルコース，エタノールの濃度を測定

　　　　・夕方に培養を終了し，器具の洗浄と後片付け

金曜日　・データを整理して報告内容をまとめ，班ごとに結果発表

　流加培養は，培地の準備，前培養，後始末を含めると，4〜5日かかります。慣れてくれば週に2回，3回と培養することもできるようになりますが，初心のうちは週に1回までとし，確実に結果を出し，丁寧に考察することを心がけましょう。

(2) 培地の組成と留意点

　グルコースを制限基質として**表7-3-2**に示す組成の培地で培養します。試験管での前々培養，フラスコでの前培養のグルコース濃度は $30\,g \cdot L^{-1}$ ですが，以下の理由でジャーファーメンター

表7-3-2　培地組成（終濃度）

グルコース*	前培養	$30\,g \cdot L^{-1}$	メタル2	
	本培養	$5\,g \cdot L^{-1}$	$CaCl_2 \cdot 2H_2O$	$0.12\,g \cdot L^{-1}$
$(NH_4)_2SO_4$		$6\,g \cdot L^{-1}$	ビタミン	
H_3PO_4		$3\,g \cdot L^{-1}$	パントテン酸カルシウム	$6\,mg \cdot L^{-1}$
KCl		$2.4\,g \cdot L^{-1}$	イノシトール	$3\,mg \cdot L^{-1}$
NaCl		$0.12\,g \cdot L^{-1}$	ニコチン酸	$1.2\,mg \cdot L^{-1}$
メタル1			塩酸ピリドキシン	$1.2\,mg \cdot L^{-1}$
$MgSO_4 \cdot 7H_2O$		$2.4\,g \cdot L^{-1}$	塩酸チアミン	$1.2\,mg \cdot L^{-1}$
$FeSO_4 \cdot 7H_2O$		$0.01\,g \cdot L^{-1}$	p-アミノ安息香酸	$0.6\,mg \cdot L^{-1}$
$ZnSO_4 \cdot 7H_2O$		$0.12\,g \cdot L^{-1}$	リボフラビン	$0.3\,mg \cdot L^{-1}$
$MnSO_4 \cdot 5H_2O$		$0.024\,g \cdot L^{-1}$	ビオチン	$0.18\,mg \cdot L^{-1}$
$CuSO_4 \cdot 5H_2O$		$0.006\,g \cdot L^{-1}$	葉酸	$0.006\,mg \cdot L^{-1}$

＊流加培地のグルコース濃度は表7-3-5参照

を用いた本培養では 5 g・L^{-1} と低めに設定しています。この実験は，流加速度を操作することによって，槽内のグルコース濃度を操作し，これによって，酵母に所定の比増殖速度で増殖させることを目的としています。まず，ジャーファーメンターで回分培養を行って菌体を増やしますが，もし，回分培養のグルコースが槽内に残っていると，グルコース濃度を所定の濃度に操作できなくなることがあります。このため，グルコースが早めに枯渇するよう，低めの濃度に設定しています。

表 7-3-1 に示した培地成分のうち，ビタミン溶液については，9 種類のビタミンを 167 倍の濃度でまとめて溶解し，濾過滅菌したストック溶液が準備してあります。ストック溶液を培地 1 L あたりに 6 mL を加えれば所定の濃度になります。メタル 1 については，5 種類の金属塩を 100 倍濃度で溶解したストック溶液が，メタル 2 についても塩化カルシウムを 100 倍濃度の 12 g・L^{-1} で溶解したものがストック溶液として準備してあります。メタル 1，メタル 2 は，それぞれ，培地 1 L あたり 10 mL 加えれば所定の濃度になります。

実際の学生実験では，上記の培地の最終組成と，ストック溶液の組成を与え，用意したストック溶液を用いて，前々培養，前培養，回分培養，流加培地を作製します。熱に弱いビタミン類は，まとめて濾過滅菌したものを作製しますが，残りの成分については，第 2 章で述べたように，オートクレーブによる加熱滅菌中のメイラード反応を避けるために，グルコース（還元糖）とアミンは別滅菌しなければなりません。また，多価のアニオンと多価のカチオン，具体的には，リン酸とカルシウム，マグネシウム，鉄など，硫酸とカルシウムの組み合わせは不溶性の塩を作るので，オートクレーブの際には分けて滅菌しなければなりません。更に，以下の①～⑥に述べるような注意点と制約があります。

これらの制約を全て満たした上で，前培養培地，本培養培地，流加用培地それぞれの調製，滅菌，混合して培地を完成させる手順を考えてみてください[20]。

① 全　般
●ビタミン，メタル 1，メタル 2 についてはストック溶液が準備してある。
●ビタミン溶液は濾過滅菌済だが，メタル 1 とメタル 2 は滅菌されていない。
●滅菌後の混合操作，植菌の操作はクリーンベンチで行うことができる。
●滅菌後に計量する操作は避ける（ビタミンのストック溶液を除く）。
●水に溶質を加えて溶解するのが基本。溶質に水を加えると溶質が固まる場合がある。
●培地を混合した時点で pH が 5 となるよう予めアンモニア水を用いて調整しておく。ただし，ビタミンおよびメタルのストック溶液を混合した時の pH のずれは無視してよい。溶液の pH を調整するには，pH センサーの液絡部が溶液に浸かるようにするため，液深が 2 cm は必要（少量の溶液の pH の調整は大変面倒である）。
●メスシリンダーは計量に使用するものであって溶解時の容器として使用してはならない。
●フラスコ，試験管の口にはシリコセンをして，アルミホイルをかぶせてオートクレーブ。
●フラスコ，試験管の口に培地成分が付着しているとコンタミの原因になる（[3.4(1)] 参照）。

───────────────
[20] [8.3.2] も参照のこと。

第 7 章　培養の理論と実際

②　加熱（オートクレーブ）滅菌に関する注意点

●炭素源と窒素源（還元糖と 1 級アミン）は別々に滅菌する。pH 調整に用いるアンモニア水も 1 級アミンであることに注意。

●以下の組み合わせは，培地中の濃度と溶解度の関係で不溶性の塩を生じるので，分けて滅菌する。

PO_4^{3-} と Mg^{2+}，PO_4^{3-} と Ca^{2+}，SO_4^{2-} と Ca^{2+}

●ビタミンは熱で失活するものがあるのでフィルター除菌する（ストック溶液は滅菌済み）。

●メタル 1 は少なくとも 10 倍希釈して滅菌すること。

③　前培養

● 500 mL 容フラスコ 2 本で培養する（1 本は予備）。

●前々培養液 5 mL を含めた最終液量は 50 mL にする。

④　本培養

●ジャーファーメンターで行う。

●前培養液 50 mL を含めた最終液量は 1.5 L。

●ジャーファーメンターには pH，DO センサーなどを全てセットした状態でオートクレーブする。オートクレーブの際には，これらセンサーの先端が培地に浸かった状態で滅菌する必要があり，センサーの先端が培地に浸かるためには，ジャーファーメンターに少なくとも 1 L の培地を入れる必要がある。

⑤　流加用培地

●各班でグルコースの濃度は異なる（下記の実験条件の項を参照）。

● 3 L 容のフラスコに 1.25 L 調製する。

● 50% を超える濃度のグルコース溶液は，調製，取扱いが難しくなる。

●高濃度のグルコースを調製する場合，湯せんなどで加熱しないと溶けにくい。

●流加のためのチューブを接続するステンレスパイプがついたシリコセンをする。

●滅菌終了後，各成分を混合して完成させたら，2～5 mL サンプリングしてグルコース濃度を実測する。

(3)　培地の調製

　必要な培地量は，流加培地 1.25 L，本培養 1.5 L，前培養が 2 本分で 0.1 L，前々培養が 3 本分で 0.015 L の計 2.865 L なので，少し余裕を見て 3 L 作ります。$(NH_4)_2SO_4$，H_3PO_4，KCl，NaCl は共通なので，それぞれ 18 g，9 g，7.2 g，0.36 g を計量し，約 250 mL の水に溶解し，アンモニア水で pH を 5 に合わせます。300 mL にメスアップし，10 倍濃度の主要塩類溶液とします。

　メタル 1 に含まれる硫酸第 1 鉄は酸化されやすく，3 価になると細胞に取り込まれにくくなるだけでなく，溶解度が下がって析出してしまいます。グルコース（還元糖）と一緒にオートクレーブすると，酸化を抑制することができます。

　前々培養液を作る場合は，シリコセンをした試験管を空の状態でオートクレーブし，グルコース 1.5 g，主要塩類溶液 5 mL，メタル 1 と 2 を各 0.5 mL と水を混合して全量を 50 mL とし，0.45 μm のフィルターで濾過して滅菌した試験管に分注するとよいでしょう。

—210—

7.3 流加培養の理論と実際

表7-3-3 前培養用培地 （45 mL×2 本）

容器	内容物		備考
500 mL 容三角フラスコ	水 グルコース メタル 1	34.2 mL 0.15 g 0.5 mL	グルコースによる体積増加は無視する
試験管	水 メタル 2	4.5 mL 0.5 mL	原液のままだと試験管の内壁に残る量が無視できないので，薄めておく
試験管	主要塩類溶液	5.0 mL	

それぞれをオートクレーブ後，クリーンベンチで試験管の内容物をフラスコに移し，更にビタミン溶液 0.3 mL を加えて完成。

表7-3-4 本培養用培地 （1,450 mL）

容器	内容物		備考
ジャーファーメンター本体	水 グルコース メタル 1	1,320 mL 7.5 g 15 mL	他の培地は火曜日に調製・滅菌するが，この培地だけは水曜日に調製・滅菌する
100 mL 容三角フラスコ	メタル 2	15 mL	
500 mL 容三角フラスコ	主要塩類溶液	150 mL	

それぞれをオートクレーブ後，クリーンベンチでフラスコの内容物，および，ビタミン溶液 9 mL をジャーファーメンターに加えて完成。

表7-3-5 流加培地 （1,250 mL）

容器	内容物	
3 L 容三角フラスコ	所定量のグルコースを水に溶解し，1,100 mL にメスアップした後，メタル 1 を 12.5 mL 加える	
試験管	メタル 2	12.5 mL
500 mL 容三角フラスコ	主要塩類溶液	125 mL

それぞれをオートクレーブ後，クリーンベンチで 3 L 容フラスコにまとめ，ビタミン溶液 7.5 mL を加えて完成。

(4) 培養条件の設定

学生実験では，**表7-3-6** に示すように，4つの班にそれぞれ異なる条件を設定して行いました。1 班は擬定常（［7.3.2(3)］参照）が実現できる条件で，増殖は遅いがエタノールは副生せず，菌体収率も高くなります。2 班は，増殖も速くエタノールは副生せず，菌体収率も高い条件です。4 班はグルコース濃度が高くなり，好気発酵を伴って増殖するため，エタノールを副生して菌体

表7-3-6 流加培養の条件

班	1	2	3	4
S_F [g·L^{-1}]	5	30	40	100
μ^* [h^{-1}]	0.05	0.25	0.30	0.40
$Y_{X/S}$ [g-cell·g-glucose^{-1}]	0.4	0.4	0.3	0.2

—211—

第 7 章　培養の理論と実際

収率は低くなります。3 班の条件は，好気発酵が起きるか起きないか微妙な条件で，エタノール濃度が増加する場合もしない場合もあり，これに伴い，菌体収率も下がる場合もあります。

(5)　培養の手順

　学生実験では月曜日が説明で火曜日から実験を始めていますので，火曜日を 1 日目として，以下を解説します。

〔1 日目〕

1)　前々培養

　火曜の午後一番に，スラントから試験管 3 本に植菌し，30℃で翌日まで振とう培養します。次のフラスコ培養は 2 本しか行いませんが，栓が外れてコンタミの可能性が生じた，あるいは，落として割ってしまった，などのトラブルに備えて 1 本余分に培養します。

2)　ジャーファーメンターに目盛りを入れる

　培養液量が読み取れるように，ジャーファーメンターの側面にテープを貼り，メスシリンダーで水を入れ，テープに目盛り（容量）を書き込んでいきます。学生実験では，どの範囲にどれぐらいのきざみで目盛りを書き入れればよいか[※21]を自分で考えさせます。

3)　ポンプの検定

　基質溶液の流加にはペリスタティックポンプを用いますが，〔8.3.7〕で詳述するように，その設定ダイヤルの目盛りと実際の流速を求めておく必要があります。

4)　培地の調製

　前培養，本培養，流加培養用の培地を調製し，オートクレーブします。ただし，本培養でジャーファーメンターに入れて滅菌する培地成分については，3 日目に調製します。

〔2 日目〕

1)　前培養

　午後一番に試験管の前々培養液を全量，フラスコの前培養培地に植菌し，30℃で振とう培養します。ジャーファーメンターに植菌するのはフラスコ 1 本分の培養液ですが，トラブルに備えて 1 本余分に培養します。

2)　pH センサー，DO センサーの校正（キャリブレーション）

　〔4.3〕と〔4.5〕に詳述する要領で校正し，〔8.3〕に詳述する要領でジャーファーメンターにセットします。

3)　培地の調製とオートクレーブ

　本培養用の培地のうち，ジャーファーメンターに入れてオートクレーブする成分を調製し，ジャーファーメンターに入れ，滅菌します。

4)　本培養

　30℃ぐらいまで冷えたら，ジャーファーメンターの培地を完成させ，夜の 8 時頃に前培養液を植菌します。植菌手順の詳細は〔8.3.7〕を参照してください。温度は 30℃，pH は 2 M ぐらい

[※21]　この実験の場合なら，初発培地容量が 1.5 L で流加培地が 1.25 L なので，1.4 L から 2.8 L まで 0.05 L きざみでよい。

のアンモニア水によって5.0に制御します。
5) サンプリング

植菌後，サンプリングして菌体濃度（OD_{660}）を測定します。また，遠心分離して上清を冷蔵保存し，翌日，グルコースとエタノールの濃度を測定します。

〔3日目〕
1) 流速の式を完成させる

朝9時にサンプリングし，菌体濃度と培養液量を測定し，それぞれX_0とV_0とし，表7-3-6に示したμ，$Y_{X/S}$，S_Fとともに式7-3-29に代入し，流加速度の式を完成させます[※22]。

$$F = \frac{\mu V_0 X_0}{Y_{X/S} S_F} \exp(\mu t) \quad \text{（式7-3-29）}$$

2) 流加をする

式に従って流加速度を算出し，ポンプのダイヤルをセットして［8.3.8］の要領で流加培養を行います。流加を始めた時点をゼロとして，1時間毎（または30分毎）にサンプリングし，液量V，菌体濃度X，グルコース濃度S，エタノール濃度Pを測定します。この実験では，エタノールを生産物として扱っています。

7.3.5 流加培養データの解析

1班の実験条件を例に，データの解析方法を説明します。流加を始める前に，前日の夜から回分培養を行いますが，この間に酵母は，グルコースを基質として増殖します。グルコース濃度が高いので，好気呼吸に加えてエタノール発酵（好気発酵）も行っており，**図7-3-7**のような培養経過をたどります（［12.5］も参照のこと）。グルコースを消費し尽くすと，一旦増殖が停止し，その後，エタノールを炭素源として二段増殖（diauxic growth）します。この培養では，翌朝，流加培養を開始した時点では，グルコースは消費し尽くしていますが，エタノールはまだ消費しきっていない状態になります。

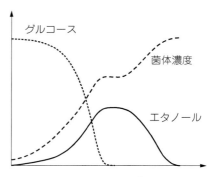

図7-3-7　酵母の回分培養

(1) 経時変化

表7-3-7は培養データをまとめたもので，B～F列は，それぞれ，流加速度（理論値），培養液量（実測値）菌体濃度，基質（グルコース）濃度，生産物（エタノール）濃度の経時変化です。**図7-3-8**は経時変化のグラフで，培養液量は指数的に増加し，グルコース濃度は低い値が保たれています。エタノール濃度は，流加培養を開始した時点で$1.3\,\mathrm{g \cdot L^{-1}}$ありましたが，3時間後

[※22] 酵素電極法など，すぐ結果が出る方法でグルコースを測定し，回分培養の基質が枯渇していること，即ち，［7.3.3(3)］で用いた$S_F \gg S$の仮定が成立していることを確認する。

第7章 培養の理論と実際

表 7-3-7 流加培養のデータ

	A	B	C	D	E	F	G	H	I	J	K	L	M	N	O	P
1	t	F	V	X	S	P	VX	$\ln VX$	ΔX	$\Sigma \Delta X$	VS	ΔS	$\Sigma \Delta S$	$\int VX dt$	$\Sigma \int VX dt$	VP
2	[h]	[L·h⁻¹]	[L]	[g·L⁻¹]	[g·L⁻¹]	[g·L⁻¹]	[g]	[−]	[g]	[g]	[g]	[g]	[g]	[g·h]	[g·h]	[g]
3	0	0.048	1.45	1.33	0.010	1.28	1.92	0.65	0.00	0.00	0.015	0.00	0.00	0.00	0.00	1.86
4	1	0.051	1.50	1.55	0.039	0.94	2.32	0.84	0.40	0.40	0.058	0.23	0.23	2.12	2.1	1.42
5	2	0.053	1.55	1.85	0.036	0.58	2.87	1.05	0.55	0.95	0.056	0.29	0.52	2.59	4.7	0.90
6	3	0.056	1.61	1.98	0.039	0.09	3.18	1.16	0.31	1.26	0.063	0.29	0.81	3.03	7.7	0.14
7	4	0.059	1.66	2.10	0.042	0.05	3.49	1.25	0.31	1.57	0.070	0.31	1.12	3.34	11.1	0.08
8	5	0.062	1.72	2.12	0.045	0.04	3.66	1.30	0.16	1.73	0.078	0.33	1.45	3.57	14.7	0.07
9	6	0.065	1.79	2.17	0.055	0.04	3.88	1.36	0.22	1.96	0.098	0.33	1.78	3.77	18.4	0.08
10	7	0.069	1.85	2.14	0.053	0.03	3.97	1.38	0.09	2.05	0.098	0.37	2.14	3.92	22.3	0.06
11	8	0.072	1.93	2.17	0.058	0.04	4.18	1.43	0.21	2.26	0.112	0.37	2.52	4.07	26.4	0.09

G4=C4*D4，H4=ln(G4)，I4=G4−G3，J4=J3+I4，K4=C4*E4，L4=K3−K4+S_F*(B3+B4)/2 *(A4−A3)（平均の流速で計算。S_F は流加培地の基質濃度 [g-glucose·L⁻¹]），M4=M3+L4，N4=(G3 +G4)*(A4−A3)/2（台形の面積の公式で計算），O4=O3+N4，P4=C4*F4

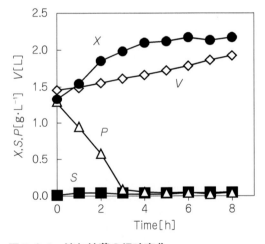

図 7-3-8　流加培養の経時変化　　　　図 7-3-9　比増殖速度を求めるグラフ

にはほぼ枯渇しました。

(2) 比増殖速度

　表 7-3-7 の G 列は菌体量（C 列と D 列の積）で，その自然対数の経時変化が**図 7-3-9** です。このグラフの傾きは，比増殖速度になりますが，前半と後半で傾きが異なっていることが分かります。後半の比増殖速度は，予定していた値の 0.05 h⁻¹ にほぼ一致する 0.044 h⁻¹ となりました。これに対して，前半の 3 時間目までの比増殖速度は 0.17 h⁻¹ になりました。これは，回分培養の間に生産されたエタノールが残っているので，酵母は流加されたグルコースに加えて，エタノールを資化して増殖したためです。つまり，前半はグルコースが制限基質になっていない状態なので，意図した比増殖速度に制御できなかったわけです。

(3) 菌体濃度

［7.3.2(3)］で述べたように，$X_0 = S_F/Y_{X/S}$ であれば，菌体濃度が一定になる擬定常が達成できます。この培養では，$Y_{X/S} = 0.4$ g-cell·g-glucose^{-1}，$S_F = 5.5$ g-glucose·L^{-1}（実測値）でしたので，理論的には 2.2 g-cell·L^{-1} で菌体濃度は一定になるはずです。実際，図 7-3-8 に示すように，流加培養を開始してからしばらくの間は菌体濃度 X が上昇していますが，4 時間後以降は理論値に近い値で菌体濃度がほぼ一定になり，擬定常の状態になっていることが分かります。

(4) 菌体収率

まず，表 7-3-7 の G 列のように菌体量 VX を計算し，次に I 列で 1 つ前の時間のデータを引き算した差分 ΔX（1 つ前の時間からの菌体の増加量）を計算します。そして，J 列では，各時間までの差分の積算である $\Sigma \Delta X$（ゼロ時間目からの菌体増加量）を計算します。また，時間 t_1 および t_2［h］における槽内の基質量が，それぞれ，$S_1 V_1$ および $S_2 V_2$［g-glucose］，その間の流加速度が F［L·h^{-1}］，流加培地の基質濃度が S_F［g-glucose·L^{-1}］であれば，この間に消費された基質の量は $\Delta S = S_1 V_1 - S_2 V_2 + S_F F(t_2 - t_1)$ になります※23。各時間までの ΔS の積算値 $\Sigma \Delta S$ を計算し，$\Sigma \Delta S$ に対して $\Sigma \Delta X$ をプロットすると，その傾きが菌体収率になります（図 7-3-10）。

このようにプロットすると，培養の途中で収率が変化しても一目で分かります。実際に，この培養では，図 7-3-11 に示すように収率が変化しており，残ったエタノールを利用している間（最初の 4 つのプロット）の菌体収率は 1.58 g-cell·g-glucose^{-1} と高くなっていますが，エタノールが枯渇してからは，ほぼ予定通りの菌体収率になっています。

(5) 比生産速度

［7.1.5］で解説したように，表 7-3-7 の O 列に対して P 列をプロットすると，その傾きがエタノールの比生産速度となります（図 7-3-12）。この実験の条件では，流加培養中にエタノールは生産されず，回分培養時に生成したエタノールが消費されていくので，右下がりのグラフにな

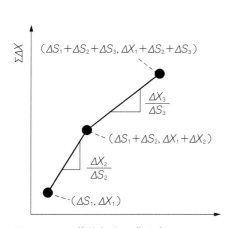

図 7-3-10 菌体収率の求め方

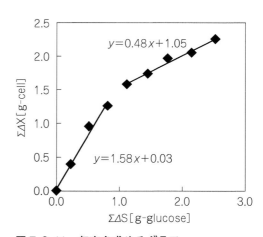

図 7-3-11 収率を求めるグラフ

※23 瓶に 8 個キャンディがあって，子供たちがいくつか食べ，お母さんが 12 個補給してくれた結果，瓶には 11 個のキャンディが残っていたとき，子どもが食べた数は，8 - 11 + 12 = 9 個。

り，その傾きは -0.22 g-ethanol·g-cell^{-1}·h^{-1} でした。

(6) まとめ

この培養では，式 7-3-29 に基づいて，目標の比増殖速度 μ^* を 0.05 h^{-1} に設定して基質を流加しました。その結果，エタノールが枯渇してグルコースが制限基質となってからは，$\mu = 0.044$ h^{-1} に制御することができました。設定値と多少の差はあるものの，回分培養では不可能であった比増殖速度の制御ができることが分かります。

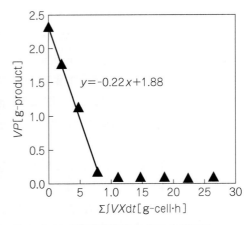

図 7-3-12　比生産速度を求めるグラフ

7.4 酸素供給の重要性
7.4.1 酸素呼吸

自動車を動かすにはガソリンや電気などのエネルギーが必要です。人が動くのにもエネルギーが必要で，人はそのエネルギーを食物から得ています。ご飯を食べるという行為は，炭水化物をエネルギー源として摂取するという行為です。生物は取り込んだ食物のエネルギーを生体エネルギー「ATP（アデノシン 3 リン酸）」に加工してから使っています。全ての生物はこの ATP を獲得するための巧妙なシステムを持っていますが，酸素を利用した酸素呼吸は，もっとも効率良く ATP を生成できるシステムです。酸素呼吸による ATP の生成は細胞のミトコンドリアで行われていますが，酸素は最終的な電子の受け手として非常に重要な役割を担っています。そのため，酸素呼吸を行う好気性微生物を効率的に培養するには，十分かつ適正な酸素供給がなされる必要があります。

適切な酸素供給がなされ，1 分子のグルコースが好気的に完全酸化された場合の反応式は，式 7-4-1 で表され，この時，最大で 36 分子の ATP が生成します。

$$C_6H_{12}O_6 + 6O_2 \rightarrow 6H_2O + 6CO_2$$
（式 7-4-1）

式 7-4-1 より，180 g のグルコースを完全に酸化するには 192 g の酸素が必要であることが分かります。グルコースは水に溶けやすい物質で，水 100 mL（25℃）に対して約 90 g も溶けますが，酸素は難溶性のガスであるためその溶解度は極めて低く，大気圧下で通常の培地（30℃）に溶ける酸

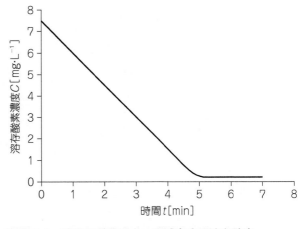

図 7-4-1　酵母の呼吸によって減少する溶存酸素

図の直線の傾きから呼吸速度は 1.5 mg-O$_2$·L^{-1}·min^{-1} と求められる。この時の菌体濃度は乾燥重量で 0.32 g-cell·L^{-1} であった。呼吸速度（酸素消費速度）を菌体濃度で除して，酸素比消費速度 4.7 mg-O$_2$·g-cell^{-1}·min^{-1} が求められる。

—216—

素量は，せいぜい 8 mg–O_2·L^{-1} 程度です。例えば酵母 *Candida brassicae* の好気培養では，**図7-4-1** に示すように，酸素供給を止めると培地中に溶けている 7.5 mg–O_2·L^{-1} の酸素は数分で消費されてしまいます。このため，好気性微生物を培養する場合は，液体培地に連続的に通気して酸素を供給する必要があります。

7.4.2　溶存酸素濃度

水に溶けた状態にある分子状の酸素を，溶存酸素（dissolved oxygen；DO）といいます。酸素の溶解度（飽和溶存酸素濃度）は，温度や溶質に影響されます。水に対する酸素の溶解度は 0℃の時が最大で，温度が高くなると溶解度は低くなります。また，水に塩や糖などの溶質が含まれても酸素の溶解度は低下します。溶存酸素濃度は酸素電極で測定できますが，電極の校正をする時は，温度に十分な注意を払わなければなりません。特に電極の飽和点校正は測定温度と同じ温度で行い，酸素濃度の測定中は温度を一定に保つ必要があります。

大気の酸素分圧に対する飽和溶存酸素濃度は，しばしば「21%」と表現されます[24]。これは大気（空気）組成の 21%が酸素であることから，酸素分圧（p_{O_2}＝21%）に対する溶存酸素濃度という意味でこのように記述されます。しかし，同じ大気の酸素分圧に対する飽和溶存酸素濃度が，「100%」と表記される場合があります。これは，溶存酸素濃度の飽和値を 100%とした相対値で表したものです。何れの場合も単位容積あたりの重量で表した溶存酸素濃度は，約 8 mg–O_2·L^{-1} になります。更に，8 mg–O_2·L^{-1} は，8 ppm（parts per million）や 0.25 mmol–O_2·L^{-1} と記述されることもあります。

7.4.3　ヘンリーの法則

難容性ガスの溶解度は，そのガスの分圧に比例します。従って，酸素の溶解度（飽和溶存酸素濃度）は，酸素分圧（p_{O_2} ［atm］）に比例します。

$$p_{O_2} = HC^*$$
（式7-4-2）

ただし，C^* は飽和溶存酸素濃度 ［kg–O_2·m^{-3}］，H はヘンリー定数 ［atm·m^3·kg–O_2^{-1}］ で，酸素が水（30℃）に溶ける時，H＝26.1 atm·m^3·kg–O_2^{-1} です[8]。大気中には酸素が約 21%含まれています[25]。従って，大気圧が 1 atm であったとすると，酸素分圧は p_{O_2}＝0.21 atm となります。H と p_{O_2} を式 7-4-2 に代入すると大気下での飽和溶存酸素濃度 C^* が算出でき，この場合，C^*＝8 mg–O_2·L^{-1} となります。

$$C^* = \frac{0.21}{26.1} = 8 \times 10^{-3} \, \text{kg–}O_2\cdot m^{-3}$$
（式7-4-3）

---

[24]　溶存酸素 21%を質量パーセント濃度（wt%）と思い込んで，21 g–O_2·100 g–sol.$^{-1}$ で計算してしまい，とんでもない値を導くことがある。

[25]　乾燥大気の組成は，窒素 78.1%，酸素 20.9%，アルゴン 0.93%，二酸化炭素 0.032%。

7.4.4 臨界溶存酸素濃度

微生物を培養している最中に培養槽への酸素供給を中断すると，図7-4-1に示されるように培養液中の溶存酸素濃度 C は直線的に減少し，低酸素域に入ると急激にカーブして，やがて酸素消費が止まり C は変化しなくなります（C はゼロには達しません）。このことは，低酸素域では溶存酸素濃度依存的に呼吸速度が減少し，ある酸素レベル以下では，微生物は酸素を利用できないことを示しています。この図7-4-1の C の減少経過の変曲点にあたる溶存酸素濃度を，臨界溶存酸素濃度（C_{crit}）と呼びます。

図7-4-1において C 減少曲線の傾きは呼吸速度 r_{O_2} [mg-O_2·L^{-1}·min^{-1}] を示します。r_{O_2} は，次式のように，単位菌体量あたりの速度（酸素比消費速度：Q_{O_2} [mg-O_2·L^{-1}·min^{-1}]）と菌体濃度 X [g-cell·L^{-1}] の積で表されます。

$$r_{O_2} = Q_{O_2} \cdot X \qquad \text{(式 7-4-4)}$$

ここで，この測定期間中の菌体濃度 X の変化を無視できるとすると，図7-4-1より，C = 0.4 mg·L^{-1} 付近まで C が直線的に減少していることから，C_{crit} は 0.4 mg·L^{-1} 付近であり，C_{crit} 以上の C が存在すれば Q_{O_2} は一定値をとることが分かります。Q_{O_2} を C に対してプロットすると，**図7-4-2**のような曲線が得られ，その曲線は Michaelis–Menten 型の関係式（式7-4-5）で表すことができます。すなわち，Q_{O_2} は C_{crit} 以上では Q_{O_2} と C に無関係に一定値をとります（0次反応となる）が，C_{crit} 以下の濃度では C 依存的に減少し，低酸素域では1次反応に近づきます。一般に微生物の C_{crit} は 0.005 ～0.02 mmol-O_2·L^{-1}（飽和値の2～10%）であるとされています[9]。

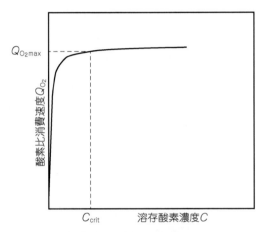

図7-4-2 微生物の酸素比消費速度に及ぼす溶存酸素濃度の影響

$$Q_{O_2} = \frac{Q_{O_2 max} C}{K_m + C} \qquad \text{(式 7-4-5)}$$

ただし，$Q_{O_2 max}$ は最大酸素比消費速度（C_{crit} 以上の C における Q_{O_2}）[mg-O_2·g-cell^{-1}·min^{-1}]，Q_{O_2} は酸素比消費速度 [mg-O_2·g-cell^{-1}·min^{-1}]，K_m は呼吸反応の飽和定数 [mg-O_2·L^{-1}] です。

培養系の溶存酸素濃度が C_{crit} を下回ると，菌の代謝活動は乱され，100%の好気的代謝が行われなくなります。従って，効率の良い菌体生産を行うには，培養系の溶存酸素濃度を常に C_{crit} 以上に保ち，なおかつ菌の最大酸素要求量を満たすように酸素供給を行わなければなりません。一方，菌体生産が目的ではなく，代謝産物を得ることが目的である場合は，その代謝産物によっては酸素不足の状態の方が良好な生産性が得られることもあります。

7.5　酸素移動容量係数 $k_L a$ の測定

　酸素移動容量係数 $k_L a$ は，酸素移動の容易度を示す定数で，T^{-1} の次元を持ちます。培養装置のある操作条件における $k_L a$ は，酸素供給能の指標になります。$k_L a$ が大きい操作条件ほど酸素供給能が高く，より高濃度の菌体を培養することが可能です。培養装置（例えば通気撹拌槽）の $k_L a$ は，以下に説明するように，培地を再度酸素で飽和する過程（溶存酸素濃度の変化）を酸素電極で測定して，それを記録したチャートを解析することによって求めることができます。

　培養細胞が存在する系で，この溶存酸素濃度の変化を測定し，呼吸による酸素消費を考慮しつつ $k_L a$ を求める方法を動的方法（dynamic method）と呼びます。これに対して，培養細胞が存在しない系で，窒素ガスで溶存酸素レベルを下げた後に空気を通気した時の溶存酸素濃度の変化から $k_L a$ を求める方法を静的方法（static method）と呼びます。

7.5.1　静的方法による $k_L a$ の測定

　以下に示す手順で培養槽に窒素ガスを吹き込んで酸素を追い出し，溶存酸素のレベルを下げた後，空気を通気すると図 7-5-1 に示したような溶存酸素濃度の増加曲線が得られます。

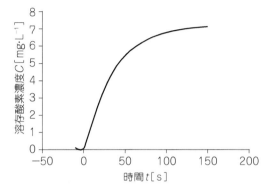

図 7-5-1　溶存酸素濃度の上昇経過

コラム64　1 気圧

　通常，大気圧は 1 気圧（1 atm）です。しかし，atm（アトム）は SI 単位ではありません。科学の分野では，SI 単位の使用が推奨されているので，本来は atm でなく，Pa（パスカル）を使うべきです。天気予報でも，1 気圧を 1,013 hPa（ヘクトパスカル，ヘクトは 10^2 を表す接頭辞）といっています。従って，ヘンリー定数 H は 26439.3 hPa·m³·kg-O_2^{-1}，p_{O_2} は 212.7 hPa とすべきです。しかし，atm も捨てがたく，依然として用いられています。ゲージ圧も慣用的に用いられる非 SI 単位です。オートクレーブの条件を 1 気圧で 15 分などといったりしますが，この時の 1 気圧は，機器に取り付けられている計器（ゲージ）が示す値をいいます。ゲージ圧プラス大気圧が，実際にかかる圧力になります。なお，圧力は単位面積あたりにかかる力のことで，Pa=N·m^{-2} となります。

コラム65　窒素充填しますか？（タイヤ店にて）

　車のタイヤを新しく買い求めた時，店員さんに「タイヤに窒素ガスを充填すると燃費が良くなりますよ」と勧められたことがあります。よく聞くと，酸素ガスよりも窒素ガスの方が軽いので燃費が向上するとのことでした。酸素の分子量は約 32，窒素の分子量は約 28 なので，確かに窒素の方がタイヤは軽くなる気がします。でも，空気の約 80%が窒素であることを考えると，改善効果はせいぜい 20%なので，この時は遠慮しておきました。

　窒素ガスにはタイヤが軽くなる以外にも，ゴムが劣化しにくい，ゴムを透過しにくいなどの利点があるようです。分子量は酸素の方が大きいのですが，その分子径は窒素よりも小さいので，膜を透過しやすいようです。タイヤに窒素を充填することは，よいことずくめのようですが，やはり空気の約 80%が窒素があることを考えると，費用対効果は……。

第7章 培養の理論と実際

【静的方法で k_La を測定する実験手順の一例】
1) ジャーファーメンターのガラスの容器（培養槽）に適量の水道水を入れる。
2) 0.5 vvm で空気を通気する。
3) 撹拌を開始する（例えば撹拌速度 400 rpm）。
4) 温度を 30℃ に設定する。
5) 酸素電極を 5%亜硫酸ナトリウム溶液[※26] につけて，酸素モニターを酸素濃度 0%（0 mg·L^{-1}）に合わせる（ゼロ点校正）。
6) 記録計（ペンレコーダー）のチャート紙上でゼロ点を確認する。
7) 酸素電極をジャーファーメンターに挿入する。
8) 溶存酸素濃度が飽和値で安定したら，酸素モニターを酸素濃度 21%（8 mg·L^{-1}）に合わせる（飽和点校正）。
9) 記録計（ペンレコーダー）のチャート紙上で飽和点を確認する。
10) チャート紙上でのスパンを等分して，チャートの一目盛りが示す酸素濃度を求める。
11) 窒素ガスを通気して，水中の酸素を置換する。溶存酸素濃度が減少する。
12) 溶存酸素がゼロ点付近まで低下したら，通気ガスを窒素から空気に切り替えるのと同時にレコーダーのチャートスピードを 60 mm·min^{-1} にする。
13) 酸素濃度の変化を記録する。溶存酸素濃度が飽和値の近くまで戻ったら終了する。

図 7-5-1 において，溶存酸素濃度曲線の接線の傾き（dC/dt）は酸素移動速度を表します。酸素移動速度は，式 7-5-1 のように酸素移動容量係数 k_La [s^{-1}] と，酸素濃度勾配（飽和溶存酸素濃度 C^* [mg·L^{-1}] と現在の酸素濃度 C [mg·L^{-1}] の差）の積で表されます。酸素移動速度は，培養槽への酸素供給速度と同義です。

$$\frac{dC}{dt} = k_La(C^* - C) \quad (式\ 7\text{-}5\text{-}1)$$

ただし，t は時間 [s] です。式 6-5-1 を初期条件 $t=0$，$C=C_0$ のもとで積分すると，

$$\ln\frac{(C^* - C)}{(C^* - C_0)} = -k_La \cdot t \quad (式\ 7\text{-}5\text{-}2)$$

となります。片対数グラフの対数軸に $(C^* - C)/(C^* - C_0)$ を，普通軸に時間 t [s] をプロットすれば図 7-5-2 のような直線関係が得られ，この直線勾配が $-k_La$ となります。例えば，20秒後と60秒後の $(C^* - C)/(C^* - C_0)$ の値を読み

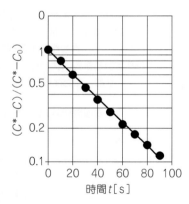

図 7-5-2 k_La を求めるための片対数プロット

※26 $2Na_2SO_3 + O_2 \rightarrow 2Na_2SO_4$ の反応で溶存酸素を枯渇させる。使用時に調製すること。また，混ぜ過ぎると亜硫酸ナトリウムが全て酸化されてしまうことに注意。

取り，式6-5-3のように計算すれば$k_L a$ [s^{-1}] を算出できます[※27]。

$$k_L a = -\frac{\ln 0.22 - \ln 0.60}{60 - 20} = \frac{1.0}{40} = 0.0025 \text{ [s}^{-1}]\tag{式7-5-3}$$

7.5.2 酸素供給速度を高めるには

式7-5-1によると，酸素供給速度を高めるには，$k_L a$を大きくするか，酸素濃度勾配（$C^* - C$）を大きくすればよいことが分かります。$k_L a$ は実は，k_L と a を組み合わせた係数です。k_L は液境膜物質移動係数 [m・s^{-1}] です。a は式7-5-4に示されるように単位容積あたりの気液接触面積 [m^{-1}] です。

$$a = \frac{A}{V} \tag{式7-5-4}$$

ここで，A は気液接触面積 [m^2]，V は液容積 [m^3] です。従って，気液の接触面積を増やせば，$k_L a$ は大きくなります。つまり，通気量は同じでも，気泡を小さく分散すれば，$k_L a$ を大きくできます（[8.1.1] 参照）。撹拌には気泡を微細化する効果と，境膜移動抵抗を小さくする（k_L を大きくする）両方の効果があります。よって，撹拌速度を高くするのは，$k_L a$ を高めるのに効果的です。濃度勾配（$C^* - C$）を大きくするには，例えば，空気を通気する代わりに純酸素ガスを通気して C^* を大きくする方法があります。濃度勾配が大きくなり，酸素供給速度が高まります。しかし，溶存酸素濃度 C が C^* に近づくにつれて，濃度勾配は小さくなっていき，$C = C^*$ となった時，$(C^* - C) = 0$ になりますので，結果的に酸素供給速度は0となります。注意したいのは，撹拌速度を高くしても C^* は変わらないということです。C^* は通気ガスの酸素分圧に依存し，撹拌速度には依存しません。

7.5.3 動的方法による $k_L a$ の測定

微生物の培養中に通気を一時的に停止して，溶存酸素濃度 C が C_{crit} 付近まで低下したところで再び通気を開始すると，**図7-5-3** のような酸素濃度変化曲線が得られます。通気を停止後の直線的な C の減少（直線（イ）（ロ））は菌の呼吸によるものです。この直線（イ）−（ロ）の傾斜から菌の呼吸速度（$r_{O_2} = Q_{O_2} \cdot X$）を求めることができます。（ロ）において通気を再開すると，C は増加して C_A に復帰します。（ロ）と（ハ）

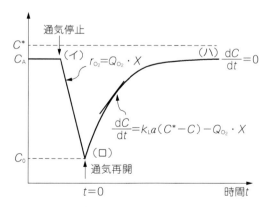

図7-5-3　培養系における酸素濃度変化曲線

[※27] 直線部分のデータから最小二乗法で傾きを求めてもよい。ここでは $k_L a$ を [s^{-1}] の単位で算出しているが，3,600倍して9 [h^{-1}] と書くこともできる。

コラム66 フラスコの栓の通気の良し悪しは重要

500 mL 容のフラスコに 2%のグルコースを含む培地を 100 mL 入れて 37℃で培養したとします。37℃の空気で飽和した溶存酸素濃度は 6.9 mg・L^{-1} なので、培地には最大でも 0.69 mg＝0.022 mmol の酸素しか溶けていません（表 4-5-1 参照）。気相は 400 mL で酸素分圧が 21%なので、そこには 400×0.21＝84 mL＝3.3 mmol の酸素がありますが、フラスコには 100×0.02/180×1,000＝11 mmol のグルコースがあり、これを呼吸で消費するとすれば、66 mmol の酸素が必要になります。つまり、溶存酸素だけでは必要量の 1/3,000 しかなく、気相の酸素を含めても必要量の 1/20 しかありません。

これは、気相から培養液へスムーズに酸素が移動するように、ひだ付きフラスコや振とうフラスコ（[3.8.4]参照）を用いて単位容積あたりの気液界面積を高く保つとともに、栓の通気性にも注意が必要であることを意味しています（[3.5.1][3.5.2]参照）。栓の通気が悪いと、気相の酸素分圧が下がり、式 7-5-5 の右辺第一項の C^* が小さくなり、溶存酸素濃度は加速度的に低下していくことになります。

このような状況だと、サンプリングの際に栓を取り外すことによって換気され、酸素供給量が増えて増殖が改善されることもあります。これは、サンプリングの回数によって培養結果が異なることを意味し、好ましい状態ではありませんので、通気の良い栓を選択しましょう。

コラム67 溶存酸素濃度の変化速度に影響する要因

図 7-5-4 は、[7.3.5]で紹介したパン酵母の流加培養での溶存酸素濃度（DO）の経時変化のグラフです。回分培養に用いたグルコースは、12.5 時間目にサンプリングしたところ枯渇していました。しかし、好気発酵で生産したエタノールを再利用して引き続き増殖しているので、酸素消費は続いており[※28]、溶存酸素濃度は次第に低下しています。これは、式 7-5-5 の右辺第一項がほぼ一定であるのに対して、右辺第二項の菌体濃度 X が大きくなった結果、dC/dt（C の経時変化のグラフの傾き）がより負の大きな値になったからです。14.2 時間目に流加培養を開始し、その後、1 時間おきにサンプリングを行い、18.2 時間後からは 30 分ごとにサンプリングを行いました。サンプリ

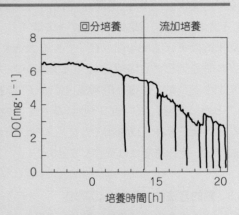

図 7-5-4 溶存酸素濃度の経時変化

ングの際にはジャーファーメンターに書き込んだ目盛を読んで液量を測定するために通気と撹拌を停止しています。この操作によって式 7-5-5 の右辺第一項がゼロになるので、溶存酸素濃度は急激に低下し、通気撹拌を再開すると、溶存酸素濃度は元のレベルに戻っています（第 2 章コラム10参照）。15 時間目に溶存酸素濃度が急に低下しているのは、消泡剤を添加したためだと考えられます[※29]。18.8 時間後には溶存酸素濃度が 3 mg・L^{-1} を切ったので、撹拌回転数を上げました。その結果、k_La が大きくなり、C がやや上昇するとともに、以降の溶存酸素濃度の減少率（dC/dt）が低下しています。

※28 グルコースを炭素源とする場合もエタノールを炭素源とする場合も、酸化的リン酸化の経路はフル稼働しているので Q_{O_2} は変わらない。
※29 消泡剤は泡を消す（気泡を合一させる）効果があるので、a（単位体積あたりの気液界面積）が減少する。

7.5　酸素移動容量係数 $k_L a$ の測定

の間の C の増加曲線の勾配は酸素移動速度（dC/dt）であり，式 7-5-5 に示されるように培養液への酸素供給速度と菌の呼吸速度の差になります。式 7-5-5 を変形して得られた式 7-5-6 より，（$dC/dt + Q_{O_2} \cdot X$）に対して C をプロットすると直線関係（**図 7-5-5**）が得られ，その勾配が $-1/k_L a$ を与えますので，ここから $k_L a$ を求めることができます。しかし，この方法では，ある酸素濃度 C における dC/dt を図微分によって求める必要があるので，解析作業は面倒で誤差が生じやすいという問題があります。

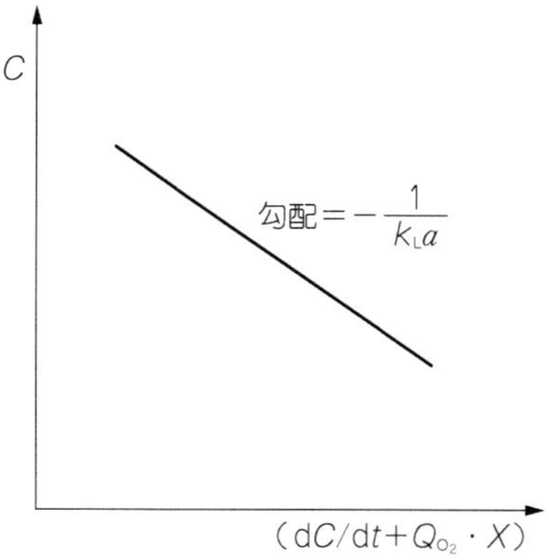

$$\frac{dC}{dt} = k_L a (C^* - C) - Q_{O_2} \cdot X \qquad (式 7\text{-}5\text{-}5)$$

$$C = -\frac{1}{k_L a}\left(\frac{dC}{dt} + Q_{O_2} \cdot X\right) + C^* \qquad (式 7\text{-}5\text{-}6)$$

図 7-5-5 の右側に勾配 $= -\dfrac{1}{k_L a}$ のグラフ。縦軸 C，横軸 $(dC/dt + Q_{O_2} \cdot X)$。

図 7-5-5　図微分で求めた dC/dt を用いて $k_L a$ を求めるプロット例

　式 7-5-5 の微分方程式を解き，積分形の式を用いれば，図微分を行わずに $k_L a$ を求めることが可能になります。図 7-5-3 の（ハ）の領域では C の変化は緩やかであり，$C = C_A$，$dC/dt = 0$ の定常状態近似が成立しています。この間の菌の生育は無視できるものとします。式 7-5-5 に $C = C_A$，$dC/dt = 0$ を代入すると，

$$k_L a (C^* - C_A) = Q_{O_2} \cdot X \qquad (式 7\text{-}5\text{-}7)$$

式 7-5-7 を式 7-5-5 に代入すると，

$$\frac{dC}{dt} = k_L a (C^* - C) - k_L a (C^* - C_A)$$

コラム68　頭文字で表す専門用語（DO と OD，vvm と rpm）

　その業界でだけ通じる言葉を符牒（ふちょう）といいます。培養工学の分野でもそれに類するものがあります。英語の頭文字で表す専門用語です。学生実験を指導していると，つい「DO」とか「OD」というような略語を使ってしまいます。これらは順番が逆になっただけで似ているので，混乱することがあります。DO は dissolved oxygen（溶存酸素）で，OD は optical density（光学密度）です。すなわち，OD は菌体懸濁液の濁度です。

● vvm（volume per volume per minute）
　これは，培養液に対する通気量を表します。仕込み量あたり，1 分間に，どれだけの体積のガスが供給されるかを示しています。例えば，仕込み量 2 L の培養槽に 1 L・min⁻¹ の速度で通気する場合，これを 0.5 vvm と表します。

● rpm（revolution per minute）
　これは，撹拌速度（撹拌数）を表します。1 分間に撹拌羽根が何回転するかを示しています。

$$\frac{dC}{dt} = k_L a(C_A - C) \qquad \text{(式 7-5-8)}$$

式 7-5-8 を積分して,

$$\ln\left(\frac{C_A - C}{C_A - C_0}\right) = -k_L a \cdot t \qquad \text{(式 7-5-9)}$$

従って，$(C_A-C)/(C_A-C_0)$ の対数を時間に対してプロットすれば直線関係が得られ，その勾配は $-k_L a$ を与えます（**図 7-5-6**）。式 7-5-9 は式 7-5-2 と同型ですが，式 7-5-9 では飽和酸素濃度 C^* の代わりに定常状態の溶存酸素濃度 C_A が使われています。C^* は通気ガスの酸素分圧によって決まり不変ですが C_A の値は変動しやすいので，結果として $k_L a$ の算出に誤差が生じやすくなります。C_A 値の決定には細心の注意が必要です。

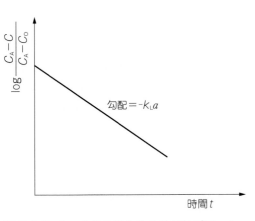

図 7-5-6 $k_L a$ を求めるための片対数プロット

文 献

1) 日本生物工学会編：基礎から学ぶ生物化学工学演習，コロナ社（2013）．
2) 岸本通雅，藤原伸介，堀内淳一，熊田陽一：新生物化学工学〔第2版〕，三共出版（2013）．
3) 丹治保典，今井正直，養王田正文，荻野博康：生物化学工学〔第3版〕（生物工学系テキストシリーズ），講談社（2011）．
4) 種村公平：絵とき「生物化学工学」基礎のきそ，日刊工業新聞社（2010）．
5) 小林猛，本多裕之：生物化学工学（応用生命科学シリーズ），東京化学同人（2002）．
6) 山根恒夫：生物反応工学〔第3版〕，産業図書（2002）．
7) M. Kishimoto and H. Suzuki : *J. Ferm. Bioeng.*, **80**, 58–62（1995）．
8) P. M. Doran : Bioprocess Engineering Principles, Academic Press, pp.206–208（1995）．
9) 永井史郎，吉田敏臣，菅健一，西澤義矩，田口久治：微生物培養工学，共立出版，pp.154–157（1985）．

第8章　ジャーファーメンターの取扱い

8.1　フラスコ培養とジャーファーメンター培養の違い

　好気性微生物の培養の方法には，静置培養，振とう培養，通気撹拌培養があります。通気撹拌培養を行う発酵槽は実験室スケールのミニジャーファーメンターでは，1Lから10L程度の容積のものがよく使用されます。パイロットスケールの発酵槽は100Lから数kL程度の容積で，工業用の発酵槽の中には1,000kLを超える大型のものもあります。微生物が生産する有用物質を経済的に工業生産する場合は，大型発酵槽で培養する必要があります。つまり，育種や遺伝子組換えなどを行い，フラスコ培養で優秀な成績を示す菌株を作製することができても，ジャーファーメンター培養へのスケールアップができなければ，工業的には利用できないのです。それでは，ジャーファーメンター培養とフラスコ培養にはどのような違いがあるのでしょうか？

8.1.1　通気と撹拌

　[7.4]で詳述したように，好気性微生物の増殖には酸素が必要ですが，酸素は培地にはわずかしか溶けないので，培養中に効率良く供給を続けなくてはなりません。フラスコ培養では，振とうフラスコを用いて往復振とう培養をしたり，バッフルフラスコで回転撹拌をすることによって酸素供給速度を高めることができますが（[3.4]参照），まだまだ十分とは言えません。ジャーファーメンターでは槽内下部のスパージャーから泡状の空気が供給され，撹拌翼によって気泡が砕かれ細分化されます。その結果，気液界面積が増加するとともに気泡の滞留時間が長くなり，通気効率はフラスコ培養に比べて著しく高まります（図8-1-1）。

8.1.2　pHの制御

　微生物を増やしたり，微生物に物質生産をさせる場合，培地のpHは適切な範囲に保つ必要がありますが，培養の進行に伴って培地のpHは変化するのが一般的です。微生物が有機酸を生産したりアンモニウムイオンを取り込めばpHは低下し，余った窒素分がアンモニウムイオンとして放出されればpHは高まります（[2.1.3]参照）。培養液のpHがその微生物の増殖に適切な範囲を外れてしまうと，増殖は遅くなり，

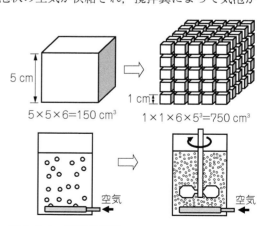

図8-1-1　撹拌の効果

1辺5cmの立方体の表面積は150 cm²だが，縦横高さ方向に5分割すれば，その総表面積は750 cm³に増える。同様に，ジャーファーメンターでは，撹拌によって気泡を細分化し，気液界面積を増やすことによって，気相から液相への酸素移動速度を大きくしている。

第8章 ジャーファーメンターの取扱い

目的とする物質の生産速度も低下していくので，培養液のpHを測定して適宜調節する必要があります。フラスコ培養の場合，培養液を一部サンプリングしてpHを測定し，酸またはアルカリを添加すればpHを調節することも可能ですが，無菌的にpHを調節するのは容易ではなく，手間もかかります。培地の緩衝能を上げてpHを変化しにくくする方法もありますが，緩衝作用にも限界があり，多くの場合，根本的な解決にはなりません。これに対して，ジャーファーメンターでは，加熱滅菌可能なpHセンサーを装着することができ，オンラインでpHを測定し，酸またはアルカリを自動で滴下してpHを一定に保つことができます（[4.3] 参照）。

8.1.3　溶存酸素濃度

溶存酸素（DO）濃度は好気性の微生物の培養においては非常に重要なパラメーターですが，フラスコ培養でDO濃度を測定することは困難で，DO濃度を制御することはほぼ不可能です。[4.5] に詳述したように，ジャーファーメンターには，滅菌可能なセンサーを装着し，オンラインでDO濃度をモニターすることができます。更に，微生物の増殖に伴ってDO濃度が低下すれば，自動的に撹拌速度または通気速度を上げ，DO濃度を一定レベル以上に保つことも可能です。

以上のように，フラスコ培養では制御しにくいpHやDO濃度を制御しながら培養することができる点がジャーファーメンターの大きな特長で，目的物質の生産性がフラスコ培養に比べて1桁以上あがることも少なくありません（**図 8-1-2**）。

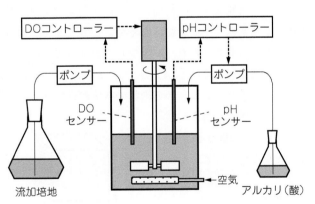

図 8-1-2　ジャーファーメンターでのpH, DOを制御した通気撹拌培養

8.2　各部の名称と機能
8.2.1　ジャーファーメンターの構成

ファーメンターは，本来，生産用の大型ファーメンターに対する言葉であり，培養槽本体の全容量が100 mL程度から数十L程度の小型のファーメンターは，小さな容器を意味する「ジャー（Jar）」をつけてジャーファーメンターと呼びます。これらの中でも，培養槽および周辺容器を含めてオートクレーブで滅菌できる大きさのものは，「ミニジャー」と呼ばれることもあり，実験室の卓上で使用できるようになっています。オートクレーブができないほどの大きさになる

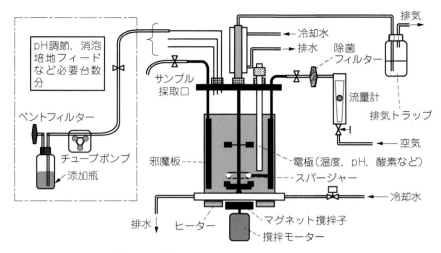

図 8-2-1　卓上型培養装置の構成

と，据付型の装置となり水蒸気を用いて滅菌します。このような滅菌方式を SIP（Sterilization in Place）と呼んでいます。

　ファーメンターは，その大きさに関わりなく，培養槽本体，槽本体内部部品，撹拌駆動部，空気除菌フィルター，各種配管（チューブ）システム，フィードポンプ（pH 調節剤，消泡剤，培地などの添加用），フィード液容器，各種センサー（温度，pH，溶存酸素，泡検知，濁度など），コントローラーなどから構成されています（**図 8-2-1**）。「ミニジャー」は卓上で運転できるように，培養槽本体および周辺機器，コントローラーなどが，ほぼオールインワンにまとめられており，おおむね 50 cm 未満の幅で設置できるようになっています。

　メーカーが作成したハードウェア構成図または概略フロー図には，培養槽本体を中心にして，配管（チューブ）で繋がっている各種容器，計測器，バルブ（コック）などと，培養状態を監視するための各種計測用センサー（電極など）と制御機器が書かれており，平面的な図ながら，その培養システムで何ができるかというおおよその機能を把握することができます。

8.2.2　培養槽本体の構造と機能

　培養槽本体の形状には**図 8-2-2**に示すようなタイプがあります。　図 8-2-2A は，槽本体が二重になっており，内側が培養槽，外側はジャケットと呼ばれ，温度調節の恒温水が流れるようになっています。ミニジャーでは，上蓋がステンレス鋼製，槽本体およびジャケットは共にガラス製です。図 8-2-2B は，上蓋と底部板がステンレス鋼製で，それに挟まれた円筒部分がガラス製です。底部板は中空構造になっており，温度調節用の水が流れるようになっています。図 8-2-2C は，ステンレス製の上蓋と，コップ状のガラス製容器によって槽本体が構成されています。温度調節は，ガラス容器の周囲に取り付けたバンドヒーターにより加熱され，槽本体内に挿入された管（クーリングフィンガーと呼ばれる）に冷却水が流れて冷却が行われます。

　図 8-2-3 の左側は下部マグネット撹拌型で，底部の外側でマグネットを回転させることによって駆動します。図 8-2-3 の右側は，上部撹拌型培養槽で，撹拌軸が上部蓋を貫通して取り付けら

第8章 ジャーファーメンターの取扱い

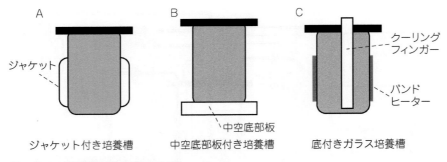

図8-2-2 培養槽本体の種々の形

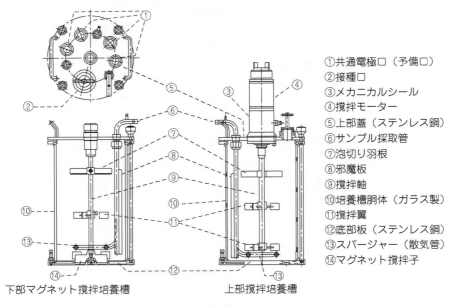

①共通電極口（予備口）
②接種口
③メカニカルシール
④撹拌モーター
⑤上部蓋（ステンレス鋼）
⑥サンプル採取管
⑦泡切り羽根
⑧邪魔板
⑨撹拌軸
⑩培養槽胴体（ガラス製）
⑪撹拌翼
⑫底部板（ステンレス鋼）
⑬スパージャー（散気管）
⑭マグネット撹拌子

図8-2-3 ミニジャーファーメンターの構造

れており，撹拌モーター（④）も上部蓋の上に取り付けられます。③は軸封部で，メカニカルシールと呼ばれる部品が入っており，軸が自由に回転でき，かつ，微生物が出入りできない構造になっています。培養装置において無菌性を維持する重要な部分であり，大型の培養槽にも採用されている技術です。⑬のスパージャーは，通気のための空気を細かい気泡にして培養液内に吹込む働きをします。スパージャーから出た気泡は，そのすぐ上に位置する撹拌翼（⑪）により，更に細かく砕かれるようになっています。⑧の邪魔板は培養槽の円周に沿って流れる培養液に対して垂直に設置され，流れの邪魔をして周辺から撹拌軸に向かう半径方向の流れを作る働きをします。この邪魔板が無い場合には，培養液全体が円周方向に移動するだけになり，有効な撹拌が行えなくなります。

　参考までに，槽全体がステンレス鋼製でSIP滅菌を行う全容量30Lの培養槽本体を図8-2-4に示します。中が見えるように強化ガラスが設けられた覗窓（sight glass）が付いています。槽本体の内径は280 mm，高さは480 mm程度です。全容量が20～90Lくらいの培養槽に採用さ

―228―

れている形状で、ベンチ状の鋼製架台に乗せられるのでベンチスケールあるいはベンチトップファーメンターなどと呼ばれることもあります。

8.2.3 培養槽周辺機器

ここでは、培養装置全体を構成する培養槽以外の周辺機器の構成と機能を見ていきます。図8-2-5は、装置全体を示す写真です。①のコントローラーは、タッチパネル面での操作により諸パラメーターの表示、設定を行います。培養運転に共通して必要な温度、pH、DO（溶存酸素）濃度、撹拌速度、消泡などの計測制御を基本機能として備え、オプションとして濁度、排気の酸素および二酸化炭素濃度、培地フィード量などの計測制御を追加する枠が用意されています。最近の機種の多くは、USBでパソコンに接続できるようになっており、培養の進行状況を記録するだけでなく、コントローラー単独では実施できない、より高度なユーザーが独自開発した制御を実施できるようになっています。③はpH調整用の酸またはアルカリ、および消泡剤が入った瓶で、④のチュービングポンプで培養槽に添加されます。⑤の空気流量計には流量調整用のニードル弁が付いており、この弁の絞りを調整して通気量を決定します。目盛りが付いたガラス管（上向き方向に広がりを持ったテーパー管）内に球状の浮子が入っていて、浮子は流量が大きいほど高く浮き上がるので、その位置の目盛りを読み取ることによって流量を知ることができます。装置によっては、空気流量をコントローラーの設定値に自動で制御できる機能を備えた「サーマルマスフロー

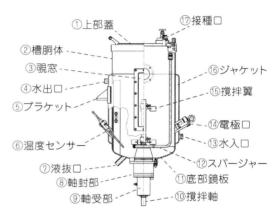

図8-2-4　30 L下部撹拌培養槽本体の各部名称

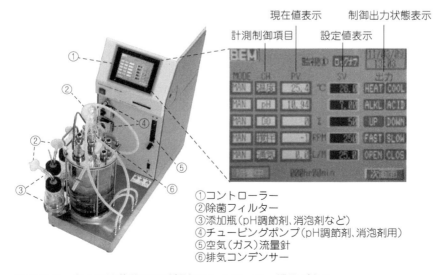

図8-2-5　卓上型培養装置の外観とコントローラー操作パネル

コントローラー」を用いることがありますが，通常はパネル内に収納されているので，表からは見えません。②の除菌フィルターは，フィルターメーカー各社から市販されており，培養槽にチューブで接続して一緒にオートクレーブ滅菌をすることができます。通気する空気の除菌には直径5cmほどのものを，酸，アルカリ，消泡剤の瓶の空気取入口には直径2cm程度の小型のものを取り付けます。⑥は排気に含まれる水蒸気を凝縮させてジャーに戻すコンデンサーで，冷却水のチューブが接続されています。

8.3 操作の実際

8.3.1 前培養

準備する前培養液の量は，目的にもよりますが，本培養培地の1％程度を目安にするとよいでしょう[※1]。前培養は，試験管→フラスコ→ミニジャーファーメンターと次第にスケールを大きくしていきます。一般的には，対数増殖後期の培養液を植菌するとよいとされていますが，小さなスケールであれば，プレートやスラントで培養した菌を使用することもできます。ただし，プレートやスラントの状態によって，前培養での微生物の増殖に影響が出ることがあります。例えば，図8-3-1のように，しばらく保管したスラントを使用した場合では，新しいスラントを使用した場合と比べて，増殖が極端に遅れることがあります（悪い前培養）。このように前培養が不安定になると，本培養までに回復できず，ジャーファーメンター培養の経過にも影響を与えることが多々あります。

再現性の高い培養実験を行うには，安定して良い前培養を行うことがもっとも重要なポイントの1つです。凍結保存が可能な微生物の場合[※2]，対数増殖後期の菌体に終濃度として15～20％（w/v）のグリセリンを添加して，小分けにしてディープフリーザー（−80℃）にストックしておき，これを解凍して前培養液の代わりにするとよいでしょう[※3]。この際，グリセロールストックは全量を解凍し，残ったものは廃棄して，次の培養には使用しないようにします[※4]。こうすることで安定した再現性のある前培養をすることができます（[12.1] 参照）。

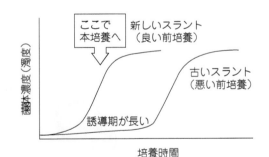

図8-3-1　良い前培養と悪い前培養

8.3.2 培地の分け方

[2.4]で述べたように，培地成分には，ビタ

※1　植菌時の操作が難しくなったり，前培養培地の持ち込み分の影響が無視できなくなったりするので，前培養の液量は本培養の液量の5％を超えない方がよい。
※2　カビなどの糸状菌の一部や藻類・シアノバクテリアには適さない場合がある。この場合は，新鮮なスラントなどから前培養液へ植菌する。
※3　グリセロールストックをそのまま植菌するとグリセリンを持ち込むことに注意。持ち込みが不都合なら，無菌的に遠心分離して生理食塩水などで洗浄してから植菌する。
※4　凍結融解時の氷結晶の成長や凍結濃縮による脱水などで細胞がダメージを受ける。凍結融解を繰り返す毎に生菌数は減少していくので，ストックは1回分ずつ小分けにする。

ミンや抗生物質などのように熱に耐えられない成分，システインなどのように容易に酸化されてしまう成分，同時に加熱すると望まない反応が起きてしまう成分があります。培地が入ったジャーファーメンターは熱容量が大きく，比表面積も小さいので，オートクレーブで滅菌する際の昇温も降温も長くかかり，フラス

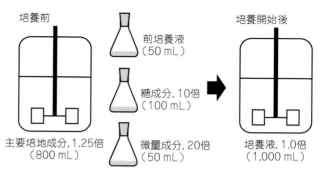

図 8-3-2　ジャーファーメンターでの培地の滅菌（分け方の例）

コなどで培地を滅菌する場合に比べて長時間高い温度にさらされます。このため，熱に弱い成分については濾過滅菌することは当然として，メイラード反応を起こす糖源（還元糖）と窒素源（一級アミン），溶解度の低い塩を作る2価カチオンとリン酸についても，それぞれ別滅菌するようにします[※5]。

　学術論文では通常，培地成分の濃度は終濃度で記載されています。ジャーファーメンター培養では，培地を複数の成分に分けて調製する場合，各成分の液量は，植菌する前培養液量を含めて考える必要があります。例えば，1 L の培地を調整する場合，図 8-3-2 のように 1.25 倍濃度の培地成分 A を 800 mL，10 倍濃度の糖成分 B を 100 mL，20 倍濃度の微量成分 C を 50 mL，前培養液分を 50 mL とし，合計で体積は 1 L で各培地成分は 1 倍量となるように調製します。培地成分 A はジャーファーメンター本体に入れて滅菌し，成分 B と C はフラスコに入れて滅菌します。ビタミンなど，濾過滅菌する成分は，オートクレーブ後にクリーンベンチ内で成分 B または C のフラスコに加えます。

コラム69　培養に用いる水

　試験研究目的では，培地に使用する水は特に指定がない限り，脱イオン水グレードの水を使用します。脱イオン水とは，イオン交換樹脂で水道水中のイオン成分を除去した水で，比抵抗値が 0.5～1 MΩ·cm 程度の水です。超純水は更に逆浸透膜等を使って精製した水で[※6]，比抵抗値 18 MΩ·cm 以上のものを指します。超純水を培養に使用すると，微量成分が不足し微生物の増殖に影響を与える場合があります。水道水の水質は水源や季節により微量成分組成が大きく異なるため，培地の組成によっては微生物の培養挙動に影響する場合があるので避けた方が無難です。一方，工業的な培養においては，コスト削減の観点から地下水や水道水を使用する場合も多いので，工業利用を想定した培養実験では，工場で使用する水の影響を調べることも重要です。医薬品に用いる細胞培養では，発熱性物質（エンドトキシン）を含まない注射用水を用いる場合もあります。

※5　例えば酵母の培養に用いる YPD 培地は，フラスコスケールでは全ての成分を混ぜてオートクレーブしても問題ないが，ジャーファーメンターの培地として用いるなら，グルコースは，酵母エキスおよびペプトンとは分けて滅菌した方がよい。

※6　多くの研究室では，Merck Millipore 社の MiliQ システムが導入されていることが多く，研究室内では超純水のことを「MiliQ 水」と呼ぶことが多い。MiliQ システムは Merck Millipore 社の商標であるので，発表や論文の中では「超純水」あるいは「ultrapure water」とする。

8.3.3 センサーの校正

ジャーファーメンターに使用するpHセンサーやDOセンサーは使用前に校正する必要があります。ジャーファーメンターのメーカーによって校正方法は異なりますが，通常のpHメーターと同様に，pH 6.86 と pH 4.01 の標準液を用いて校正します（［4.3］参照）。

DOセンサーは，培地を滅菌した後，前培養液を植菌する前に通気撹拌することによって空気飽和し，この状態を100%，DOセンサーの電極ケーブルを外した状態を0%として校正します。DO濃度の絶対値を知りたい場合については，［4.5］を参照してください。

8.3.4 酸，アルカリ，消泡剤の準備

pHを制御する場合は，図8-3-3のように，蓋にシリコンゴム栓を介して2本のステンレスパイプが付いたメジウム瓶に酸またはアルカリ溶液を用意します。一方のパイプの内側には，瓶の底にちょうど届く長さのシリコンチューブをつなぎ，外側にも適当な長さのシリコンチューブをつなぎます。このチューブの長さは，ローラーポンプを介してジャーファーメンターの上部に設けた注入口までの長さです。ローラーポンプでしごかれる部分は次第に劣化し，ふさがってしまったり破れたりすることもあるので，この部分だけ耐摩耗性が高いファーメドチューブ[※7]を使うこともあります。シリコンチューブの先は，ジャーファーメンターに接続した状態でオートクレーブ滅菌しますが，ジャーファーメンターと別に滅菌する場合はチューブの先端に青梅綿を詰めておきます[※8]。何れの場合も，オートクレーブする際には，チューブは瓶に近い部分でピンチコックまたはスクリューコックで閉じておきます（図8-3-3）。このパイプは，もう一方のパイプよりも2cmほど長めにしておくと，パイプごとピンチコックで挟むことによってコックを解

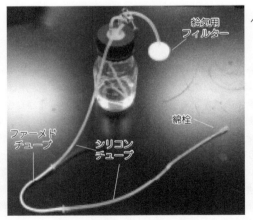
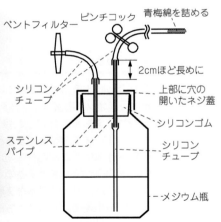

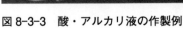

図8-3-3　酸・アルカリ液の作製例

※7　アメ色のチューブ。シリコンチューブより耐摩耗性に優れる。オートクレーブ可能。
※8　ここで使う綿は脱脂していない青梅綿。脱脂綿は濡れてしまうので不可。アルカリ（酸）が足りなくなって追加する場合などに，中身のみを注ぎ足すのではなく，もう1つ図8-3-2に示すセットを作成してセット全体を付け替える。オートクレーブする際には，チューブの先がチャンバーの水に浸からないように注意する（巻いてビニールテープで止め，瓶の上に乗せるとよい）。

放することができて便利です。もう一方のパイプは給排気用で，オートクレーブ時などに，瓶のヘッドスペースの空気が出入りする部分です。パイプの内側には何もつなぐ必要はなく[※9]，外側にはシリコンチューブを介して直径2～3 cmの除菌フィルターをベントフィルターとして接続しておきます。なお，オートクレーブをする際には，このフィルターと綿を詰めたチューブの先は，濡れないようにアルミホイルで覆っておきます。なお，詰めた綿は使用前に火炎滅菌したピンセットでつまんで取り除きます。

　pH調整には，酸としては1～2M程度の塩酸または硫酸が用いられます。アルカリとしては1～2Mの水酸化ナトリウム水溶液や7～14％程度のアンモニア水を使用します。アンモニア水をアルカリ液として加える場合は，希釈用の水と容器のみをオートクレーブで滅菌し，冷却後，クリーンベンチ内で濃アンモニア水[※10]を加えて調製します。筆者の経験からアンモニア水はそのまま使用してもコンタミしたことはありませんが，もし心配であれば濾過滅菌します。塩酸は蒸発してオートクレーブのチャンバーを痛め，水酸化ナトリウムはメジウム瓶を次第に溶かしていきますので，メジウム瓶には希釈水だけを入れてオートクレーブし，別に除菌した濃い塩酸と

コラム70　ステンレスパイプの切断とシリコンゴム栓への挿入

　酸，アルカリ，消泡剤，流加培地などは，ステンレスパイプを通したシリコンゴム栓をジャーファーメンターの電極口に取り付け，これを介して培養液に注入します。ステンレスパイプは直径2～3 mmのものを購入し，専用のパイプカッターで切断します。パイプカッターがない場合は，パイプの全周に平ヤスリで深めに傷を入れ，両手で上下左右に少しずつ曲げ，折るようにして切断します[※11]。切断面にはヤスリをかけて，手指やチューブが切れないようにしておきます。シリコンゴム栓にステンレスパイプを挿入する際には，キリなどで穴をあけ，パイプを挿入します。パイプの中に詰まったゴムのカスは，パイプよりもやや細い針金を挿入して取り除きます。

コラム71　pH，DOセンサーの取り付け方

　pHセンサー，DOセンサーは，ジャーファーメンターとセットになっていて，ねじ込み式で装着できるようになっている場合と，ユーザーが自分でシリコンゴム栓などを用いて電極口に取り付ける場合があります。使用していない電極口には，シリコンゴム栓が取り付けられ，これが上部に穴の開いたネジ蓋で固定されています（図7-3-4）。このシリコンゴム栓に，センサーと同じ直径のコルクボーラーを用いて穴をあけます[※12]。シリコンゴム栓がせりあがった状態でネジ蓋のネジがからない場合は，シリコンゴム栓の上部を少しカッターナイフで切って短くするとよいでしょう。

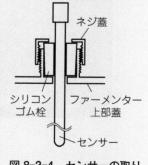

図8-3-4　センサーの取り付け方

※9　パイプの先が溶液に浸かってしまわないように注意する。
※10　試薬のアンモニア水は約28％のアンモニアが含まれている。アンモニアは窒素源としても機能する。
※11　曲げ過ぎると断面がつぶれてしまう。
※12　この穴は大き過ぎると密閉性が悪くなり，小さ過ぎるとセンサーが挿入できなくなる。

水酸化ナトリウムの溶液をクリーンベンチ内で入れるようにした方がよいでしょう。pH調整用溶液の種類と滅菌法については，[4.3] も参考にしてください。

　微生物が生産するタンパク質や酵母エキスなどの培地成分に含まれるペプチドなどは，1つの分子の中に疎水部と親水部を持つため，界面活性剤として働き，通気によって生じた泡が消えにくくなります。培地が発泡した時，放置すれば泡とともに培地があふれてしまうので，消泡剤を添加する必要があります。消泡剤にはシリコーンオイルなどを用います。入れ過ぎると，$k_L a$ が低下して溶存酸素濃度が下がってしまうことに注意が必要です。

8.3.5　セットアップ

　まず，ジャーファーメンター本体に，主要培地成分を入れ，上蓋を閉めます。次に，所定の位置に温度センサー，pHセンサー，DOセンサー，サンプリングライン，機種によってはクーリングフィンガー（[8.2] 参照）を取り付けます。**図 8-3-5** はエイブル社の1L容のミニジャーファーメンターの上部の様子です。使用しない口があれば，穴のあいていないシリコンゴム栓をネジ蓋で止めてふさぎます。pHセンサー[※13]，DOセンサーは，先端が培地に浸った状態で滅菌するようにします。センサーはコネクターの金属部分が露出した状態で滅菌すると腐食による接触不良や故障の原因となります。ケーブルは外し，コネクター部分にはキャップをしておきます。

　スパージャーにつながるラインには，孔径 0.2〜0.45μm の除菌フィルターを装着し，除菌フィルターとスパージャーの間は閉じた状態にします[※14]。ポリテトラフルオロエチレン（PTFE）製の除菌フィルターなどは，水が入ると通気できなくなるので，アルミホイルなどで軽く包んで水が中に入らないようにします。フィルターの装着や通気ラインの閉じ方の具体的な方法は，

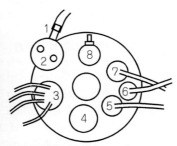

1　通気口（スパージャーへ）
2　排気コンデンサー
3　酸・アルカリ・サンプリング・流加用パイプ
4　植菌口
5　DOセンサー
6　温度センサー
7　pHセンサー
8　クーリングフィンガー

図 8-3-5　ジャーファーメンターの上部

※13　密閉式のpHセンサーが多い。密閉式のpHセンサーは一般のpHセンサーと異なり電極液を交換することができない。50回以上のオートクレーブに耐えることができる設計になっているが，使用状況により，劣化が早まることがある。突然故障することがあるので，予備を用意しておく方がよい。

※14　閉じておかないとオートクレーブ時に培地が逆流する。

ジャーファーメンターのメーカーや機種によって異なるので，それぞれのマニュアルを参照してください。

排気口には，排気中の水蒸気を凝縮させてジャーファーメンターに戻すコンデンサーを取り付け，その先に除菌フィルターを取り付けます。このフィルターは，オートクレーブ時に，ヘッドスペースの空気が出入りするためにも必要で，アルミホイルなどで軽く包み，空気の出入りを妨げず[15]，かつ，濡れないようにしてオートクレーブします。

必要に応じて，酸，アルカリ，消泡剤，流加培地[16] などのラインを接続します。これらのライン，およびサンプリングラインは，ホフマン式[17] のピンチコックで閉じておきます。特に，サンプリングラインを閉じ忘れると，オートクレーブ中に容器内外の圧力差により培地が吹き出てしまうので注意しましょう。

図8-3-5にもあるように，ジャーファーメンターには多くのチューブが使われています。図8-2-1の構成図において，で記してある箇所は，チューブ開閉用のピンチコックが取り付けられています。オートクレーブ滅菌が終わって培養槽を取り出した時に「あれっ？」という失敗がないように，最低限確認しておくべきことを**表8-3-1**にまとめます。また，オートクレーブ

表8-3-1　オートクレーブ滅菌時のチューブの処理

チューブの名称	クリップ開閉処理	目的
サンプリング	閉じる	培地の流出を防ぐ
除菌フィルター出口	閉じる	培地の逆流を防ぐ
調節剤フィード	閉じる	添加瓶からの流出を防ぐ
排気	開放＋先端に綿栓またはシリコセン	加熱時に空気を逃がし，冷却時に外気を濾過して取り込む。オートクレーブする際に出口になるチューブが折れたりして，空気が逃げなくなると圧力がかかり過ぎてベッセル（培養槽）が割れることもあるので注意する

表8-3-2　培養運転時のチューブの処理

チューブの名称	クリップ開閉処理	目的／備考
サンプリング	閉じる	サンプル採取時のみ開く
除菌フィルター出口	外す	通気流路を確保する
調節剤フィード	外す	調節剤フィードの流路を確保する
排気	開放またはやや絞りを入れ，先端を排気トラップ瓶に入れる	コンタミしにくいようにやや内圧を高め，排気チューブ先端から凝縮水などが直接実験台上に垂れるのを防ぐ

---

[15]　空気の出入りが妨げられると，培養槽がガラス製であれば内外の圧力差で割れることがある。

[16]　流加培地に別滅菌する成分がある場合，流加培地のラインを発酵槽の入口で閉じると，別滅菌成分が入っていない培地がオートクレーブによってラインに満たされてしまう。これを防ぐため培地容器の出口で閉じるようにする。

[17]　スクリューコックと呼ぶ場合もある。第8章コラム[72]参照。

—235—

第8章 ジャーファーメンターの取扱い

後，培養を始めるまでに開閉しなければならない箇所について，表8-3-2にまとめます。

これらのチェックポイントを総括すると，

「空気のある場所は，全て，フィルターを介して外と直接つながっていなければならない。」

と表現することができます。オートクレーブの際に，蒸気と置き換わるために空気が出ていく経路が必要であり，オートクレーブ後には逆に，外から空気が入ってこなければなりません。蒸気が入ってこなければ温度が上がりませんし，入ってくる空気は除菌されていなければなりません。「全て」としている理由は，例えば，ジャーファーメンターとフラスコをつないだチューブを，ジャーファーメンター側とフラスコ側の2か所で閉じてしまうと，その間の部分は蒸気が出入りできず，滅菌が不完全になるからです（[1.2.3（1）]参照）。また，ジャーファーメンター本体のヘッドスペースは，通気ラインの除菌フィルターを介して外気とつながっていますが，オートクレーブ時には培地を入れますので「直接」ではありません。このラインは閉じておかないと，ヘッドスペースの空気が出ていく際に培地がジャーファーメンターの外に押し出されてしまいます。

> **コラム72　ピンチコックの使い方**
>
> 　シリコンチューブを閉じる際にはピンチコックを用いますが，これにはホフマン式とモール式があります（図8-3-6）。オートクレーブ時のように，圧力がかかる可能性がある場合には，ホフマン式を使う方が確実です。ホフマン式のピンチコックは，ネジで真ん中の板を押し下げて下の板との間にチューブを挟むことによって閉じますが，ネジの頭が真ん中の板の下にわずかに出ていて，板の中央にチューブを挟んで締め付けると，チューブに穴があいてしまうことがあります。これを避けるために，②に示すように，ネジの部分にあたらないようにチューブを折り返して挟むとよいでしょう。あるいは，③に示すように，適当な長さに切った内径4～6 mmのシリコンチューブを縦に切って開き，ネジの部分をカバーしてチューブを挟むとよいでしょう。モール式のピンチコックは，バネが弱いとしっかり閉じることができない場合があります。このような場合は，チューブを二つ折りにして厚みをかせいだ状態で挟むとよいでしょう。

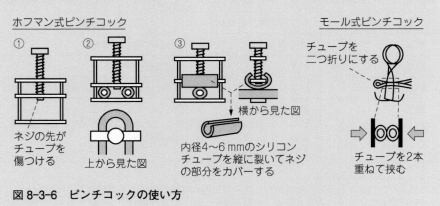

図8-3-6　ピンチコックの使い方

8.3.6　オートクレーブ

　オートクレーブは121℃で20〜30分行います。内容量が多く，ジャーファーメンター自体の熱容量も大きく，昇温に時間がかかるため，通常のオートクレーブよりも長めに滅菌します。温まりにくいのと裏返しに，冷えにくいので，オートクレーブから出す時には，突沸に注意が必要です。オートクレーブは，表示温度が60℃程度まで下がるのを待ってから開けます[18]。開けた後も，その状態で数分待ってから取り出すようにします。オートクレーブ後のジャーファーメンターは50℃程度まで放冷し[19]，50℃以下になったら，冷却ラインやセンサーのケーブルを接続します。体積が大きいジャーファーメンターはオートクレーブ後の冷却に時間がかかります。オートクレーブ滅菌は培養を始める前日に行う方が余裕を持って実験できます。

　糖液や金属の溶液など，別に滅菌する溶液は，フラスコに入れてシリコセンとアルミホイルをして，オートクレーブ滅菌を行います。ビタミンなどの熱に弱い成分を含む溶液は，クリーンベンチ内で0.2〜0.45 μmのフィルターで滅菌します。ジャーファーメンターには，残りの成分を入れてオートクレーブ滅菌していますので，放冷した後，これらの溶液を加えて培地を完成させます。ジャーファーメンターが小型であれば，この作業はクリーンベンチ内で行うとよいでしょう。ジャーファーメンターをクリーンベンチ内に持ち込むことができない場合は，まず，ジャーファーメンターに加えるべき培地成分を，クリーンベンチ内でどれか1つの溶液の容器にまとめ，それを［8.3.7 (3)］の要領でジャーファーメンターに添加するようにします。この方が操作しやすく，コンタミのリスクを軽減できます。

8.3.7　ジャーファーメンターへの植菌

(1)　冷却水・センサーの接続と確認

　ジャーファーメンターの植菌前に，冷却水ライン，通気用の空気供給ライン，各センサーを接続し，撹拌を開始し，温度制御を開始します。培養槽の温度が所定の温度に近づいたら所定の流量[20]で通気を開始し，培地が空気飽和された状態でDOセンサーの100%出力の校正を行います（［4.5］参照）。pHセンサーやDOセンサーは接続直後には正しい指示値を示さないことがあり，安定するまで30分から1時間待たなければならないこともあります。pHセンサーはオートクレーブによって指示値がずれる場合があるので，［8.3.9］の要領で培養液を少しサンプリングし，分析用pHメーターで指示値が正しいことを確認した方がよいでしょう。指示値がずれていても，pHに応答しているのであれば，ずれを見込んでpHの目標値を設定すればpHの制御は可能です。もし，酸（またはアルカリ）を入れても指示値が変化しなければ，センサーを交換し，センサー校正からやり直す必要があります。

---

[18]　オートクレーブの表示温度とジャーファーメンターの培地の温度に30℃以上の差があることは珍しくない。表示温度70℃ぐらいでも危険な場合も少なくない。

[19]　50℃以上では安全装置が働き，冷却水が流れないモデルが多い。

[20]　温度が下がる前に通気すると，蒸発量が無視できないことがある。通常は1 vvmで通気する。培養液量がx Lであれば，x L·min^{-1}で通気する。

第8章　ジャーファーメンターの取扱い

(2) 植菌前の準備

1) ジャーファーメンターの周囲を整理整頓し，特に，不必要な可燃物は片づけておきます。
2) 植菌口のそばにチューブやセンサーのケーブルがある場合は，燃えたり溶けたりしないようにアルミホイルで覆って保護しておきます。
3) エタノールが入った瓶は，万一，落としたり倒したりして火が付いた場合を考え，必要最低限の量を入れるようにします。また，事前に消火器の場所，使い方も確認しておきましょう。瓶はジャーファーメンターのそばには置かず，火から離れた，ひっかけて倒したりしない安全な場所に置きます。
4) 植菌口の周りの枠に脱脂綿を詰め，エタノールを適量染み込ませておきます。脱脂綿が少な過ぎたり詰め込み過ぎると火が付きにくく，逆に，多過ぎたり枠からはみ出していると火が大きくなり過ぎるので，植菌前に一度火をつけて適切な大きさの火が付くかどうかを確かめておきます[※21]。
5) 植菌口の火を消すための蓋が手元にあることを確認しておきます。消火用の蓋はジャーファーメンターに付属していますが，もしなければ，アルミホイルを適当な厚みに折って半球状のものを作り，植菌口にかぶせて消火できるようにしておきます。

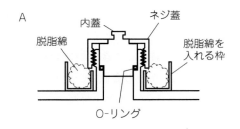

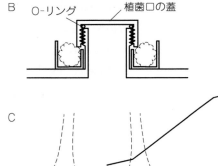

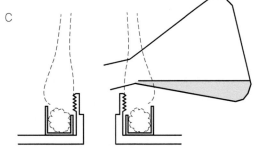

図8-3-7　植菌口の構造と植菌操作
A：内蓋があるタイプ。B：内蓋がないタイプ。C：脱脂綿に染み込ませたエタノールに点火して植菌する。

(3) 植菌操作

培養槽に通気がされていることを確認した上で，植菌口のネジ蓋を軽く緩めておきます[※22]。前培養液の入ったフラスコ，別滅菌した成分を入れたフラスコを用意し，内蓋式の植菌口（図8-3-7A）の場合はピンセットも準備しておきます。利き腕に軍手を二重にはめ，エタノールを染み込ませてある植菌口の脱脂綿にライターで火を付けます。軍手をした手で植菌口の蓋（ネジ蓋）をはずし，内蓋はピンセットでつまんで外します。別滅菌した培地成分が入ったフラスコの口を，植菌口の火であぶってからシリコセンを外し，手早く，かつ，こぼさないようにジャーファーメンターに注ぎます（図8-3-7C）。同様に，前培養液もフラスコの口を火炎滅菌してから植菌します。作業の途中で火が消

※21　火が大きければ脱脂綿を押し込み，小さければ少し引っ張り出す。
※22　通気されていれば植菌口を緩めてもコンタミしない。

えそうになっても慌ててはいけません。火が付いた状態で<u>エタノールを継ぎ足すのは非常に危険で，決して行ってはいけません</u>。必ず火が消えている状態で行ってください。火が消えても，植菌口の周辺は熱く，上昇気流が起きているのでコンタミしません[23]。

　培地と前培養液を入れ終わったら，軍手をした手で蓋を持ち，火で軽くあぶってから植菌口にはめ，蓋をねじ込んで密閉します。内蓋式の場合は，ピンセットで内蓋をつまんで植菌口の火であぶってから植菌口にはめ，ネジ蓋をはめてねじ込みます。一連の作業が終わったら，消火用の蓋をかぶせて火を消し，作業は終了です。植菌口の周辺は非常に熱くなっているので，ヤケドしないように注意してください。

　初心者には植菌操作は難しいので，熟練者に指導してもらうのが理想です。指導が受けられない場合は，培地を入れていない空のジャーファーメンターと水を入れたフラスコで一連の操作を練習してから本番に臨むとよいでしょう。エタノールを注ぐ量は，多過ぎると危険ですし，少な過ぎると植菌が終わらないうちに火が消えてしまいますので，脱脂綿の詰め方と併せて，練習する際にどの程度が適量かを確認しておくとよいでしょう。

8.3.8　流加培養

　流加培養の理論については，第7章で解説しましたが，ここでは，実際にどのような機材を用いてどのように操作して培地を加えればよいかを解説します。もっとも簡単な流加方法は逐次添加法です。逐次添加法ではフラスコなどに準備した滅菌した培養基質を，植菌口から植菌と同様の操作で添加する方法です。非常に簡便なので，基質が不足しているか，流加が効果的かを検証するのにも便利な手法です。ただし，基質濃度が一気に高まるので，グルコースによる生産抑制が起きる場合には不向きです[24]。

　定速流加や指数流加を行う場合は，**図8-3-8**に示すようなチュービングポンプを用いて流加

コラム73　軍手をすれば火の中に手を入れても平気

　たとえ軍手をしても，火の中に手を入れるのには抵抗があるかも知れませんが，以下のポイントに注意すればヤケドすることはありません。
(1)　軍手は必ず乾いたものを二重にはめる。湿っていると断熱効果が劣り，すぐ熱くなります。また，1枚では十分に断熱できません。
(2)　指先まできちんとはめる。指先に軍手の生地が余っている状態だと火が付きやすくなります。
(3)　焦げた軍手は使わない。何度か使うと表面が焦げてきます。焦げた軍手は燃えやすくなるので交換します。この時，火が付きにくいように水で濡らすのはNGです。
(4)　火が付いても慌てず，もみ消します。それでも消えなければすぐに軍手を脱ぎます。
(5)　一端火が付いた軍手には必ず水をかけて消化する。軍手に付いた火は消えたように見えても長時間くすぶることがあり，放置すると再発火することがあります。必ず水をかけて完全に消火してください。

---

[23]　火が消えそうになったら，いったん完全に消火してからエタノールを継ぎ足すこと。火が消えても植菌口周辺は熱を持っており，上昇気流が生じているので簡単にはコンタミしない。
[24]　酵母の場合であればグルコース投入量が多ければ好気発酵が起きる。

します。指数流加の場合はパソコンで制御できるタイプのチュービングポンプを使用すると便利ですが，図8-3-9のように，1～2時間毎に流量を段階的に増加させる方法でも，多くの場合，問題ありません。

ポンプの設定値（目盛り）と流速の関係は，予め，培地または水を用いて調べておきます。使用するチューブの内径や材質によって流速が変わるので，培養で使用するチューブと同じ材質のチューブを用います。一定時間内に流れる水の量を求めればよいのですが，流量をメスシリンダーで測定すると時間がかかってしまうので，チューブの先に適当な容量のメスピペットをつないで流量を測定するとよいでしょう。

流加用の培地は 図8-3-3に示した要領でファーメンターに接続します。チュービングポンプの特性上，連続使用によるチューブの劣化や変形により，予備検討通りの流量が流れない場合があります。このような場合に備えて，流加培地は容器ごと電子天秤に乗せ，設定通りに培地が添加されていることを確認できるようにしておくとよいでしょう[25]。

8.3.9 サンプリング
(1) 培養液のサンプリング

ジャーファーメンターには，サンプリングラインが用意されています。大型の装置の場合は，排気口を閉じ，槽内の圧力を少し上げた状態で，サンプリングラインのバルブを開けることで，サンプルを取り出す方式が多いようです。実験室スケールのミニジャーファーメンターでも同様の操作が可能ですが，圧力をコントロールしながらのサンプリングには習熟が必要で，初心者には難しい作業になります。筆者らの研究室では，サンプリングラインにシリコンチューブをつなぎ，次のようにして，注射器でサンプルを引き抜くようにしています。

　1) 注射器には，チューブの着脱が簡単にできるように，図8-3-10のように両端をカットした

図8-3-8　チュービングポンプ
写真はアトー㈱製のAC2120バイオペリスタミニポンプ。流量の設定域が広く，設定値と流量がほぼ比例するため，高精度な流加制御に向いている。外部制御可能。

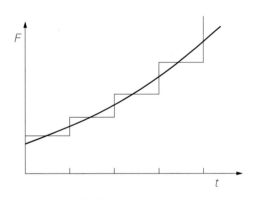

図8-3-9　階段状に流速を変化させる
t時間後と$t+1$時間後の流速を計算し，その1時間の間はその平均の流速で流加する。

※25　流加培地の密度を実測しておけば流量に換算できる。空のメスシリンダーの重量を測定しておき，流加培地を適当量注ぎ，体積と重さを測定して密度を計算する。

200 μL 容のチップを装着しておきます[※26]。

2) サンプリングラインには内径2 mm 外径3 mm のシリコンチューブを 20～30 cm つなぎ、出口をピンチコックで閉じておきます。

3) この時、サンプリングラインとチューブの長さと内径から、内容量を計算しておきます。例えばサンプリングラインもチューブも内径2 mm（半径0.1 cm）で、ラインとチューブの合計の長さが 50 cm なら、約 1.6 mL（≒ 3.14×0.1²×50）です。

4) サンプリング時には、カットしたチップを装着した注射器をチューブにつなぎ、その後、ピンチコックを外します。

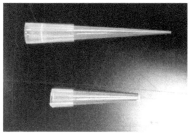

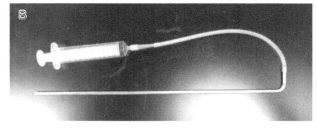

図 8-3-10　サンプリングラインの作製方法
A：チップをカットしてコネクターを作製する
B：作製したサンプリングライン

5) 注射器のピストンを引いて、3)で計算した容量の 3～5 倍程度の培養液を吸引します。
6) ピンチコックを閉じてから注射器をチューブから外し、内容物を廃液用のフラスコやビーカー[※27]に捨てます。
7) 再び注射器をチューブにつなぎ、必要量の培養液を吸引します。
8) ピンチコックを閉じてから注射器をチューブから外し、内容物をサンプルとして回収します。サンプルを取り出しても微生物は活動を止めた訳ではなく、状態はどんどん変化していきます。サンプル液をすぐに冷やして変化を抑えるか、菌体と培養液をすぐに吸引濾過で分離するなどの作業が必要です。

サンプリングの際には、コンタミネーションを防ぐために、培地を引き抜いた後、ライン内の培地は培養槽内に戻らないように気をつけます。また、サンプリング時に、液だれなどで、培養液が実験台に落ちた場合は、すぐに 70%（w/w）エタノールなどで殺菌します。初めての人は、実際に培養する前に、ジャーファーメンターに水を入れて通気した状態で一連の操作を練習しておくとよいでしょう。

※26　注射器に内径2 mm のシリコンチューブをつなぐのは簡単ではないので、異径ジョイントとして使う。根本側を 6～8 mm 切り取ると注射器にしっかりと装着できる。先端側は、その外径が 2 mm（シリコンチューブの内径）ぐらいの部分で切り取る。
※27　前培養に使用したフラスコを廃液入れとして使用し、培養後にジャーファーメンターと一緒に、オートクレーブ滅菌するとよい。

第8章　ジャーファーメンターの取扱い

2013/12/24	菌株：No.2 株						
初期条件：温度 37℃ pH 6.8							
撹拌 600 rpm 通気 1.5 L/min							

時刻	時間 [h]	菌体濃度 [g-cell・L⁻¹]			pH [−]	DO [%]	………
		希釈	OD₆₆₀	濃度			
9:00	0	1	0.24	0.060	6.8	100	
10:00	1	1	0.30	0.075	6.8	99	
11:30	2.5	5	0.10	0.125	6.8	97	
.							
.							

図 8-3-11　記録紙の例

(2)　データサンプリング

　多くのジャーファーメンターでは，温度，DO，pH，撹拌速度などのデータを，デジタルデータとしてパソコン（PC）に取り込むことができます。データを PC に転送する機能がない場合は，ジャーファーメンターに内蔵されたレコーダーに記録させるか，センサーの出力を電圧の形で取り出してペンレコーダーに記録します[28]。最近の PC システムは安定しているので，培養中にトラブルを起こすことはまれになりましたが，PC がフリーズする，通信エラーでデータが得られない可能性もありますので，PC によるデータサンプリングと並行して，記録紙にもデータを残しておく方が安心です。培養経過のデータも PC に直接打ち込むのと並行して，紙ベースでも記録することをお勧めします。例えば，**図 8-3-11** のような表を Excel で作製してプリントアウトし，バインダーに挟んで使用すると便利です。

8.3.10　培養終了後の操作

(1)　集　菌

　培養した微生物の生産物や，菌体もしくは酵素などの菌体内成分を利用したい場合，培地と菌体を分離する操作をします。培養液はサンプリング管に長いチューブを付け，排気ラインを閉じれば，内圧が高まってサンプリング管から取り出すことができます。あるいは，ジャーファーメンターを止めた後，ジャーファーメンターの上部の蓋を取り外し，3〜5 L 容のオートクレーブ滅菌が可能なポリビーカー[29] などに培養液を移します。更に遠沈管に培養液を小分けして，遠心分離機で菌体と培養上清を分離します（[3.8] 参照）。

---

[28]　ジャーファーメンターのマニュアルを見れば，センサーからの出力電圧が分かるので，レコーダーのレンジをそれに合わせ，プラマイナスを間違えないように接続する。

[29]　オートクレーブに耐えられるステンレス製ものを購入する。透明なものは，オートクレーブに耐えないポリカーボネート製が多いので，カタログなどで耐熱温度を確認すること。

⑵　事後の滅菌

　組換え生物や病原性微生物はもちろん，非組換えの非病原性株であっても，培養液を大量に下水に流すと，環境や下水処理に影響します。従って，ジャーファーメンター培養をした後には，必ずオートクレーブ滅菌をした後で，培養液の処理と機器の洗浄をしなければなりません。

　まず，<u>保護メガネを装着してから</u>，酸，アルカリ，消泡剤，流加用培地のチューブを外します。チューブを外す際には，チューブ内の液が飛び散らないように注意します。通気口ラインとサンプリングラインを閉じ，ジャーファーメンターごと，オートクレーブ滅菌します。培養液をほとんどもしくは全て回収した場合は，pH センサーや DO センサーの劣化を防ぐために，センサーの先端[30] が浸かる程度まで，水を入れてからオートクレーブ滅菌します。菌体を遠心分離した上清が不要であれば，これをジャーファーメンターに戻してオートクレーブするとよいでしょう。滅菌後の培養液は，所属機関の廃液処理のルールに従って廃棄します。

⑶　ジャーファーメンターの洗い方

　ジャーファーメンターは複雑な構造をしています。ジャーファーメンター内部にはインペラ（撹拌翼），邪魔板，ステンレス管のほかセンサー類が取り付けられており，それらの接続部，管の内部などにも，微生物や培地成分が付着します。これらの汚れを洗い流しておかなければ，次の培養に影響を与えることが少なくありません。筆者もセンサー類の校正をして，ジャーファーメンターに培地を入れてオートクレーブ滅菌をしたら，前の培養の汚れが残っていて培地が濁ってしまい，準備をやり直すということを何回も経験しています。洗浄の手順は決まっている訳ではありませんが，筆者が普段行っている手順を以下に紹介します。

　1)オートクレーブ後，ジャーファーメンターを十分冷まします。

　2)pH センサーを取り外し，水道水で洗浄し，脱イオン水ですすぎます。

　3)DO センサーを取り外し，水道水で洗浄し，脱イオン水ですすぎます。

　4)培養槽の上蓋を取り外し，本体（ガラスベッセル）を洗浄し，脱イオン水ですすぎます。

　5)上蓋から排気コンデンサー，サンプリングライン，酸・アルカリの供給ラインを取り外し，洗浄します。これらの部品は内部にも微生物や培地成分が付着していることが多いので，流水で内部もよく洗浄します。汚れのひどいチューブ類は廃棄し，新しいものと取り換えます。

　6)給気ライン（給気フィルターにつながっているチューブ）を取り外し，水道水を注入してスバージャー部分に十分に水を通して洗浄します。スバージャー部分は，前回の培養液が残り，次の培養に影響することが多いので，特に念入りに洗浄します[31]。

　7)その他，植菌口，使用していない電極口をふさいでいたシリコンゴム栓などをすべて取り外し，個別に洗浄し，脱イオン水ですすぎます。

　8)最後に残った，ジャーファーメンター上部や撹拌翼を丁寧に洗浄し，脱イオン水ですすぎます。

　9)実験台などに広げて，自然乾燥します。

　10)乾燥したジャーファーメンターを組み立てます。

※30　pH センサーについては液絡部が浸かるまで水を入れる。
※31　取り外してブラッシングするか，超音波洗浄器にて洗浄する。

8.4 安全上の注意

8.4.1 オートクレーブに関する注意

バイオ関連の研究室での事故のトップ3は，オートクレーブがらみのヤケド，遠心分離時の事故，ガラスによる切り傷です。ジャーファーメンターをオートクレーブする際には，一般的なオートクレーブ操作の注意に加えて，次の点に注意が必要です。

オートクレーブの温度センサーは，オートクレーブの壁面に設置されています（**図 8-4-1**）。オートクレーブが終わると，オートクレーブは放冷によって外側から冷えていきます（図 8-4-1 C）。培地が入ったジャーファーメンターのように熱容量が大きなものは，フラスコなどと比べると，比表面積が小さいため放熱に時間がかかるので，センサー付近の温度（表示温度）とジャーファーメンター内部の培地の温度の差が30℃以上あることもまれではありません。ジャーファーメンターを取り出した時の培養液の温度が100℃を超えていれば，取り出す際の振動などで突沸し非常に危険です。実際に，90℃ぐらいでジャーファーメンターを取り出そうとして，突沸した培地をかぶり，顔と上半身に大ヤケドをした重篤な事例があります。

このような事故を未然に防ぐため，ジャーファーメンターをオートクレーブする時は，表示温度が60℃ぐらいに下がるまで待ってから取り出すようにしましょう。**研究室の他のメンバーにもそれを周知するため**，オートクレーブに『危険！　60℃まで開けるな（ジャーファーメンター滅菌中）』などと大きく表示しておきましょう。

なお，実験室に備え付けられているオートクレーブは，労働安全衛生法により，処理量により，簡易圧力容器もしくは第一種小型圧力容器に指定されており，定期的な自主検査[※32]が必要です。

8.4.2 ヤケド・火災

植菌は，植菌口でエタノールを燃やしながら行う危険な作業です。あらためて注意点をまとめ

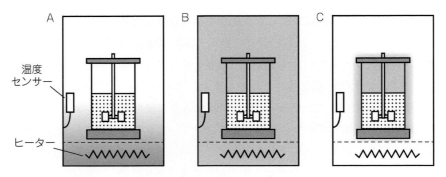

図 8-4-1　ジャーファーメンターのオートクレーブ
A：開始時，B：終了直後，C：外側から冷えていくので表示温度（センサー付近の温度）が80℃を下回っていても…。

※32　事業者は，小型圧力容器について，1年以内毎に1回，本体，蓋の締付けボルト，管および弁の損傷または摩耗の有無を定期的に自主検査し，その結果を記録し，3年間保存しなければならない。

ておきます。

1) 周囲を整理整頓し，可燃物を置かないようにします。

2) 万一に備え，事前に消火器の場所，使い方を確認します。

3) 不必要に多いエタノールをジャーファーメンターのそばに置かないようにします（万一，引火しても被害が軽減できます）。

4) エタノールを植菌口の脱脂綿に含ませたら，エタノールの瓶はジャーファーメンターのそばには置かず，引っかけたりしない安全な場所に置きます（火が付いている時に瓶を落として割れば火災につながります）。

5) 消火用の蓋がどこにあるかを確認してから火を付けます（思ったより火が大きければ，いったん消火してやり直します）。

6) エタノールの追加は火が消えている状態で行います。火が点いている状態で継ぎ足すのは非常に危険。決して行ってはなりません。

8.4.3　漏水事故

　ジャーファーメンターの冷却水に水道水を用いている場合は特に注意が必要です。漏水により，当事者の研究室の機器だけでなく，下のフロアの電子機器や分析装置に多大な損害を与える可能性があります。冷却水ラインのチューブやホースの接続部は，抜けないように金属製のバンドや結紮バンドを用いて，しっかり固定する必要があります。また，夜になると建物の水道の使用量が減り，昼間よりも水圧が上昇することを考慮して，蛇口は必要最低限開けるようにします。蛇口に接続するホースはわざと固定バンドをしないようにして，冷却ラインが過剰に加圧された場合，ホースが抜けるようにしておくとより安全です（抜けても水は流しに流れるだけで済みます）。漏水事故で人身事故が起きた例は聞いたことがありませんが，直下の研究室が禁水物質等を扱ったり保管している研究室でないことは事前に確認しておく方がよいでしょう。

8.4.4　薬品の取扱い

　ジャーファーメンターを使用した培養実験の場合，pH の制御に比較的濃度が高い酸・アルカリ溶液を使用します。また，塩酸，水酸化ナトリウム，硫酸銅，硫酸マンガンなどは劇物であり，金属製の保管庫に施錠管理し，使用記録を残さなければなりません。試薬の取扱方法は SDS[33] に示されているので，SDS を熟読し，特に被ばくした際などの対応については，十分理解した上で取り扱うようにしましょう。防護具（白衣・防護メガネ・グローブなど）が必要な試薬は，必ず防護具を装着して取り扱いましょう。

---

[33]　安全データシート（Safety Data Sheet）。対象化学物質を業者から提供を受ける際，提供される物質の性状や取り扱いが記載された書類。http://www.j-shiyaku.or.jp/Sds で各試薬メーカーの SDS が検索できる SDS 制度については，http://www.meti.go.jp/policy/chemical_management/law/msds/msds.html 参照。

第9章　育種技術

　微生物が作る有用物質，あるいは，微生物そのものを工業的に生産するには，できるだけ安価に，そして，安定な品質で生産しなければなりません。抗生物質をはじめとする2次代謝産物や産業用の酵素などの生産においては，多くの場合，育種の出発点となる元株の生産性は採算ラインには遠く及ばず，1～2桁，場合によっては3桁以上生産性を向上させなければならない場合さえあります。また，パン酵母や乳酸菌など，微生物そのものを製品として利用する場合も，基本的な代謝（発酵）能力に加えて，保存性や芳香成分など，総合的な性能を持つように改良する必要があります。このように，自然界から単離した微生物がそのまま工業的に使えるケースは少なく，実用化するためには，好ましい性質を持つように育種しなければなりません。

　微生物の全ゲノム配列を知ることが容易になった今日では，遺伝子操作は非常に強力な育種技術です。しかし，後述するように操作が難しい形質もあり，また，どの微生物にも適用できる訳ではなく，更には，パブリックアクセプタンスなどの制約もあります。育種は，遺伝子操作が開発されるはるか以前から，元株に対して何らかの方法で遺伝的な多様性を作り出し，その中から私たちが望む形質を持つ株を選択する，という形で行われてきました。

　そこで本章では，遺伝的な多様性を作り出す方法として，突然変異，交雑，異数体の誘導，細胞融合を紹介し，これらの育種方法の特徴と使い分けについても解説します。多様な株の中から望む形質を持つ株をスクリーニング（選択）する方法については第10章で解説します。遺伝子操作による育種については，[9.4]で，もっとも汎用されている大腸菌による異種タンパク質生産について解説します。

9.1　突然変異による育種

　突然変異による育種とは，紫外線やアルキル化剤などによってDNAに塩基置換を誘発して，遺伝子の働きを変化させる育種法で，主として，特定の少数の遺伝子に支配される形質を改善したい場合に用います。例えば，あるタンパク質の生産性を向上させたり，基質や代謝産物による抑制を解除したい場合などです。その遺伝子が特定されていない場合であっても適用することができますが，その株が目的の形質を支配する遺伝子を持っていることが前提で，元々備わっていない能力を持たせることはできません。原核生物（乳酸菌）[1]と真核生物（エノキタケ）[2]について，各種の変異処理法を比較した文献を挙げておきますので参照してください。

　ある形質の鍵となる酵素の細胞あたりの活性が上昇する変異には，次のようなケースがあります。まず，その酵素をコードする遺伝子のプロモーター領域の配列が変異し，転写量または翻訳量が増えるケース，mRNAの2次構造や安定性が変化して翻訳量が増えるケースなどです。その酵素の転写を正に制御するタンパク質とその標的部位との親和性が高まる変異や，その酵素の転写を負に制御するタンパク質の機能が低下または喪失する変異も，結果として鍵酵素の活性が

—247—

上昇します。また，鍵となる酵素がアロステリック酵素である場合，負のエフェクターが結合できなくなる変異も，条件によって酵素の見かけの活性が向上します。その酵素のタンパク質あたりの活性が上昇する場合もない訳ではありませんが，このようなケースはまれです（コラム74参照）。

9.1.1 紫外線照射

　短波長（254 nm）の紫外線ランプ（殺菌灯）を用います。濁度が0.1〜0.5ぐらいの微生物の懸濁液を5 mLほどシャーレなどの容器に入れ，蓋を開けた状態で，一定の距離から適当な時間，紫外線を照射します[※1]。最初の生菌濃度がX_0の時，照射時間tと生菌濃度Xの間には，

$$\ln \frac{X}{X_0} = -kt \tag{式9-1-1}$$

の関係があり（kは死滅速度定数 $[\text{s}^{-1}]$），横軸に照射時間tを，縦軸にX/X_0の対数をプロットすれば，図9-1-1のように，右下がりの直線になります。生残率が1〜10%（$X/X_0 = 10^{-2} \sim 10^{-1}$）程度になる照射時間を設定するのが一般的で[1,2]，経時的に一定量をサンプリングし，適当に希釈して寒天培地に塗布してコロニーを形成させ，生残率を求めることによって照射時間を決定します。

　紫外線を照射する際には，紫外線を遮断できる保護メガネをかけ（できれば顔全体を覆うフルフェイス型の保護面をかける），決して裸眼でランプを見てはいけません。また，必ず白衣を着用して手袋をし，素肌を露出しないようにして作業をします。また，照射中はできるだけランプから離れましょう。クリーンベンチの中で作業を行えば，コンタミを避けることができ，クリーンベンチのガラスで紫外線の被ばくを軽減することができます。

9.1.2 薬剤による変異処理

　対数増殖期の菌体をPBS[※2]などの中性の緩衝液に懸濁し，N-メチル-N'-ニトロ-N-ニトロソグアニジン（NTG），エチルメタンスルホン酸（ethyl methanesulfonate；EMS，別名メタンスルホン酸エチル）などで処理します。適当な処理条件は，微生物によっても目的によっても異なりますが，NTGの場合50〜500 μg/mL，EMSの場合は1〜5%の濃度で，30〜60分間処理するのが目安です[1,2]。変異剤の濃度

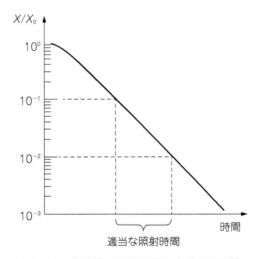

図9-1-1　紫外線の照射時間と生残率の関係

※1　照射の効果は理論的には距離の2乗に反比例するので，照射する距離を一定にしておかないと実験を再現できない。また，微生物は紫外線に吸光をもたない緩衝液か生理食塩水に懸濁すること。
※2　Phosphate Buffered Saline（0.85%程度のNaClを含むリン酸緩衝液）

が高いほど，時間が長いほど，生残率が低下し，変異率は高まります。紫外線照射の場合と同様に，生残率が1〜10%程度になるように条件を設定するのが一般的で，変異剤の濃度を変えて処理時間を一定にして生残率を測定するか，一定の変異剤濃度で経時的にサンプリングして生残率を測定することによって処理条件を決定します。

変異剤は強力な発ガン物質でもあり，取扱いを誤ると非常に危険です。使用する際には必ず経験者の指導を受け，食紅などの無害な色素を変異剤に見立て，計量から溶液や器具の廃棄までの一通りの操作を予行演習してから実験を行うようにしましょう[3]。特に注意すべき点は以下のとおりです。

(1) 準　備

万一，変異剤の溶液をこぼしてしまった時を考え，裏面をビニールコートした濾紙かアルミホイルを作業スペースに敷きます。用いるマイクロピペットが液漏れしないかも確認しておきます。

(2) 計量時

粉末をこぼすと後始末が大変です。慎重の上にも慎重に計量しましょう。計量に用いたスパチュラ，薬包紙に付着した変異剤は適切な不活性化処理を行わなければなりません。NTGは融点（118℃）以上で分解するので，オートクレーブで処理し，EMSは次亜塩素酸ナトリウムで中和処理ができます。

(3) ピペッティング

チップの先に残った溶液には十分に注意してください。チップの先に溶液が残った状態でピストンを押し込めば，その溶液は飛散します（［1.8.3］参照）。

(4) 撹　拌

液量はチューブの容量の1/4以下とし，ボルテックスする際には，蓋の部分まで液が上がってこないように，チューブの上から1/3程度の部分をしっかりと指でつかみましょう[4]。蓋と容器の境目に溶液がついてしまったら要注意です。そのまま蓋を開けると，液が飛び散る可能性が高いので，軽く遠心分離して液を落とさなければなりません。この場合，菌体が沈殿してしまうので，再度，慎重にボルテックスして懸濁します。

(5) 後始末

使用した容器，チップ，残った懸濁液は(2)に述べた中和処理（もしくはオートクレーブ）をします。作業スペースに敷いていた濾紙またはアルミホイルは，折りたたんでから二重に袋に入れ，人が触れないようにして廃棄します[5]。

9.1.3　不均衡変異導入[3]

細胞によるDNAの複製は正確無比ではなく，ある頻度で複製のエラー（変異）が生じます。リーディング鎖に比べてラギング鎖[6]の複製はエラーが生じやすいのですが，ラギング鎖を複製

---

[3]　作業終了後，湿らせた紙タオルで作業スペースを拭く。もし，色素をこぼしていたら色が着くのですぐに分かる。

[4]　チューブをボルテックスすると，指でつかんでいる位置まで液は上がってくる。

[5]　容器ごと高熱処理される医療廃棄物として廃棄してもよい。

第9章　育種技術

するDNAポリメラーゼδ（Polδ）に変異を導入して更にエラーの頻度を上げることによって，様々な変異を誘発することができます。

　具体的には，まず，育種したい微生物のPolδ遺伝子をクローニングし，複製エラーの頻度が上昇した変異型Polδを取得します。これを適当な薬剤耐性マーカーを持つ発現ベクターを用いてその微生物に戻せば，その微生物が本来持っている野生型のPolδによる複製に加えて，変異型Polδによるエラーの多い複製がなされるため，高頻度で変異が起きます。変異を導入し終わったら，薬剤を添加しない培地で継代し，ベクターが脱落した株を取得します。

9.1.4　条件設定

　変異処理の条件がより厳しいほど，ある遺伝子に変異が生じた株が得られる確率は高まりますが，同時に他の遺伝子にも，より高い確率で変異が生じます。本章コラム74で述べたように，遺伝子に対する変異の多くはその遺伝子の産物の機能を下げる方向に働くので，たとえ注目する遺伝子に好ましい変異が生じても，その他の遺伝子に生じる変異の多くは好ましくない変異となり，増殖速度や菌体収率など，その微生物の細胞としての機能の低下につながります。このため，生残率が1%を下回るような変異処理は避けるべきで，変異処理をせず，自然突然変異で望ましい形質に変化した株を選択できるのが理想です。しかし，その頻度は10^{-5}～10^{-6}またはそれ

コラム74　タンパク質の機能を高めるのは至難の業

　タンパク質はペプチド鎖が折りたたまれ，ある立体構造をとることによってその機能を発揮します。その立体構造は，側鎖や主鎖の非常に繊細な相互作用によって形成されており，その触媒機能に至っては，触媒残基の位置が0.1Åずれただけで大きく変化してしまいます。つまり，天然の酵素の立体構造は芸術品の域に達しており，その機能を更に向上させることはとても難しい，と考えた方がよいのです。言い換えると，変異によるアミノ酸置換のほとんどは，そのタンパク質の機能を低下させる方向に働きます。機能が低下した変異株は比較的容易に得られますが，そのタンパク質の機能を高める変異を導入しようとするなら，何千株，場合によっては数百万株以上をアッセイをする覚悟が必要です。スクリーニングロボットが利用できるなら力任せに1株1株アッセイをしてもよいでしょうが，そうでないなら，そのタンパク質の機能が高まったことをポジティブセレクションできる系を準備する必要があります。

コラム75　変異処理条件の調べ方

　変異処理の条件は，微生物の種類によっても目的によっても異なります。とはいえ，標準的な条件は知っておくに越したことはありませんので，研究対象の微生物の学名と，「mutation」もしくは「mutagenesis」をキーワードに文献検索してみましょう（PubMedであればワイルドカードの「*」を使って「muta*」をキーワードにするとよい）。これでヒットしない場合は，学名を属のみにして検索します。

※6　複製が5'から3'に向かって連続的に進む側がリーディング鎖。見かけ上，3'から5'側に向かって不連続に複製が進む側がラギング鎖。

以下ですので，この数の中から目的の株をポジティブセレクションできる系（[9.2]参照）が必要になります。

9.2　交雑による育種

酵母など有性生殖をする微生物は，交雑による育種が可能です。動植物の交配育種と同様に，ある好ましい形質Aを持つ親と，別の好ましい形質Bを持つ親を交配し，AとBの両方の好ましい形質を持つ子を選択する方法です。ここでは，耐熱性と高発酵性の両方を兼ね備えた酵母（*Saccharomyces cerevisiae*）の育種を例に説明します。

植物由来の炭水化物から作るバイオエタノールが注目されており，その発酵に用いる酵母には耐熱性と高発酵力が求められます。発酵温度が高いほど，発酵中の冷却コストを下げることができ[※7]，特に，糖化と発酵を同時に行う並行複発酵では，律速となる糖化酵素の活性を高く保てるため[※8]，少しでも高い温度で発酵する必要があります。通常のパン酵母は30℃前後を好んで生育

コラム76　酵母の生活環

パン酵母は図9-2-1に示すような生活環を持っており，aとαの性があります。aとαの1倍体はそれぞれ出芽増殖しますが，混ぜて培養すると接合子を形成して交雑し，2倍体となります。2倍体も出芽によって増殖しますが，栄養飢餓状態[※9]になると減数分裂して1倍体の胞子を4つ形成します。胞子は栄養がある状態になると発芽して1倍体として出芽増殖します。

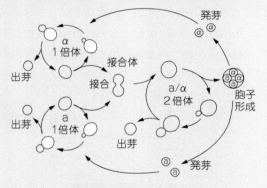

図 9-2-1　酵母の生活環

コラム77　酵母の遺伝子型

酵母の遺伝子型は，例えば「*URA3*」と大文字で表記されていれば，その遺伝子は正常に機能する遺伝子で，「*ura3*」と表記されていれば，その遺伝子が機能していないことを表します。1倍体の遺伝子型は，性についてはaまたはαの1倍体はそれぞれ「*MATa*」または「*MATα*」と表記しますが，その他の遺伝子については，例えば「*MATa, ura3, lys2*」のように，欠損している遺伝子のみを表記します。2倍体の場合は「*MATa/α, ura3/ura3, lys2/LYS2*」などと，対になる遺伝子をともに欠損しているホモ型か，一方だけを欠損しているヘテロ型かが分かるように表記します。

※7　大スケールでは除熱しないと発酵熱で培養槽の温度が上昇してしまう。より高い温度で培養できるほど，除熱コストを低減できる（[11.1.1(3)]参照）。
※8　リグノセルロースが原料の場合，セルラーゼのコストがかさむが，その至適温度は50℃以上なので，少しでも高い温度に設定しないと更にコストがかさむ。
※9　例えば1%酢酸カリウムを含む寒天培地に塗布する。

しますが，中には40℃を超える温度でも生育できる株があり，そのうちのある株については，耐熱性は *HTG1* から *HTG6* の6つの遺伝子に支配されていると考えられています[4,5]。

また，発酵終了時のエタノール濃度は高いほどエタノールの蒸留コストとエネルギーを節減することができますが，時間をかけると設備費がかさみます（第11章参照）。つまり，より短時間でより高いエタノール濃度まで発酵できる酵母が望ましいのですが，通常の酵母は，エタノールの濃度がある程度まで達すると，比生産速度が減少し，発酵が停止してしまいます。これに対して，協会7号系の清酒醸造用の酵母は，エタノール濃度が高くなっても発酵を続けることが知られており，これはストレス応答に関与するあるプロテインキナーゼをコードする *LIM15* 遺伝子の欠損に起因することが分かっています[6,7]。

ここで，一方の1倍体が *LIM15* 遺伝子が正常に機能するので低発酵性[※10]だが *HTG1* から *HTG6* の6つの遺伝子が揃っている耐熱性の株，もう一方の1倍体がプロテインキナーゼが機能しない *lim15* であるため高発酵性だが耐熱性に関与する遺伝子が何れも非耐熱性の *htg1* から *htg6* で耐熱性がない株であるとします。これらの1倍体を交雑して得た2倍体は，正常なプロテインキナーゼ遺伝子を1つ持っているので低発酵性になり，*HTG1* から *HTG6* が一通り揃っているので耐熱性になります。この2倍体に胞子を形成させると減数分裂が起き，*LIM15* と *HTG1* から *HTG6* の計7つの遺伝子に注目すると，$2^7 = 128$ 通りの遺伝子型が生じます。このうち，*lim15, HTG1, HTG2, HTG3, HTG4, HTG5, HTG6* の遺伝子型を持つ1倍体は，高発酵性で耐熱性を持つ株であり，この株を選抜すればよいことになります（図9-2-2A）。

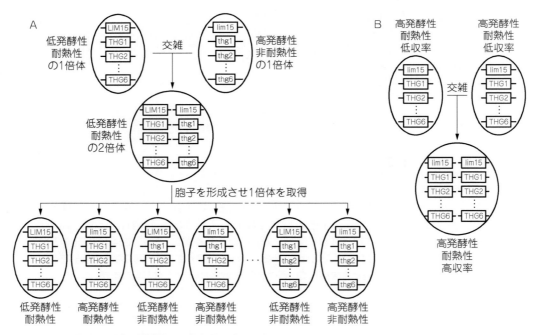

図 9-2-2　交雑による高発酵力・耐熱性酵母の育種

※10　エタノールが高濃度になるとその生産に抑制がかかる通常の株。ここでは記述を分かりやすくするため「低発酵性」と表現している。

　　　　　　　　　　　　　　　　　　　　　　　　9.3　その他の育種法と育種法の使い分け

　実際に産業規模での生産に用いられている酵母の多くは2倍体（もしくは4倍体以上の高次倍数体）で，1倍体の実用酵母はほとんどありません。ある遺伝子の機能がやや劣っている場合，1倍体の細胞であれば，その細胞の全体の機能[※11]もやや劣ったものになりがちですが，交雑によって2倍体にすれば，一方の劣った機能を他方が補うため，多くの場合，総合性能は向上します（図8-2-2Bでは，低収率のもの1倍体を交雑させると収率が向上する場合を示しています）。そこで，次のステップとして，高発酵性で耐熱性の2倍体を取得します。高発酵性は劣性の形質[※12]なので，*lim15* の遺伝子型を持つaタイプとαタイプを交雑させる必要があり，*HTG1* から *HTG6* については，何れか一方の遺伝子が耐熱性型であればよいのですが，できればホモ[※13]で耐熱性型とした方が望ましいので，*MATa, lim15, HTG1, HTG2, HTG3, HTG4, HTG5, HTG6* と *MATα, lim15, HTG1, HTG2, HTG3, HTG4, HTG5, HTG6* を交雑して2倍体を取得します。

9.3　その他の育種法と育種法の使い分け

9.3.1　異数体の取得による育種

　染色体を複数持つ酵母などの真核生物に適用できる技術です。2倍体の染色体の本数は $2n$ で

コラム 78　酵母からの胞子の単離法

　実用酵母の多くは胞子形成能が低く，出芽率も良くありません。胞子形成培地で培養し，顕微鏡観察しても胞子が見つからない場合でも，あきらめずに次の方法[8]を試してみましょう。ジエチルエーテルで栄養細胞[※14]を滅する方法[9]も報告されています。

1）滅菌した1〜2%の酢酸カリウムに酵母細胞を 2×10^7 cells・mL^{-1} 程度になるように懸濁する。
2）30℃で3日培養し，遠心分離（$10{,}000 \times g$，30秒）して上清を除く。
3）5×10^8 cells・mL^{-1} となるように，フィルター滅菌した 100 μg・mL^{-1} の Zymolyase 100T[※15]
　　溶液に懸濁し，30℃で20〜30分消化する。
4）0.5 mL を 1.5 mL 容のポリプロピレン製サンプルチューブに移し遠心分離して上清を捨てる。
5）滅菌水1 mL に再懸濁し遠心分離して上清を捨てる。
6）滅菌水 100 μL に再懸濁し，チューブをまっすぐ立てた状態で2分間ボルテックスする（胞子は
　　比較的疎水性が高いので，この間にチューブの壁面に吸着する）。
7）懸濁液を捨て，滅菌水で数回洗浄し，栄養細胞と細胞の破片を洗い流す。
8）0.01%（w/v）Nonidet P-40 を 1 mL 加え，氷中で超音波処理し，吸着した胞子を可溶化すると同時に，残った栄養細胞（親株）を破壊する。
9）適当に希釈して YPD 寒天培地で培養し，コロニーを形成させる。

[※11]　増殖が遅かったり，収率が今一つであったりしがち。
[※12]　対になる遺伝子の両方が揃わないと表現型として現れないものを劣性遺伝子という。この場合，一方が *lim15* でも，もう一方が *LIM15* なら正常なプロテインキナーゼが生産され，ストレス応答が起きるので高発酵性にはならない。本書では慣例的に「劣性」としているが，日本遺伝学会では「潜性」を推奨している。
[※13]　同じ型の対立遺伝子を持つものをホモ，異なる型を持つものをヘテロという。*ura3/ura3* も *URA3/URA3* もホモ。*ura3/URA3* はヘテロ。
[※14]　胞子または胞子を形成している細胞に対して，通常の増殖をしている細胞をいう。
[※15]　酵母の細胞壁溶解酵素。

—253—

第9章　育種技術

すが，特定の染色体が1本しかない（$2n-1$），あるいは3本あるような（$2n+1$）細胞を異数体[16] といい，単純にはその染色体上の遺伝子の発現量が半減，あるいは5割増しになります。異数体は，染色体の分配異常を誘発するベノミル（methyl benzimidazole-2-yl-carbamate）などの薬剤で細胞を処理することによって取得できます。酵母の場合，$0.1\ mg\cdot mL^{-1}$ 程度のベノミルを含む YPD 培地（表2-3-3）などで一晩培養すると，有意な頻度で異数体を取得できます。

　個々の遺伝子を変異させるのではなく，遺伝子の数を変化させることが特徴で，総合的な性能はほぼ満足できるが，ある形質がやや弱いことが問題になるようなケースに用います。このようなケースに突然変異を適用すると，多くの場合，総合性能は低下してしまいますが，異数体を取得すれば，他の性能を維持しつつ問題の性質を改善できることがあります。ただし，全ての染色体の異数体が取得できる訳ではなく，異数体となり得る染色体が限られたり，取得した株の表現型が安定しない場合もあります。また，劇的な形質の変化は期待できませんが，複数の性能を総合評価する際に，各形質のバランスを変えたい場合などに適しています。なお，1倍体の細胞に適用した場合，染色体の一部欠失は多くの場合，致死変異になりますので，取得できる異数体は染色体の一部が重複したものか，必須ではない遺伝子のみを欠失したものになります。

　重イオンビーム照射でも同様の効果が期待できます。ガンマ線やX線が主として点突然変異を誘起するのに対して，重イオンビームは DNA の2本鎖を切断する効果があり，染色体のかなり広い範囲を欠失させたり，染色体の重複や転座などの再構成を誘発することが知られています。

9.3.2　細胞融合による育種[10)]

　自然界では受精の際に細胞融合が起きますが，これを人為的に起こして育種に用います。微生物や植物の細胞には細胞壁がありますが，これを適当な浸透圧調節剤を加えた状態で細胞壁溶解酵素で処理すると，細胞壁がないプロトプラスト細胞を調製することができます。酵母の場合であればザイモリアーゼ（zymolyase）やリティカーゼ（lyticase），カビの場合であればキチナーゼ（chitinase）やβ-1,3 グルカナーゼ（glucanse）を用いれば細胞壁を取り除くことができます。2種類の微生物のプロトプラストを混合し，ポリエチレングリコールとカルシウムイオンを添加したり，電気パルスを印加すると細胞融合が起きます[17]。浸透圧調節剤の存在下で培養して細胞壁を再生させると，1つの細胞に2つの核が存在する状態，もしくは，核も融合して染色体数が倍化した状態になります。前者の場合，紫外線を照射すると核の融合を誘導することができます。また，染色体数が倍化した細胞は，ベノミルで処理すると半数体化することができます。この時，減数分裂と同様に，染色体のシャッフリングが起きて遺伝的な多様性が創出でき，劣性の形質を発現させることもできます。

　異種の細胞を融合させると，多くの場合，一方の染色体が脱落していきます。また，しばらく継代培養しないと表現型は安定しません。異種の細胞を融合させた株は，遺伝子改変生物（LMO，[14.2] 参照）として扱わなければならないことにも注意が必要です。

※16　2本以上の染色体が増減する場合もある。
※17　詳細な条件は，微生物の学名と「fusion」をキーワードにして検索する。

9.3.3 育種法の特徴と使い分け

ここまで述べてきた育種技術の特徴を**表9-3-1**にまとめます。これらの方法をうまく使い分けるためには，次のポイントを考慮する必要があります。

表 9-3-1　育種法の特徴

方法	長所	短所
点突然変異	どの生物にも適用でき，遺伝子が特定できていなくてもよい	スクリーニングが必要。不特定多数の遺伝子が関与する形質には不向き
異数体取得	多数の遺伝子の発現量を増減できる	スクリーニングが必要。2倍体以上の真核生物にしか適用できない
交雑	不特定多数の遺伝子に支配される形質にも適用可	スクリーニングが必要（特に劣性形質の場合）。有性生殖する微生物にしか適用できない
細胞融合	不特定多数の遺伝子に支配される形質にも適用可	多くの場合，同種の生物にしか適用できない。組換え体と同様に扱う必要がある
遺伝子組換え	異種生物の形質を導入できる。短時間で育種できる	遺伝子が特定されていなければならない。食品用途への適用は現状では困難

⑴　遺伝子組換えが許容されるか否か

法令を遵守する限り，遺伝子組換えによる育種を行うことに問題はありません。しかし，食品用途の微生物などを育種する場合，消費者が受け入れるかどうかは別の次元の問題になります。現状では，直接口に入る生物の組換えは事実上受け入れられないと考えた方がよいでしょう。異種間の細胞融合も，遺伝子改変生物とみなされますので，同様に受け入れられないと考えた方がよいでしょう。

⑵　注目する形質を支配する遺伝子が特定されているかどうか

特定されていれば，遺伝子組換えによる育種が可能になります。非組換えで育種を行う場合も，スクリーニング系を開発しやすくなります。即ち，まず，遺伝子操作によって目的の形質を持つ株を作出し，次に，この株をポジティブコントロールとして，野生株から区別できるスクリーニング系を開発します。元株に古典的な変異や交雑などの手法で多様性を作り出し，開発した系でスクリーニングを行うのです。

⑶　注目する形質を支配する遺伝子が少数か多数か

注目する形質が少数の遺伝子に支配されている場合，遺伝子組換えも容易で，突然変異による育種でも，よい結果が得られる可能性が高くなります。しかし，多数の遺伝子を操作したり，多数の遺伝子に好ましい変異を導入することは容易ではないので，これらの方法は，発酵力や増殖速度のように，多数の遺伝子に支配される形質の改良には向いていません。

ただし，多数の遺伝子が関与していても，抗生物質の生合成など，一連の遺伝子がクラスターを形成している場合，そのプロモーター領域の変異（または改変）によって，生産量を増やすことができます。また，生物の生合成系の多くは，最終産物によって生合成系の初段の酵素の発現が抑制され，酵素の活性もアロステリックな阻害を受けますが，それぞれ，初段の遺伝子に対す

第9章　育種技術

るリプレッサーあるいは初段の酵素のアロステリック部位に対する変異（または改変）によって生産量を増やすことができます。

(4)　スクリーニングでどの程度の数を扱えるか

　どの方法で育種するにしても，望む形質が得られかどうかを確認しなければなりません。最終的には，実生産などで確認する必要がありますが，有望な株であるかどうかを簡便な方法で確認できるかどうかは，育種の戦略を決定する上で大きなポイントになります。この点については第10章で解説します。

9.4　組換えタンパク質生産の戦略

　タンパク質が細胞内で正しく機能するには，合成されたポリペプチドが正しく折れたたまれていかなければなりません。Anfinsen らは，リボヌクレアーゼ A のリフォールディング実験を行い，「タンパク質は，アミノ酸の配列に従って勝手に折れたたまれる」という結論を導き出しました（Anfinsen のドグマ）。この実験が行われた希薄なタンパク質溶液では，タンパク質は疎水性領域が内部へ，親水性領域が表面に露出するように折れたたまれていきますが，細胞内は，様々なタンパク質が高濃度に存在する環境であるため，疎水性領域同士の誤った相互作用が働きやすくなります。細胞内にはこのような誤った相互作用を起きにくくして正しい立体構造へ導き，誤って折れたたまれたタンパク質を分解する品質管理システムが存在します。私たちは，この品質管理システムを利用して，時にはその機能を増強した宿主を用いて，組換えタンパク質を効率良く生産させようとしているのです。

　組換えタンパク質の生産には，大腸菌，枯草菌，酵母や昆虫細胞などが宿主としてよく用いられます。それぞれの特徴を理解し，組換えタンパク質の用途を考慮して宿主を選択する必要があります。本節では，酵母，昆虫細胞，枯草菌のシステム（**表9-4-1**）を簡単に紹介した上で，異

表9-4-1　タンパク質の発現に用いる宿主の特徴

宿主の特徴	原核生物		真核生物			
	グラム陰性菌	グラム陽性菌	酵母		昆虫細胞	動物細胞
	Escherichia coli	*Brevibacillus choshinensis*	*Saccharomyces cerevisiae*	*Pichia pastoris*		
安価な培地	◎	◎	◎	◎	○	×
増殖速度	◎	◎	◎	◎	○	×
発現用ベクターの種類	◎	○	◎	○	○	○
発現量	◎	◎	○	○	◎	×
タンパク質の分泌発現	×	◎	○	◎	◎	◎
簡単な糖鎖修飾	×	×	○	○	◎	◎
複雑な糖鎖修飾	×	×	×	×	○	◎

◎：非常に優れている　　○：優れている　　×：劣る，または不可

種タンパク質の生産にもっともよく利用されている大腸菌のシステムについて，その問題点とそれを改善するイロハを紹介していきます。

9.4.1 酵母，昆虫細胞，枯草菌の発現システム

酵母は，古くから醸造や食品工業に利用されてきた経緯から，環境や人体に対してもっとも安全性の高い微生物の1つであると考えられています。酵母の翻訳後修飾のプロセスは高等真核生物のものと類似しているため，糖タンパク質を機能的に活性のあるものとして生産させるのに適しています。しかし，その糖鎖修飾は酵母特有のものであって，脊椎動物のような複雑な翻訳後修飾はできません。出芽酵母 *Saccharomyces cerevisiae* では，遺伝子発現調節に関する豊富な知見，高度に確立された宿主ベクター系があるため，組換えタンパク質を過剰生産させる様々な戦略をとることができます。動物細胞の培養に比べて，培養が容易，培地が安価である，増殖が速いなどの長所があります。メタノール資化性酵母 *Pichia pastoris* は，タンパク質の分泌能力が高く，メタノールで誘導されるアルコールオキシダーゼ遺伝子 *AOX1* の強力なプロモーターを利用するなどして，10 g・L^{-1} 以上のタンパク質を分泌生産できる場合があります[18]。*Saccharomyces cerevisiae* の場合とは異なり，高マンノース型の糖鎖が付加されないのが特徴です。

昆虫細胞は，ヨウトガの蛹の卵巣組織から得られた Sf9 細胞が有名で，脊椎動物により近い翻訳後修飾を導入させたい場合に適した宿主です。動物細胞の培養に比べて培養が容易，培地が安価である，動物細胞に比べれば増殖が速いなどの長所があります。

枯草菌はグラム陽性を示す細菌であり，外膜がないためタンパク質を細胞外へ分泌させることが可能です。以前 *Bacillus* 属に分類されていた *Brevibacillus choshinensis* は分泌能力が非常に高く，組換えタンパク質を分泌生産させるのに適しています。細胞内に異種タンパク質を過剰生産させることは宿主に負荷を与え，細胞の増殖が抑えられる場合がありますが，異種タンパク質を分泌させることで細胞への悪影響を小さくできます。また，細胞内で異種タンパク質を生産させた場合，宿主由来のタンパク質の中から目的のタンパク質を精製することは容易ではありませんが，細胞外へ分泌させることで精製を簡単に済ませることができます。異種タンパク質の分泌生産には，宿主の産生した分泌型プロテアーゼによる分解という問題点がありましたが，分泌型プロテアーゼ遺伝子を欠損させた *Brevibacillus choshinensis* が開発されています[19]。

9.4.2 大腸菌の発現システム

T7 ファージ由来の T7 プロモーターとそれを認識する T7 RNA ポリメラーゼを用いた pET システムが，異種タンパク質を大腸菌内で高発現させるためによく用いられます（図 9-4-1）。

このシステムでは，T7 RNA ポリメラーゼ遺伝子が組み込まれたバクテリオファージλDE3 の溶原菌[20]を宿主として用いる必要があります。T7 RNA ポリメラーゼ遺伝子の発現は，その上

---

[18] ヒト血清アルブミンなど。
[19] タカラバイオ㈱。
[20] pET システムが使用可能な菌名には，例えば BL21（DE3）のように，λDE3 溶原菌を意味する（DE3）の表記が必ずある。BL21 と BL21（DE3）は同一ではなく，遺伝子型が異なる。

流にある L8-UV5 lac プロモーターと lac オペレーターにより制御されます。すなわち，誘導剤であるイソプロピル-β-D-1-チオガラクトピラノシド（IPTG）の添加により，Lac リプレッサーが L8-UV5 lac プロモーター下流の lac オペレーターから解離し，T7 RNA ポリメラーゼ遺伝子の転写が開始されます。この時，働く酵素は大腸菌由来の RNA ポリメラーゼです。次に，大腸

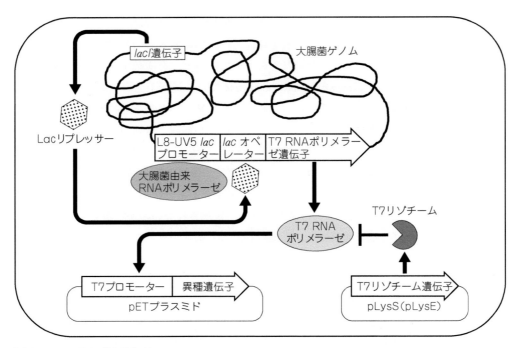

図 9-4-1　pET プラスミド
pET プラスミドと共存できる pLysS または pLysE プラスミドにコードされた T7 リゾチームは T7 RNA ポリメラーゼに結合して非誘導時の異種遺伝子の発現を更に厳密に抑制する。

コラム79　大腸菌のタンパク質発現システムに利用されるプロモーター

　L8-UV5 lac プロモーターは，lac プロモーターに L8 と UV5 の変異が導入されたものです。L8 は，培地中のグルコース濃度が減少した際の応答（転写の活性化）が著しく低下した変異として見いだされ，誘導時のプロモーター活性は極めて低くなっています。UV5 は，L8 変異のサプレッサーとして単離された変異であり，この変異により-10 領域がコンセンサス配列（5'-TATAAT）となっているため，誘導時のプロモーター活性が回復します。結果として，この 2 つの変異が導入されたプロモーターからの転写は，誘導時に強く促進されることとなり，pET システムにおいては T7 RNA ポリメラーゼが多量に合成されます。
　tac プロモーターは，trp プロモーターの-35 領域と L8-UV5 lac プロモーターの-10 領域を連結したハイブリッドプロモーターであり，L8-UV5 lac プロモーターや trp プロモーターよりも強力に転写を促します。trc プロモーターは，tac プロモーターの-35 領域と-10 領域の間にシトシンを 1 塩基挿入することによって，制限酵素 HpaII 認識サイトをデザインしたもので，大腸菌内での転写活性は，tac プロモーターの 9 割程度です。tac および trc プロモーターの-35 領域は trp プロモーターのものに置き換わっているため，これらのプロモーターからの転写はグルコース濃度に左右されません。

9.4 組換えタンパク質生産の戦略

菌内で生成された T7 RNA ポリメラーゼが，異種遺伝子の mRNA を合成します。T7 RNA ポリメラーゼのプロモーターに対する特異性は非常に高く pET プラスミド上の T7 プロモーターにだけ作用し，T7 プロモーター支配下の異種遺伝子のみを集中的に転写するので，異種タンパク質を大量に発現させることができます。

pET システムが開発されるまでは，*lac*，*tac*，*trc* プロモーターなどを利用した pUC 系に代表される多コピープラスミドが，異種タンパク質の発現に使われてきました。*lac*，*tac* および *trc* プロモーターからの転写は大腸菌由来の RNA ポリメラーゼを必要とするため，大腸菌ゲノム中のさまざまなプロモーターと競合関係にあります。しかし，多コピープラスミドであるため，プラスミド上のこれらのプロモーターからの転写量は相対的に多くなり，結果として，異種タンパク質を効率良く得ることができます[21]。

9.4.3 異種タンパク質発現のイロハ

pET システムや pUC 系プラスミドを利用して異種タンパク質の発現を試みた場合，その発現量を左右する要因として，プラスミドのコピー数，プロモーターおよびリボソーム結合部位の配列やそれらの位置，コドンの種類，mRNA の安定性や 2 次構造などを挙げることができます。異種タンパク質を過剰に発現させることは宿主にとって好ましい状況ではないため，時には致死になることもあります。

(1) 非誘導時の発現抑制

形質転換体が得られない，誘導前に溶菌してしまう，あるいは，十分な菌体が思うように増えない場合は，異種タンパク質が大腸菌に対して毒性を持っている可能性があります。このような時には，誘導剤を添加しない状態での異種タンパク質の発現をできるだけ抑える戦略をとればよいでしょう。

タンパク質の誘導発現は，pET システムの方が pUC 系プラスミドを用いた場合よりも，しっかり制御できます。しかし，pET システムの強力な転写活性のため，非誘導時のタンパク質の発現が問題となることがあります。このような場合は，T7 プロモーター下流に *lac* オペレーターを配し（T7 *lac* プロモーター），更に *lac* リプレッサー遺伝子（*lacI*）を載せた pET プラスミドを使用することで，異種遺伝子の非誘導時の転写を厳密に抑制することができます。プラスミド上の *lacI* 遺伝子から発現した Lac リプレッサーは T7 *lac* プロモーター下流に結合するだけでなく，宿主染色体にある L8-UV5 *lac* プロモーター下流の *lac* オペレーターへも結合するため，T7 RNA ポリメラーゼ遺伝子の転写も抑制します。その他にも，T7 RNA ポリメラーゼに結合し，その活性を阻害するリゾチーム遺伝子を，発現用プラスミドと和合性のあるプラスミドに別途保持させたもの（pLysS または pLysE）を使用する方法，あるいは，培地に終濃度 0.5〜1% のグルコースを加えて L8-UV5 *lac* プロモーターからの T7 RNA ポリメラーゼ遺伝子の転写を抑制する方法（カタボライト抑制）を挙げることができます[22]。pET システムよりも更に厳密に制

---

[21] pET システムでは封入体を形成するなどうまく発現しない場合，SD 配列上流にある制限酵素 *XbaI* サイトを利用するなどして pUC 系プラスミドに移し換え，*lac* プロモーターの支配下に発現させるとうまくいくことがある。

—259—

第9章　育種技術

御できる *araBAD* プロモーターの支配下に T7 RNA ポリメラーゼ遺伝子を配したシステムも開発されています[※23]。このプロモーターは，誘導剤である L-アラビノースを加えない場合，非誘導時の T7 RNA ポリメラーゼの発現を低く保ち，グルコースの添加により更に抑制することができます。

　pUC 系プラスミドを用いた場合も同様に，*lac* プロモーターの下流には *lac* オペレーターが配されているので，Lac リプレッサーの結合による転写の抑制が可能です。そこで，Lac リプレッサーを過剰に発現するよう変異を施した *lacI*q 遺伝子（q は quantity の意味）を乗せた発現用プラスミドや，*lacI*q 遺伝子を乗せた F' プラスミド保持株を宿主に用いることで，*lac*, *tac* および *trc* プロモーターからの転写を抑制することができます。このうち，*lac* プロモーターに関しては，グルコースを培地に添加することで転写を抑制することができます。

(2)　プラスミドのコピー数の制御

　上述のプロモーターからの転写量を制御したり，T7 RNA ポリメラーゼの活性を阻害する方法の他に，プラスミドのコピー数を減らす方法もあります。*oriV* と *oriS* の 2 種の複製起点と複製開始に必要な遺伝子が組み込まれた発現用プラスミド[※24]は，アラビノースの培地への添加の有無によりコピー数を制御することができます。アラビノースを添加した場合には，*oriV* からの複製を開始するタンパク質が誘導され，細胞あたりのコピー数は 20〜50 になります。一方，アラビノースを添加しない場合には，*oriS* からの複製により 1 細胞あたり 1 コピーに保つことができるため，目的とするタンパク質の発現量を低下させることができます。

　また，pUC 系プラスミドを用いた場合も，コピー数をコントロールすることが可能です。大腸菌 C 株誘導体である ABLE C 株および K 株[※25]では，ColE1 型プラスミドのコピー数がそれぞれ 1/4, 1/10 になります[※26]。これらの株を宿主とすれば，異種タンパク質の非誘導時の発現量も

コラム80　アンピシリン耐性マーカー使用時の注意[12)]

　アンピシリン耐性を担う β ラクタマーゼはペリプラズムに局在しますが，長時間培養すると，有意な量が培地中に漏出し，培地中のアンピシリンを不活性化します。また，アンピシリンは pH 7 以下では不安定になるので，長時間培養して培地が酸性化することによっても不活性化されます。抗生物質が不活性化すると，プラスミドが脱落した細胞の増殖が可能になります。宿主に大きな負荷を与えるプラスミドが脱落した細胞は，プラスミドを保持している細胞に比べて比増殖速度が大きいため，世代を重ねるほど，全菌数に占めるプラスミドを保持する細胞の割合は減少し，結果として，目的タンパク質の発現量が大きく低下してしまいます。このような事態を避けるには[※26]，アンピシリンの代わりに酸性化しても安定なカルベニシリンを使用するとともに，前培養液を植菌する際に，無菌的な遠心分離によって回収した菌体だけを植菌し，漏出した β ラクタマーゼを持ち込まないようにします。

[※22]　培地中のグルコースに対する L8-UV5 *lac* プロモーターの感度は極めて低いが，グルコースによるカタボライト抑制を起こさせることは可能である。
[※23]　Thermo Fisher Scientific の BL21-AI 株。
[※24]　メルク㈱の pETcoco。
[※25]　アジレント・テクノロジー㈱。

低下するので，プラスミドの安定性や細胞の生存率の向上が期待できます。また，pUC 系プラスミドは，培養温度を下げることでもそのコピー数を減らすことができます[27]。pUC 系発現用プラスミドを pACYC 系プラスミド（18〜22 コピー），あるいは pSC101 系プラスミド（〜5 コピー）に変更する方法も考えられますが，ABLE C 株や ABLE K 株を利用すれば，あらためて低コピープラスミドへ異種遺伝子を移し換えなくて済みます。

(3) mRNA の安定化

タンパク質の過剰発現によく用いられる BL21 株とその誘導体は，Lon プロテアーゼと OmpT プロテアーゼの遺伝子を欠損しています。そのため生成された異種タンパク質は分解を受けにくくなります。しかし，pET システムの強力な転写活性を利用しているにもかかわらず，異種タンパク質の発現量がそれほど多くない場合があります。その要因として，異種タンパク質の mRNA の不安定性による転写・翻訳効率の悪さなどを挙げることができます。

大腸菌のほとんどの mRNA は不安定であり，その半減期は数分です。RNA 分解酵素 RNaseE 遺伝子に変異を与えた大腸菌を使うことで，この問題を解決できる可能性があります。RNaseE は，9S rRNA（5S rRNA 前駆体）のプロセシング，tRNA の 3′ 末端プロセシングなどに関与することに加えて，デグラドソーム[29] を形成して mRNA を分解します。RNaseE のカルボキシ末端ドメインを欠損する変異 *rne131* によって mRNA の安定性が向上することが報告されており，この変異が導入された大腸菌が開発されています[30]。

(4) レアコドンの補充

異種タンパク質を発現させる際に，宿主のコドンの使用頻度を考慮に入れなければならない場合があります。細胞内の tRNA の発現量は，それぞれのコドンの使用頻度と相関していますので，使用頻度が低いレアコドンが異種タンパク質の mRNA にあれば，リボソームが停滞して翻訳速度が低下し，更には，アミノ酸の取り込みの誤りや翻訳フレームのずれの原因にもなります。リボソームが停滞するとトランス-トランスレーションの機構により，翻訳途中のタンパク質が分解を受けると考えられます[31]。大腸菌では，アルギニン，イソロイシン，グリシン，ロイシン，プロリンのコドンに使用頻度の低いものが見られるため，これらのコドンに対応する tRNA の発現レベルを高めた株を用いれば，リボソームの停滞などの問題を解決することができます[32]。

---

[26] ABLE C 株および ABLE K 株では，染色体上にある ColE1 系プラスミドの複製に必要な DNA ポリメラーゼ I の遺伝子を，別の株由来のものに置き換えてある。

[27] pUC 系プラスミドのコピー数は 37℃ の培養では 500〜700 にもなるが，培養温度を 30℃ に下げると，そのコピー数は pET プラスミド（15〜20 コピー）と同程度にまで低下する。

[28] どの程度の割合でプラスミドが脱落しているかを調べる方法を含めて，文献 12）に対策が詳述されているが，もっとも根本的な対策は，選択マーカーをアンピシリン耐性からカナマイシン耐性へ変更することである。

[29] RNaseE（エンドリボヌクレアーゼ），PNPase（エキソヌクレアーゼ），RhlB（RNA ヘリカーゼ）とエノラーゼ（解糖系酵素）から成る複合体で mRNA の分解に関与している（文献 17）参照）。

[30] Thermo Fisher Scientific の BL21 Star（DE3）株。

[31] トランス-トランスレーションは，タンパク質の翻訳の停滞を解消し，その結果として生じる異常タンパク質へ目印となるタグを付加することで，その分解を促す品質管理システムである（文献 18））。

[32] メルク㈱の Rosetta シリーズおよびアジレント・テクノロジー㈱の BL21-CodonPlus シリーズ。

第９章　育種技術

(5)　異種タンパク質の安定化

　異種タンパク質の発現を SDS-ポリアクリルアミドゲル電気泳動法で確認した際，異種タンパク質の分解物に由来するバンド（予想されるサイズよりも小さいバンド）が多く見られることがあります。このような問題は，異種タンパク質の安定性を向上させれば解決できることがあります。タンパク質の安定性は，開始メチオニンの次のアミノ酸が何であるかに大きく依存しています。これを N エンドルールと呼びます。原核生物のタンパク質合成は，ホルミルメチオニンから始まりますが，デホルミラーゼによりそのホルミル基が除去され，次いでメチオニンアミノペプチダーゼ（MetAP）により開始メチオニンが除かれます。MetAP 活性は開始メチオニンの次のアミノ酸に依存しており，アルギニン，リシン，トリプトファン，チロシン，ヒスチジン，グルタミン，グルタミン酸，フェニルアラニン，メチオニンの場合は，分解をほとんど受けないことが大腸菌を使った *in vivo* の実験で示されています。また，タンパク質のアミノ末端が，ロイシン，アルギニン，リシン，トリプトファン，チロシンの場合，大腸菌細胞内でのそれらの半減期がわずか２分と著しく短いことが報告されており，ClpAP（Caseinolytic protease）と呼ばれるタンパク質分解酵素の標的となるためであると考えられています。上記の２つの報告を考え合わせると，アミノ末端から Met-Leu-………の配列を持つタンパク質を大腸菌内で発現させる時は注意が必要です。

(6)　低温での培養

　異種タンパク質が大腸菌内で封入体を形成してしまい，可溶性画分にはほとんど，あるいは全く発現しない場合があります。発現時の培養温度を低温にシフトすることで，タンパク質をゆっくり翻訳させてペプチドが折りたたまれる時間的余裕を持たせることによって，更には，低温で誘導されるシャペロン[33]の働きにより，可溶性画分への発現の向上が期待できます。もちろん，前述のように pUC 系プラスミドを用いた場合には，コピー数を下げることによる効果も期待できます。また，低温で培養することにより，異種タンパク質に比べて宿主のタンパク質の発現が相対的に抑えられ，その後のタンパク質の精製が容易になります。内在性プロテアーゼ活性も低く抑えられ，目的タンパク質の残存率も高くなります[34]。

(7)　添加剤によるストレス応答の利用

　エタノールなどを添加して宿主にストレスを与えることによって，異種タンパク質の発現を改善できる場合があります。エタノールを培養液に 3%（v/v）となるように添加すると，DnaK 系や GroEL 系といった分子シャペロンの発現を誘導することができ，異種タンパク質の可溶性画分への発現を向上させることができます。また，タンパク質合成を阻害する抗生物質には，ストレス応答を誘導するものがあり，カナマイシン，ピューロマイシン，ストレプトマイシンは熱ショック応答を誘導し，クロラムフェニコール，エリスロマイシン，スピラマイシン，テトラサイクリン，フシジン酸はコールドショック応答を誘導することが報告されています。これらの薬

---

[33]　タンパク質の正しい折りたたみを助けるタンパク質の総称。

[34]　大腸菌由来コールドショック遺伝子 *cspA* のプロモーターを利用したコールドショック発現システムが pCold ベクターシリーズ（タカラバイオ㈱）として市販されている。*cspA* プロモーターの下流に *lac* オペレーターを配しているので，培養温度を 15℃ にシフトし，IPTG を添加して発現を誘導する。

—262—

剤を終濃度 $1\,\mu\mathrm{g}\cdot\mathrm{mL}^{-1}$ 程度となるように添加すると，熱ショックあるいはコールドショックタンパク質の発現が誘導され，その働きによって異種タンパク質の可溶性画分への発現の増加が期待できます。

(8) 分子シャペロンとの共発現

分子シャペロンを異種タンパク質と共に発現させることで，可溶性画分への発現が向上することがあります。熱ショック応答などにより誘導されるシャペロン遺伝子を，pET プラスミドと和合性のある別のプラスミドに乗せたシステムが市販されています。例えば，*groES，groEL，dnaK，dnaJ* などのシャペロン遺伝子を挿入したプラスミドとの共存により，異種タンパク質の可溶性画分への発現を向上させるシステムがあります[35]。大腸菌の生育下限温度は約 7.5℃ ですが，好冷菌 *Oleispiraantarctica* 由来のシャペロニン Cpn60 と Cpn10 を発現させた大腸菌は 0℃ 付近でも増殖が可能となります。低温環境下でこれらのシャペロニンを共発現させ，タンパク質の溶解性を改善するシステムが開発されています[36]。

(9) タグの付加

異種タンパク質の可溶性画分への発現を向上させる方法として，低温での培養や分子シャペロンとの共発現の他に，溶解性の高いタグを付加することによって，タンパク質全体の溶解性を高める方法があります[37]。SET（solubility enhancement tags）と呼ばれるグルタミン酸残基に由来する負の電荷を持ったタグをタンパク質のアミノ末端またはカルボキシ末端側に付加することによっても，タンパク質の溶解性を向上させ凝集を抑えられる場合があります[38]。

組換えタンパク質を簡便に精製する目的でしばしば付加されるヒスチジンタグは，その過剰な陽電荷のために封入体の形成を促進してしまう場合があります。ニワトリ由来乳酸デヒドロゲナーゼの一部領域 19 残基から成る HAT（histidine affinity tag）タグ[39] はヒスチジンタグと同様，メタル（ニッケル）キレートカラムによるアフィニティー精製に使用できます。タグを通して均一に電荷が分布しているため溶解性が高く，ヒスチジンタグよりも封入体を形成しにくいという長所があります。一般的に，高分子量のタンパク質ほど，その大きなかさばりのために，タグとカラム担体との結合は難しくなる傾向があります。HAT タグはヒスチジンタグよりも長いため，高分子量のタンパク質の場合でもタンパク質の表面に露出しやすい傾向にあります。

(10) ジスルフィド結合の制御

大腸菌の細胞内環境は，チオレドキシンおよびグルタチオンに依存したレドックス制御機構により比較的高い還元状態が保たれています。そのため，必要なジスルフィド結合が異種タンパク質へ導入されず，分解されてしまったり封入体を形成してしまったりすることがあります。酸化されたチオレドキシンとグルタチオンをそれぞれ還元型に戻すチオレドキシン還元酵素の遺伝子

---

[35] タカラバイオ㈱。
[36] アジレント・テクノロジー㈱の ArcticExpress System。
[37] GST（glutathione-S-transferase）タグ，MBP（maltose-binding protein）タグ，Trx（thioredoxin）タグ，Nus（NusA）タグ，SUMO（small ubiquitin-like modifier）タグなどがある。
[38] アジレント・テクノロジー㈱の VariFlex protein expression system。
[39] タカラバイオ㈱。

第9章　育種技術

trxB とグルタチオン還元酵素の遺伝子 *gor* を破壊し，細胞内をより酸化状態にすることで，ジスルフィド結合の適切な形成・タンパク質の正常な折れたたみを促し，タンパク質の生産を高めることができます。また，ジスルフィド結合の掛け違いを修正する酵素（DsbC）は本来ペリプラズムに局在していますが，DsbC を細胞質へ発現させるよう改変した大腸菌は，複数のジスルフィド結合を有するタンパク質の発現にも効果的です[※40]。目的の異種タンパク質が分泌タンパク質である場合，細胞質よりもペリプラズムの環境の方が，ジスルフィド結合の形成やタンパク質の折れたたみに適しています。特に，ジスルフィド結合を複数有するタンパク質の場合は，ペリプラズムへ発現させるのも有効な手段の1つです。また，目的のタンパク質にもよりますが，DsbC のシグナル配列を利用し，DsbC との融合タンパク質としてペリプラズムへ発現させると，更なる溶解性の増大や正しい折りたたみの促進が見込めるかもしれません[※41]。

文　献

1）森下隆：乳酸菌研究集談会誌，**4**，57-61（1993-1994）.

2）衣笠龍実，北本豊：きのこの科学，**4**（1），15-18（1997）.

3）矢野駿太郎：生物工学会誌，**89**，524-526（2011）.

4）H. Shahsavarania et al. : *Biotechnol. Adv.*, **30**, 1289-1300（2012）.

5）S. Benjaphokeel et al. : *New Biotechnol.*, **29**, 166-176（2012）.

6）D. Watanabe et al. : *Appl. Environ. Microbiol.*, **78**, 4008-4016（2012）.

7）渡辺大輔：生物工学会誌，**91**，2-9（2013）.

8）B. Rockmill et al. : *Methods Enzymol.*, **194**, 146-149（1991）.

9）M. Bahalul et al. : *Yeast*, **27**, 999-1003（2010）.

10）永井和夫，大森斉：細胞工学，講談社サイエンティフィク（1992）.

11）東端啓貴：生物工学会誌 91, 96-100（2013）.

12）Novagen：*pET System Manual* タンパク質発現システム 第11版日本語版，メルク株式会社（2009）.

13）藤原伸介（編著）：遺伝子工学の原理，三共出版，pp. 174-190（2012）.

14）岸本通雅ら：新生物化学工学〔第2版〕，三共出版，pp. 173-184（2013）.

15）海野肇，中西一弘（監修）：生物化学工学〔第3版〕，講談社，pp. 39-92（2011）.

16）永田和宏ら（共編）：分子シャペロンによる細胞機能制御，シュプリンガー・フェアラーク東京，pp. 3-44（2001）.

17）大塚裕一，米﨑哲朗：蛋白質　核酸　酵素，**48**，240-246（2003）.

18）姫野俵太ら：蛋白質　核酸　酵素，**54**，2201-2206（2009）.

※40　DsbC はシャペロン活性を持つので，ジスルフィド結合を持たない異種タンパク質の発現にも有効である。

※41　発現用プラスミド pET-40b（＋）は，DsbC との融合を行えるようデザインされている。

第10章　スクリーニング技術

　スクリーニングとは，自然環境やライブラリーから目的の特性を持つ微生物（もしくは物質）を探索することですが，自然環境からのスクリーニングについては他書に譲り，本章では第9章を受けて，元の微生物に変異や交雑などによって遺伝的な多様性を導入した後，その中から望ましい形質を持つ微生物を選択する戦略と戦術を解説します。

10.1　スクリーニングの戦略

10.1.1　スクリーニングする菌株の数

　望む特性を持つ株を得るにはどれくらいの数の候補株からスクリーニングすればよいでしょうか。より多くの候補からスクリーニングするほど，優秀な株が得られる可能性は高まりますが，その分，時間がかかります。また，選定した株が本当に優秀であるかどうかを精度良く評価するには手間がかかります。

　アイドルタレントを発掘しようとする時，何十万人の応募者を一人ひとり面接したり実技試験を行ったりすることはできないので，書類選考，地方予選，ブロック予選，最終選考と段階を踏んで，候補者を絞りつつ，より時間をかけた選考を行います。菌株のスクリーニングも同様に，最初のスクリーニングは，精度が十分でなくても数がこなせる方法を用いて候補株を絞り，次第に手間をかけた精度の高い方法で候補を絞っていく戦略を取るのが一般的です。

　扱える株の数と取り得る培養方法（または選抜手段）の間には，概ね**表 10-1-1** のような関係があると考えるとよいでしょう。工業スケールで最善の株を選択するには，最低限，ミニジャーファーメンターで培養し，特性を評価する必要がありますが，このレベルで扱える株の数は 10^2 株ぐらいまででしょう。フラスコ培養は 10^3 株[※1]，試験管ではがんばっても 10^4 株が限界でしょう。マイクロタイタープレートで培養したり，寒天培地でプレートアッセイする場合は，1 枚で 10^2 株を扱うとして 10^3 枚程度，即ち，10^5 株程度が限界になるでしょう。

　10^5 を超える候補株を扱おうとすると，スクリーニングロボットを用いない限り，1 株 1 株を

表 10-1-1　スクリーニングで扱える株数と培養方法の関係

扱う株数	取り得る培養方法または手段
10^5 以上	ポジティブセレクション，濃縮（集積培養）
$10^4 \sim 10^5$	マイクロタイタープレート培養，プレートアッセイ
$10^3 \sim 10^4$	試験管培養
$10^2 \sim 10^3$	フラスコ培養
$10^1 \sim 10^2$	ミニジャー培養

※1　毎日 20 株，週に 5 日，10 週間培養したとして 1,000 株。

第10章　スクリーニング技術

評価することは困難になります。このような場合は，目的の特性を持った株だけが生育できるポジティブセレクションが可能な系を工夫する（［10.2］参照），それがかなわない場合は，何らかの方法で目的の株を濃縮してから（［10.3］参照），個々に培養して評価する必要があります。個々に評価する場合も，多数の候補株を扱いたい場合は，寒天プレート上に形成させたコロニーで一次スクリーニングをして数を減らしたり（［10.4］参照），96穴や384穴のマイクロタイタープレートで培養するなどの工夫が必要になります。

10.1.2　スクリーニングの精度

　基本的な考え方として，スクリーニングにおける評価の良し悪しと，望む能力の良し悪しとの相関性がある程度高ければ，多少の取りこぼしや選択ミスには目をつぶった方が効率的です。例えば，候補株1,000株の中に優良株が20株あるとします。あるスクリーニング法で候補株を50株に絞った時，優良株の半分を取りこぼしてしまったとしても，候補株に占める優良株の割合は当初の2％から20％に上昇します。優良株を全て取りこぼさないようにしようとすれば，かなり多くの候補株を残さざるを得ず，優良株の濃縮度は低下してしまいます。もし，得られる優良株がこの例のように10株しかないと不安なら，選択の基準を緩めるのではなく，当初の倍の2,000株からスクリーニングを始める方向で考えるとよいでしょう。

　1次，2次のスクリーニングは，できるだけ簡便で，数をこなせることを優先しますが，スクリーニングに用いた評価の良し悪しと，望む能力の良し悪しの相関ができるだけ高い方法を採用しなければなりません。例えば，バイオエタノールの生産には，培養液のエタノール濃度が高くなってもエタノール比生産速度を高く維持できる株が望まれますが，このような菌株をスクリーニングする際，例えば20％エタノールに暴露しても生き残る高エタノール耐性株を選ぶのは間違いです。得られる株は，増殖を停止してトレハロースを蓄積するなどして，ストレス耐性を得た株になってしまい，エタノールの比生産速度がかえって低下した株が選択されていまいます。このような場合は，高い濃度のエタノールに耐えることよりも，増殖（発酵）できることを重視して，10％程度のエタノールの存在下で嫌気増殖できる株を選ぶようにした方が，望む性質を持つ株を得る可能性は高まります。耐熱性についても同様で，45℃で生き残る株を選ぶのではなく，たとえ42℃でもよいので，嫌気的に生育できる菌株を選んだ方がよいでしょう。

　どのようなスクリーニング系を用いるにしても，ある程度スクリーニングが進んだら，得られた株の中でもっとも優秀な株，やや優秀な株，まあまあの株，やや劣る株，かなり劣る株を1株ずつ選び，スクリーニング系自体を評価してみることをお勧めします。まず，選んだ株を，ジャーファーメンターで培養するなどして，高い精度で評価しておきます。同時に，選んだ5株に対してあらためて1次，2次スクリーニングを行い，その評価が高精度の評価と相関しているかどうかを確認します。もし，相関が悪ければ，そのスクリーニング方法は改善すべきであるということになります。

10.1.3　スクリーニングの実例（パン用酵母の場合）

　パン用の酵母の育種は，交雑や異数体の誘導などの古典的な方法で多様性を作り出し，その中

—266—

から以下に述べる特性を持つ酵母をスクリーニングします。まず，発酵力，特に，マルトースを発酵する能力[※2]が必要で，好ましい香りのパンが焼ける，などの特性の他に，1か月程度冷蔵保存しても発酵力を保てる，廃糖蜜を炭素源とした培地で高収率に培養できる，廃糖蜜のメラノイジンで着色しない[※3]，などの特性が求められます（［12.5.4］参照）。このうち，保存性は流加培養を行わないと精度の高い評価は行えず[※4]，香りは流加培養した酵母で実際にパンを焼いてみないと評価ができないので，これらは候補株を絞ってから行います。1次スクリーニングでは，まず，廃糖蜜を炭素源とする寒天培地で大きな白いコロニーを作る株を選抜し，2次スクリーニングでは，試験管で培養した酵母を用いてマルトース発酵力を評価し，これが高い株を残します。フラスコ培養による3次スクリーニングでは保存性やその他の特性の簡易評価などを行い，1桁ずつ候補株を絞っていきます。更に，ミニジャーファーメンターを用いた流加培養を行って，菌体収率を評価するとともに，保存性，発酵力の評価に加えて，製パン試験を行って香りを含む性能を総合評価し，最終的には，現場の培養槽での試験を経て，菌株を決定します。

10.1.4　スクリーニングに用いる培地

　ラボでの基礎研究が目的であれば，酵母エキスなどを含む，栄養が豊富で増殖の速い半合成培地を用いればよいでしょう。しかし，その微生物による工業的な物質（菌体）生産を少しでも考えているなら，最初に菌株を選ぶ（スクリーニングする）段階から培地のコストを考えておかなくてはなりません。抗ガン剤など，付加価値が高い物質を生産させるのであれば，多少，培地のコストがかかっても利益が得られることもありますが，例えば，乳酸，エタノールなどkgあたり数十円の物質を生産しようとするなら，その培養にkgあたり数千円もする酵母エキスを用いるのはナンセンスと言われても仕方がありません。第11章で詳述するように，精製コストや廃水処理コストも考慮し，最初から安価な炭素源と無機塩で培養できる微生物を選択する方が得策です。

コラム 81　ポリ乳酸は乳酸菌では作らない

　ポリ乳酸はカーボンニュートラルなプラスチックとして注目されており，糖化したバイオマスを微生物で乳酸に変換し，これを重合させて製造します。乳酸といえば乳酸菌が使われているかと思うかも知れませんが，工業生産には乳酸菌ではなく，安価な無機塩と糖だけで増殖・発酵し，乳酸の分離精製も廃水処理も容易な糸状菌が使われています[※5]。乳酸菌は，栄養要求性が高く，その培養に酵母エキスなどを要求するため，培地のコストが上昇するだけでなく，残った培地成分は乳酸の精製を難しくし，廃水処理の負荷も大きいという三重苦に苦しむことになるため，工業生産に用いられることはまずありません。

※2　フランスパンなど，糖を添加しない生地では，小麦粉由来のアミラーゼによってデンプンから生じるマルトースを発酵できないとパンがふくらまない。
※3　茶色く着色した酵母で焼いたパンはくすんだ色になってしまう。
※4　基質濃度を低く保って培養すると酵母は細胞内に炭水化物を蓄積し，保存性が高まるが，流加培養をしないとこのような培養を行うことができない。
※5　乳酸脱水素酵素を組み込み，エタノール生産経路を破壊した酵母の使用も検討されている。

第 10 章　スクリーニング技術

10.2　ポジティブセレクション

　目的の形質を持つ株だけが生育できる環境を作り出すことができれば，寒天培地 1 枚に 10^6 ～ 10^9 の細胞を播種できますので，スクリーニングを大幅に効率化することができます。本節では，いくつか実例を紹介します。

10.2.1　栄養要求性株の取得

　遺伝子操作には，形質転換体を選択するためのマーカー遺伝子が必要です。酵母の場合，オーレオバシジン[6] や G-418[7] などの薬剤耐性遺伝子をマーカーにする場合もありますが，これらの遺伝子は酵母にとっては外来遺伝子になります。これに対して，宿主の酵母を栄養要求性にして，それを相補する酵母自身の遺伝子をマーカーにすれば，セルフクローニング系を構築することができます。*Saccharomyces cerevisiae* の場合，*URA3* 遺伝子がコードするオロチジン-5′-リン酸脱炭酸酵素（orotidine 5-phosphate decarboxylase；OPDC）を欠損した株は，5-フルオロオロチン酸（5-fluoroorotic acid；5-FOA）を添加した培地でポジティブセレクションすることができます。5-FOA はオロチジン-5′-リン酸にフッ素が結合した化合物ですが，これが OPDC で脱炭酸されると，非常に毒性が強い化合物に変化し，その酵母は死滅してしまいます[8]。つまり，5-FOA を添加した培地で生育できる株を選択すれば，得られた株のほとんどは，OPDC が機能しない *ura3* の株になります。元株を変異処理する必要はなく，0.5 mg·mL^{-1} 程度の 5-FOA を添加した YPD 培地に 10^7 程度の細胞を直接塗布し，自然突然変異で *ura3* となった株を選択します。

　同様に，2-アミノアジピン酸を含む培地を用いれば，α-アミノアジピン酸レダクターゼ（α-aminoadipate reductase）をコードする *LYS2* 遺伝子が欠損した株をポジティブセレクションすることができます。

10.2.2　アナログ耐性株の取得[1]

　ほとんどの生合成系には，その生産量を調節するために，転写量もしくは酵素活性を制御する機構が備わっており，多くの場合，初段の酵素は最終産物によってフィードバック阻害を受けます。ある生合成系の最終産物（あるいは中間代謝物）が目的物質である場合，フィードバック制御を解除すれば，目的物質の生産性は向上します。

　このような場合，最終産物によく似た構造ではあるが，最終産物としては機能しない物質（アナログ）を培地に加えると，フィードバック阻害が解除された変異株をポジティブセレクションできます。例えば，アデニル酸（AMP）とグアニル酸（GMP）はホスホリボシルピロリン酸（PRPP）から，イノシン酸（IMP）で分岐し，12 段階の酵素反応で合成されますが（**図 10-2-1 左**），初段の PRPP アミドトランスフェラーゼは，最終産物である AMP と GMP によるフィー

※6　抗真菌抗生物質。タカラバイオ㈱からその耐性遺伝子をマーカーにしたベクターが市販されている。

※7　細菌や藻類に対してだけでなく，酵母や動物細胞にも効果があるアミノグルコシド系の抗生物質。Aminoglycoside-3′-phosphotransferase 遺伝子（*neo*$^\text{R}$）を持っていれば耐性になる。

※8　5-FOA は OPDC によって 5′-fluoro-uridine monophosphate（5-FUMP）に変換され，5-FUMP は DNA 合成に必須なチミジル酸の合成を強く阻害する。

—268—

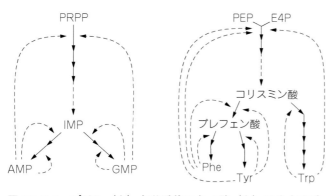

図 10-2-1　プリン（左）と芳香族アミノ酸（右）の生合成系
破線はフィードバック阻害を示す。

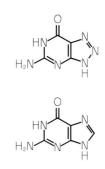

図 10-2-2　8-アザグアニン（上）とグアニン（下）

ドバック阻害を受けます。また，IMPからGMPを合成するIMPデヒドロゲナーゼとGMP合成酵素も，GMPによるフィードバック阻害を受けます。8-アザグアニンはグアニンのアナログで（図10-2-2），細胞内で8-アザGMPに変換されますが，GMPと同様にこれらの酵素を阻害するため，培地に添加すると，細胞はGMPを合成することができず，死滅してしまいます。8-アザグアニンを培地に添加しても生育できる株を選択することによって，これらのフィードバック阻害が解除された変異株が取得でき，核酸発酵に利用されています。

トリプトファンの生合成系は（図10-2-1右），ホスホエノールピルビン酸（PEP）とエリトロース4-リン酸（E4P）から7-ホスホ-2-デヒドロ-3-デオキシアラビノヘプトン酸を合成するDAHPシンターゼから始まり，コリスミン酸で分岐し，アントラニル酸シンターゼ以下の反応で合成されますが，DAHPシンターゼもアントラニル酸シンターゼも最終産物であるトリプトファンによるフィードバック阻害を受けます。また，DAHPシンターゼはチロシンとフェニルアラニンによってもフィードバック阻害を受けます。そこで，5-メチルトリプトファン，トリプトファンヒドロキサメート，チロシンヒドロキサメート，フェニルアラニンヒドロキサメート，6-フルオロトリプトファン，4-メチルトリプトファンなどに耐性を示す菌株を分離することによって，トリプトファンによるフィードバック制御がかからない株が単離され，トリプトファンの生産に利用されています。

10.2.3　2-デオキシグルコースによるグルコースリプレッションの解除

グルコースはグルコース以外の糖の分解に関与する酵素や，取り込みに関与するタンパク質の発現を抑制します。2-デオキシグルコースはグルコースのアナログであり，グルコーストランスポーターによって取り込まれ，上述のグルコース以外の糖の分解に関与するタンパク質の発現を抑制します。

例えば，*Pichia stipitis* はキシロースからエタノールを生

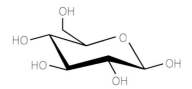

図 10-2-3　2-デオキシグルコース（上）とグルコース（下）

第 10 章　スクリーニング技術

産することができますが，グルコースとキシロースの混合糖を与えると，カタボライトリプレッションがかかりキシロースの取り込みや発酵は抑制されてしまいます。そこで，2-デオキシグルコース存在下で，キシロースを炭素源として速やかに増殖できる株を選択すると，キシロース発酵がグルコースで抑制されない株を取得することができます。

　ただし，2-デオキシグルコースはヘキソキナーゼやグルコースリン酸イソメラーゼも阻害するので，耐性変異株の中には，これらの酵素が変異して阻害を受けなくなったものの，比活性が低下し，結果として，発酵力が低下した株がかなりの割合で含まれることを知っておいてください。

10.3　変異株の濃縮方法

10.3.1　栄養要求性変異株の濃縮

　変異処理によって，アミノ酸や核酸などの必須成分の合成経路に欠損が生じると，その成分を培地に添加しないと生育できなくなりますが，これを利用して変異株を濃縮することができます。
　ペニシリンは細胞壁のペプチドグリカンの合成を阻害する抗生物質で，細胞壁の合成が不完全になった細胞は，浸透圧が低い培地中では破裂して死滅します。しかし，増殖してない（細胞壁を合成していない）細胞に対しては，ペニシリンは効果がありません。そこで，変異処理を行った後，特定の栄養素を含まない培地で適当な時間培養し，ペニシリンを添加します。すると，その栄養素を自ら合成して増殖している細胞は，細胞壁が合成できず，浸透圧によって破裂して死滅するのに対して，その栄養素を合成できない細胞は，増殖を停止しているので死滅を免れ，結果として，その栄養素を要求する株が濃縮できます[2]。実験条件は，対象とする微生物によって異なるので，変異株を取得したい微生物の学名と penicillin，そして enrichment（またはselection）をキーワードにして各自で検索してください。
　真核生物では，同様の効果を持つ薬剤としてナイスタチン[3]，アンホテリシンなどがあります。濃縮条件は nystatin や amphotericin をキーワードにしてペニシリンの場合と同様にして文献を検索してください。

10.3.2　取り込み欠損株の濃縮

　ある基質を取り込めなくなった株を濃縮する方法として，放射性同位元素で標識された基質を用いる方法があります[4]。例えば，トリチウムで標識したマンノースを培地に添加して培養し，1か月程度冷凍保存します。マンノースを取り込んだ細胞は，トリチウムの β 崩壊による障害を受けて死滅していきますので，生き残った株の多くはマンノースを取り込めなくなった株になります。詳細は tritium suicide をキーワードに文献検索してください。

10.3.3　連続培養による濃縮

　変異処理をしたり，交雑後に減数分裂させることによって多様性を持たせた微生物の懸濁液をまとめて植菌し，適当な条件で連続培養することによって，目的の株を濃縮します。例えば，培養温度を次第に上げていけば耐熱性の株を，pHを次第に下げていけば耐酸性の株を濃縮できます。

10.3.4　比重による濃縮

　タンパク質や貯蔵糖は密度が大きいので，これらを細胞内に蓄積した細胞は密度が大きくなります。そこで，変異処理をしてしばらく培養した後，パーコールなどを用いた密度勾配遠心分離を行い，密度が大きくなった細胞を分離します。タンパク質の分泌経路の研究でノーベル賞を受賞した R. Sheckman は，この方法でパン酵母の一連の分泌変異株を分離しました[5]。

10.4　プレートアッセイ

　寒天培地にコロニーを形成させ，コロニーの色などで活性を判定する方法で，1枚で数十～数百株のアッセイができます。以下にいくつかの方法を解説します。

10.4.1　ハローアッセイ

　適当な培地に目的の加水分解の基質となる高分子を添加した寒天培地を作製し，微生物にコロニーを形成させます。基質が不溶性である場合，寒天培地は濁っていますが，加水分解酵素を分泌する微生物のコロニーの周辺に，透明なゾーン（ハロー）が形成されます。基質が可溶性である場合，培養後に残った基質を適当な方法で染色すると，基質を分解できた株のコロニーの周辺に色が抜けたゾーンが形成されます。ハローの大きさは，その加水分解酵素の生産能力に相関し，より大きいハローを形成するコロニーほど，目的の酵素のより高い生産能が期待できます。

(1)　プロテアーゼ

　グルコース，無機窒素，その他の栄養素含む培地[※9] に 0.5～1％のスキムミルクやケラチンを加えて寒天培地を作製します。スキムミルクやケラチンは不溶性なので寒天培地は白く濁っていますが，プロテアーゼを分泌する微生物のコロニーの周辺には，透明なゾーン（ハロー）が形成されます。

(2)　アミラーゼ

　適当な合成培地[※10] に 1～2％の可溶性デンプンを添加した寒天培地を作製し，微生物にコロニーを形成させます。ルゴール液（0.01％ I_2, 0.1％ KI）を噴霧すると，デンプンが青く染まりますが，アミラーゼを分泌する微生物のコロニーの周辺には青く染まらないハローが形成されます。ルゴール液によって多くの微生物は死滅するので，事前にレプリカ（コラム 64 参照）を取っておく必要があります。不溶性デンプンを用いれば，生デンプンを分解できるアミラーゼを持つ微生物をスクリーニングできます。デンプンの粒子が大きいと，多少分解能力があってもハローを形成しない場合がありますので，できる限り細かい粉末を使用します。

(3)　セルラーゼ（CMCase）

　適当な合成培地[※10] に 1～2％のカルボキシメチルセルロース（CMC）を添加した寒天培地を作

※9　アミノ酸などの窒素源はプロテアーゼ生産を抑制することが多いので，硫酸アンモニウムなどの無機窒素または尿素を窒素源にする。合成培地が利用できない場合は酵母エキスを用いるが，入れ過ぎるとプロテアーゼの生産を抑制することが多いので，0.1％程度にする。

※10　酵母エキスなどを含む半合成培地でもよい。グルコースを入れると酵素の生産が抑制されるので，コロニー形成を促進するために添加するとしても 0.1％程度にする。

第10章　スクリーニング技術

製し，微生物にコロニーを形成させます。非結晶性セルロースにしか作用できないエンドグルカ
ナーゼを分泌する微生物もコロニーの周囲にハローを形成しますので，得られた微生物の多くは
結晶性セルロースを分解できない（分解できても活性が低い）ことに注意が必要です。

(4) セルラーゼ（セロビオハイドロラーゼ）

　リグノセルロースを原料にしたエタノールなどの発酵生産を目的とする場合，セルロースの大
部分は結晶性セルロースであり，これを分解するセロビオハイドロラーゼ活性を持つ微生物が必
要です。適当な合成培地[※10]に，セルロースパウダー（濾紙粉末）を1～2％添加した寒天培地を
作製し，微生物にコロニーを形成させます。セルロースパウダーの粒子が大きいと，結晶性セル
ロースを分解する能力があってもハローを形成しない場合がありますので，できる限り細かい粉
末を使用します。*Trichoderma reesei*など，強いセロビオハイドロラーゼ活性を持つ株を入手し
てポジティブコントロールにするとよいでしょう。

10.4.2　インジケーター株によるバイオアッセイ

　例えば，グルタミン酸を生産する菌株は，グルタミン酸がないと生育できない乳酸菌をインジ
ケーター（指示菌）にしてスクリーニングされました。グルタミン酸を含まない寒天培地上に予
めインジケーター株を塗布し，その上に天然から採取した微生物を培養し，周囲に乳酸菌の生育
円ができるコロニーを選択したのです。

　目的の物質を生産する菌株をスクリーニングするために，目的の物質を生育に要求する株を取
得するのは一見，回り道のように見えますが，インジケーター株が生育できたエリアの大きさ
は，目的物質の生産量と相関し，生産性を向上させた株のスクリーニングにも使用できるので，
検討に値する方法の1つです。

10.4.3　コロニーの活性染色

(1) 発色性の基質を用いる方法

　酵素分解によって発色する基質を培地に混ぜておけば，コロニーの色でその酵素の活性を判定
することができます（**表10-4-1**）。

表10-4-1　発色性の基質でコロニーの活性染色ができる酵素

基質	酵素
p-ニトロフェニルリン酸	ホスファターゼ
p-ニトロフェニル酢酸	リパーゼをはじめとするエステラーゼ
p-ニトロフェニル-β-マルトシド	α-グルコシダーゼ（マルターゼ），グルコアミラーゼ
5-ブロモ4-クロロ-3-インドリル-α-$_D$-グルコピ ラノシド（X-Glu）	α-グルコシダーゼ（マルターゼ）
5-ブロモ4-クロロ-3-インドリル-β-$_D$-ガラクト ピラノシド（X-Gal）	β-ガラクトシダーゼ

(2) ペルオキシダーゼによる染色

　反応によって過酸化水素を生じる種々のオキシダーゼ，あるいは，そのオキシダーゼの基質を

—272—

生じる酵素を活性染色することができます。例えば，軟寒天（0.7％程度）にシュクロース（0.1 M），グルコースオキシダーゼ（5 units/mL），西洋ワサビ由来のペルオキシダーゼ（2 units/mL），その基質となる o-ジアニシジン[*11]（0.6 mg/mL）を加え，供試菌のコロニーに重層すれば，インベルターゼ[*12]を分泌するコロニーを赤茶色に染色することができます（括弧内は軟寒天中の終濃度）。この時，供試菌を培養する寒天培地の炭素源がグルコースの場合，バックグラウンドの色が濃くなってしまうので，グルコース以外の炭素源で培養する方がよいでしょう。シュクロースをマルトース，デンプン，ラクトース，トレハロースに代えれば，それぞれ，マルターゼ，グルコアミラーゼ，ラクダーゼ，トレハラーゼのアッセイができます。また，グルコースオキシダーゼを他のオキシダーゼに代えれば，その基質を生成する酵素の活性を見ることができます。

コラム82　菌体内酵素の活性染色

　アッセイをしたい酵素が菌体内酵素で，基質が細胞膜を透過しにくいものである場合，細胞膜が障壁になりますが，次のようにして簡単に細胞膜を破壊することができます。ドラフト内に金属製のバットかガラス板を準備し，クロロホルムを1滴たらします。その上にコロニーを形成させたシャーレを伏せ，10〜15分放置すれば，細胞膜が破壊され，細胞内の酵素と基質が接触できるようになります。ただし，シャーレの微生物は死滅しますので，レプリカを取っておく必要があります。また，プラスチックのシャーレはクロロホルムで変形してしまいますので，ガラスシャーレを使う方がよいでしょう。

コラム83　レプリカの取り方

　15 cm 程度の正方形に切ったビロードの布を滅菌缶に入れてオートクレーブしておきます。シャーレよりもやや小さい径の円筒型のコルクなどの台に，火炎滅菌したピンセットを使って布を乗せ，ビロード面に触らないように注意して輪ゴムで止めます[*13]。シャーレのコロニー側を下にして布の上に乗せ，コロニーを布に軽くかつ均一に押しつけます。新しい寒天培地を寒天面を下にして布に押しつけ，布に付着した菌体を寒天面に移します。

文　献

1）今中忠行監修：微生物利用の大展開，エヌ・ティー・エス（2002）．

2）J. G. Fitzgerald and L. S. Williams : *J. Bacteriol.*, **122**, 345-346（1975）．

3）R. Snow : *Nature*, **211**, 206-207（1966）．

4）B. S. Littlewood and J. E. Davies : *Mutat. Res.*, **17**, 315-322（1973）．

5）P. Novick et al. : *Cell*, **21**, 205-215（1980）．

[*11] 20 mM ぐらいの塩酸に溶かしておく。ABTS（2, 2'-azino-bis（3-ethylbenzothiazoline-6-sulfonic acid）を用いてもよい。

[*12] シュクロースをグルコースとフラクトースに分解する酵素。

[*13] 「レプリカプレーティング・ツール」が日本ジェネティクス㈱から入手できる。

第11章　生産コスト

　生産コストは工業化が決まってから考えればよい，あるいは，コスト計算は研究者の仕事では
ない，などと考えていませんか？　結論を先に言うと，どちらも大きな間違いです。基礎研究の
段階からコストを意識して戦略を立てないと，取り返しがつかない場合が少なくありません。速
やかに高収率で高濃度の目的物質を生産できればコストは下がりますが，その条件を見つけるの
は研究者の仕事であり，そのためには研究者自身が生産コストを計算できなければなりません。
本章では，生産コストの計算の基本と，第7章で説明した比速度と収率がどのようにコストにか
かわってくるかを解説します。なお，本章ではコストという一般的な概念を扱いますので，単位
は「円・kg^{-1}」の形式ではなく，「円/kg」の形式で表記します。

11.1　コストの内訳

　生産コストは一定量の製品を得るために必要なコストであり，ここでは円/kgの単位（製品
1kgを作るのに何円かかるか）で扱います。生産コストC［円/kg］は，生産量に比例して必要
になる変動費C_{var}［円/kg］と，生産量にかかわらず必要になる固定費C_{fix}［円/kg］から成り，
次式で与えられます。

$$C = C_{var} + C_{fix} \tag{式 11-1-1}$$

　コストの計算にはいくつか方法がありますが，ここでは研究・開発を進める上で直観的に分か
りやすいように，1バッチあたりの生産量とそれに要するコストをベースに考えます。

11.1.1　変動費

　変動費は，生産量に比例して必要になるコストで，主なものとして，培地のコスト，分離精製
に必要な溶媒などの消耗品のコスト，電気・水道・燃料などのユーティリティコスト，廃水・廃
棄物の処理コストなどがあります。1バッチあたりにかかるコストを，それぞれC_M，C_P，C_U，
C_W[※1]とすれば（単位は何れも円/バッチ），変動費C_{var}はこれらの和を1バッチで得られる製品
の量E［kg/バッチ］で割ることによって算出できます。

$$C_{var} = \frac{1}{E}(C_M + C_P + C_U + C_W) \tag{式 11-1-2}$$

(1)　培地コスト

　まず，培地成分の中でもっとも量が多い炭素源を1バッチにどれだけ仕込むかを仮定し，これ

※1　添え字のM，P，U，WはそれぞれMaterial，Purification，Utility，Wasteの頭文字。

第11章　生産コスト

を基準にして，他の炭素源以外の培地成分の必要量を計算します。糖を炭素源にするのであれば，まず，仕込む糖の量に菌体収率を掛けて，得られる菌体量を求め，これに単位菌体に含まれる各元素の量を掛ければ，必要量を求めることができます。例えば，1,000 kg の糖を仕込み，糖あたりの菌体収率 $Y_{X/S}$ が 0.35 kg-dry-cell/kg-sugar であれば，350 kg の乾燥菌体が得られます。乾燥菌体の窒素含量が 0.10 g-nitrogen/g-dry-cell であれば，窒素の必要量は 35 kg になり，これを尿素（$(NH_2)_2CO$）で供給するとすれば，その必要量は 75 kg（$= 35 \times 60/(14 \times 2)$）[※2] になります。菌体の元素組成に基づいて他の元素についても同様に計算することができるので，炭素源およびその他の成分の使用量 M_i [kg/バッチ] に，それぞれの単価 R_i [円/kg] を掛け，合計することによって1バッチの培地コストを計算します。

$$C_M = \sum R_i M_i \text{ [円/バッチ]} \tag{式11-1-3}$$

炭素源としてもっとも安価なものは，製糖工場から出る廃糖蜜で，糖1 kg あたり数十円ですが，デンプンを糖化した液糖などを用いると，倍かそれ以上の値段になります。窒素源は，硫酸アンモニウムや尿素などを用いれば，糖1 kg あたりせいぜい数円程度で済みますが，酵母エキスを用いたりすると，これが数十円以上，場合によっては数千円以上になってしまいます。酵母

コラム84　半ライスが半額にならない理由

生産コストは，販売数を横軸に取ると，図 11-1-1A のように固定費を切片とする直線で表され，その傾きは製品の単位量あたりの変動費になります。製品の売上高は原点を通る直線になり，この直線の傾きは販売単価を意味します。生産コストの直線と売上高の直線の交点を損益分岐点といい，この点よりも販売数が少なければ赤字，多ければ黒字になります。

身近な具体例を示せば，専門書が高価なのは，一般書に比べて販売数が少ないため，コストの大部分を占める固定費をカバーして利益を確保するには，単価を上げて売上高の直線を急勾配にせざるを得ないからです（図 11-1-1B の太線）。半ライスが半額にならないのは，変動費は半分になっても固定費は変わらないからなのです（図 11-1-1C）。

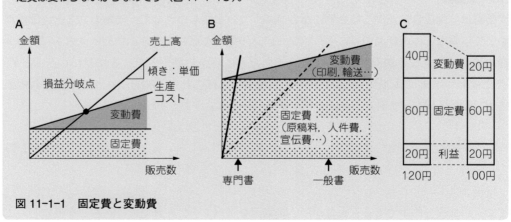

図 11-1-1　固定費と変動費

※2　尿素の分子量は 60 で，原子量 14 の窒素が 2 個含まれる。

エキスの単価は数千円/kg ですから，ある製品を1kg 製造するために，酵母エキスを1kg 使えば，そのコストだけで数千円/kg になってしまいます。仮に，酵母エキスの使用量が製品1kg あたり1g であっても，そのコストは数円/kg 増加します。製品の単価が数十円/kg の生産物の場合であれば，このコストアップは致命的です。菌株の選定の段階から，酵母エキスなどの高価な培地成分を使わないことを前提に研究開発を進めなければなりません。

(2) 精製コスト

培養上清から目的物質を回収する主な方法に，溶媒沈殿や塩析がありますが，これらに用いる溶媒や硫酸アンモニウムのコスト［円/kg］は，培養上清に含まれる目的物質の濃度に反比例します。培養液に等量のアセトンを添加して目的物を沈殿させる場合を考えると，培養液に含まれる目的物質の濃度にかかわらず，培養液と等量のアセトンが必要です。言い換えれば，ある一定量の製品を得ようとするとき，培養上清に含まれる目的物質の濃度が倍になれば，製品あたりに必要な溶媒の量は半分に節減できるということです。

同様のことが蒸留による分離精製にも当てはまります。バイオマスからエタノールを生産する場合，エタノールを1kL 得るためには，終濃度が5%（v/v）であれば，少なくとも20kL の培養液を蒸留しなければなりませんが，終濃度を10%（v/v）まで高めることができれば，10kL を蒸留すればよく，蒸留に要するコストとエネルギーは半分に節減できます。

分離精製には，他にも膜分離，遠心分離，精製用のカラム（クロマトグラフィーの担体を含む），ポンプ，タンクなどの設備が必要ですが，これらは［11.1.2］に述べる要領で固定費として計算します。

(3) ユーティリティコスト

培地や設備の洗浄に使用する水の代金，撹拌，送液，通気，加温，冷却などに必要な電気代，培養槽や培地などの滅菌，加温に用いる蒸気を作るための燃料代（重油やガス）などをまとめてユーティリティコスト[※3] といいます。微生物は呼吸または発酵によって熱を出しますが，培養槽は大型になるほど，比表面積が小さくなって熱がこもるため，除熱（冷却）が必要になります。培養温度を35℃以下に設定しようとすれば，夏場は冷凍機が必要になり，電気代がかさみますが，35℃以上で培養できるなら，クーリングタワーによる省エネ（低コストの）除熱が可能になります。

(4) 廃水・廃棄物処理コスト

研究者が忘れてしまいがちなコストですが，場合によっては生産コストの1/3 近くを占めることもあります。培養後に目的の菌体や生産物を回収した後の廃液には，過剰だった栄養分や代謝産物などが残っています。そのまま河川や下水に放流すると環境を汚染するので，有機物はもちろん，窒素，リンなどについても処理をして，濃度（放流量）を下げなければなりません。廃水処理コストは，通常，廃水の総量が増えるほど大きくなるので，生産物の濃度を上げれば，その分，必要な培養液量は減り，廃水処理コストを抑えることができます。廃水処理コストは，廃水に含まれる処理すべき成分の濃度によっても上昇します。過剰に栄養分を与えると，栄養分の調

※3　いろいろな定義があるが，ここでは電気代，水道代，ガスを含む燃料代をユーティリティコストとする。

第11章 生産コスト

達コストだけでなく，廃水処理のコストも上昇するので，必要最小限の栄養分をバランスよく与える必要があります。

廃糖蜜は糖源としてもっとも安価な原料ですが，廃水処理が難しくなることが難点です。廃糖蜜には，製糖プロセスで生じた茶褐色のメイラード反応物が％のオーダーで含まれており，これを分解するには，有機性廃棄物の分解によく用いられるメタン発酵だけでは間に合わず，膜分離あるいは蒸発乾固させるなど，かなりのコストを要する場合があります。廃糖蜜の処理に対応できる廃水処理設備がなく，新設しなければならないなら，ランニングコストが多少かかっても廃水処理が容易な液糖などを用いた方が，トータルでコストを節減できる場合もあります。

11.1.2 固定費

固定費は，生産量に関わらず必要になるコストで，ここではその主なものである設備投資と人件費について説明します[4]。

(1) 設備費

培養に用いる設備を導入するのに必要な費用で，培養槽，遠心分離機，原料タンク，受けタンク，ボイラー，ブロワ，各種計測機器，配管を含む付帯設備，建物などです。100 トンの培養槽であれば，仕様にもよりますが，2〜5 億円の初期投資が必要になります。この投資は，次のようにして生産コストに反映させます。まず，初期投資額を C_I［円］[5] として，その設備を使用する年数を設定します[6]。a 年間使用するとすれば，1 年あたりの設備費は，C_I/a［円/年］となります。

次に，一年間に培養する回数を想定します。n バッチの培養を行うなら，1 バッチあたりの額は，$C_I/(a \cdot n)$［円/バッチ］となります。更にこれを 1 バッチから得られる製品の量 E［kg/バッチ］で割れば，円/kg の単位に換算することができます。つまり，設備費は，$C_I/(a \cdot n \cdot E)$［円/kg］となります。

(2) 人件費

年間に要する人件費を C_L［円/年］[7] とすれば，設備費と同様に，年間のバッチ数と 1 バッチから得られる製品の量で割れば，円/kg の単位に換算することができ，人件費は，$C_L/(n \cdot E)$［円/kg］となります。

従って，固定費は，

$$C_{\mathrm{fix}} = \frac{C_I}{a \cdot n \cdot E} + \frac{C_L}{n \cdot E} = \frac{1}{n \cdot E}\left(\frac{C_I}{a} + C_L\right) \ [\text{円/kg}] \qquad (式11\text{-}1\text{-}4)$$

となります。なお，$n \cdot E$ は年間生産量を意味します。

※4　他に一般管理費，広告宣伝費，金利などがある。
※5　添え字 I は Initial の頭文字。
※6　償却年数という。コスト計算では，実際に使用できる年数よりも短く設定することが多い。
※7　添え字 L は Labor の頭文字。

—278—

11.2 生産コストに及ぼす要因

前節で解説した式 11-1-1 に式 11-1-3 と式 11-1-4 を代入すれば，生産コスト C は，

$$C = C_{var} + C_{fix} = \frac{1}{n \cdot E}\left(\frac{C_l}{a} + C_L\right) + \frac{1}{E}(C_M + C_U + C_P + C_W) \qquad （式 11\text{-}2\text{-}1）$$

となります。以下，この式を元に生産コストに及ぼす要因を解説します。

11.2.1 培養回数（培養時間）

式 11-2-1 を見れば，年間の培養回数 n を増やせば固定費が下がることが分かります。培養槽の年間稼働日数を 300 日とした時，1 バッチに 6 日を要すれば，年間 50 バッチしか培養できません。これに対して，培養時間を短縮して 3 日で培養が終わるなら年間 100 バッチが可能となり，固定費は 1/2 に節減できます。ラボでの培養だと，培養時間が長くても収量が多ければそれでよい，と考えがちですが，製造現場では，早く培養することもコスト削減のために非常に重要な要素なのです[8]。場合によっては，収量が 7～8 割に落ちても，半分の培養時間で済むなら，その方が得なこともあるのです[9]。

培養時間を短縮するには，速やかに高菌体濃度に達する必要があり，これには 2 つのアプローチがあります。1 つは比増殖速度 μ を高く保つことで，もう 1 つは初期菌体量を高くすることです。前者は菌株の改良が必要な場合もありますが，流加培養の場合，μ の設定値を許容される範囲内でできるだけ高くすることによって実現できます。後者は，植菌量を増やせばよいのですが，前培養槽の能力には限りがあります。このような場合，何回かに 1 回，本培養槽を用いて前培養をする手法があります。通常，本培養槽は目的物質の生産に用いますが，増殖に最適な条件を設定して培養し，得られた菌体を濃縮して保存しておきます。この菌体を何回かに分けて本培養に用いれば，初期菌体濃度を上げることができ，培養時間をトータルで短縮することができます[10]（［12.5.5］参照）。

11.2.2 収量（収率）

前節で述べたように，原料あたりの目的物質の収率（対原収率）は原料コストに直接関係します。更に，式 11-2-1 を見れば明らかなように，1 バッチあたりの収量 E が増えれば，固定費も変動費も下がります。1 バッチあたりの収量は，対原収率を上げる方法の他に，仕込み量を増やすことによっても増やすことができます。ただし，回分培養で仕込み量（初期糖濃度）を増やすと，浸透圧の上昇による悪影響があったり，副生成物が増えたりといった問題が生じることが多

---

[8] 固定費が低い場合（償却が終わった遊休設備を活用する場合や自動化されていて人件費が少ない場合）は，培養時間を長めにして収量を稼ぐ方が得になることもある。

[9] ただし，使われずに残った基質が廃水処理の負荷を上げ，処理コストが増大することを考慮する必要がある。

[10] 植菌量を増やそうとすれば，前培養の時間が長くなるので，トータルの培養時間は変わらないが，もっとも大きな（固定費が大きな）培養槽の利用効率が上がるので，トータルのコストとしては下がる。ただし，種菌を保存しておくタンクが必要になるので，この固定費増を考慮しておかなくてはならない。

第 11 章　生産コスト

いので，第 7 章で紹介した流加培養を行います[11]。流加培養は，基質濃度を目的物質の比生産速度が最大になる濃度に保つことができ，高効率の生産を行うことができますが，これに加えて，1 バッチあたりの収量を増やすことによってもコストダウンに貢献します。

11.2.3　生産物（菌体）濃度

　前節の変動費の項目でも解説しましたが，1 バッチで得られる生産物（菌体）の濃度が高まれば，生産物（菌体）の精製コストと廃棄物の処理コストは低下します。見落としがちですが，工業的な生産では重要なので，あえてもう一度述べておきます。

---

[11]　糖を何回かに分けて逐次添加する方法もある。

第12章　各種工業利用微生物培養の実際

12.1　遺伝子組換え大腸菌の培養

　大腸菌 *Eschericia coli* は，分子生物学のツールとして広く用いられ，その発展に大きく寄与している生物です。大腸菌は初めて遺伝子組換えが行われた生物であり，世界最初の遺伝子組換えバイオ医薬品も大腸菌で生産されたインシュリンでした。組換えインシュリンは現在も大腸菌で生産されており，他にもヒト成長ホルモンなどの種々のバイオ医薬品の生産に用いられています。本節では，工業生産プロセスを念頭に置いて，組換え大腸菌の培養について述べます。

12.1.1　宿主菌株とベクター

　遺伝子組換えの宿主として用いられる大腸菌は K12 株から誘導された株が中心ですが，BL21 など，B 株に由来する株も用いられます。K12 株の野生株から溶原化していた λ ファージを取り除いた亜株である W3110 株は，全ゲノム解析がなされており，遺伝子組換え宿主として広く用いられています[1]。また，栄養要求性を付与したり組換え酵素や修飾酵素を欠損させたり，遺伝子組換えに適するように改良された種々の菌株が作製されており，公的な菌株バンクなどから入手可能です。

　ベクターも様々なタイプのものが市販されており，その詳細は［9.4］で詳細に解説されていますが，工業生産においては，ベクター（プラスミド）の安定性が重要な要素になります。培養中にプラスミドが脱落したり，プラスミドの一部が欠失すると，目的タンパク質の生産量が減少するからです。プラスミドが脱落した細胞や，目的タンパク質が発現しなくなるような欠失などの変異が生じたプラスミドを持つ細胞は，正常なプラスミドを保持する細胞に比べて細胞に対する負荷が少なく，増殖が速くなります。このため，世代を重ねるに従って，全生細胞に占める目的タンパク質を生産しない細胞の割合がどんどん大きくなってしまいます[※1]。工業スケールでは，ラボスケールに比べて，はるかに世代を重ねた培養をするので，プラスミドの脱落や欠失による生産性の低下は大きな問題になります。このような状況を避けるため，組み込んだ遺伝子の発現を誘導せずに（抑制した状態で）菌体を増殖させ，十分な菌体密度に達してから誘導物質を添加して発現させる戦略をとるのが一般的です[※2]。その代表例が，ラクトースオペロンのプロモーターを用いたベクターで，イソプロピル-β-D-1-チオガラクトピラノシド（IPTG）を添加

※1　プラスミドの安定性は，採取した培養液を抗生物質を含んだ寒天培地と含まない寒天培地に塗布し，生育したコロニー数からプラスミドの保持率を算出して評価する。プラスミドの欠失は，プラスミド DNA の電気泳動で確認する。

※2　菌体を 1 トン（$= 10^6$ g）得ようとすれば，1 g 得る場合に比べて 20 世代余分に培養しなくてはならない（$10^6 \fallingdotseq 2^{20}$）。外来タンパク質発現による負荷がかかる期間を短くすれば，プラスミドが脱落した細胞の比率の増加を抑えることができる。

第 12 章　各種工業利用微生物培養の実際

して遺伝子の発現を誘導します。pET シリーズのベクターも IPTG で遺伝子の発現を誘導する
タイプですが，非誘導時の発現がより厳密に抑制されるように工夫されています。

　商業生産に用いる場合は，研究の場合とは異なるライセンス契約が必要な場合が多く，それぞ
れの宿主ベクター系の安定性などの特徴とライセンス料を勘案して最適なものを選ぶ必要があり
ます。

12.1.2　マスターセルバンクの作製

　工業的な生産においては，培養に用いる種菌を安定して維持することが肝要で，そのために以
下のようにしてマスターセルバンクを作製し，そこから生産用の種菌株を調製します。

　適当な抗生物質を含む 5 mL の培地にオリジナルクローンを接種し，30℃で一晩前培養します。
100～200 mL の培地を入れたフラスコに全量を接種し，OD_{600} が 1～2 になるまで 30℃で培養し
ます。得られた培養液に，等量の 40％（w/v）のグリセロール溶液を加えて混合し（終濃度
20％（w/v）），1～2 mL ずつ，滅菌した凍結用チューブに分注します。これを −80℃以下で保存
し，マスターセルバンクとします。

　例えば 100 本のマスターセルを作製する場合，そのうち無作為に選んだ 10 本を解凍し，各セ
ルについて宿主およびプラスミドの確認検査や目的タンパク質の生産能を分析し，マスターセル
の均一性を確認します。更に一部のマスターセルについて，各性質の保存安定性および継代安定
性を確認します。これによって，均一なマスターセルを長期間維持することができます。

　次に，マスターセルから生産用グリセロールストックを調製します。マスターセルを 1 本解凍
し，上に述べた要領で培養して生産用グリセロールストックを数十～200 本作製し，チューブ間
の均一性も確認します。これをワーキングセルバンクとし，−80℃以下で凍結保存して，生産に
使用します。

　このようにして菌株を保存し，チェックすることによって，マスターセルバンクの本数とワー
キングセルバンクの本数の積の回数の培養を，同一の品質の種菌で安定に行うことができるよう
になります。

12.1.3　培養条件

(1)　培　地

　一般的な研究には LB 培地（**表 12-1-1**）が用いられますが，工業的な培養には，菌体密度を
高めるために栄養源の量を増やす必要があります。そのため，例えば，M9 培地（**表 12-1-2**）
などの無機塩をベースにした培地に，ペプトンあるいは酵母エキスを加え，更に炭素源（エネル

表 12-1-1　LB 培地の組成（1 L あたり）

ペプトン	10.0 g
塩化ナトリウム	5.0 g
酵母エキス	5.0 g

表 12-1-2　M9 培地の塩組成（1 L あたり）

リン酸 2 ナトリウム	7.0 g
リン酸 1 カリウム	3.0 g
塩化ナトリウム	0.5 g
硫酸マグネシウム 7 水和物	7.4 g
塩化アンモニウム	1.0 g
塩化カルシウム 2 水和物	0.7 g

ギー源）としてグルコースを添加した培地を用います。目的タンパク質の発現がグルコースによって抑制される場合は，グルコースの替わりにグリセロールを用いることがあります。

(2) 温度とpH

大腸菌の増殖最適温度は37℃ですが，遺伝子組換え大腸菌によるタンパク質生産の場合，30℃前後で培養することも少なくありません。これは，目的タンパク質の菌体内での安定性とも関係しており，菌体増殖は37℃で行い，目的タンパク質の生産期に温度を下げることもあります。

大腸菌は，基本的にpH 7前後で培養し，培養中のpHの変化が無視できない場合には，中和液を添加して調整します。一般的に，ペプトンや酵母エキスなどで構成される培地ではアミノ酸が炭素源と窒素源を兼ねますが，窒素の必要量よりも炭素の必要量の方が多く，余剰の窒素がアンモニウムイオンとして放出されるため，pHは次第に上昇していきます。このような場合はpHを硫酸で調整します[3]。これに対して，グルコースが主な炭素源となる培地では，酢酸などの有機酸の生成によりpHは低下していくので，水酸化ナトリウムで調整します[4]。また，M9培地のように，塩化アンモニウムなどの無機窒素を窒素源とする培地では，アンモニウムイオンの消費によってpHは低下します。このような場合は，窒素源の補充を兼ねて，アンモニア水でpHを調節します。

(3) 通気と撹拌

大腸菌は好気でも嫌気でも増殖できる通性嫌気性細菌ですが，酸素が不足すると酢酸などの有機酸を生成し，菌体収率が低下するだけでなく，有機酸の蓄積による増殖阻害が起きます。また，エネルギー生産効率が低下し，組換えタンパク質の発現効率も低下します。高密度の菌体に効率良く組換えタンパク質を生産させるためには，十分な酸素を供給できるファーメンターを用いなければなりません。気相から液相への酸素移動速度は，撹拌速度と通気速度を増すことによって増加しますが，過剰な通気や撹拌は動力のロスだけでなく発泡の要因にもなるので，溶存酸素（DO）濃度を指標として通気・撹拌を制御する方式が有効です。DO濃度が低下した時に，撹拌速度と通気速度の何れか，または，両方を上げればよく，ジャーファーメンターでは，まず，撹拌速度を上げる制御を行います。しかし，培養槽が大型になるに従って可変式の撹拌は難しくなり，可変範囲も限定されてくるので，通気速度をマスフローコントローラーなどで変える制御を行います。撹拌も通気もこれ以上上げられない，という状況では，基質の流加速度を下げることによってDO濃度を保つ制御を行う場合もあります。

12.1.4 培養の計測と制御

組換え大腸菌の培養においては，第4章に述べた温度，pH，溶存酸素濃度などの基本のパラメーターを計測して制御する他に，酸化還元電位（Oxidoreduction Potential；ORP）を計測することもあります。培養液のORPはpHとDO濃度に依存していますが[2]，DO濃度の低いところでは発酵用のDO電極の感度・精度の問題からORP電極の値を指標にすることもあります。

---

[3] 工業スケールでは，タンクなどの設備の腐食を避けるため，塩酸よりも硫酸を用いるのが一般的。
[4] 水酸化カリウムは高価なので，水酸化ナトリウムを用いるのが一般的。

第12章　各種工業利用微生物培養の実際

排気ガス中の酸素濃度および二酸化炭素濃度をオンラインで測定し，呼吸速度や呼吸商をはじめとする代謝に関する情報をリアルタイムに得ることは重要で，後述するように，流加培養ではこれらの値に基づいて流加量を制御します。培養が長時間にわたる場合は，排気ガス分析装置のベースラインのドリフトや感度の変化に注意を払う必要があります。また，排気ガスの分析では，結露に注意が必要です。排気は蒸気で飽和されていますので，少しでも冷やされれば結露します。ガスのラインや測定装置内に凝縮水が溜まれば，応答遅れや故障の原因になるので，培養槽に近いところで除湿するなどの工夫が必要です。培養プロセス開発においては，これらの計測値をコンピュータに取り込み，増殖や代謝の状態をオンラインで推定し，それに基づいて，いかにして最適な基質流加量を決定するかが検討されます。

12.1.5　工業的な培養プロセス概要

工業的な培養法としては，回分培養法と流加培養法が用いられていますが，以下のような理由から，連続培養法はほとんど用いられません。工業的な生産を連続培養で行うとすれば，まず，回分培養を行って菌体濃度を増やし，その後，一定の速度で培地の供給と引き抜きを開始し，定常状態に達してから，製品原料としての培養液を得ることができます。もし，この製造工程でコンタミネーションが起きると，培養液を全て捨てて製造ラインを滅菌し，再度，回分培養を経て定常状態に達するまで，1週間，場合によっては2週間近く生産がストップしてしまいます。生産がストップして顧客に製品を供給できなくなることは，もっとも避けなくてはならない事態で，企業の信用に関わる非常に深刻な問題になってしまいます。このような理由から，工業スケールでは，万一，コンタミした場合であっても，その被害が1バッチだけの短期間で済むように，回分培養法または流加培養法が汎用されます。

12.1.6　回分培養法

回分培養には，比較的単純な無機塩組成にペプトンや場合によっては酵母エキスを含む半合成培地を用い，プラスミドの脱落を防ぐために必要な抗生物質を添加します。ワーキングセルバンクとして保存されているグリセロールストックを解凍し，500 mL 容のフラスコに入れた100 mL程度の培地に接種します。適当な菌体密度に達したら，これをジャーファーメンター（例えば10 L 容）による前々培養培地に植菌します[※5]。前々培養が適当な菌体密度になった時点で1 m³〜数 m³ の培養槽による前培養に移行します。治験薬の製造などの場合では，このスケールで製品化することもありますが，大規模な商業生産の場合には，更に，数十 m³ 規模の大量培養槽に移行します（**図 12-1-1**）。インシュリン製造などでは，100 m³ 近い培養槽が用いられています。バイオ医薬品以外の商業生産，例えば，アミノ酸の生産などにおいては，更に大型の培養槽にスケールアップする場合もあります。

※5　5 L 容のフラスコで培養することもある。

12.1.7 流加培養法

(1) 流加培養法を行う理由と培養法の概要

菌体を高密度に増殖させることにより、バッチあたりの生産物の収量を上げ、培養関連の設備投資や労務費を削減することができます。しかしながら、回分培養法で菌体を高密度に培養しようと思えば、菌体増殖に必要な培地成分も高濃度にしなければなりません。すると、培地の浸透圧が上がって増殖が阻害されたり、溶解度を超えた無機塩が析出したり、あるいは、阻害的な代謝物が蓄積したり、カタボライトリプレッションなどによって目的タンパク質の生産が抑制される場合もあります。そのため、炭素源、窒素源などの多量に必要な培地成分については、菌体の増殖に合わせて添加する流加培養法を行います。流加する栄養源

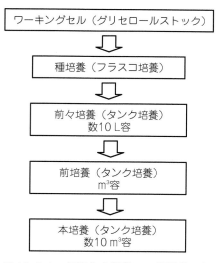

図 12-1-1　組換え大腸菌の工業培養工程

は、グルコースやグリセロールなどの炭素源の他に、必要に応じてアンモニウム塩などの窒素源、リン酸塩あるいはマグネシウム塩などの不足しがちな無機塩で、場合によっては、酵母エキスなどを流加する場合もあります。窒素、リン酸、無機塩については、大腸菌の元素組成と目標とする菌体密度から各元素の必要量を求め、最初の培地と流加培地に添加するのが一般的です[3]。流加用グルコース水溶液は、培養液量の増加を抑えるためにできるだけ高濃度に調製しますが、培養中にグルコースが析出すると不都合なので、飽和濃度よりもやや下の 70%（w/v）程度に調製します[※6]。ラボで実施する場合は、加温してグルコースを水に溶かし、室温まで冷却した後、最終液量にメスアップするとよいでしょう。

(2) 流加速度の設定

(1)に述べた要領で回分培養を始め、初めに添加した制限基質[※7]が枯渇するタイミングを見計らって、ポンプによる基質の流加を開始します。基質をどのような速度で流加するかはいくつかの方法が提案されていますが、ここではグルコースを制限基質として、大腸菌の比増殖速度を一定の値 μ^* に維持する方法[4]を紹介します。

グルコースは菌体の増殖と維持のために消費されるので、グルコースの比消費速度 ν [g-substrate・g-cell^{-1}・h^{-1}] は、菌体あたり時間あたりに菌体増殖のために消費される基質の量 ν_G と、菌体あたり時間あたりに菌体の維持に消費される基質の量 ν_M の和で与えられます[※8]。

$$\nu = \nu_G + \nu_M \tag{式 12-1-1}$$

ところで、グルコースからの菌体収率 $Y_{X/S}$ [g-cell・g-glucose^{-1}] は、菌体増加量 ΔX [g-

---

※6　温度が下がると析出するので、保温できない（しない）場合は 50～60%（w/v）が無難。
※7　栄養源のうち、微生物が増殖すると最初になくなるもの。グルコースを制限基質とする場合なら、窒素源、リン源などの他の栄養源は十分に与える。
※8　添え字の G と M は、それぞれ growth と maintenance の頭文字。

第12章　各種工業利用微生物培養の実際

cell］とグルコース消費量 ΔS［g-glucose］の比の値なので，

$$Y_{\mathrm{X/S}} = \frac{\Delta X}{\Delta S} \tag{式12-1-2}$$

ですが，右辺の分子と分母をそれぞれ $X\Delta t$ で割れば，$\Delta X/X\Delta t$ と $\Delta S/X\Delta t$ はそれぞれ比増殖速度とグルコースの比消費速度を意味するので，

$$Y_{\mathrm{X/S}} = \frac{\Delta X}{\Delta S} = \frac{\Delta X/X\Delta t}{\Delta S/X\Delta t} = \frac{\mu}{\nu_{\mathrm{G}}} \tag{式12-1-3}$$

従って，式12-1-1 は

$$\nu = \frac{\mu}{Y_{\mathrm{X/S}}} + \nu_{\mathrm{M}} \tag{式12-1-4}$$

と書き換えることができます。菌体密度 X_0［g-cell・L^{-1}］の培養液が V_0［L］あり，ここにグルコース溶液を流加して比増殖速度 μ^*［h^{-1}］で t［h］増殖させ，菌体密度が X［g-cell・L^{-1}］，培養液量が V［L］になったとすれば，t［h］後の菌体量は，

$$VX = V_0 X_0 \exp(\mu^* t) \tag{式12-1-5}$$

で与えられます（［7.3.2（2）］参照）。この菌体に単位時間あたりに供給すべきグルコースの量 M_{S}［g・h^{-1}］は，菌体量にグルコースの比消費速度を乗じた値になるので，

$$M_{\mathrm{S}} = \nu VX = \left(\frac{\mu}{Y_{\mathrm{X/S}}} + \nu_{\mathrm{M}} \right) V_0 X_0 \exp(\mu^* t) \tag{式12-1-6}$$

　グルコース溶液の供給速度を F［L・h^{-1}］，流加するグルコース溶液の濃度を S_{F}［g・L^{-1}］とすれば，

$$M_{\mathrm{S}} = F S_{\mathrm{F}} \tag{式12-1-7}$$

であればよいので，

$$F = \frac{1}{S_{\mathrm{F}}} \left(\frac{\mu}{Y_{\mathrm{X/S}}} + \nu_{\mathrm{M}} \right) V_0 X_0 \exp(\mu^* t) \tag{式12-1-8}$$

の流速で流加用のポンプを動かせばよいということになります[※9]。ここで，μ^* は外来タンパク質の発現を誘導した後の $\mu_{\max}$ よりも小さい適当な値を設定します。グルコースを基質として培養する場合は $Y_{\mathrm{X/S}} = 0.5$ g-cell・g-glucose^{-1}，$\nu_{\mathrm{M}} = 0.025$ g-glucose・g-cell^{-1}・h^{-1} とし，X_0 と V_0 には流加を開始する時点での菌体密度［g-cell・L^{-1}］と培養液量［L］を実測した値を用います。

───────────────────────

[※9]　ν_{M} が $\mu/Y_{\mathrm{X/S}}$ に比べて無視できるなら，［7.3］で示した式と同じものになる。

—286—

(3) 流加速度のフィードバック制御の理論

式12-1-8に基づく流加培養は，大腸菌の増殖が単一の基質（グルコース）によって制限されており，$Y_{X/S}$やν_Mなどのパラメーターが不変であることを前提としたフィードフォワード制御であり，実際の培養の状態からのフィードバックがありません。組換え大腸菌の外来タンパク質の発現を誘導すると，非誘導時に比べてμ_{max}は低下します。更にその後も，菌体内に外来タンパク質が蓄積したり，酢酸などの代謝産物の濃度が増加することによって，μ_{max}は更に低下し，$Y_{X/S}$やν_Mなどのパラメーターも変化するので，グルコース供給が過剰になったり不足したりすることもあります。このような場合は，培養状態からのフィードバックに基づいて流加量を調節する必要があります。

1) 酸素消費速度による制御

酸素移動速度（Oxygen Transfer Rate, OTR, $[\text{g–O}_2\cdot\text{L}^{-1}\cdot\text{h}^{-1}]$）から求めた酸素消費速度（Oxygen Consumption Rate, OCR, $[\text{g–O}_2\cdot\text{L}^{-1}\cdot\text{h}^{-1}]$）を指標にしてフィードバック制御する方法があります。OTRの値は，通気する空気と排ガス中の酸素分圧から，以下の式で求めることができます[5]。

$$OTR = \frac{1}{32}\frac{F}{V}\left(\frac{p_{O_2}(\text{in})}{P - p_{O_2}(\text{in})} - \frac{p_{O_2}(\text{out})}{P - p_{O_2}(\text{out})}\right) \qquad (式12-1-9)$$

ここで，Fは流入ガスのモル流速$[\text{mol}\cdot\text{h}^{-1}]$，$V$は培養液量$[\text{L}]$，$P$は全圧$[\text{Pa}]$，$p_{O_2}(\text{in})$は培養槽の入口での酸素の分圧$[\text{Pa}]$で，$p_{O_2}(\text{out})$は培養槽の出口での酸素分圧$[\text{Pa}]$です。32は酸素の分子量です。培養液から発生する二酸化炭素の量が無視できない場合は，出口ガスのモル流速および給気と排気の二酸化炭素分圧を測定し，式12-1-9を補正する必要があります。培養液の酸素濃度C $[\text{g–O}_2\cdot\text{L}^{-1}]$の変化速度は，

$$\frac{dC}{dt} = OTR - OCR \qquad (式12-1-10)$$

で与えられますが，培養中の溶存酸素濃度の変化が無視できる場合，左辺$=0$とできるので，

$$OCR = OTR \qquad (式12-1-11)$$

となり，排ガスの組成をオンライン計測すればOCRをリアルタイムに知ることができます[※10]。予備実験で，順調に組換えタンパク質を生産している時の消費した酸素あたりの菌体収率Y_{X/O_2} $[\text{g-cell}\cdot\text{g–O}_2^{-1}]$と消費したグルコースあたりの菌体収率$Y_{X/S}$ $[\text{g-cell}\cdot\text{g-glucose}^{-1}]$を測定しておけば，$OCR$ $[\text{g–O}_2\cdot\text{L}^{-1}\cdot\text{h}^{-1}]$に培養液量$V$ $[\text{L}]$を乗じて全酸素消費速度を求め，$Y_{X/O}$を乗ずれば菌体増加速度が計算でき，更にこの値を$Y_{X/S}$で割れば，その菌体増加に必要なグルコースの供給速度が計算できます。そこで，

※10　OCRは酸素比消費速度Q_{O_2} $[\text{g–O}_2\cdot\text{g-cell}^{-1}\cdot\text{h}^{-1}]$と菌体濃度$X$ $[\text{g-cell}\cdot\text{L}^{-1}]$の積に等しいので，菌体濃度が分かっていれば，酸素比消費速度を知ることもできる。

第12章 各種工業利用微生物培養の実際

$$M_{\mathrm{S}} = F \cdot S_{\mathrm{F}} = \frac{a \cdot OTR \cdot V \cdot Y_{\mathrm{X/O_2}}}{Y_{\mathrm{X/S}}} \qquad \text{(式 12-1-12)}$$

として，OTR のオンライン測定値から F を計算して流加します。a は比例定数で，最初は1として培養を行い，実験結果を見て適当に増減します。ここで，培養液量 V は，初発の培養液量 V_0 と溶液の供給速度 F を用いて以下の式で求められます。

$$V = V_0 + \int_{t_0}^{t} F(t)\,\mathrm{d}t \qquad \text{(式 12-1-13)}$$

2) 二酸化炭素生産速度による制御

グルコースを過剰に流加すると大腸菌は酢酸を副生しますが，適当な量を流加すれば，グルコースは呼吸によって水と二酸化炭素に代謝されるため，呼吸商はほぼ1になり，酸素の消費速度と二酸化炭素の生産速度は等しくなります。このような場合[*11]，排ガス中の二酸化炭素分圧から二酸化炭素生産速度（Carbon dioxide Production Rate, CPR, $[\mathrm{g\text{-}O_2 \cdot L^{-1} \cdot h^{-1}}]$）を求め[2]，それによって流加量を制御することがあります。排ガスの酸素濃度の減少が少ないケースでは，二酸化炭素濃度の増加を測定する方が正確に菌体濃度を推定できるからです。このような場合は，発生する二酸化炭素あたりの菌体収率 $Y_{\mathrm{X/CO_2}}$ $[\mathrm{g\text{-}cell \cdot g\text{-}CO_2^{-1}}]$ を予備実験で求めておき，次式によって流加速度を制御します。b は比例定数で，OTR を用いた場合と同様に，最初は1として培養を行い，実験結果を見て適当に増減します。培養液量 V の求め方も同様です。

$$M_{\mathrm{S}} = F \cdot S_{\mathrm{F}} = \frac{b \cdot CPR \cdot V \cdot Y_{\mathrm{X/CO_2}}}{Y_{\mathrm{X/S}}} \qquad \text{(式 12-1-14)}$$

3) その他の制御方法

培養液中のグルコース濃度を測定し，実際のグルコース消費速度を算出することで，流加量を補正する方法が有効なこともあります。即ち，上述のような理論式に基づくフィードフォワード制御に，グルコース濃度のオンライン測定値に基づくフィードバック制御を組み合わせることによって，培養中のシステム特性の変動に対応できるようになります。

その他に，溶存酸素濃度を一定にするように基質を流加する方法もあります。酸素濃度が高くなれば基質を流加し，低くなれば基質流加を停止する方法で，DO スタット培養と呼ばれます。

(4) 流加培養の実際

上述したフィードフォワード制御の方法および OCR に基づいて菌体増殖やグルコース消費速度を推定し，基質供給速度を求めたフィードバック制御の方法により大腸菌の流加培養を行った結果が報告されており，グルコース流加では乾燥菌体密度が 128 $\mathrm{g\text{-}cell \cdot L^{-1}}$ [4] または 110 $\mathrm{g\text{-}cell \cdot L^{-1}}$ [6] に達した例が，グリセロール流加で 148 $\mathrm{g\text{-}cell \cdot L^{-1}}$ [4] に達した例が報告されています。

[*11] pH の低下が認められない場合。

12.1.8 組換え大腸菌によるヒトプロウロキナーゼの生産

(1) はじめに

大腸菌に外来タンパク質を発現させると，発現したタンパク質が正しくフォールディングされず，分子間の疎水性相互作用などによって凝集し，巨大な不溶性の顆粒（インクルージョンボディ）を形成してしまう場合が少なくありません。特に，分泌タンパク質を細胞内で発現させると，ほとんどの場合，インクルージョンボディを形成してしまいます[※12]。他の微生物や動物や植物の細胞を宿主にすれば，活性のある可溶性のタンパク質として発現できる場合もありますが，目的タンパク質をインクルージョンボディとして発現させ，可溶化して正しい立体構造に巻き戻すリフォールディングと呼ばれる操作を行った方が，コストを低減できる場合もあります。これは，大腸菌は安価な培地で速やかに増殖し，高密度培養法も確立されており，他の宿主に比べて低いコストで培養でき，開発も容易なため，リフォールディングのコストを補って余りある場合もあるからです。本項では，その一例として，ヒトのプロウロキナーゼを工業レベルで大腸菌にインクルージョンボディとして生産させ，リフォールディングして医薬品グレードまで精製した例を紹介します。

(2) プロウロキナーゼの特徴と宿主ベクター系

プロウロキナーゼは分子量約54,000の一量体のセリンプロテアーゼで，尿などに分泌されるウロキナーゼの前駆体です。血栓の成分であるフィブリンに親和性があり，心筋梗塞や脳梗塞の原因となった血栓を溶解することができるので，治療薬としての需要があります。そこで，血栓溶解剤としての医薬品開発を目指して大腸菌でヒトプロウロキナーゼを生産させるために，tac プロモーターに接続した変異型プロウロキナーゼ遺伝子[7] を，アンピシリンを薬剤耐性マーカーとするPBR322系のプラスミドに組み込み，*Escherichia coli* K12 由来の KY1436 株を形質転換しました。

(3) ジャーファーメンタースケールでの培養と抽出・精製[8-10]

1) 培養

終濃度として 0.05 g·L^{-1} のアンピシリンを含む LB 培地 100 mL に上記の組換え大腸菌を植菌し，30℃で12時間振とう培養しました。この前培養液を**表 12-1-3** に示す培地 10 L を含む 16 L 容ジャーファーメンターに植菌し，pH を 7 に制御して，30℃で 15 時間，通気攪拌培養を行った後，イソプロピル β$-_D-$1$-$チオガラクトピラノシド（IPTG）を加え，更に数時間培養しました。

2) 集菌・菌体破砕

培養液をシャープレス遠心分離機にかけて菌体を集め，その湿重量の 10 倍量の 0.1 M トリス塩酸緩衝液（pH 8.0）に懸濁しました。マントンゴーリンホモジナイザーを用いて 8,000 psi[※13] の圧力で菌体を破砕し，遠心分離により不溶性画分を回収しました。

表 12-1-3　培地組成（1 L あたり）

酵母エキス	20.0 g
グリセロール	10.0 g
リン酸 2 ナトリウム	7.0 g
リン酸 1 カリウム	3.0 g
塩化ナトリウム	0.5 g
硫酸マグネシウム 7 水和物	7.4 g
塩化アンモニウム	1.0 g
塩化カルシウム 2 水和物	0.7 g
アンピシリン	0.05 g

※12　ペリプラズムに発現させれば可溶性状態で発現する場合もあるが，一般に生産性が低い。

※13　Pound per Square Inch。1 psi ＝ 6,896 Pa

3) 可溶化・再賦活化

回収した不溶性画分を 0.1 M トリス塩酸緩衝液 (pH 8.0) 1 L に懸濁し, 8 M 塩酸グアニジン水溶液 1 L を加え, 25℃ で 2 時間可溶化処理を行いました. その後, 5 mM EDTA, 0.2 mM 還元型グルタチオン, 0.02 mM 酸化型グルタチオンを含む 50 mM トリス塩酸緩衝液 (pH 8.0) 6 L を加えて, 塩酸グアニジンの濃度が 1 M になるように希釈し, 25℃ で 16 時間インキュベートしてリフォールディングを行いました.

4) 濃縮・精製

得られたプロウロキナーゼを含む溶液を分画分子量 30,000 の限外濾過膜で濃縮し, 硫安分画した後, フィルター濾過により清澄液を得ました. 組換えタンパク質を医薬品として用いる場合には, 不純物を可能な限り除去しなくてはなりません. 特に, プロウロキナーゼは, 注射薬として患者に投与するため, エンドトキシン[※14] の除去や無菌化処理を行うとともに, 大腸菌由来のタンパク質の混入度を ppm レベルに抑える必要があります. そこで, 疎水性相互作用クロマトグラフィー, 金属キレートアフィニティークロマトグラフィー, 陽イオン交換クロマトグラフィーを組み合わせた多段階カラムクロマトグラフィーによって高純度精製標品を得ました.

(4) 大型培養槽による遺伝子組換え大腸菌の培養とヒトタンパク質の生産

上記の培養を 1,500 L 容培養槽にスケールアップした際の製造プロセスのフローを図 12-1-2 に (一部工程を省略して簡略化してあります), 培養経過の一例を図 12-1-3 に示します.

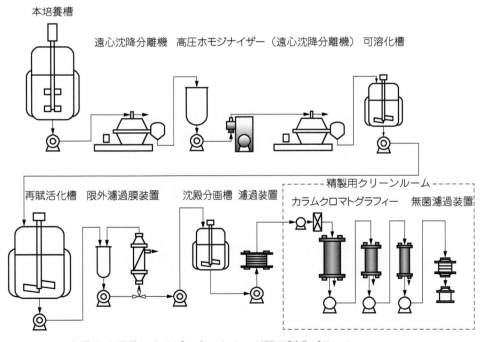

図 12-1-2 組換え大腸菌によるプロウロキナーゼ開発製造プラントフロー

※14 患者に発熱などの副作用を引き起こす物質. グラム陰性菌のリポ多糖などが原因となる.

培養開始から10時間後にIPTGを添加してプロウロキナーゼの発現を誘導しました。その後，経時的に培養液をサンプリングし，菌体中のプロウロキナーゼを先の方法に準じて可溶化・再賦活化して力価を測定しました。IPTGを添加する前は，$\mu = 0.58\ h^{-1}$で増殖していましたが，IPTG添加後の12〜16時間後のμは$0.057\ h^{-1}$に低下しました。この時点ではグリセロールはまだ残っていたので，これは組換えタンパク質生産の負荷によってμ_{max}が低下したためであると考えられます。排ガスのオンライン分析値をコンピュータで処理し，二酸化炭素生成総量の値から増殖量を推定し，IPTGを自動添加することができます。

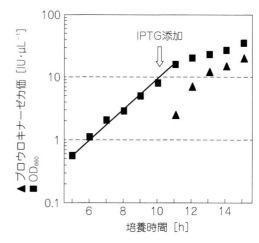

図12-1-3　組換え大腸菌によるプロウロキナーゼ生産培養経過

12.2　乳酸菌の培養

12.2.1　乳酸菌の用途

　乳酸菌は，主に発酵乳や乳酸菌飲料などの発酵乳製品の製造に用いられています。発酵乳製品は，食品衛生法に基づく厚生労働省令の「乳及び乳製品の成分規格等に関する省令（通称：乳等省令）」において，製品に含まれる乳酸菌の数や無脂乳固形分[※15]などにより，細かく分類されています。発酵乳製品に実用的に用いられている乳酸菌は*Lactococcus*属，*Lactobacillus*属，*Leuconostoc*属，*Streptococcus*属細菌です。更に，清酒，味噌，醤油の製造にも用いられ，これらの発酵食品は酵母との共生関係が巧みに利用されています。また，乳酸菌は，プロバイオティクスとしての機能も広く知られており，整腸作用や免疫調節[※16]作用などについて様々な有用性

コラム85　プロバイオティクスって？

　プロバイオティクスはアンチバイオティクス（抗生物質）に対比する用語です。その定義は様々な変遷を辿っていますが，「宿主の腸内菌叢のバランスを改善することにより，宿主に有益な作用をもたらしうる生きた微生物」というものが広く受け入れられています。全ての乳酸菌がプロバイオティクスであるという訳ではなく，①もともとヒト宿主に常在する菌種であること，②胃酸，胆汁酸などに耐え，腸で増殖可能なこと，③宿主に有益な作用をもたらすこと，④保存時あるいは食品形態でも生菌として維持可能なこと，⑤安全かつ副作用がないこと，に加えて，製品化する際には更に，⑥安価かつ摂取方法が容易であること，を満たす細菌がプロバイオティクスと呼ばれます[11]。
　その摂取により，便秘や下痢を改善する整腸作用が有名ですが，近年ではその他に，風邪の予防や大腸ガンの予防など様々な有効性が明らかになってきました[12,13]。

※15　牛乳から水分と乳脂肪分を除いた成分で，タンパク質，炭水化物，ミネラル，ビタミンなどが含まれる。
※16　免疫機能の賦活と過剰な応答の抑制。

第12章　各種工業利用微生物培養の実際

が明らかにされています。その他，菌体は整
腸剤として医薬品に，培養上清には保湿性の
高い乳酸やアミノ酸が多く含まれていること
から，化粧品としても利用されています。

12.2.2　乳酸菌の定義

　乳酸菌は分類学的に定義された細菌名では
なく，表12-2-1に示したような性質を持つ

表12-2-1　乳酸菌の定義

グラム染色	陽性
細胞形態	桿菌または球菌
カタラーゼ	陰性
酸素要求性	通性嫌気性
ブドウ糖の代謝	50％以上を乳酸に変換する
運動性	無（まれにあり）
内生胞子	無
G＋C mol ％[17]	50％以下

（文献14）より改変）

細菌群の慣用的な呼び名です。これらの特徴に当てはまる細菌として，*Lactobacillus*, *Streptococcus*, *Leuconostoc*, *Lactococcus*, *Pediococcus*, *Enterococcus* 属細菌などが挙げられます。乳酸菌の分類は生化学的性質と遺伝子型を組み合わせて行われていますが，これらの技術は日進月歩であり，新たな知見が得られることによって，統合や，枝分かれなどといった分類の見直しが行われる可能性があります。

12.2.3　培　地

　乳酸菌は乳酸菌飲料やヨーグルトなどの発酵乳製品に用いられているため，その培養には脱脂粉乳（スキムミルク）がよく使われます。脱脂粉乳は，元となる乳が採取（搾乳）された時期や場所によって含まれるミネラル分などが変動することがあります。そのため，最終製品を視野に入れた研究では，最終的にメーカーから直接製造に用いる脱脂粉乳を取り寄せたり，採取時期が異なる脱脂粉乳を混ぜて検討したりします。しかしながら，通常の研究では Becton, Dickinson and Company（BD）などから入手できる研究用の脱脂粉乳を使用すればよいでしょう。

　乳製品を製造する場合には，乳等省令に従わなければなりません。その際の乳酸菌の計数には，乳等省令に定められている公定培地の BCP 加プレートカウント寒天培地が用いられます。この培地にはブロムクレゾールパープル（BCP）という pH 指示薬が含まれており，調製直後

> ### コラム86　乳酸菌とビフィズス菌
>
> 　ビフィズス菌（*Bifidobacterium* 属）もプロバイオティクスとしてよく知られていますが，偏性嫌気性菌であること，GC 含量が高いこと，一般的に，乳酸よりも酢酸を多く産生することから，乳酸菌には分類されません。分類学上，主な乳酸菌である *Lactobacillus casei* はファーミキューテス門に，主なビフィズス菌である *Bifidobacterium breve* はアクチノバクテリア門に属し，門レベルで異なる生物です。これは同界異門の関係で，これらの微生物は，実は，ヒト（脊索動物門）とナマコ（棘皮動物門）ほど異なる関係にあります。産業上においては，偏性嫌気性菌であるという特徴は重要であり，酸素に触れると死んでしまいます。そのため，ビフィズス菌が用いられている食品には，製造段階からパッケージングに至るまで，酸素に触れないよう様々な工夫がされています。

※17　DNA に含まれる G（グアニン）と C（シトシン）の割合。GC 含量ともいう。58％以下とする説もある。

—292—

は紫色ですが，乳酸菌の生育に伴って産生される乳酸により pH が低くなり，コロニーの周りが黄色に変化します。培地を 121℃，15 分間高圧蒸気滅菌後，約 50℃ に保ち，予め希釈しておいた培養液 1 mL を入れてあるシャーレに約 15 mL 分注して混釈培養します。培養は 35〜37℃ で 72±3 時間行います。乳製品等を製造する際は，この方法に従って寒天培地で計数しなければなりませんが，実験室での研究であれば，後述する MRS 培地や M17 培地など，目的にあった培地を選択しても差し支えありません。その他にも，炭素源，窒素源やその他の微量元素を全て自分で混ぜ合わせて作る合成培地でも培養できます[15]。ペプトンや肉エキスに含まれる成分は天然由来で変動するため，その影響を排除したい時などに用います。

　乳酸菌の栄養要求性は複雑で，多くの種類のアミノ酸，ビタミン類が存在する環境でなければ増殖できません。そのため，培地には糖以外に，ペプトン（タンパク質分解物），肉エキス，酵母エキス，その他微量元素を加えます。乳酸菌の中にはオレイン酸要求性のものもあるため，オレイン酸供給源としてポリソルベート 80（別称：Tween80）を加えることもあります（**表 12-2-2**）。実験室では，冷凍保存菌体の活性化や継代には MRS 培地[※18]や M17 培地が用いられます。*Lactobacillus* 属細菌には MRS 培地が，*Streptococcus* 属細菌には M17 培地が用いられます。市販の M17 培地には糖源が入っていないことがあるので，その場合には使用前に加えます。*Streptococcus* 属細菌は乳糖の資化性が高いので，乳糖を炭素源にするのがよいでしょう。糖源を別にオートクレーブ滅菌して使用前に加えます。乳酸菌は，生育に伴って大量の乳酸を産生し，培地の pH が低下します。pH の低下は菌の活性に悪影響を及ぼすので，保存用の高層培地[※19]を作製する際は，それを防ぐために炭酸カルシウムを 1% 添加し，炭酸カルシウムが白く沈降している部分まで白金耳を突き刺して植菌します。

　また，計数の際は，混釈培養法ではなく，コンラージ棒を用いた塗抹培養法でもよいのですが，塗抹培養法は操作に時間がかかる上，接種できる培養液の量が少なく（塗抹 100 μL，混釈 1 mL），検出限界が高くなる[※20]ため混釈培養法が多く用いられます（［3.11.3］参照）。また，乳酸菌は通性嫌気性菌であり，寒天内部の酸素が少

表 12-2-2　MRS 培地（BD）の組成（1 L 中）

プロテオースペプトン　No. 3	10.0 g
肉エキス	10.0 g
酵母エキス	5.0 g
グルコース	20.0 g
ポリソルベート　80	1.0 g
クエン酸アンモニウム	2.0 g
酢酸ナトリウム	5.0 g
硫酸マグネシウム	0.1 g
硫酸マンガン	0.05 g
リン酸 2 カリウム	2.0 g

pH 6.5±0.2

表 12-2-3　M17 培地（BD）の組成（950 mL 中）

カゼイン酵素消化物	5.0 g
大豆ペプトン	5.0 g
肉エキス	5.0 g
酵母エキス	20.0 g
アスコルビン酸	1.0 g
グリセロリン酸 2 ナトリウム	2.0 g

pH 6.9±0.2
オートクレーブ滅菌後，別にオートクレーブ滅菌した 50 mL の 10% 乳糖を加える

※18　Man，Rogosa および Sharpe の 3 人によって開発された培地。
※19　炭酸カルシウムを含む寒天培地を試験管に注いでオートクレーブし，傾けずに固化させる。白い炭酸カルシウムがなくなったら植え替えの目安になる。
※20　例えば，1 mL 中に 8 個の菌が存在した場合，混釈法では 8 個のコロニーが観察されるが，塗末法では 1 個，あるいは観察されない場合がある。

第 12 章　各種工業利用微生物培養の実際

ない環境でも生育可能であることも，混釈法が用いられる理由です。**表 12-2-2 ～ 表 12-2-4**によく用いられる培地の組成を示しました。

12.2.4　培養条件

　一般に乳酸菌の生育温度は 30 ～ 37℃で，多くの乳酸菌が 37℃で良好に増殖します。ヨーグルト製造に用いられる *Streptococcus thermophilus* は 42℃でも良好に増殖します。MRS 培地や M17 培地の pH は，何れも中性付近に調整されていますが，培養を行うと乳酸菌自身が産生する乳酸によって pH は低下します。乳酸濃度の上昇は乳酸菌の増殖に影響を及ぼし，pH が 4 付近まで低下すると，菌体の活性は著しく低下します。しかし，すぐには死滅しないので，その後も緩やかな乳酸濃度の上昇と pH の低下が見られます。乳酸菌の培養においては，pH の低下と高濃度の乳酸により，他の雑菌が生育しにくい環境となります[22]。生きている乳酸菌を含む飲料やヨーグルトでは，過剰な乳酸の生産によって風味が変わってしまうのを防ぐため，様々な対応策が取られます。

　乳酸菌の多くは酸素の有無に関わらず増殖可能な通性嫌気性菌なので，特別な場合を除き，溶存酸素は考慮しなくても培養できます。バッフル付きフラスコで高速撹拌して k_La をかせぐということも行いません。試験管やフラスコでは静置培養し，ジャーファーメンターで培養する場合も，通常は通気は行わず，100 ～ 200 rpm で穏やかに撹拌します。

　以上のように，乳酸菌は，コンタミしにくく，溶存酸素に気を配らなくても良好に生育するため，培養操作自体は容易な細菌といえます。

12.2.5　発酵形式と DL-乳酸

　乳酸菌の発酵形式には，ホモ型とヘテロ型の 2 つがあります。ホモ型は，1 分子のグルコース

表 12-2-4　BCP 加プレートカウント寒天培地の組成（日水製薬㈱）（1 L 中）

酵母エキス	2.5 g
ペプトン	5.0 g
ブドウ糖	1.0 g
ポリソルベート　80	1.0 g
L-システイン	0.1 g
ブロムクレゾールパープル	0.06 g
カンテン	15.0 g

pH 7.0±[21]

コラム87　培地に含まれる成分

　培地に含まれる成分は，同じ名前の培地でもメーカーによって異なる場合があるので，購入の際には必ず確認し，一連の実験では，培地メーカーは変えないようにします。また，購入する時期によって，培地に含まれているペプトンやエキスの成分が変更されていたり，ロットが更新されて成分が変化していて，増殖に影響を与える場合があります。先輩が購入した培地の瓶を使って研究を開始し，途中でその培地がなくなって，再購入する時などは注意が必要です。必ず使い切る前に新しい瓶を購入し，新旧の培地で同時に培養して差がないかどうかを確認しましょう。特に，ロットの更新はカタログ等に表れないので，使用培地のロットは必ず記録しましょう。「生えが悪くなったな」と思ったら，ディーラーやメーカーに問い合わせてみます。原因が分からなければ，よく生える培地を他メーカーを含めて探さなければなりません。

※21　メーカーの取扱説明書にも±以下の記載はない。

※22　にもかかわらず，筆者は納豆菌をコンタミさせたことがある。納豆には注意！

—294—

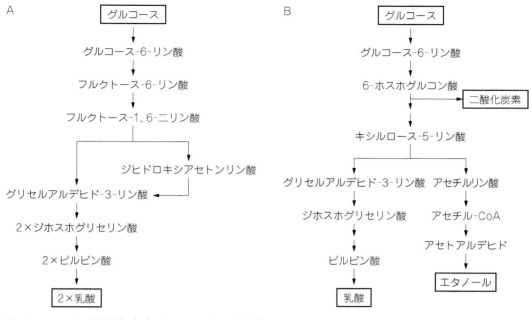

図 12-2-1　ホモ型発酵（A）とヘテロ型発酵（B）

から2分子の乳酸が生成します。ヘテロ型は，1分子のグルコースから1分子の乳酸と1分子のCO_2および1分子のエタノールが生成します（**図 12-2-1**）。また，生成する乳酸には2つの立体異性体（D型とL型）が存在し，L-乳酸を産生するもの，D-乳酸を産生するもの，あるいは両方産生するものがあります。エタノールと乳酸は，HPLCや酵素反応を利用した吸光光度法（例えば，ロシュ社のFキット），王子計測機器㈱のバイオセンサーなどを使用すると簡便に定量できます[※23]。ただし，乳酸はL-乳酸しか測れないものや，DL-乳酸を同時に測る（合算される）ものがあるので，測定前に測定原理をよく確認しましょう。また，基質と代謝産物から炭素の物質収支を測定する場合，上記の理由から，代謝産物の炭素量を誤って定量してしまう可能性があるので，用いている乳酸菌が，ホモ型発酵なのか，ヘテロ型発酵なのか，L-乳酸しか産生しないのか，D-乳酸も産生するのかなどを事前に調べておかなくてはなりません。通常ホモ型発酵といわれている乳酸菌でも，培養条件や株によってヘテロ型発酵をしたり，L-乳酸とD-乳酸の割合が変わったりする場合がある[16]ので，実際に培養を行う条件で確認します。

12.2.6　発酵乳製品の工業生産

　ここでは，ヨーグルトや乳酸菌飲料などの発酵乳製品を工業的に製造する場合について説明します。発酵乳製品には食べるタイプと飲むタイプがあります。飲むタイプはタンクで培養した発酵乳を均質化し，必要に応じて甘味料や安定剤を含む溶液と混合してから容器に充填し，製品化します。食べるタイプの製造には，これと同様の方法に加えて，牛乳にスターターを接種してす

※23　HPLCは条件設定に慣れが必要で，バイオセンサーは高価な機械なので，初心者はFキットを用いるとよい。

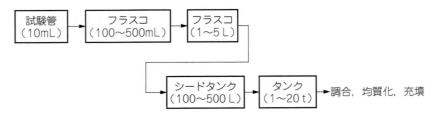

図 12-2-2　乳製品の工業生産プロセス
括弧内はおおよそのスケール。

ぐに容器に充填し，その後 40℃ 前後の恒温室に入れて静置培養する後発酵方式も用いられます。

製造に用いる菌は，最終製品での風味や食感が良いこと，安定して発酵すること，継代しても常に同じ発酵性が得られることが求められます。更に，最近では，消費者は乳製品に整腸効果や免疫調節効果を求めているため，プロバイオティクスの要件も満たすことも必要となります。

まずはじめに，スラント保存菌あるいは凍結乾燥菌体を試験管で培養し，試験管レベルからフラスコレベルへと徐々にスケールを大きくし，最終的にはトンレベルでのタンク培養を行います（図 12-2-2）。試験管およびフラスコ培養では静置培養を行い，それぞれ 0.1～1% で植え継いでいきます[※24]。種菌の管理には十分な知識と技術，コストがかかるため，スターターを購入し，タンクで脱脂粉乳と直接混合して培養する場合もあります。また，培養後のタンクから一部を残して抜き取り，新しい培地を加える半連続培養も用いられます。

［12.2.4］で述べたように，乳酸菌は通性嫌気性菌なのでタンク培養においても基本的に通気や撹拌は行いません。ただし，脱脂粉乳は pH が 5.1 を下回ると凝集し始め[※25]（これをカードと呼ぶ），タンクから取り出せなくなるため，カードを壊すための撹拌を行います。

発酵乳や乳酸菌飲料は最低生菌数が乳等省令で規定されているため，賞味期限期間中，その菌数を維持しなければなりません。また，製品中でも乳酸菌は生きているので，乳酸を産生し続け，pH が下がって，風味や品質に悪影響を及ぼします。菌数の維持や品質を保つために，菌株，培地および培養方法などに工夫がなされています。特に，タンク培養を行ってから充填するタイプでは，培地，温度，時間，撹拌の有無など様々な要因について検討が行われ，製品化されています。

12.2.7　物質生産

乳酸菌による物質生産の実用化例としては，抗菌物質や多糖の生産が挙げられます。工業的に物質を生産する場合は，より多くの目的物質を，より短時間に，低コストで生産するために様々な培地や培養条件が検討され，食品に利用する場合は，風味や安全性などを保証するために，更にたくさんの制約が加わり，その中で最適条件が検討されます。

微生物が産生する抗菌性のタンパク質，もしくは，ペプチドをバクテリオシンと呼び，乳酸菌

[※24] 新しい培地 100 mL に対して 1 mL の前培養液を植菌することを 1% 植菌という。
[※25] 脱脂粉乳に含まれる主要なタンパク質であるカゼインの等電点は pH 4.6 で，pH がこの値に近づけばカゼイン分子が疎水性相互作用で凝集する。

が作るナイシンはその一種です。ナイシンは，発酵乳から分離された *Lactococcus lactis* subsp. *lactis* が産生する 34 個のアミノ酸から成るペプチドであり，保存料（食品添加物）として使用が認められています。

多糖では，デキストランとヒアルロン酸が挙げられます。前者はグルコースが主に α–1,6 結合した多糖で，*Leuconostoc mesenteroides* が産生します。後者は *N*–アセチルグルコサミンとグルクロン酸が繰り返し結合した多糖で，*Streptococcus zooepidemicus* や *Streptococcus equi* が産生します。ここでは，ヒアルロン酸の生産について紹介します。

脱脂粉乳は多くの不溶成分を含み，目的物質の分離精製を困難にするため，物質生産用の培地として適していません。特に，ヒアルロン酸は粘性の高い多糖であるため，培地成分との分離が困難になります。そのため，MRS 培地や M17 培地，あるいはそれらを改良した培地が用いられます。また，ヒアルロン酸は乳酸菌の菌体表面に張りつくようにして生産されるため，増殖や生産に必要な酸素や栄養分がヒアルロン酸の膜に阻まれて菌体に届きにくくなります。これを防ぐため，通気と高速の撹拌を行いますが，過度の撹拌は菌体にダメージを与えてしまうため，注意が必要です。温度，pH，通気，撹拌回転数の検討により $6\sim7\,\mathrm{g\cdot L^{-1}}$ のヒアルロン酸が生産されています[17]。また，ヒアルロン酸は分子量 200 万を超える高分子ですが，培養条件（温度，通気，初期グルコース濃度など）によって分子量がばらつくこともあるので，それをコントロールするための培養条件も検討されています[18]。

12.2.8　参考図書

表 12-2-5 に乳酸菌の研究を始める上で役に立つと思われる図書を挙げます。

表 12-2-5　乳酸菌関連書籍

書籍名	監修・編	出版社名	発刊年	備考
乳酸菌・ビフィズス菌の取扱いマニュアル	細野明義，岡田早苗，司城不二（監修）	（一社）全国農協乳業協会	2003	乳酸菌・ビフィズス菌を取り扱う上での細かなノウハウが豊富
乳酸菌の科学と技術	乳酸菌研究集談会（編）	㈱学会出版センター	1996	乳酸菌の分類・育種・利用など，幅広い分野について解説
乳酸菌の保健機能と応用〔普及版〕	上野川修一（監修）	㈱シーエムシー出版	2007	乳酸菌の生体に対する作用を中心に詳しく解説
乳酸菌とビフィズス菌のサイエンス	日本乳酸菌学会（編）	（一社）京都大学学術出版会	2010	基礎的事項から機能まで最新の知見も含めて網羅的に解説

12.3　ビフィズス菌の培養

12.3.1　ビフィズス菌の特徴と求められる特性

ビフィズス菌（*Bifidobacterium*）は，多様な形態を示すグラム陽性の多形性桿菌です。ブドウ糖を主にモル比 3：2 の割合で酢酸と乳酸に変換し，酸素があると基本的には生育しない偏性嫌気性に分類されていることから，ブドウ糖から 50％ 以上の乳酸を産生し通性嫌気性菌に分類される乳酸菌とは区別されています[15]。ビフィズス菌の培養では，特に，菌株の酸耐性・酸素耐

第12章　各種工業利用微生物培養の実際

性に配慮する必要がありますが，これらの耐性は，菌種間だけでなく菌株間においても大きく異なることが知られています。酸素耐性が弱いビフィズス菌は，培地中の酸素を取り除かなくては培養することができません。また，酸耐性が弱いビフィズス菌は，自らが産生する酸により培養液中のpHが低下すると死滅し，濁度の割には生菌濃度が低いということも起こります。以上のことから，ビフィズス菌の培養では，培地中の酸素を取り除き，酸の産生により培養液中のpHが低下し過ぎないようにすることがポイントになります。

　ビフィズス菌を安定に培養し，再現性のある結果を得られるようにするためには，安定に継代培養できる培養条件を確立することが重要です。また，工業的にビフィズス菌を培養する場合は，大型培養槽での培養工程，培養終了後の貯蔵・洗浄濃縮・凍結乾燥などの各製造工程において菌が死滅することがないように，酸耐性と酸素耐性に優れたビフィズス菌株の選抜が重要になります。しかし，ヒトにおいて有用な生理効果が認められた菌株が，酸耐性と酸素耐性に優れているとは限らないため，このようなビフィズス菌を工業生産する場合には，培地，培養条件，製造工程の多くの条件を最適化する必要があり，技術者の技能と経験が試されます。

12.3.2　培養方法と条件

(1) 培　地

　実験室でのビフィズス菌の培養には，MRS培地（[12.2]および表12-2-2参照）に，フィルター除菌したL-システイン塩酸塩を最終濃度で0.05％添加したL-システイン添加MRS培地がよく使用されます。MRS培地は乳酸菌の培養のために開発された培地ですが，ビフィズス菌の必須アミノ酸である[※26]L-システインを添加することで，ビフィズス菌用の培地として広く使用されています。ビフィズス菌株の中には本培地中では生育が弱い菌株も認められますが，そのような場合にはL-アスコルビン酸を0.1％程度添加すると生育が良くなる場合もあります。

　ビフィズス菌は乳成分をベースにした培地でも培養することができます。しかし，プロバイオティクスとして用いられるビフィズス菌は，このような培地での増殖がよくないことが少なくありません[19]。その理由の1つとして，ビフィズス菌はタンパク質分解活性が弱いため[19]，乳タンパク質を利用しにくいことが挙げられます。このため，ビフィズス菌を培養するための乳培地としては，10％前後の脱脂粉乳に加えて，0.5％前後の酵母エキスや乳ペプチドを脱イオン水に溶解した培地を使用します。加熱殺菌は，乳培地が焦げつきやすいことを考慮して，通常よりもやや低い115℃で15〜20分間行います。また，必要に応じて，L-システイン塩酸塩，L-アスコルビン酸ナトリウム，グルコースを別殺菌して添加することもあります。乳培地におけるビフィズス菌の増殖性は菌株によって異なるため，それぞれの菌株に合わせた調製が必要になります。他に実験室で使用される培地としては，GAM培地，Briggs Liver Brothなどが挙げられます[19,20]。GAM培地は日水製薬㈱からGAMブイヨンとして販売されていますが，Briggs Liver Brothは市販品が存在しないためトマトジュース抽出液などを各自で調製する必要があります[20]。

※26　*Bifidobacterium bifidum* や *Bifidobacterium breve* ではL-システインの栄養要求性が確認されており，L-シスチンを添加してもよく生育する。

(2) 嫌気条件

　［12.3.1］にも述べたように，一般的にビフィズス菌は酸素に弱いため，嫌気的に培養します。培地を加熱殺菌した直後に培養温度まで急冷[※27]してビフィズス菌を接種することで，培地への酸素の溶解を最小限に抑えることができます。培地を殺菌した後に冷蔵保存する場合には，使用直前に沸騰水で10分間程度湯せんして脱気し，急冷してから接種するようにします。培養中の嫌気状態を維持するためには，スチールウールを酸性硫酸銅液に浸して酸素を吸収する方法もありますが[21]，市販の嫌気培養システムを利用するとよいでしょう。三菱ガス化学㈱のアネロパックは，容器内の酸素を簡単に除去し，一定濃度の二酸化炭素を発生させることができます。Becton Dickinson and Company や Oxoid 社からも同様の嫌気培養システムが販売されています。なお，二酸化炭素はビフィズス菌の培養に促進的に作用するとの報告もあり[22]，嫌気環境中の気体の種類とそれらの濃度には普段から留意しておく必要があります。

(3) 培養温度・pH

　ビフィズス菌の至適温度は37〜41℃であり，発育温度としては最低で25〜28℃，最高で43〜46℃と報告されています[19]。実験室では，多くの場合37℃付近で培養します。至適 pH は6.5〜7.0とされ，pH 4.5〜5.0 あるいは8.0〜8.5 では発育しないとの報告があります[19]。ビフィズス菌は培養中に糖を資化して乳酸と酢酸を産生するため，培養が進むにつれて pH は低下します。筆者らの経験上，ビフィズス菌の培養では pH が4.0〜4.8 に低下すると増殖できなくなる菌株が多いです。乳培地を使用した培養では，pH が4.6〜4.8 まで下がると乳培地が固化するので，培養の終了を判断することができます。工業的には安定に培養できる菌株であることが重要なので，新しい菌株を培養する際には，継代培養を数回行い，培養終了時の pH や濁度が継代を繰り返しても変化しないかを確認します。

12.3.3　菌数の測定法

　ビフィズス菌の生菌数測定は，実験室においては菌体収量の1つの判断として測定されますが，工業的には最終製品のラベル表示にビフィズス菌の生菌数を記載することが多いため，その測定技術は重要です。偏性嫌気性菌に分類されるビフィズス菌の数を再現性良く正確に測定するためには，培養に用いる寒天培地と試験サンプルを希釈する希釈液の選択がポイントになります。

　寒天培地に関しては，ビフィズス菌のみが存在するサンプルと，ヨーグルトのようにビフィズス菌の他にも乳酸菌などが含まれるサンプルとでは，使用する寒天培地が異なります。ビフィズス菌のみが存在するサンプルであれば，上述の MRS 培地の他に，RCA 寒天培地（OXOID 社やBecton Dickinson and Company），GAM 寒天培地（日水製薬㈱），BL 寒天培地（日水製薬㈱や栄研化学㈱）などの非選択培地を用いますが，乳酸菌も含まれるサンプルの場合には，ビフィズス菌が資化性を有する転移ガラクトオリゴ糖（TOS）を含む TOS プロピオン酸寒天培地（ヤクルト薬品工業㈱）（**表 12-3-1**）などの選択培地が使用されます[20]。また，ムピロシンと呼ばれる抗生物質は乳酸菌の増殖を抑制しビフィズス菌を選択的に生育させることが報告されており，ム

※27　水道水などの流水で培地が入った試験管を冷やす。

ピロシン添加 TOS プロピオン酸寒天培地は，国際規格 ISO/IDF[※28] において，乳製品中に含まれるビフィズス菌数の唯一の培地として指定されています[23]。

希釈にどのような溶液を用いるかは非常に重要で，希釈液の種類により最終的にコロニーとしてカウントできるビフィズス菌の菌数が大きく異なる場合があることが報告されています[24]。一般には，好気性菌や通性嫌気性菌の場合と同様に，0.85％の生理食塩水や，0.1％のペプトンを含む0.85％の生理食塩水などが使用されていますが，日本では，光岡らが開発した希釈液（**表12-3-2**）も使用されています[25]。この希釈液を用いると，ISO/IDF のビフィズス菌数の測定法に記載されている 1/4 強度リンゲル溶液などに比べて，ビフィズス菌数が安定的に，かつ，高く測定されたとの報告があります[24]。

表 12-3-1　TOS プロピオン酸寒天培地
（1 L 中，メーカーの情報より抜粋）

ペプトン	10.0 g
酵母エキス	1.0 g
リン酸 2 水素カリウム	3.0 g
リン酸 1 水素二カリウム	4.8 g
硫酸アンモニウム	3.0 g
硫酸マグネシウム（7 水和物）	0.2 g
L-システイン塩酸塩（1 水和物）	0.5 g
プロピオン酸ナトリウム	15.0 g
ガラクトオリゴ糖	10.0 g
寒天	15.0 g

pH 6.0～7.0

表 12-3-2　光岡らが開発した希釈液（1 L 中）

リン酸 2 水素カリウム	4.5 g
リン酸水素 2 ナトリウム	6.0 g
Tween-80	0.5 g
寒天	1.0 g
L-システイン塩酸塩（1 水和物）	0.5 g

全成分を溶解し，オートクレーブする。
（例えば，121℃，15 分間）

12.3.4　ビフィズス菌の産業利用

ビフィズス菌はヨーグルトなどの発酵乳や乳酸菌飲料を含む各種飲料に広く利用されています。また，ビフィズス菌を粉末状に加工したビフィズス菌末も製造され，多くの人々に摂取されています。

ビフィズス菌は腸内細菌叢の主要構成菌であり，近年，多くの研究者によってその有益な生理作用が報告され，乳酸菌とともにプロバイオティクスの代表に位置づけられています。プロバイオティクスの定義は 1989 年の Fuller[26] による「腸内微生物のバランスを改善することにより宿主に有益に働く生菌添加物」から多くの変遷がありましたが，2002 年の FAO/WHO 共同のプロバイオティクス評価ガイドライン作成ワーキンググループの報告書では，腸内菌叢の変動を介さない直接的な効果も含めた形での「適正量を摂取した際に宿主に有用な作用を示す生菌体」と答申されています[27]。生理作用を期待するには一定量の生きた菌数を摂取することが好ましいと一般的に考えられています。また，CODEX[※29] の発酵乳規格では製品のラベルに菌種・菌株名を記載する際には，1 g あたり 100 万個以上の生菌を含有する必要があると規定されています。また，製品ラベルにビフィズス菌数を記載している商品も多く存在します。

このように，ビフィズス菌の産業利用においては，ビフィズス菌が製品中で生菌として含有されていることが重要です。次項から，粉末状に加工したビフィズス菌末およびビフィズス菌を含

※28　国際標準化機構（International Organization for Standardization）と国際酪農連盟（International Dairy Federation）が定める規格。

※29　食品の国際規格　http://www.n-shokuei.jp/eisei/codex.html

むヨーグルトの製造について紹介します。

12.3.5 ビフィズス菌末の製造

ビフィズス菌末の製造においては，試験管，フラスコ，スタータータンクと徐々に培養スケールを大きくし，最終的には大型培養槽での大量培養を行います。その後，菌体を洗浄濃縮し，凍結乾燥によって水分を取り除き，粉砕することによって粉末状のビフィズス菌末を製造します。ビフィズス菌末は発酵乳の発酵用スターターや健康食品として利用される他，海外においては，育児用粉乳など様々な粉末状の食品に添加されています（図12-3-1）。

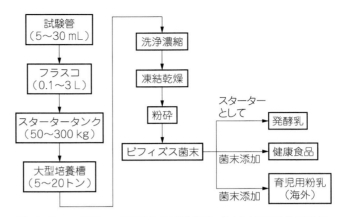

図12-3-1　ビフィズス菌末の工業生産プロセスと製品応用例
（括弧内はおおよそのスケール）

(1) 培　地

ビフィズス菌末の工業生産に使用する培地は，増殖性に優れていることに加えて，安価であること，不溶性成分を含まないことなどを考慮して選択されます。糖源としては，グルコースもしくはラクトース，窒素源としては酵母エキス，ペプトン（乳ペプチド，大豆ペプチド），魚エキス，硫酸アンモニウムなどが利用されています。また，緩衝剤としてリン酸塩，酢酸塩などが添加される場合があります。ビフィズス菌末を食品用途向けに製造する際には，培地成分は基本的に食品の製造に使用することができる物質に限られ，ビタミン・ミネラルなどの添加が制限される場合もあります。また，同じビフィズス菌種であっても菌株によって栄養要求性が異なる場合も多く，それぞれの菌株ごとに培地組成を検討する必要があります。

培地の殺菌に関しては，培養槽で加熱・加圧する回分殺菌の他に，熱交換プレートを通して培地を瞬時に昇温し，高温にて数秒間保持することで殺菌する連続殺菌法もよく利用されています。連続殺菌法は回分殺菌法に比べて，培地成分の化学変化が少なく，栄養成分の減少が少ないことが特徴です。

(2) 培　養

文献28)には，ビフィズス菌の培養法に関して，回分培養法，pH制御培養法，流加培養法，連続培養法，高濃度培養法などが紹介されています。ビフィズス菌末を工業的に製造する場合，培養終了時の収量よりも，菌体の凍結乾燥耐性や菌末の保存安定性が重視されます。また，コンタミネーションの可能性を考慮して，回分培養では長時間の培養は避け，培養液のpH，酸度，濁度等を測定することで培養の終了を判断します。

(3) 凍結乾燥

ビフィズス菌を乾燥して粉状にする方法としては，濃縮した菌液の凍結乾燥もしくは噴霧乾燥があります。凍結乾燥には，製造工程中に加熱操作がないので菌へのダメージは少ないですが，乾燥に長時間を要し製造コストも高くなります。一方，噴霧乾燥法では乾燥時間が短く製造コス

トも抑えられますが，熱をかけるため，菌へのダメージは凍結乾燥法より一般に大きくなります。生菌数を表示しなければならない製品には，菌体への損傷が小さい凍結乾燥法が選択される傾向にあります。凍結乾燥工程では，製造コストとビフィズス菌の生残率を勘案して運転条件が決定され，製造が行われています。

(4) ビフィズス菌末の保存安定性

ビフィズス菌末を含む食品のラベルには，ビフィズス菌数が記載されることが多く，賞味期限までビフィズス菌数が生残することを保証しなければなりません。このため，ビフィズス菌末の保存安定性は産業利用上とても重要な因子であり，筆者らも，詳細は省きますが，低温もしくは室温で長期間高い生残性を有する菌末を開発してきました（図12-3-2）。一般的に，粉末の水分活性が低く，保管温度が低いほど菌末の保存安定性は高くなることが分かっています[29]。

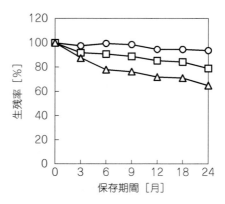

図12-3-2　ビフィズス菌の生残率
○：5℃，□：25℃，△：37℃

12.3.6　ヨーグルト製造

日本ではヨーグルトは一般名称であり，厚生労働省の「乳及び乳製品の成分規格等に関する省令」(乳等省令)の種類別名称では「発酵乳」として取り扱われています。その定義は「乳又はこれと同等以上の無脂乳固形分を含む乳等を乳酸菌又は酵母で発酵させ，糊状又は液状にしたもの又はこれらを凍結したもの」となっており，成分規格は「無脂乳固形分8.0％以上，乳酸菌又は酵母数1 mL中1,000万個以上，大腸菌群陰性」と定められています。乳等省令では，乳酸菌数は，BCP加プレートカウント寒天培地を用いて35～37℃までの温度で72時間培養し黄変したコロニーを計数するとされており，通常の培養条件（好気）下ではビフィズス菌はコロニーを作りません。また，一般社団法人全国発酵乳乳酸菌飲料協会でも乳酸菌とビフィズス菌を明確に区別していますので[21]，ビフィズス菌単独で発酵させた製品は発酵乳として認められません。また，前述したようにビフィズス菌は乳を発酵する作用が弱いため，ビフィズス菌入りのヨーグルトを製造する際には，通常は，乳酸菌スターターを併用します。

ヨーグルト製造において，ビフィズス菌を生育させてその効能を謳うためには，生菌として含有させることが重要ですが，それには，以下の3点が大きな障壁となります。まず，牛乳にはビフィズス菌の生育に必要なアミノ酸やビタミンなどの栄養素が不足していること，次に，ヨーグルトの製造工程においては酸素が混入しやすいこと，そして，ヨーグルトのスターター乳酸菌である *Streptococcus thermophilus* や *Lactobacillus delbrueckii* subsp. *bulgaricus* が産生する乳酸や過酸化水素によってビフィズス菌の増殖と生残が妨げられてしまうことです。それゆえにヨーグルト中でビフィズス菌は増殖させにくく，また，冷蔵保存中にも死滅しやすいため，メーカーにとって製品中のビフィズス菌数の維持は非常に難しい課題となっています。

（1）製造工程

　ヨーグルトの素地となる乳ベースとしては，主に牛乳や濃縮乳，粉乳，乳タンパク質を単独もしくは混合して調製します。物性の改善や風味付けとして寒天，ゼラチン，ペクチンやショ糖などを添加することもできます。発酵乳の無脂乳固形分は 8.0％以上と定められていますが，この値を比較的高くした方がビフィズス菌の発酵には適しています。ビフィズス菌の増殖を助けるために酵母エキスなどを添加することもできますが，風味の低下が問題になります。乳ベースの組成はヨーグルトの風味や物性にも大きく影響するため，各メーカーが工夫を凝らしている部分です。

　ヨーグルトはその製造工程の違いにより，2種類に大別されます。原料を混合，加温殺菌，冷却後にスターターを接種し，容器に分注してから発酵させる後発酵タイプ（セットタイプ）のヨーグルトと，発酵タンクでまとめて発酵を行い，出来上がった発酵乳のカードを機械的にやわらかくして容器に分注する前発酵タイプ（ソフトタイプ）のヨーグルトです。ドリンクタイプヨーグルトは，出来上がった発酵乳のカードをホモジナイザーで液状にして容器に分注したものになります。ヨーグルトの発酵過程において，乳ベース中の溶存酸素は乳酸菌によってほぼ消失されることが知られていますが，前発酵タイプの製造工程では発酵させた後に製造ライン内での撹拌や輸送を伴うため，出来上がった発酵乳に再び酸素が巻き込まれてしまいます。このためビフィズス菌への影響を考慮すると，ビフィズス菌混合ヨーグルトの製造には後発酵タイプの製造工程が比較的適していると考えられます。更に製品パッケージにも酸素透過性の低い容器を用いることで，ビフィズス菌の生残率低下を遅らせる工夫もなされています。

（2）発酵に用いるスターターの種類と選定

　ビフィズス菌入りのヨーグルトの発酵には，スターター乳酸菌として *Streptococcus thermophilus* と *Lactobacillus delbrueckii* subsp. *bulgaricus* の混合発酵系を用いることが多く，他にも *Lactobacillus acidophilus*, *Lactobacillus gasseri*, *Lactobacillus casei* の他に，*Lactococcus lactis* など，ビフィズス菌の増殖や生残を阻害しない乳酸菌であれば適宜使用することができます。

　ビフィズス菌スターターの調製方法は乳酸菌とほとんど同じで，まず，試験管レベルの培養を行い，フラスコレベルの培養を経て段階的にスケールアップし，最終的にトンスケールで培養して製品に添加するバルクスターターを調製します。このバルクスターターを製品の製造に用いるフレッシュカルチャー法の他に，スターターメーカーから購入した凍結濃縮菌体（FC；Frozen Concentrate）や凍結乾燥菌（FD；Freeze Dried）を用いる高濃度カルチャー法があります。後者には，購入したスターターを製品に直接接種する方式（DVI；Direct Vat Inoculation あるいは DVS；Direct Vat Set）の他に，購入したスターターを種菌として自社でバルクスターターを調製する方式もあります。現在市販されているヨーグルト用スターターには，ヨーグルトのタイプ，発酵性能，風味・テクスチャーなどの品質特性別に，様々なタイプがあります。ビフィズス菌含有ヨーグルトの製造に用いる乳酸菌スターターは，発酵中およびその後の冷蔵保存中に，乳酸と過酸化水素の産生量が少ないものが適しています。一部の乳酸菌は，ビフィズス菌の発酵乳製品における増殖および保存時の生残性に対して良い影響を与えるとの報告もあり[21),30)]，ヨー

グルト製造においては，ビフィズス菌スターターだけではなく，一緒に混合発酵を行う乳酸菌スターターの選定も非常に重要となります。

(3) *Lactococcus lactis* との混合発酵

筆者らは，*Bifidobacterium longum* BB536 を，*Lactococcus lactis* MCC866 株と混合発酵すると，その増殖が著しく促進され，更に，冷蔵保存中の生残性も大幅に改善されることを見出しました（**図 12-3-3**）。その効果は *Bifidobacterium longum* 以外のビフィズス菌種に対しても，そして，MCC866 株以外の *Lactococcus lactis* を用いた場合にも確認され，幅広い有用性が示されています。その作用機序

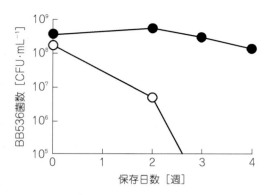

図 12-3-3　ブルーベリーヨーグルトにおける *Bifidobacterium longum* BB536 生菌数の推移（10℃保存）
〇：従来技術，●：*Lactococcus lactis* との混合発酵

として，ビフィズス菌の増殖を促進する *Lactococcus lactis* 菌株は，細胞壁結合性のタンパク質分解酵素（PrtP）を持っており，この酵素によって産生されるペプチドやアミノ酸がビフィズス菌の増殖を促進することが明らかになっています[31]。更に，ビフィズス菌の生残性を改善する作用を有する *Lactococcus lactis* 菌株は，冷蔵保存中の製品の溶存酸素濃度を低く保つことが分かっており，遊離の鉄イオン濃度を減少させ，酸化反応を抑えることによりビフィズス菌を酸素から守っている可能性が示唆されています[28]。また，*Lactococcus lactis* 菌株との混合発酵によってビフィズス菌の酸耐性が向上することも確認されています[32]。この *Lactococcus lactis* との混合発酵によって，酸素が混入しやすくビフィズス菌が死滅しやすかったドリンクタイプヨーグルトだけでなく，フルーツプレザーブを投入する際に酸素を巻き込みやすく，また，pH も低下しやすいフルーツタイプのヨーグルトにおいても，賞味期限内のビフィズス菌数を十分に維持できるようになりました。この混合発酵技術は，現在，多くの製品に応用されています。

12.4　放線菌の培養

工業的な培養プロセスを構築するには，目的物質を低コストでかつ安定に生産するため，突然変異などによって微生物の形質を改良する育種と，培地組成を含めた培養条件の検討を並行して行う必要があります。本節では，まずは *Streptomyces tsukubaensis* No.9993 株由来の免疫抑制剤であるタクロリムス（一般名，開発名 FK506）の生産プロセスの開発を例に，放線菌の育種と培養条件検討の実例を紹介します[33]。その後に，放線菌で安定かつ高生産の発酵を実現する上で筆者が重要と考えていることを記します。

12.4.1　菌株育種

(1) 菌株育種の目標

発酵生産を工業化する際には，優良菌株の育種，選抜は非常に重要です。研究レベルでの生産では，単離した菌株の培養条件を研究室のファーメンターで検討すれば，多くの場合，目的を達

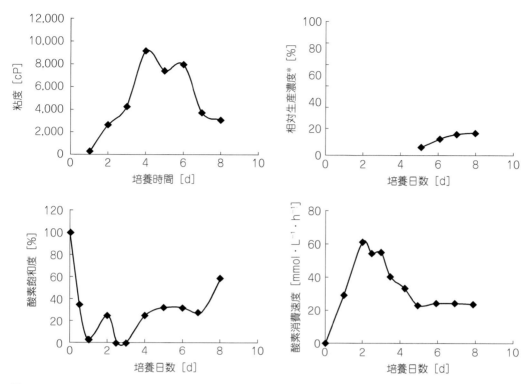

図 12-4-1　*Streptomyces tsukubaensis* No. 9993 株の典型的な培養経過
＊実生産におけるタクロリムスの最終濃度を 100 とした相対値

することができます．しかし，工業化となると，高い生産性と安定した品質で，場合によると何十年も継続して製造する必要があります．つまり，使用する菌株には，目的物質の生産性が高いだけでなく，遺伝的に安定であること，スケールアップが容易な培養特性であること，更には培養液の濾過が容易であることなどが求められます．従って，まずは小スケールで培養検討を行いながら，工業化への課題を把握し，菌株育種の目標を明確にした上で，優良な菌株を選定しなければなりません．

　タクロリムスを工業的に発酵生産する際の問題点を明確にするために，まず，30 L のジャーファーメンターで No.9993 株を培養し，その培養特性を検討しました（**図 12-4-1**）．その結果，

1) 発酵は，培養開始から 3 日目までの大量の酸素を必要とする増殖期と，培養 4 日目以降の酸素をあまり必要としない生産期からなること
2) 増殖期の後半には酸素供給が不足し，増殖速度が低下すること
3) 培養液が高粘度のため，培養液から菌体を濾過で除去するのが困難であること

などが明らかになりました．この培養では，**表 12-4-1** に示すように，炭素源として酸化デンプンを用いており，これが培養液の高粘度化の一因であると

表 12-4-1　タクロリムス発酵の基本培地の組成（培地 1 L あたり）

酸化デンプン	100 g
小麦胚芽	20 g
乾燥酵母	10 g
コーンスティープリカー	20 g
炭酸カルシウム	1 g
塩化コバルト	5 mg
ヨウ化ナトリウム	0.4 mg

第12章　各種工業利用微生物培養の実際

考えられました。また，2)の酸素供給の不足も，培地の粘度が高まったため，培養槽全体を撹拌できなくなったことが原因であると考えられました。更に，将来，培地を高濃度化して生産性の向上を検討する際にも，培養液の高い粘度は深刻な問題になると考えられました。そこで，グルコースなど，デンプン以外の炭素源への代替も試みましたが，No.9993株はデンプン以外の炭素源では，タクロリムスはまったく生産しませんでした。そこで，タクロリムス生産を工業化するために，次のような特性を持つ菌株を育種することにしました。

① 培養液の粘性を高めない
② 濾過性に優れる
③ グルコースなど発酵液の粘度を高めない炭素源を利用できる

(2) 低粘度性菌の育種

No.9993株の培養において，特に深刻な問題は，生産菌の増殖に伴って培養液の粘度が増加し，生産菌が要求する量の酸素を供給できなくなることでした。これは，増殖が旺盛な微生物ではよく見られる現象で，通常は撹拌速度を高めることによって解決できます。しかし，放線菌によるタクロリムス発酵においては，撹拌速度を上げると生産菌の生育が阻害されてしまいました（図12-4-2）。

また，生育が阻害されない範囲の撹拌速度であっても，現場の発酵槽では，これに相当する撹拌を行うことが設備の能力的に不可能だと考えられました。この問題の解決策として以下の3点が考えられます。

① 酸素濃度を高めた空気を高圧で通気し，酸素供給速度を高める
② 酸素要求量の低い菌株を取得する
③ 培養液粘度を低下させる

実験室レベルでは①が手軽な方法ですが，現場の大型タンクでは新たな設備にコストがかかり，安全面でも問題があり，採用できません。また，②のように1次代謝を弱めると，増殖速度が低下して生産期が延び，設備あたり時間あたりの生産量が低下してしまいます。そこで，③の方針を選択し，培養液の粘度が高くなってしまう要因を調べました。高分子多糖などの粘性物質の生成，菌糸の伸長と絡み合い，デンプンなどの高分子の培地成分などがその要因として考えられましたが，検討の結果，タクロリムス発酵においては，菌糸の伸長と絡み合いが主な原因であることが分かりました。

そこで，菌糸の短い株または分岐が少ない株を取得することにしました。培養液中の菌糸形

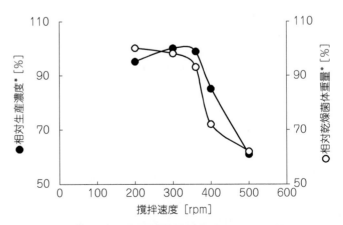

図12-4-2　培養3日目までの撹拌速度がNo. 9993株のタクロリムス発酵に及ぼす影響
＊本検討での最大濃度を100とした相対値

態が変化した株は，寒天平板培地上でのコロニー形態が変化した株の中に存在すると考え，親株とコロニー形態が異なる変異株を多数集め，培養液の粘度とコロニー形態の関係を調べました。そして親株よりも培養液の粘度が低くなった株に対して更に変異処理を行い，新たな形態変異株を取得しました。その結果，菌糸が分断化し，培養液の粘度がほとんど高まらない変異株を取得することができました。この株は，同時に，濾過性も改善されていました[※30]。また，培養液の粘度が低下したことにより，酸素供給の問題点も解消され，更に，培地の炭素源を増やして菌濃度を高め，タクロリムスの生産性を向上させることができました。

このように，酸素供給が律速になるような培養条件では，安定な生産性を得ることは難しく，増殖期に十分な菌体を増やすためにも，培養液の粘度を低く保つことが重要でした。

(3) 胞子形成能の消失

新たな菌株を取得し，生産性は次第に向上してきましたが，取得した菌株の胞子形成能が低くなるという問題が生じました。良好な胞子形成は，菌株を長期間，安定に保存するために重要であり，更なる育種改良を進める上でも重要な特性です。そこで，様々な検討を行った結果，平板培地やスラント培地に微量元素を添加し，資化されにくい炭素源を用いる[※31]ことにより，胞子形成能が回復傾向になることを見出しました。

(4) 低生産菌の出現

フラスコやジャーファーメンターを用いた液体培養において，同じように培養しているはずなのに生産量が低下することが何度かありました。よく調べてみると，培養液中に生産性の低い株が出現していることが原因であることが分かりました。また，培養液中の細胞に占める生産性が低い株の割合は，培養日数を経るに従って増加することも分かりました。生産性が低下した株は，寒天平板培地上でのコロニー形態が親株とは異なります。そこで，フラスコ培養を数代継続して行い，得られた培養液を寒天平板培地上に撒き，親株と形態が異なるコロニーの出現頻度が少ない株を選抜しました。このような方法を繰り返し行うことにより，生産性が低い菌が出現しにくい遺伝的により安定な株を得ることができました。

12.4.2　培地の改良

表12-4-1に示したようにタクロリムス発酵の基本培地では炭素源としてデンプンを用いていますが，デンプンは高分子であるため培養液の粘度は高くなるという問題点がありました。そこで，デンプンをグルコースなどの単糖や二糖などに置き換える検討を行いました。しかし，還元糖と培地の窒素成分とのメイラード反応[※32]によって培地が褐変して菌体増殖に影響したり，グルコースリプレッションの影響でタクロリムスの生産性が低下したりするなど，よい結果は得られませんでした。まずはグルコースなどによる抑制を受けにくい株の育種・選抜を進めました。

※30　濾過速度は粘度に反比例する。遠心分離する場合も同様に，粒子の沈降速度は粘度に反比例するので（［3.3］参照），培養液の粘度の低減は工業スケールの培養では重要である。

※31　一般的に胞子は貧栄養状態になった時に形成される。

※32　デンプンを部分分解して鎖長を短くすれば粘度は大幅に下がり，かつ，単糖や二糖を用いる場合に比べて重量あたりの還元末端の数も大幅に減らすことができる。

そして，菌糸が短くなった株（[12.4.1(1)] 参照）を更に改良した株を用い，希酸中で加熱して部分分解したデンプンを炭素源にすることにより，培養液の粘度を大幅に低減することができました。更に，培地組成の適正化により，最適 pH を維持しやすくなり，タクロリムス生産量も増加しました。培養スケールを変えた時に，その程度を一定にすることは容易ではありませんが，炭素源に単糖や二糖ではなく，部分分解したデンプンを用いることによってメイラード反応を抑え，スケールアップ検討を容易にすることができました。

12.4.3 スケールアップ

(1) 撹拌の影響

ファーメンターでは，フラスコ培養に比べてはるかに高い速度で酸素を供給できますが，放線菌のように菌糸を作る微生物の場合，撹拌によるせん断が問題になる場合があります。30 L のジャーファーメンターで撹拌速度がタクロリムス生産に及ぼす影響を調べたところ，3日までの増殖期における撹拌速度は 360 rpm が最適でしたが，300 rpm を超えると菌の生育に遅れが生じることが分かりました（図 12-4-2）。この遅れは，せん断力によるダメージが原因と考えられます。また，4日目以降の生産期においては，撹拌速度 400 rpm 以下の条件ではタクロリムスの生産が極めて低下することも分かりました（**図 12-4-3**）。この現象は，培養液の粘度が極めて高いために，培養液全体を混合できなくなり，菌に栄養分が十分供給されなくなったためであると考えられました。

(2) 溶存酸素量の影響

3日目までの増殖期，および4日目以降の生産期における溶存酸素濃度の影響を 30 L のジャーファーメンターで調べました。その結果，増殖期においては，溶存酸素濃度と生産とは負の相関関係にあり，溶存酸素濃度を低く保つ培養方式が望ましく，最大生産を与える溶存酸素濃度は 0.3 ppm でした（**図 12-4-4**）。これは，溶存酸素濃度を高めようとして撹拌速度を上げると，せん断力によるダメージが大きくなるため，酸素が枯渇しない範囲でできるだけ低い撹拌速度を維持するべきであることを意味しています。一方，生産期における溶存酸素濃度とタクロリムス生産の間には相関は見られませんでした。

これらの結果から，増殖期の撹拌速度の設定がスケールアップの要点であることが明らかとなりました。30 L のジャーファーメンターとパイロットスケールの 1 kL，および 4 kL のタンクにおいて，増殖期の撹拌速度がタクロリムス発酵にどのように影響するかを調べました。通常のスケールアップでは，培養液単位容積あたりの消費動力や撹拌羽の先端速度などを指標にすることが多いですが，この場合は，撹拌慣性力[33]（$= \rho N^2 D$，ρ は培養液密度，N は撹拌速度，D は撹拌翼の直径）を指標にすることが

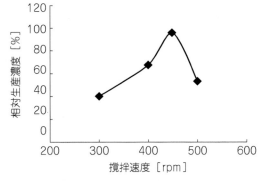

図 12-4-3 培養4日目以降の撹拌速度が No. 9993 株のタクロリムス発酵に及ぼす影響

＊本検討での最大濃度を 100 とした相対値

よいことが分かりました。各スケールで撹拌慣性力が一定になるように撹拌速度を設定し，増殖期の溶存酸素濃度を 0.3 ppm 以上に維持したところ，30 L から 4 kL のタンクまで，菌体増殖とタクロリムス生産はほぼ同じトレンドで推移し，うまくスケールアップできました。

以上のように，順次改良を重ねながら最適化を行うことにより，商用の大型通気撹拌発酵槽へのスケールアップに成功し，

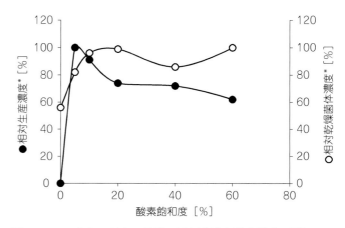

図 12-4-4　タクロリムス発酵に及ぼす溶存酸素濃度の影響
＊本検討での最大濃度を 100 とした相対値

かつ，野生株である No.9993 株のフラスコ培養に比べて数十倍の生産性を達成することができました。

12.4.4　放線菌培養の注意点

放線菌の培養は，培養の推移が複雑で，制御も難しく，再現性に乏しいことも少なくありませんが，再現性を高め，効率の良いスケールアップをするためには，少なくとも次の点に注意する必要があると思います。

(1) 培地の加熱殺菌

培地の組成が同じであっても，殺菌の際の熱履歴が異なれば，出来上がった培地の質は異なります。スケールが大きくなって殺菌する液量が多くなれば，培地は温まりにくく冷めにくくなるため，小さなスケールの時に比べて余分に熱がかかります。熱を余分にかけるほど，培地成分は変化し，菌の増殖を阻害したり，目的物質の生産性を低下させることも少なくありません。上述のケースでは，還元糖と 1 級アミンのメイラード反応が主因と考えられましたが，他にも必須栄養素が熱分解されたり，酸化されてしまうこともあり得ます。研究の初期段階で，熱のかけ方によって成分が変化しにくい培地組成を検討することが重要ですが，それができない場合には，できるだけ高温短時間の滅菌をするとよいでしょう。一定の殺菌効果を得ようとする時，殺菌温度が高ければ短時間の加熱で済み，この際の培地成分の失活は高温で殺菌するほど少なくなります。ただし，所定の殺菌温度に達するまでに時間がかかったり，冷却に時間がかかると，培地成分が失活しやすくなるので，製造現場ではプレート式熱交換器を用いて対応することがあります。ラボでの検討もこれに近い条件で殺菌することが望ましく，研究室にある滅菌設備で，昇温と冷却の時間を可能な限り短縮して殺菌して培養条件を検討することをお勧めします。

※33　「慣性の法則」で等速運動をする物体が，加速度運動する座標系の中では，まるで加速度と逆向きの力を受けたように感じる仮想的な力。

第12章　各種工業利用微生物培養の実際

(2)　増殖の管理

安定生産には，種培養でも本培養でも，十分に菌を増殖させることが必須です。特に，増殖が悪い菌の場合は，種培養の段数を増やすなどして，本培養で生産期に移行した時に，十分な菌濃度を確保することが重要です。一方，好気的な培養では，酸素供給が律速になると増殖が滞り，培養液粘度が高くなる培養では十分に培養液が混合できなくなり，結果として増殖が滞り，生産性が大きく低下することが少なくありません。このような不都合を避ける上で，溶存酸素濃度を管理しながら培養することは非常に重要です。

(3)　生産確率が低い発酵のスケールアップ

放線菌による2次代謝産物生産においては，何かの拍子に目的物質が生産されることがあり，それを再現するのが難しいことがあります。このような場合は，目的物質の生産を誘導する条件を見つけなければなりませんが，目的物質が有用であるかどうかを先に検討したい場合があります。このように，再現性が低くても手っ取り早くある程度の量の目的物を生産させたい時には，継代培養をお勧めします。条件を変えて何通りか培養を行い，1つでも生産が認められたものがあれば，その培養液の一部を新たに準備した同じ培地に植え継いで培養し，増幅させることで大量の培養液を得る方法です。この方法は，1次代謝と2次代謝が明確に分かれている放線菌では意外に有効な手段です。

12.5　酵母の培養

12.5.1　培　地

実験室では YPD 培地や YNB 培地が用いられますが，工業的な培養には，廃糖蜜をベースにした培地を用いるのが一般的です。

(1)　YPD 培地

もっともよく用いられるのが1%酵母エキス，2%ペプトン，2%グルコースを含む YPD 培地で，塩酸か硫酸でpHを5.5に合わせるのが一般的です。pHを合わせずに中性pHでオートクレーブにかけると，メイラード反応によって茶色に着色してしまいます。メイラード反応によって生じる物質は菌株によっては増殖や生産を阻害する場合もあり，このような場合はグルコースを別滅菌した後に無菌的に混合します[34]。

(2)　YNB 培地

ほとんどの酵母はグルコースなどの糖源に，無機塩類と適当なビタミンを添加した培地で培養することができます。**表 12-5-1** は Becton, Dickinson and Company[35] などから入手できる Yeast Nitrogen Base（YNB）の組成で，窒素源として，硫酸アンモニウムおよびヒスチジン，メチオニン，トリプトファンが含まれています。これらのアミノ酸を含まない YNB w/o amino

---

※34　100 mL の培地であれば，酵母エキス1gとペプトン2gを90 mL の水に溶解してpHを調整してフラスコを入れて滅菌する。別に20%グルコース10 mL を試験管に入れて滅菌し，クリーンベンチ内で混合する。

※35　Difco 社は1997年に Becton, Dickinson and Company に吸収合併され，現在はトレードマークとしてしか存在しない。論文に実験材料を記述する時，購入先を「Difco」と書くのは間違いで「Becton, Dickinson and Company」と書かなければならない。

—310—

12.5 酵母の培養

表 12-5-1 Yeast Nitrogen Base の組成 (1 L あたり)

硫酸アンモニウム	5.0 g	モリブデン酸ナトリウム 2 水和物	200 µg
L-ヒスチジン	10 mg	ヨウ化カリウム	100 µg
LD-メチオニン	20 mg	硫酸銅 5 水和物	40 µg
LD-トリプトファン	20 mg	イノシトール	2 mg
リン酸 1 カリウム	1.0 g	パントテン酸カルシウム	400 µg
硫酸マグネシウム 7 水和物	0.5 g	ナイアシン	400 µg
塩化ナトリウム	0.1 g	ピリドキシン塩酸	400 µg
塩化カルシウム 2 水和物	0.1 g	塩酸チアミン	400 µg
ホウ酸	500 µg	リボフラビン	200 µg
硫酸亜鉛 7 水和物	400 µg	p-アミノ安息香酸	200 µg
硫酸マンガン 5 水和物	400 µg	ビオチン	2 µg
硫酸第二鉄 6 水和物	200 µg	葉酸	2 µg

acids (以下 YNB w/o AA) と，アミノ酸も硫酸アンモニウムも含まない YNB w/o amino acids and ammonium sulfate (以下 YNB w/o AA&AS) も市販されています。

　培地を調製する際には，まず，必要量のグルコースを最終液量の 90% の水に溶解してフラスコに入れ，オートクレーブします。この間に，YNB を最終濃度の 10 倍になるように溶解し，滅菌が終わったグルコース溶液にフィルター濾過して添加します。この時，YNB および YNB w/o AA は培地 1 L あたりの必要量は 6.7 g ですが，YNB w/o AA & AS は 1.7 g です。これは，YNB および YNB w/o AA には培地 1 L あたり 5 g 相当の硫酸アンモニウムが入っているからです[36]。

　YNB 培地の pH は，調製した時点では YNB および YNB w/o AA では 5.2〜5.6，YNB w/o AA&AS では 4.3〜4.7 ですが，YNB にはこの pH 付近に緩衝能を持つ成分が入っていないので，酵母を培養すると pH はどんどん下がり，3 を下回ってしまうことも珍しくありません。pH の変化が問題になるような実験をする場合は，緩衝成分としてクエン酸 1 ナトリウムとアスパラギン酸ナトリウムを加えた buffered YNB 培地を用いるとよいでしょう (表 12-5-2)。用いる酵母が尿素を窒素源とすることができるなら，窒素源の硫酸アンモニウムを尿素に置き換えれば，更に pH の低下を抑えることができます[37]。

　ForMedium 社からは，YPD などの天然培地や YNB 培地の他に，20 種のアミノ酸とアデニン，ウラシルを含む合成培地，更には，これら 22 種のサプリメントから特定の 1〜5 種類の成分を除いた合成培地も販売されています。

(3) 廃糖蜜培地

　廃糖蜜は製糖工場から出る副産物で[38]，サトウキビやテンサイを煮詰め，ショ糖を結晶化して

---

[36] YNB w/o AA と YNB w/o AA&AS の定価はどちらも 100 g で 1.5 万円程度なので，YNB w/o AA を購入して自分で硫酸アンモニウムを入れれば，培地のコストを抑えることができる。

[37] 尿素は酵母のウレアーゼの作用でアンモニウムイオン 2 分子と炭酸イオンに分解される。酵母が窒素源としてアンモニウムイオンを消費すると，硫酸アンモニウムの場合は強酸の硫酸イオンが残って pH が低下するが，尿素の場合は残った炭酸イオンが弱酸なので，pH はほとんど低下しない。酵母によってはウレアーゼ活性が弱い (ない) 場合があることに注意。

[38] 製糖技術の向上とともに，廃糖蜜の品質は悪化してきており，品質のふれや農薬の混入が問題になることもある。

—311—

第12章　各種工業利用微生物培養の実際

表 12-5-2　YNB 培地の作り方（1 L）

	YNB	YNB w/o AA	YNB w/o AA&AS	Buffered YNB
YNB	6.7 g/100 mL	—	—	—
YNB w/o AA	—	6.7 g/100 mL	—	—
YNB w/o AA and AS	—	—	1.7 g ⎫ 100 mL	1.7 g
硫酸アンモニウム	—	—	5.0 g ⎭	—
尿素	—	—	—	2.3 g ⎫ 100 mL
アスパラギン酸ナトリウム	—	—	—	2.5 g
クエン酸 1 ナトリウム	—	—	—	2.5 g ⎭
グルコース	20 g/900 mL	20 g/900 mL	20 g/900 mL	20 g/900 mL

グルコースはオートクレーブ滅菌し，他は 100 mL となるように溶解して濾過滅菌する。
寒天培地の場合，寒天はグルコースと一緒にオートクレーブする。

取り出した後に残った黒褐色の糖液です。廃糖蜜はもっとも安価な糖源の 1 つであり（糖 1 kg あたり 50〜60 円），日本では主として，フィリピンとインドネシアから糖濃度 50 %（w/v）程度のタール状のものを輸入し，扱いやすくするため 35 %（w/v）程度まで水を加えて粘度を下げ，加熱殺菌してから培養に用いられます。廃糖蜜に含まれる主な糖はショ糖ですが，混入した微生物が生産するインベルターゼ（invertase）によってかなりの量がグルコースとフラクトースに分解されていることがあります。

　廃糖蜜には，酵母の増殖に必要なほとんどの栄養素が含まれてはいますが，そのままでは窒素分とリン酸が不足するので，尿素（または硫酸アンモニウム）とリン酸を補います。添加量は目安として，糖 1 kg に対して，窒素として 30〜60 g[※39]，リンとして 3〜6 g です。テンサイ由来の

コラム88　廃糖蜜に添加する窒素量の求め方

　必要以上に添加すると，原料コストだけでなく廃水処理コストも上昇するので，以下のようにして目安の添加量を決め，その後，製品酵母の性能や余剰量を見ながら微調整します。まず，糖濃度が C_s [g-sugar・L^{-1}] になるように希釈した廃糖蜜を準備し，酵母を植菌します。植菌直後，および，十分な時間培養した後に，培養液を遠心分離し，上清に含まれる全窒素の濃度をケールダール法などで測定します（植菌直後と，十分な時間培養した後の濃度をそれぞれ C_{N0}，および，C_{N1} [g-nitrogen・L^{-1}] とします）。この差分が酵母が取り込んだ窒素分なので，廃糖蜜に含まれる糖に対する酵母が利用可能な窒素の割合は，$(C_{N0} - C_{N1})/C_s$ [g-nitrogen・g-sugar^{-1}] で与えられます。十分な窒素源とリン源を添加して培養した場合の酵母の対糖収率を $Y_{x/s}$（g-dry-cell・g-sugar^{-1}），得られた菌体の窒素含量を $R_{N/c}$ [g-nitrogen・g-dry-cell^{-1}] とすれば，S（g-sugar）の糖に対して必要な窒素の量は $S Y_{x/s} R_{N/c}$ [g-nitrogen] ですから，補うべき窒素の量は，$S Y_{x/s} R_{N/c} - S (C_{N0} - C_{N1})/C_s$ [g-nitrogen] となります。なお，$Y_{x/s}$ も $R_{N/c}$ も培養条件によって変動しますので，できるだけ実際の培養と同じ条件で測定した値を用いる必要があります。リン酸についても同様にして必要な添加量を求めることができます。

※39　分子量 60 で窒素を 2 原子含む尿素なら，この値に 60/（14×2）を乗じた量を添加する。

—312—

廃糖蜜についてはビオチンを補う必要があり，他にも，必要に応じて亜鉛などの金属塩を補うことがあります。

12.5.2 培養温度と pH

Saccharomyces cerevisiae の場合，培養温度は30℃前後が標準で，多くの株は32℃程度までは問題なく増殖しますが，37℃以上で培養できる株は限られます。*Kluyveromyces marxianus* などは37℃でも良好に増殖するものが多いようです。

pH は3～7の範囲であれば，酵母はおおむね良好に増殖します。ただし，pH 5.5 を超える培地を調製する場合，メイラード反応による褐変を避けるため，グルコースは別滅菌するべきでしょう。pH 4 を切ると増殖にも発酵にも支障が出始めるので，適宜アルカリを添加して調整するか，培地に緩衝能を持たせて pH が低下しにくくするなどの対策が必要になります。

12.5.3 通気と撹拌

通気・撹拌が不十分で呼吸に必要な酸素の供給が不足すると，酵母が得るエネルギーに占める発酵で獲得するエネルギーの割合が増え，収率は低下します。このため，実験室での培養には，ヒダ付きフラスコか坂口フラスコを用いるべきでしょう。また，酵母は後述するように，糖濃度がある程度以上（目安として 0.1 g·L⁻¹ 以上，比増殖速度が 0.25 h⁻¹ 以上）あれば，十分に酸素があっても発酵によってエネルギーを獲得するため（好気発酵），エタノールが副生し，菌体の対糖収率は低下します。そこで，高い菌体濃度を得たい場合は，ジャーファーメンターを用いて十分な通気と撹拌を行うとともに，グルコース濃度を低く保って好気発酵を抑える流加培養を行います［7.3 参照］。

12.5.4 菌株に求められる特性

製パン用の酵母は，工業的にもっとも多量に培養される微生物の1つです。他にも日本酒，焼酎，ウイスキー，ビール，ワインなどの醸造用の酵母がそれぞれの酒造会社で培養されています。用途によって求められる特性は異なりますが，ここでは製パン用の酵母について紹介します。

コラム89 フラスコ培養では酸素が不足する

溶存酸素濃度 C ［mol·L⁻¹］の変化速度は，飽和酸素濃度を C^* ［mol·L⁻¹］，総括酸素移動容量係数を k_La ［h⁻¹］，菌体濃度を X ［g-cell·L⁻¹］，酸素比消費速度を Q_{O_2} ［mol·g-cell⁻¹·h⁻¹］とすれば，

$$\frac{dC}{dt} = k_La(C^*-C) - Q_{O_2}X \tag{式 12-5-1}$$

で与えられます。C^* は30℃の水なら 0.23 mmol·L⁻¹ （＝7.4 mg·L⁻¹），Q_{O_2} は活発に好気的に増殖する酵母では 4～8 mmol·g-cell⁻¹·h⁻¹，k_La はフラスコの場合，培地の量や振とう速度などにもよりますが，せいぜい 100 h⁻¹ 程度です。従って，酵母濃度が 3～6 g-cell·L⁻¹ になれば，dC/dt の値は負になり，酸素濃度は低下し続け，ついには枯渇します。ジャーファーメンターには，k_La が 1,000 h⁻¹ を超えるものもあり，高い菌体濃度になっても溶存酸素の濃度を保つことができます。

第12章　各種工業利用微生物培養の実際

　製パン用に用いる酵母のほとんどは *Saccharomyces cerevisiae* の2倍体もしくは4倍体で，次のような特性が求められます。これらの特性は全て菌株の遺伝的な性質によるものですが，(1)～(4)の特性は，後述するように培養条件にも大きく左右されます。

(1)　発酵力

　パンを速やかにふくらませるため，グルコースまたはショ糖から30℃で $0.02\ mol\ CO_2 \cdot g\text{-}dry\text{-}cell^{-1} \cdot h^{-1}$ を超える二酸化炭素を生産する発酵力が必要です。

(2)　マルトース発酵力

　パン生地では，原料として添加する砂糖の他に，小麦粉自体に含まれる α アミラーゼによってマルトースが生じます。マルトースからも目安として $0.01\ mol\ CO_2 \cdot g\text{-}dry\text{-}cell^{-1} \cdot h^{-1}$ を超える二酸化炭素を生産する発酵力が必要です。

(3)　保存性

　製パン用酵母は，脱水して圧搾した状態で，1か月以上冷蔵保存できる必要があります。低い比増殖速度で培養して菌体に炭水化物を蓄積させれば保存性を高めることができますが，このような培養によって，炭水化物含量を30％以上に高めることが容易な酵母が求められます。

(4)　菌体収率

　後述するように，生産コストに占める主原料（廃糖蜜）のコストが大きいので，廃糖蜜で流加培養をした場合の菌体収率ができるだけ高い菌株が求められます。流加培養をした際に，少なくとも $0.4\ g\text{-}dry\text{-}cell \cdot g\text{-}sugar^{-1}$ 以上の収率が求められます。

(5)　脱水性

　培養した酵母は，連続遠心分離機で洗浄，濃縮した後，真空ドラム式連続脱水機で細胞と細胞の間の水を取り除き，水分67％前後の圧搾酵母として出荷されます。この際，菌株によって脱水の容易さがかなり異なるため，速やかに脱水できる菌株が求められます。

(6)　耐熱性

　培養スケールが大きくなると，発酵槽の比表面積が減るため，発酵熱による温度上昇が問題になってきます。培養温度が30℃であれば，夏場は冷却水を得るために冷凍機を使用せざるを得ず，電気代がかさみます。培養温度を35℃以上に設定できれば，水冷のクーリングタワーでの冷却が可能になり，冷却コストを節減できます。

12.5.5　工業的な培養プロセス

　スラント，試験管，フラスコ，30 L～10トンの培養槽と順次スケールを上げて酵母を増やし，最終的には100トンクラスの本培養槽で製品培養を行います（**図12-5-1**）。スラントと試験管の培地はYPD培地ですが，以降の培養には廃糖蜜を用います。30 L～1トンの培養槽では［7.3］に示した流加培養の基本式に従って流加培養を行います。それ以降の培養では，収率と比増殖速度の両方を最大に保って培養するため，後述するアルコール制御もしくはRQ制御を行います。最終段の前段の培養（種培養）も100トンクラスの培養槽で行い，得られた酵母は，連続遠心分離機で洗浄・濃縮して種タンクに蓄え，数回に分けて最終培養に使用します（**図12-5-2**，**図12-5-3**）。連続遠心分離では，培養液は $0.20～0.25\ kg\text{-}dry\text{-}cell \cdot L^{-1}$ 程度まで濃縮され，水を添加

—314—

して再度連続遠心分離する操作を繰り返すことによって洗浄します（図では2回洗浄している）。最終段の培養では，培養槽あたり時間あたりの生産量を最大にして設備コストを下げ，廃水処理費用を節減するため，10 g-dry-cell·L^{-1} 程度の種酵母を仕込み，50 g-dry-cell·L^{-1}（≒150 g-wet-cell·L^{-1}）程度に達するまで流加培養します。得られた酵母は，連続遠心分離機で濃縮・洗浄して製品タンクに蓄えられ，真空ドラム式脱水機で連続的に脱水され（**図 12-5-4**），プレス機で成形されて製品となります。

12.5.6 アルコール制御とRQ制御

(1) 酵母の呼吸と発酵

酵母はグルコースを炭素源として増殖する時，次式のように呼吸とエタノール醗酵でエネルギーを獲得します。

$$C_6H_{12}O_6 + 6O_2 \rightarrow 6CO_2 + 6H_2O$$
（36ATP）　　　　　　　　（式 11-5-2）

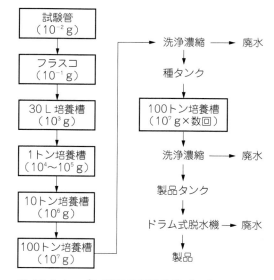

図 12-5-1　パン酵母の工業生産プロセス
数字は各培養で得られる酵母の湿重量の概数。

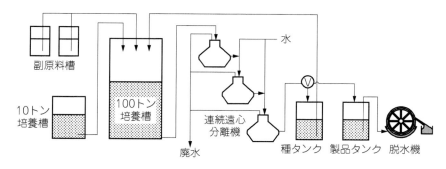

図 12-5-2　100トン培養槽とその周辺設備

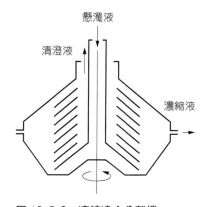

図 12-5-3　連続遠心分離機

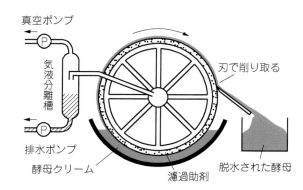

図 12-5-4　真空ドラム式脱水機

$$C_6H_{12}O_6 \rightarrow 2CO_2 + 2C_2H_5OH$$
（2ATP） （式 11-5-3）

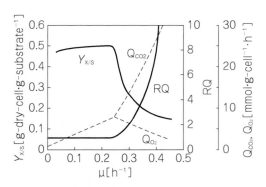

図 12-5-5　比増殖速度と各種パラメーターの関係（文献 34）のデータを元に作成）

図 12-5-5 は，グルコースを制限基質としたパン酵母の好気連続培養において，比増殖速度 μ と種々のパラメーターとの関係を調べたものです[34,35]。溶存酸素濃度が十分であれば，μ が $0.25\,h^{-1}$ 以下では呼吸が優先的に起こり，式 12-5-2 からも分かるように，二酸化炭素の比生産速度 Q_{CO_2}（$mol\text{-}CO_2\cdot g\text{-}dry\text{-}cell^{-1}\cdot h^{-1}$）と酸素比消費速度 Q_{O_2}（$mol\text{-}O_2\cdot g\text{-}dry\text{-}cell^{-1}\cdot h^{-1}$）の比の値である呼吸商（respiratory quotient；RQ）はほぼ 1 となります。μ が約 $0.25\,h^{-1}$ を超えると，酵母は呼吸に加えてエタノール醗酵も行ってエネルギーを獲得するようになります（好気発酵）。これに伴って，対糖収率 $Y_{X/S}$（$g\text{-}dry\text{-}cell\cdot g\text{-}sugar^{-1}$）は低下して Q_{CO_2} は増加し，さらにクラブトリー効果[※40]によって Q_{O_2} は低下し，結果として RQ は上昇します。パン酵母を短時間に高収率で培養するには，好気発酵が起きないできるだけ高い比増殖速度を維持すればよい訳で，それには，[7.3]で導出した流加培養の基本式

$$F(t) = \frac{\mu^* V_0 X_0}{Y_{X/S} S_F} \exp(\mu^* t) \qquad (式\,12\text{-}5\text{-}4)$$

に $\mu^* = 0.25\,h^{-1}$ を代入して糖の流加速度を決めればよいことになります。しかし，好気発酵が始まる μ の値（約 $0.25\,h^{-1}$）は菌株によって多少異なり，培養条件によっても変化するので，最適な流加を行うため，以下に示すアルコール制御もしくは RQ 制御を行います[※41]。

(2) アルコール制御

培養液中のエタノール濃度が高まれば，エタノールの蒸気圧も高まり，排気ガス中のエタノールの濃度が増加するので，排気ガス中の可燃性ガスを半導体ガスセンサー[※42]などで測定すれば，培養液中のエタノール濃度をオンラインで推定することができます。培養液のエタノール濃度が増減していなければ式 11-5-4 から算出した速度で流加を行い，エタノールが増加する傾向にあれば，流加速度を 5～20% 下げ，逆にエタノールが減少傾向であれば，5～20% 上げる制御を行います。

(3) RQ 制御

排気ガスの酸素濃度と二酸化炭素濃度を測定し[※43]，酸素消費速度と二酸化炭素生成速度から

※40　酸素によって解糖が抑制されるパスツール効果とは逆に，グルコースによって酸素呼吸が抑制される現象。
※41　このように，理論的に予測した制御と，培養状態を計測して行う制御を組み合わせた制御をフィードフォワード・フィードバック制御という（[4.6] 参照）。
※42　例えばフィガロ技研㈱のアルコールセンサ TGS822。
※43　例えばエイブル㈱から排気ガス分析計が販売されている。

RQ を計算します。RQ が 1.1～1.2 の範囲にあれば，基本式から算出した速度で流加を行い，1.2 を超えれば流加速度を 5～20％下げ，1.1 を下回れば 5～20％上げる制御を行います。

12.5.7 スケールアップ時の留意点

(1) 溶存酸素濃度と流加速度の関係

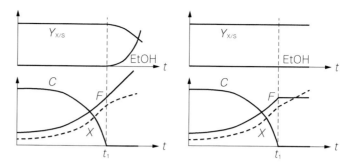

図 12-5-6　溶存酸素濃度と流加速度の関係
左：式 12-5-4 に従って流加を続けた場合。右：溶存酸素濃度がゼロになった時点（t_1）以降の流加速度を一定に保った場合。

溶存酸素が枯渇すると，エタノール発酵が始まり菌体収率が低下しますので，k_La が大きな発酵槽を用いた方が有利であることは言うまでもありません。しかし，培養が進むに従って菌体濃度 X は高まり，式 12-5-1 の右辺第二項はどんどん大きな値になり，溶存酸素濃度 C はついにはゼロになります（図 12-5-6）。

その後もそのまま式 12-5-4 に従って指数的に流加速度を増加させれば，酸素が不足するため，エタノールが副生して菌体収率は低下していきます（図 12-5-6）。これを避けるためには，溶存酸素濃度をモニターし，ゼロになったらそれ以降は流加速度を増やさず，一定に保つ必要があります。このような培養を行うと，以降は比増殖速度が次第に低下していくことになり，これに伴って酵母の特性も変化していきます。従って，スケールアップする際には，溶存酸素が枯渇するタイミングも合わせるようにしないと，酵母の状態が異なってしまいます。製造現場の培養槽はその利用効率を最大にするため[※44]，酸素供給速度が最大になるように運転しますので，実際には，製造現場の培養槽で溶存酸素が枯渇するタイミングを把握し[※45]，ラボで培養条件を検討する際には，それと同じタイミングで溶存酸素が枯渇するように通気撹拌条件を設定する必要があります。

(2) 除　熱

スケールが大きくなり，培養槽の比表面積[※46]が小さくなると，発酵熱の除熱が問題になってきます。微生物の発酵熱は，消費する酸素 1 mol あたり 0.5 MJ 程度であることが知られているので[36]，酵母の酸素比消費速度，発酵液量，および菌体濃度を仮定すれば，これらの積から時間あたりの発酵熱量を計算することができます。発酵熱の他に，撹拌によるジュール熱，通気によるブロワからの熱の持ち込み[※47]，培地水分の蒸発潜熱などを考慮して，除熱方法を考えておかなくてはなりません。どうしても除熱が間に合わなくなった場合は，基質の供給を制限すれば発熱を抑えることができますが，培養時間が伸びてコストが上がり，菌体の状態が変化するので注意

※44　1 バッチの収量が増えれば固定費を削減できる（第 11 章参照）。
※45　初期菌体濃度が異なれば，溶存酸素が枯渇するタイミングは異なることにも注意。
※46　表面積を体積で割った値。長さのスケールが n 倍になれば，比表面積は $1/n$ になる。
※47　液深 10 m に通気するには少なくとも 0.1 MPa の与圧が必要で，これにより通気する空気の温度が上昇する。

第 12 章　各種工業利用微生物培養の実際

が必要です。

(3)　基質の拡散

ラボスケールでは，流加した基質はほぼ瞬時に完全混合されますが，工業スケールでは分散に時間がかかり，有意な濃度分布ができます。この濃度分布が問題になる場合は，培地の流入口を複数設けるか，霧状にして供給する必要があります。

12.6　糸状菌の培養

12.6.1　産業微生物としての糸状菌

糸状菌とは分類学的な名称ではなく，真菌類の中で糸状の形態で増殖する微生物群の一般的な名称で，通称，カビと呼ばれています。産業的に利用されている糸状菌とその産物は，**表 12-6-1** に示すように様々であり，発酵食品・酒類のみならず，酵素や有機酸などの物質生産まで幅広く知られています[37]。中でも有名なのが，醸造で用いられる *Aspergillus* 属糸状菌であり，醸造で用いられる *A.oryzae*（黄麹菌），*A.awamori*（黒麹菌），*A.kawachii*（白麹菌）などの麹菌は「国菌」[*48] と呼ばれています。

麹菌をはじめとする糸状菌は，穀類などを原料とする固体培養法が発酵食品分野では伝統的によく使われており，醸造分野を中心として多くの研究報告が成されています[38]。

本節では，伝統的発酵食品に留まらず，広く有用微生物の産業利用を目指した研究開発の参考になることを主目的とし，糸状菌の液体培養法について解説しますが，上述のように糸状菌の種類や培養法は非常に多岐にわたることから，筆者の経験による 1 つの代表例としてご理解いただきたいと思います。

表 12-6-1　産業利用されている代表的な糸状菌

糸状菌（属名）	主な生産物
Aspergillus	日本酒，焼酎，醤油，味噌，鰹節，酵素剤，有機酸
Botrytis	貴腐ワイン
Mucor	黄酒
Monascus	乳腐，紅麹色素
Mortierella	不飽和脂肪酸
Penicillium	チーズ，抗生物質
Rhizopus	テンペ，黄酒，酵素剤

12.6.2　培養操作のポイント

(1)　種菌の調製

糸状菌を自然界より単離する，あるいは種菌として継代・保存する目的では，寒天培地をよく用います。代表的なものとして，Czapek-Dox 寒天培地（CD 寒天培地）[*49]，あるいはポテトデキストロース寒天培地（PDA 培地［2.3.2］参照）[*50] がよく使われます。

※48　2006 年，日本醸造学会大会において認定。
※49　http://www.bd.com/europe/regulatory/Assets/IFU/Difco_BBL/233810.pdf（Becton, Dickinson and Company 社ウェブサイトより）

—318—

CD 培地（**表 12-6-2**）は糖と無機塩類からなる最少培地で，単純な組成ですが，多くの糸状菌が増殖できます。全成分が明らかなことから，CD 培地をベースにした様々な組成の改良が試みられており，例えば，炭素源をスクロースからグルコースに改変した例などがあります。PDA 培地は，ジャガイモ浸出液を用いた天然有機培地ですが，通常は試薬メーカーから

表 12-6-2　Czapek-Dox 培地組成
（単位：$g \cdot L^{-1}$）

スクロース	30.0
硝酸ナトリウム	3.0
リン酸水素 2 カリウム	1.0
硫酸マグネシウム 7 水和物	0.5
塩化カリウム	0.5
硫酸第一鉄 5 水和物	0.01

販売されているものが使われます。一般的に，CD 培地では増殖が遅い反面，貧栄養のため胞子（分生子）の着生量は多くなる傾向があります。逆に PDA 培地では栄養素が豊富なため増殖は速いですが，胞子量は減る傾向があり CD 培地と逆の特徴になります。糸状菌の種類によって，増殖速度や胞子形成量は様々ですので，目的に応じて適宜使い分けることが必要です。

　糸状菌は，寒天培地で増殖させると菌糸が広がって大きなコロニーを形成することから，実験で必要な寒天培地プレート枚数が多くなりがちです。従って，コロニーカウントによる菌数（胞子数）測定や，菌の単離操作の効率が，酵母・バクテリアに比べると非常に悪くなります。これを改善する手段として，培地に $0.02 \sim 0.05 \, g \cdot L^{-1}$ のローズベンガル[39]または $0.05 \sim 5 \, g \cdot L^{-1}$ の Triton X-100 を添加してコロニーサイズを小さくする手法が知られています。

(2)　液体培地への植菌

　目的の糸状菌が市販の種麹リスト[※51]にある場合は，種麹を直接液体培地に接種するのがもっとも簡単ですが，市販されていない糸状菌を使う場合や，雑菌混入を完全に排除したい場合には，自ら種菌を調製する必要があります。

　調製した種菌を液体培地へ接種する方法は，菌糸植菌法と胞子懸濁液植菌法があります。菌糸植菌法は，寒天培地に生えた菌糸を白金線でかき取り，これを液体培地に懸濁する方法です。無菌操作に慣れれば簡便にできますが，接種菌糸量を一定にすることが難しく，また，上手く活性の高い部分や多量の菌糸をかき取らないと，液体培地で増殖が復活しないなどの欠点もあります。一方，胞子懸濁液植菌法は，まず試験管スラントで増殖させて胞子（分生子）を着生している状態に無菌水を入れ，試験管を振って胞子懸濁液を調製し，次いで，この懸濁液を液体培地に接種する方法です。同じ実験を繰り返し行う場合には，胞子の懸濁液に凍結保護剤を加え（参考例：グリセリン 10%（w/v）），無菌チューブに分注して凍結保存しておくと便利です[40]。

(3)　フラスコ培養法

　糸状菌の増殖には好気条件が望ましいことや，菌糸は液体中でペレット（詳細は後述 [12.6.3(3)]）を形成することもありますので，小スケールの培養は，試験管よりもフラスコ振とう培養の方が扱いやすいでしょう。培養に用いられるフラスコは，三角フラスコ，バッフル付き三角フラスコ，振とうフラスコなどがあります（[3.4] 参照）。バッフル付きフラスコは，撹拌翼によ

※50　http://www.bdj.co.jp/micro/products/ind/powder-medium-f.html （Becton, Dickinson and Company 社ウェブサイトより）

※51　参考例：http://www.akita-konno.co.jp/ （㈱秋田今野商店），http://www.bioc.co.jp/ （㈱ビオック）などの種麹メーカーより販売されている。

第12章　各種工業利用微生物培養の実際

る剪断力を模して，より強い力を菌糸に与えたい場合[※52]や，バッフルによる液乱れで空気（酸素）との接触を多くしたい場合に使われます。振とうフラスコは，フラスコの肩形状によって液の循環が起こり，空気（酸素）との接触を増やせますが，フラスコを傾けて中の培養液を別の容器に移す時に肩部分に液が残る欠点があります。

　振とう方式には，往復法と回転法があり，両タイプの振とう装置が市販されています。糸状菌の中にはガラスによく付着するものがあり，回転法で培養するとフラスコ内壁の液境界線に沿ってリング状に菌が付着増殖し，液体中にはほとんど菌体がない状況になることがあります。往復法の場合でも，フラスコの両側内壁に菌が多量に付着することがあります。ガラス付着性の高い糸状菌を培養する場合は，こまめにフラスコを手で振って壁面付着菌体を液中に落とすなどの工夫をしっかり行うことが，再現性の高い実験データを獲得するための鍵となります。

　培養栓は，綿栓，シリコセン，バイオシリコなどが一般的に使われます（［3.5］参照。）これら培養栓の通気性によって，実験結果が大きく影響を受けますので，同一製品でかつ良好な培養栓を使うことが重要になります。古くて目詰まりした栓を使わないのはもちろんですが，使用後の乾燥等メンテナンスをしっかり行うことが重要です。また，培養液が跳ねて培養栓にかかると，培養栓に糸状菌が付着増殖して，結果的に培養栓からの通気を完全にふさいでしまうことがあるので，液の飛沫が培養栓にかからないよう注意する必要があります。

　以上のような機材選定に加え，培養の操作条件（振とう速度・振幅，液量）よっても，壁面への付着度合いや酸素溶解速度が全く変わってくるので，実際の液体培養を始める前に，様々な液量，フラスコ形状，振とう条件を水試験などでテストしておき，自分たちの使用機材に合った条件を見出しておくことが，培養実験成功の秘訣です。

(4)　ジャーファーメンター培養法

　大容量の液体培養装置としては，通気撹拌型，エアーリフト型など様々なタイプがあります[41]。本稿では汎用されている通気撹拌培養槽，その小型装置ともいえるジャーファーメンター培養法について，重要操作ポイント（通気，撹拌）を中心に解説します。

　通気量を増やすほど，酸素供給量の増加と換気効果による炭酸ガス低減が図られることから糸状菌にとって有利に思われますが，通気過多になるとフラッディング（いわゆる，空気のすっぽ抜け）[42]が発生して撹拌翼が空回り状態になり，液全体の撹拌効果が低下します。また，通気による悪影響として，発泡も無視できません。発泡は培地成分と糸状菌の組合せによってかなり異なりますが，窒素源としてタンパク質を使うと発泡が激しくなる傾向があります。発泡を抑えることができないと，ジャーファーメンター排気ラインからの吹き出しが起こり，これが続くと培養液がほとんど全て排気ラインに流れてしまうような重大トラブルになりますので，要注意です。これを防ぐ手段としては，消泡剤の添加，消泡翼の設置，撹拌回転数や通気量の制御などがありますが，万能の消泡手段はないため，培養液の泡立ちを見ながらこれら手法の組合せを試行錯誤するしかありません。様々な消泡剤（参考例：アデカノール，㈱ADEKA）が市販されて

[※52]　ジャーファーメンターなどにおける撹拌翼のせん断力をフラスコで再現したい場合に用いる。スケールアップ時の再現性がより高まったり，菌のペレットサイズを小さくしたりできる場合がある。

いますが，糸状菌の代謝への影響だけでなく，特に食品工業では最終製品への残留に配慮して食品（参考例：食用植物油）や食品添加物（参考例：KM-72，信越化学工業㈱）から選定するなど安全面での配慮も必要になります。また，泡センサー[※53]を取り付けてオンラインで泡検知したり，泡検知によって消泡剤を自動添加する制御系を組み込む方法も使われています。以上のように，気液混合や発泡への影響を踏まえ，通気量は0.5～1.5 vvm[※54]程度の条件が一般的に採用されます[43]。

　糸状菌は液体培養において，様々な菌糸の増殖形態を示します（ペレット状，フィラメント状。詳細は後述［12.6.3（3）］）。菌形態の形成には，培養液中の物理的ストレスが大きく影響することから，最適な撹拌条件を検討する時には，溶存酸素（DO）濃度への影響だけでなく，菌糸の増殖形態を注意深く観察しながら実験することが重要です。また，フィラメント状に増殖すると，培養液の粘度が上がるため，培養槽内の液混合が悪化し，DO不足や生産性低下につながることが発生しがちです。このような現象を回避するために，通常[※55]とは異なる撹拌翼形状が使われた研究例もあります[44,45]。回転数，撹拌翼の形・サイズ，そして単なる気液混合性能のみならず菌形態への影響も含めた総合的な解析が必要になることから，糸状菌液体培養に対する撹拌の影響解析は非常に奥深い永遠のテーマともいえます。

12.6.3　培養液の評価方法

（1）　サンプリング方法

　糸状菌は，酵母やバクテリアと異なってペレットを形成したりフィラメント状で高粘性になったりするので，培養液のサンプリングは，やや口径の大きい管（内径約6～12 mm）が使いやすいです。樹脂製のピペットの場合，先端を折って太い部分だけで吸引する方法もあります[※56]。また，サンプリング操作を緩慢に行うと菌糸が引っ掛かって採取できないトラブルもあるので，迅速に行った方が確実といえます。

（2）　菌体増殖

　菌体増殖の評価は，乾燥菌体重量で行うのがもっとも簡便で確実です。まず培養液を，濾紙で吸引濾過して，濾液と菌糸塊を分けます（［3.9.5］参照）。次いで，菌糸塊を濾紙からはがし取って，これを乾熱機で乾燥させ，乾燥菌体重量を求めます。濾紙繊維への密着度が高く濾紙からはがせない菌糸の場合は，事前に秤量しておいた濾紙乾燥重量値を乾燥物重量から差し引くことで菌体重量が求まります。得られた乾燥菌体重量を，濾過した培養液量で割り返して乾燥菌体濃度を算出します。濾過性の良い可溶性培地の場合はこの乾燥菌体法が可能ですが，不溶性培地や濾過性の悪い培養液には使えません。これを解決するために，細胞壁成分である N-アセチルグル

[※53]　静電容量式レベル計が広く産業利用されている。

[※54]　単位 vvm：通気量を表す単位で，1分あたりの通気流量（L·min⁻¹）を培養液量（L）で割った値。

[※55]　平羽根タービン（ブレード枚数4～6枚。Rushton タービンとも呼ばれている）を標準装備したジャーファーメンターがよく使われている。

[※56]　参考例：Corning Incorporated 社製ピペット，Costar STRIPETTE，10 mL，25 mL。先端に溝が切られているので折りやすい。

コサミンで定量する方法[46]，酸素消費速度から求める方法[34]，誘電率計測で求める方法[47]，など様々な例が報告されていますが，何れもかなりの習熟と扱う糸状菌に合った分析条件検討が必要であり，簡便な一般的手法は確立されていないのが現状です。

(3) 菌形態

糸状菌は液体培地中で様々な増殖形態を示します。ペレット状[※57]とフィラメント状[※58]の2種類に分けて評価・考察される場合が多いのですが，厳密に分けることは難しいといえます。大抵の培養液では，両方の形態が混じった状態で増殖することや，肉眼観察でフィラメント状であっても顕微鏡で拡大観察するとミクロサイズの粒状（ペレット）であるケースなど，糸状菌の特徴によって多種多様なので，研究者自らが明確に定義付けをしてよく観察することが重要と考えます。培養液を適宜希釈して写真撮影や画像解析を行う，あるいは培養液を篩いにかけて各画分の乾燥重量比を求める方法などで評価できますが[48]，多くの糸状菌に普遍的に適用できる簡便法はないのが現状です。

(4) 粘度

糸状菌の液体培養では，特に高濃度培養になると培養液粘度の影響が無視できなくなります。粘度上昇によって，培養液の混合状態が悪化し，通気撹拌による酸素供給の効率低下につながります。また，工業規模では撹拌機モーターへの高負荷によって，撹拌のオペレーション範囲が制限されたり，これが原因で培養液の不均一化を引き起すことがあります。高粘度の糸状菌高濃度培養液は，その多くが非ニュートンの流体特性を示すことや[42]，粘度測定中の時間変化（主には，沈降など菌糸の微小移動によって粘度計近傍の液状態が変わることによる）も起こることから，培養液の正確な粘度測定はとても困難です。測定には，B型粘度計[※59]が一般的に使われますが，このような難しさを踏まえると，得られた値は実験水準間の相対比較あるいは概算値として考察に用いるのが無難といえます。

12.6.4 培地成分

糸状菌の多くは分解酵素の生産能を有していることから，高分子の天然原料（炭素源としてのデンプンや，窒素源としてのタンパク質など）を培地成分に使えることが特徴です。代表的な炭素源としては，グルコースなどの単糖類，スクロースなどの二糖類，デンプンなどの多糖類，油脂やグリセロール，およびこれらを主成分として含む穀類（米，麦芽など）などが挙げられます。窒素源としては，無機窒素（尿素，アンモニウム塩，硝酸塩など），可溶性有機窒素源（酵母エキス，ペプトンなど），不溶性有機窒素（脱脂大豆粉など）その他，副産物系の炭素窒素複合天然物（コーンスティープリカー，糖蜜など）が挙げられます。炭素源，窒素源に加えて，ビタミ

※57　ペレット（pellet）：菌糸が絡み合って粒状になった状態であり，フロック（floc）などの表現も使われる。形（球，楕円など），表面状態（ツルツルの滑状，フワフワの粗状など），大きさなど多種多様である。

※58　フィラメント（filament）：菌糸が分散した状態のことであり，パルプ（pulp），分散菌糸（disperged mycelia）などの表現も使われる。

※59　B型（ブルックフィールド型）粘度計：スピンドルと呼ばれる円柱を回転させ，その回転トルクと円柱の幾何条件・回転数から粘度を求める。培養液の粘性に応じて，適切なスピンドルサイズと回転数の選定が必要。

ン，ミネラルを添加することもよく行われ，CD培地組成（[12.6.2(1)]参照）などが参考になります。

産業利用における培地選定は，糸状菌の資化能力と生産性への影響，原料コスト，最終産物の精製負荷や製品への成分持ち込みなどを総合的に判断して行われます。また，水の影響も考慮しておく必要があります。実験室では脱イオン水や純水が簡単に使えますが，大規模になると水処理のコストが無視できないので，水道水を無処理で使う場合がありますが，工場の立地によっては，水道水の水質の変化が大きいので，留意しておくことが大切です。

実験室における基本検討では，成分組成が明らかなものや，安定品質で入手できて扱いやすいものがよく使われます。培地成分の生化学的影響は論文などの考察でよく登場しますが，取扱性（可溶性，発泡性，濾過性など）の視点も考慮して培地選定しておくことが，再現性の高い実験データ取得や工業化検討に対して重要な要素になります。

12.6.5 培養スケールアップの実例

糸状菌 *Mortierella alpina*（クサレケカビ）を用いた，大型培養槽での液体培養例を紹介します。図 **12-6-1** は，8日間の通気撹拌培養（培養槽容積 10 kL）を，脱脂大豆およびグルコースを主成分とする培地で行った結果を示しています[49]。中性付近の pH で，長期間の通気培養を大型タンクで実現するには，培地や設備の殺菌，通気空気の除菌，サニタリー性に優れた設備（液溜まりや汚れ付着の少ない設備）の使用，確実な無菌操作（種菌調製，前培養から本培養に至る全工程）が全て揃う必要があります。特に，不溶性の培地成分を用いる場合は，殺菌不良が起こりやすく，また蒸気殺菌中に発泡することがあるので，注意が必要です。

Mortierella alpina は多量の油脂を菌糸内に蓄積（乾燥菌体中の約50%）することから，不飽和脂肪酸含有油脂の工業生産に使われています。図 12-6-1 は乾燥菌体濃度の経時変化と，乾燥菌体重量から蓄積した油脂分を引き算した値（脂質フリー菌体。主に実質的な細胞質成分と考えられる）を表しています。乾燥菌体濃度は，培養期間を通して増加傾向ですが，脂質フリー菌体は培養2日目以降，ほとんど変化していないことから，菌体増殖は培養2日目までで終了し，以降は炭素源（グルコース）から油脂を生合成して菌糸内に蓄積していく期間と考えられます。

培養液を篩分け法（[12.6.3(3)]参照）によって，ペレット状菌体とフィラメント状菌体に分

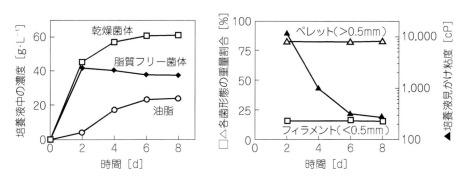

図 12-6-1　糸状菌 *Mortierella alpina* の培養経過

けて評価した結果，増殖終了（培養2日目）と共に菌形態も固定され，以降の油脂蓄積期には形態変化はほとんど起こっていませんでした。この現象からも，培養初期の菌形態制御が重要であることが分かります。菌形態に及ぼす培地窒素源[50]やC/N比の影響[51]，無機塩類の影響[52]を詳細に検討し，写真（図12-6-2）に示すような様々な形態変化を解析した結果，ペレットサイズ約1〜2 mmがもっとも油脂生産に適していることを見出し[48]，同菌形態を形成させることによって，高濃度の菌体増殖と油脂生産が可能になりました。

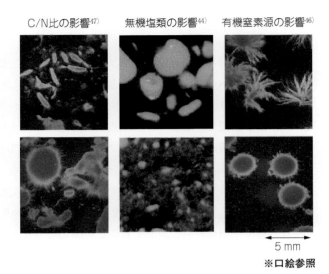

図12-6-2 培地成分の違いがもたらす菌形態の多様性

また，不飽和脂肪酸の生合成には酸素が欠かせないことから，溶存酸素濃度（DO）を高めるために，加圧培養（槽内ヘッドスペース圧力200 kPa）も取り入れています[53]。培養槽内を陽圧にすることは，DOを高めるだけでなく，外部からの雑菌汚染防止にも効果があることから，槽内の陽圧保持は，工業規模の培養でもよく使われています。

菌糸の状態を更に深く解析するために，菌糸ペレットを蛍光色素で染色して断面切片を作成し，ペレット内部の密度について調べました。図12-6-3に示すように，FITC（fluorescein isothiocyanate）蛍光強度から菌糸密度を，ナイルレッド（nile red）蛍光強度から油脂の密度を解析した結果，ペレットの中心部分で菌糸および油脂量の密度が低いことが分かりました[54]。ペレットサイズが0.5 mm以上になると，外部からペレット中心部への物質移動が制限されて生物学的活性が低下することが報告されていますが[55]，上述の解析結果は，その報告とよく一致しています。また，菌形態の形成過程を解明すべく，様々な菌株の菌糸伸長過程を画像解析した結果，菌糸先端伸長速度および分岐形成速度と菌形態の間に相関関係あることが示唆されまし

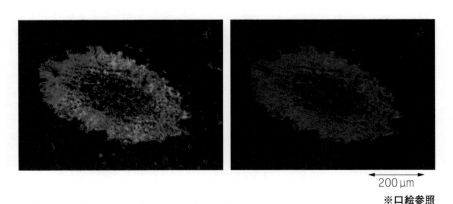

図12-6-3 糸状菌 Mortierella alpina ペレットの断面
左：菌糸密度分布（FITC染色），右：油脂蓄積量密度分布（ナイルレッド染色）

た[56]）。

　これら菌形態に関する知見をもとに，中心部まで密度が高いペレットを形成させる手法などが開発できれば，更に効率的な培養条件が創り出せる可能性があるものと考えています。

コラム90　糸状菌の培養実験には大型のジャーファーメンターが適している

　糸状菌の中には，ガラスやステンレスなどの容器内壁によく付着するものがあります。通気撹拌培養の場合，大量の培養液飛沫がヘッドスペース側壁や天板に飛び散り，菌が付着して増殖することがあります。発泡性の高い培養では，この影響は更に増大します。内壁に菌体付着層ができると，どんどん厚みを増していき，時には無視できないほど大きな塊に成長します（図12-6-4）。付着物が大きくなると重力で落下して培養液に戻る，という平衡状態に達するので，この菌体付着層は一定の厚さに落ち着きます。つまり，培養槽の大小にかかわらず，培地成分と糸状菌の組み合わせで菌体付着層の厚さがおおよそ決まります。もうお分かりでしょうが，培養スケールが小さいほど，培養槽内の菌体総量に占める付着菌体量の割合は無視できなくなり，逆に大スケールになるほどその影響は小さくなります。筆者は，小型ジャーファーメンターで培養した時，ヘッドスペースが菌体の塊で満たされ，肝心の培養液の中にはほとんど菌がなかった，という失敗も経験しました。

　大型装置を使うのが難しい場合は，飛沫が側壁や天板に飛び散らないようにするか，内壁に付着した菌体を無菌的に落とす操作を行うなどの対策を講じることが培養の再現性を高めるために重要です。

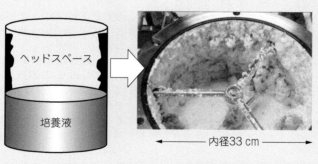

図12-6-4　ジャーファーメンターヘッドスペース内壁に付着した糸状菌の様子

文　献

1) 森浩禎：生物工学，**90**，643-648（2012）．
2) 菅健一：微生物培養工学，田口久治，永井史郎（編），共立出版，pp.80-89（1985）．
3) 山根恒夫：生物反応工学〔第3版〕，産業図書，pp.203-228（2002）．
4) D. J. Kortz et al. : *J.Biotechnol.*, **39**, 59-65（1995）．
5) 合葉修一ら：生物化学工学〔第2版〕，東京大学出版会，pp.340-344（1976）．
6) D. Riesenberg et al. : *J. Biotechnol.*, **20**, 17-27（1991）．
7) T. Miyake et al. : *J. Biochem.*, **104**, 643-647（1988）．
8) 村山敬一，長谷川幸行：公開特許公報，平1-165394．
9) 長尾洋昌，村山敬一ら：公開特許公報，平2-128687．
10) 本間信幸ら：東ソー研究報告，36(2)，179-188（1992）．
11) 田中隆一郎：ラクトバチルス　カゼイ　シロタ株-腸内フローラおよび健康とのかかわり-，ヤクルト本社中央研究所，pp.94-97（1998）．
12) M. Gleeson et al. : *Int. J. Sport Nutr. Exerc. Metab.*, **21**, 55-64（2011）．
13) H. Ishikawa et al. : *Int. J. Cancer*, **116**, 762-767（2005）．
14) 細野明義：乳酸菌の保健機能と応用〔普及版〕，シーエムシー出版，pp.3-13（2013）．
15) P. A. Looijesteijn et. al : *J. Biosci Bioeng.*, **88**,

178-182（1994）.

16）小原仁実，園元謙二：乳酸菌とビフィズス菌のサイエンス，京都大学学術出版会，pp. 345-353（2010）.

17）J. H. Kim et al.：*Enzyme Microb. Technol.*, **19**, 440-445（1996）.

18）D. C. Armstrong and M. R. Johns：*Appl. Environ. Microbiol.*, **63**, 2759-2764（1997）.

19）日本乳酸菌学会編：乳酸菌とビフィズス菌のサイエンス，京都大学学術出版会，pp.80-81，p.86，p.176，pp.367-375，pp.599-602（2010）.

20）上野川修一，山本憲二（編）：世紀を超えるビフィズス菌の研究―その基礎と臨床応用から製品開発へ，財団法人日本ビフィズス菌センター，pp.359-363（2011）.

21）馬田三夫（編著）：ビフィズス菌の科学，ヤクルト本社，pp.116-137，pp.181-182（1988）.

22）S. Kawasaki et al.：*Appl. Environ. Microbiol.*, **73**, 7796-7798（2007）.

23）ISO29981/IDF220 Milk products-Enumeration of presumptive bifidobacteria-Colony count technique at 37℃, pp.1-17（2010）.

24）F. Abe et al.：*Milchwissenschaft*, **64**, 139-142（2009）.

25）はっ酵乳・乳酸菌飲料中のビフィズス菌の菌数測定法，社団法人全国はっ酵乳乳酸菌飲料協会ビフィズス菌検査法検討委員会，pp.1-15（2000）.

26）R. Fuller：*J. Appl. Bacteriol.*, **66**, 365-378（1989）.

27）Joint FAO/WHO Working Group on Drafting Guidelines for the Evaluation of Probiotics in Food, London, Ontario, Canada, April 30 and May 1（2002）

28）光岡知足編：ビフィズス菌の研究，財団法人日本ビフィズス菌センター，pp.251-255（1994）.

29）F. Abe et al.：*Int. J. Dairy Technol.*, **62**, 234-239（2009）.

30）A. M. P. Gomes et al.：*J. Dairy Sci.*, **81**, 2817-2825（1998）.

31）S. Yonezawa et al.：*J. Dairy Sci.*, **93**, 1815-1823（2010）.

32）T. Odamaki et al.：*J. Dairy Sci.*, **94**, 1112-1121（2011）.

33）添田慎介ほか：生物工学会誌，**76**, 389（1998）

34）H. K. Meyenburg：*Arch. Mikrobiol.*, **66**, 289-303（1969）.

35）合葉修一，永井史郎：生物化学工学 反応速度論，科学技術社，pp.131-215（1975）.

36）C. L. Cooney et el.：*Biotechnol. Bioeng.*, **11**, 269（1968）.

37）財団法人発酵研究所監修：IFO 微生物学概論，培風館，pp.481-519（2010）.

38）山下秀行：生物工学，**89**, 606-608（2011）.

39）B. Jarvis：*J. Appl. Microbiol.*, **36**, 723-727（1973）.

40）根井外喜男編：微生物の保存法，東京大学出版会，pp.291-353（1977）.

41）石崎文彬訳：発酵工学の基礎，学会出版センター，pp.119-143（1988）.

42）合葉修一ほか：生物化学工学〔第2版〕，東京大学出版会，pp.311-314（1976）.

43）石崎文彬訳：発酵工学の基礎，学会出版センター，pp.179-189（1988）.

44）田口久治ほか：微生物培養工学，共立出版株式会社，pp.191-196（1985）.

45）O. Hiruta et al.：*J. Ferm. Bioeng.*, **83**, 79-86（1997）.

46）加藤威ほか：農化，**50**, 395（1976）.

47）K. Higashiyama et al.：*Biotechnol. Bioeng.*, **65**, 537-541（1999）.

48）K. Higashiyama et al.：*J. Am. Oil Chem. Soc.*, **75**, 1815-1819（1998）.

49）K. Higashiyama et al.：*J. Biosci. Bioeng*, **87**, 489-494（1999）.

50）E. Y. Park et al.：*J. Bioscie. Bioeng.*, **88**, 61-67（1999）.

51）Y. Koike et al.：*J. Biotesci. Bioeng.*, **91**, 382-389（2001）.

52）K. Higashiyama et al.：*J. Am. Oil Chem. Soc.*, **75**, 1501-1505（1998）.

53）K. Higashiyama et al.：*Biotechnol. Bioeng.*, **63**, 442-448（1999）.

54）M. Hamanaka et al.：*Appl. Microbiol. Biotechnol.*, **56**, 233-238（2001）.

55）山根恒夫：生物反応工学〔第2版〕，産業図書，pp.237-239（1991）.

56）E. Y. Park et al.：*J. Eukaryot. Microbiol.*, **53**, 199-203（2006）.

第13章　スケールアップ

　本章は，皆さんが実験室で微生物に何らかの有用な物質を生産させることに成功したというところから始まります。皆さんが培養で得た有用物質をもって人々の福祉に貢献することを目標とするならば，かかる有用物質がマイクログラムとかミリグラムといった微量のサンプルとして得られるだけではだめで，年間に何キログラムとか何トンかといった量で製品として人々に届けられるのでなければならないでしょう。更に言うと，これらの製品が一定の合理的な価格の商品として市場にでていくのでなければなりません。皆さんが所望の物質サンプルを得たその瞬間から，生産プロセスの研究が始まることになります。

　本章では，スケールアップの意義と考え方，そして理論，更にはスケールアップの実際について解説します。機械工学や流体工学が専門でない方，流体力学，熱流体について学習されていない方，すなわち，化学，生物を専門とする方にとっては，スケールアップの理論は大変難しいかと思います。そのような方には，本章では，意義と考え方，理論，そしてスケールアップの実際について記載していますので，まずは，意義と考え方，スケールアップの実際について学習していただければ幸いです。

13.1　スケールアップの意義と考え方

13.1.1　スケールアップとは

　微生物を寒天平板培養で培養している間は，その菌数はごくわずかです。これらの培養の制約は，菌体が増殖する空間が培地の表面に限られることにあります。この場合，スケールアップのために思いつくのは，培養器そのものの数を並列的に増やしていくナンバリングアップだと思います。この制約を取り除いて，更に菌体収量を増やすためには，菌体を液体培地中に浮遊させた液体培養に移る必要があります。この場合，微生物が好気的であれば液中に酸素を供給しなければなりません。液体培養で自由液面からのみ酸素供給を行うものを表面培養法と呼びますが，表面培養法では酸素の溶解速度が液面面積に制約されてしまうので，液体培養といえばタンク中に液中通気を行う培養法を指すのが普通です。

　本章では，専らタンク中で液中通気を行う液体培養法について，酵母や大腸菌といった微生物，および浮遊細胞株として樹立された動物細胞を用いて有用物質を生産しようとする際の培養槽のスケールアップについて議論します。食品産業で大量に用いられる麹は固体培養の典型ですが，ここでは論じません。

　本章で微生物と動物細胞の仕分けは細胞壁を持つのか持たないのかという細胞構造の違いに基づいていて，細胞壁を持つ細胞の培養を全て一括りに微生物培養と呼ぶことにします。標準的に想定しているのは大腸菌や酵母です。一方，哺乳類や昆虫などの動物細胞は細胞壁を持ちません。これらの細胞を培養する技術は，医薬品製造において極めて重要な位置を占めてきています

—327—

第13章 スケールアップ

ので，これらを動物細胞培養と呼ぶことにして紹介します。

　微生物が嫌気性のものであれば，通気を考える必要がない分，スケールアップは容易になります。好気性の微生物は液中通気による酸素の供給が必要で，スケールアップの重要なポイントになりますので，ここでは液中通気を前提として議論します。

　大腸菌や酵母など工業的に利用される微生物の増殖速度は動物細胞に比べて非常に速く，栄養源の比消費速度および酸素比消費速度が大きいのが普通です。同時に糖の消費に伴う発熱量も大きくなります。これらの酸素や栄養源の消費を賄い，培養槽内に酸素や栄養源を均一に供給するために，培養槽は比較的強い撹拌を必要とします。一方，これらの微生物は細胞壁で覆われており，大型培養槽で強い撹拌を与えても流体力学的なせん断応力に耐えます。このため，微生物培養では 200 m³ 程度の大型培養槽が可能となっています。

　動物細胞は本来的に組織を形成しようとする付着性の細胞です。また，初代細胞は数十回ほど増殖分裂したあとには死滅してしまうという有限の寿命を持っています。動物細胞をタンク培養するためには，浮遊状態で生存し何代にも渡って無限に増殖できる株化細胞を樹立することが前提となります。細胞株は樹立できているが付着性が比較的強いという細胞については，マイクロキャリアと呼ばれる直径 150 μm 程度のビーズに細胞を付着させたものを浮遊培養するという方法があります。動物細胞は表面を細胞壁に覆われていません。このため，流体のせん断応力に弱いという特徴があります。ただ，幸いに動物細胞の増殖速度や代謝速度は微生物に比べて格段に小さいために速い酸素供給を必要とせず，微生物のように強い撹拌を行う必要がありません。

　以上の性質の違いを反映して微生物培養と細胞培養の通気・撹拌条件はかなり異なったものとなります。実際的には微生物培養よりも動物細胞培養の方が，かなり繊細で難しい培養となります。微生物培養では 200 m³ 規模の培養槽が存在すると述べましたが，動物細胞株の浮遊培養では最大でも 5〜10 m³ の培養槽に留まっています。そのため，以下では動物細胞培養のスケールアップを念頭においた記述が多くなりますが，微生物でも動物細胞でもスケールアップの考え方は共通しています。

13.1.2　スケールアップの考え方

　さて，例えば動物細胞培養の場合に実験室の培養槽で何がなされているかを考えてみると，通常，一定の回転速度で撹拌翼を回し，スパージャーと呼ばれる散気管から一定の通気をしながら，溶存酸素濃度（DO），溶存二酸化炭素濃度（D_{CO_2}），pH，温度などを測定し，これらを一定に保つように運転していると思います。細胞数密度と少数の基質濃度と生産物濃度が培養状態を確認するために定期的にサンプリングされているはずです。場合によっては，いくつかの培養フェーズに分けて培養フェーズ毎に制御目標値を変えているかもしれません。これらの所定の確立されたプロトコルに対する，培養槽の制御手段としては，撹拌回転数，通気ガス流量，通気ガス組成，アルカリ投入量などが考えられます。

　小型培養槽であれ，大型培養槽であれ，細胞内の代謝はブラックボックスで，全て正確には分かっていません。従って，大型培養槽へのスケールアップの考え方は，小型培養槽と同じ培地を用い，溶存酸素濃度，溶存二酸化炭素濃度，pH，温度などの細胞外部の状態変数を小型培養槽

—328—

と同じ履歴を辿りながら一定かつ均一に保つならば，細胞数密度や生産物濃度も小型培養槽と同じ培養履歴をたどるであろうということになります。もう1つ，特に動物細胞培養の場合に，私どもが経験上，気にしていることは，明示的な因果関係は明らかではありませんが，培養槽の中で細胞が感じるであろう流体力学的なせん断応力も小型培養槽と大型培養槽で同じにした方がよいのではないかということです。せん断応力と代謝との関係は明確ではありません。しかし，少なくとも動物細胞では強いせん断応力は細胞にダメージを与える可能性があります。

　酸素を含め，培地中の物質濃度は，代謝による物質の消費・生産速度と，物質を培養槽の隅々まで速やかに行き渡らせる物質輸送の速さとのバランスで決まります。一般に微生物の方が動物細胞よりも代謝速度が速いので，微生物培養槽は動物細胞培養槽よりも物質輸送速度を速く設定しなければなりません。また，培養槽が大型化するほど物質を隅々まで行き渡らせるために物質輸送速度を大きく設定しなければなりません。培養槽内の流れは乱流です。物質輸送速度は，乱流の強度に密接に関係します。動物細胞培養の場合，物質輸送速度を上げることと，細胞ダメージの原因となるせん断応力を下げることは相反する要求事項になります。

　実験室では，回分培養（バッチ培養），流加培養（フェドバッチ培養），連続培養，灌流培養など様々な培養方式が試みられていると思います。どの培養方式が生産設備として経済性に優れるかということも考慮する必要がありますが，培養方式の選定にはそれぞれ個別の経緯があると思いますので，ここでは論じません。回分培養や流加培養では，上に述べたスケールアップの考え方がそのまま成り立ちます。連続培養の場合には，滞留時間あるいは希釈時間と呼ばれる時間スケールを同じにする必要があります。つまり，培養槽の体積を循環流量で割った時間が同じになるようにすることが前提になりますが，後はそのまま上の議論が成り立ちます。

　一方，灌流培養については，細胞を引き抜かないために，何らかの濾過膜が培養システム内に持ち込まれていると思います。通常，膜面フラックスは一定量しか取れないので，大型培養槽では容積に比例した大量の膜を持ち込むことになり，スケールアップが難しくなります。培養槽と濾過膜のタンクを分けることは可能と思いますので，培養槽から濾過膜を取り除いた上で，スケールアップを考えるべきだと思います。

　［13.2］では，物質の輸送速度とは何か，せん断応力とは何か，乱流の強度あるいはエネルギー散逸率とは何か，という乱流輸送理論を説明します。

13.2　スケールアップの理論

13.2.1　乱流場の輸送理論

　輸送理論は，物質の保存則を考えることから始まります。濃度 c とは，単位体積に含まれる物質量であり，フラックス J_i（$i=1,2,3$）というのは単位時間あたりに単位断面積を通過する物質量です。フラックスは空間座標に張り付いている3次元のベクトルとなるので，空間的な3つの座標方向を添え字 $i=1,2,3$ で与えます。物質の保存法則は，

$$\frac{\partial c}{\partial t} + \sum_{i=1}^{3} \frac{\partial J_i}{\partial x_i} = S_C \qquad\qquad （式13\text{-}2\text{-}1）$$

—329—

第13章　スケールアップ

となります。左辺の第二項は，ベクトルの発散[※1]で微小領域からの流出を与えます。S_C はソース項で，化学反応による単位時間あたりの粒子の生成消滅量を表します。しばしば，積の中に現れる同じ添え字については総和をとると約束して Σ を省略することがあります。つまり，

$$\frac{\partial c}{\partial t} + \frac{\partial J_i}{\partial x_i} = S_C$$

といった形です。以後，表記を簡便にするために，この記法を用います。

　スケールアップの議論では専らスケールを N 倍にした時，注目する物理量は何倍になるのかという大きさだけを問題にするので，本章に出てくる数式の中でベクトルやテンソル[※2]の添え字にこだわる必要はありません。微分方程式が出てきますが，微分が出てきた時には，それを分数と同様に考えて，物理的な次元は合っているのか，その大きさはどのくらいのオーダーなのかだけに注目すればよいのです。微分方程式が出てくるのは，設計上のシミュレーションとしていくつかを数値的に解いているということが背景にあります。本章の中で，培養槽設計において数値シミュレーションで何をしているのかということも読み取っていただければと思います。

　流れがある場での，フラックスは，

$$J_i = u_i c - D \frac{\partial c}{\partial x_i} \tag{式 13-2-2}$$

と与えられます。第一項は流速によって運ばれる量で，u_i は流速ベクトルです。第二項は拡散フラックスで，D [m²·s⁻¹] は拡散係数です。

　式13-2-2を用いると，式13-2-1は，

$$\frac{\partial c}{\partial t} + \frac{\partial}{\partial x_i}(u_i c) = \frac{\partial}{\partial x_i}\left(D \frac{\partial c}{\partial x_i} \right) + S_C \tag{式 13-2-3}$$

となります。

　次に，ρ を流体の密度として，式13-2-3の濃度 c を運動量 ρu_i に置き換えると，ナビエ・ストークス方程式[※3]と呼ばれる流速場を決める方程式（流体の支配方程式）となります。

$$\frac{\partial \rho u_i}{\partial t} + \frac{\partial}{\partial x_j}(\rho u_i u_j) = \frac{\partial}{\partial x_j}\left(-p \delta_{ij} + \rho \nu \frac{\partial u_i}{\partial x_j} \right) \tag{式 13-2-4}$$

[※1]　ベクトルの発散とは，何らかの物理量が各座標において湧き出している（もしくは吸い込んでいる）ことを呼ぶ。

[※2]　テンソルは緊張を意味するラテン語に由来し，弾性体の力学の中で張力を表すためにベクトルより一般の量として登場したもので，各種の力学の中でいろいろな量を表現するために利用されている。スカラーは0階のテンソル，ベクトルは1階のテンソル。

[※3]　Navier-Stokes equations は流体力学で用いられる流体の運動を記述する2階非線型偏微分方程式であり，一般的には解が求められていない。そのためいくつかの仮定をおいて単純化して解を求めたり，数値シミュレーションで解くことが多い。

—330—

13.2　スケールアップの理論

　式13-2-4の右辺，括弧の中は6面体の微小領域の面に働く力で応力テンソル[※4]と呼ばれます。応力は面の向きと力の向きの2つの向きを指定しなければならないので，添え字を2つ持つテンソルとなります。pは流体の圧力ですが，応力テンソルの主軸成分とみなされます。δ_{ij}は$i=j$の時1，その他の時0と約束したクロネッカーの規約テンソル[※5]です。ニュートンの運動方程式の速度は粒子に張りついて動いている質点の速度ですが，ナビエ・ストークス方程式の流速は，3次元の空間座標に張りついている場の量であることを強調しておきます。

　式13-2-4の応力テンソルのうち，

$$\tau_{ij} = \rho \nu \frac{\partial u_i}{\partial x_j} \qquad (式13\text{-}2\text{-}5)$$

が，せん断応力の定義となります。νは動粘性係数と呼ばれ，単位は拡散係数と同じ$\mathrm{m^2 \cdot s^{-1}}$となります。流体と剛体の違いは，流体は面に沿うせん断応力によって容易に変位してしまうことにあります。動物細胞培養では，細胞膜がこのようなせん断応力に耐え得るかということが問題になる訳です。

　流れが層流であるか乱流であるかは，レイノルズ数と呼ばれる無次元数の大きさで議論されます。無次元数を導くことは，スケーリング則を考える上で大事だと思うので，ここで例題として示しておきます。

　まず，流れの代表長さLと代表流速Uを決めます。この2つの代表量を使って，その他の代表量は次元解析的に決めます。例えば，代表時間は長さを流速で除せば時間となりますので，$T = L/U$，同様に代表圧力は，$P = \rho UU$となります。これらの代表量を使って，

$$x_i = x_i{}^* L \qquad t = t^* T \qquad u_i = u_i{}^* U \qquad p = p^* P$$

などと置きます。＊の付いた量は無次元となっています。これらを式13-2-4に代入すると，

$$\frac{U}{T}\frac{\partial u_i{}^*}{\partial t^*} + \frac{U^2}{L}\frac{\partial u_i{}^* u_j{}^*}{\partial x_j{}^*} = -\frac{U^2}{L}\frac{\partial p^*}{\partial x_i{}^*} + \frac{U\nu}{L^2}\frac{\partial}{\partial x_j{}^*}\left(\frac{\partial u_i{}^*}{\partial x_j{}^*}\right)$$

などとなり，これを更に整理すると，

$$\frac{\partial u_i{}^*}{\partial t^*} + \frac{\partial u_i{}^* u_j{}^*}{\partial x_j{}^*} = -\frac{\partial p^*}{\partial x_i{}^*} + \frac{1}{Re}\frac{\partial}{\partial x_j{}^*}\left(\frac{\partial u_i{}^*}{\partial x_j{}^*}\right) \qquad (式13\text{-}2\text{-}6)$$

$$Re = UL/\nu \qquad (式13\text{-}2\text{-}7)$$

が得られます。Reは無次元でレイノルズ数と呼びます。重要なことは，相似形状の装置におい

[※4]　応力とは，物体の内部に生じる力の大きさやその方向のことを呼び，応力テンソルとは，その物理量を指す。

[※5]　レオポルト・クロネッカー（独の数学者）が考案した記号。クロネッカーのデルタとは，$i=j$の時1，その他の時0として定義される記号δのこと。これを用いると表現が簡単になる。規約テンソルは，それをテンソルまでに拡張して表現したもの。

第13章　スケールアップ

て，もし，レイノルズ数が同じであれば，式13-2-6の解 $\mathbf{u}^*(\mathbf{x}^*, t^*, Re)$ は同じになるということです。実際の速度場に戻すには，代表長さや代表流速を使って，

$$\mathbf{u}(\mathbf{x}, t) = U\mathbf{u}^*(\mathbf{x}/L, tU/L, Re) \qquad\qquad (式13\text{-}2\text{-}8)$$

となります。このことを捉えて「流れは相似である」といいます。もし，小型の実験装置で流れが実測されていれば，同じレイノルズ数の大型装置の流れは上式の相似則から知られます。あるいは，小型装置の流れを録画して画像を拡大し時間を引き延ばすことで，大型装置の流れと小型装置の流れは区別がつかなくなります。

　レイノルズ数が小さい時は粘性の寄与が大きく流れは層流ですが，レイノルズ数が大きくなると慣性力が支配的となり流れは乱流化します。流れが乱流化した時に現象的に直ちに現れるのは，物質輸送フラックスが大きくなり，濃度の混合に要する時間が著しく短くなることです。培養槽を撹拌する目的は正にここにある訳です。

　乱流場の流速は時間的にも空間的にも激しく変動しているため，瞬時々々の流速を観測することは困難です。観測するのは何らかの平均的な流速や濃度です。そこで，適当な平均操作を定義して平均化した乱流場を観測することにします。ここでは，平均操作としてアンサンブル平均を用います。これは時間平均とも空間平均とも異なり，ある事象や実験を繰り返し観測した結果の平均を意味します。アンサンブル平均は時間平均ではないので，平均値は時間的に変動しており，平均値の時間微分は0とはなりません。アンサンブル平均をとることにより，流速や濃度は次のように平均値と平均値からのゆらぎに分離されます。平均値には上棒を付け，ゆらぎにはプライムを付けることにします。

$$u_i = \bar{u}_i + u_i' \qquad c = \bar{c} + c'$$

　更に，アンサンブル平均操作の性質として，

$$\overline{u'} = \overline{u - \bar{u}} = 0 \qquad \overline{uu} = \overline{(\bar{u} + u')(\bar{u} + u')} = \overline{\bar{u}\bar{u}} + 2\overline{\bar{u}u'} + \overline{u'u'} = \overline{\bar{u}\bar{u}} + \overline{u'u'}$$

などが成り立ちます。この平均操作を式12-2-4のナビエ・ストークス方程式に施すと，

$$\frac{\partial \bar{u}_i}{\partial t} + \frac{\partial}{\partial x_j}(\bar{u}_i \bar{u}_j + \overline{u_i' u_j'}) = -\frac{1}{\rho}\frac{\partial \bar{p}}{\partial x_i} + \nu \frac{\partial}{\partial x_j}\left(\frac{\partial \bar{u}_i}{\partial x_j}\right) \qquad\qquad (式13\text{-}2\text{-}9)$$

となります。このような平均操作を行うことを粗視化するということがあります。粗視化によって新たに出現した項 $\overline{u_i' u_j'}$ をレイノルズ応力項と呼びます。

　式13-2-9を数値的に解くことは，数値シミュレーションの主題です。しかしながら，数値解析よりも以前に，物理学者たちを導いていたのは分子運動論のアナロジーに基づく強力な想像力でした。流速は場の量なので，速度場に空間的なフーリエ変換を施せば，乱流場は大小の波長を持った波の集まりと見ることができます。更にそれぞれの波を粒子的な描像で捉えると，乱流場は大きな渦が分裂して小さな渦を作り，これらの渦が更に小さな渦を作って階層的に微小な渦まで降りていき，最終的に粘性により散逸していくという，大小様々なスケールの渦が入り乱れて

—332—

いる場であるという描像が得られます。これは，Richardson[6]の次の詩で見事に表現されています。

Big whorls have little whorls,	大きな渦は小さな渦を生み出す
Which feed on their velocity;	小さな渦は速度を食べて生きている
And little whorls have smaller whorls,	そして小さな渦は更に小さい渦を生む
And so on to viscosity	そしてそれは粘性にいたるまで

　ここでは，先達に従って実体的な渦を想定して，その渦の大きさ，渦が担っている流速ゆらぎのエネルギーの大きさ，および渦のエネルギー散逸率などを見積もることにします。渦のエネルギー散逸率というのは，単位時間あたりに渦が自分より小さな渦に引き渡しているエネルギーの大きさであり，これは準定常の仮定の下で自分より大きい渦から受け取っているエネルギーに等しくなります。このエネルギーの供給源は，培養槽であれば撹拌翼になる訳です。

　まず，渦の直径をl'とします。渦の直径を結ぶ2点A，Bをとると，渦の回転によって点Aの運動量が点Bへ，点Bの運動量が点Aへ運ばれますから，渦の流速ゆらぎは，2点間の速度の差と同程度であると考えられます。これはまた，2点間の平均流速勾配を用いて，

$$u' \approx |u(A) - u(B)| \approx l' \left| \frac{\partial \bar{u}}{\partial z} \right| \qquad (式13\text{-}2\text{-}10)$$

のオーダーと見積もられます（これは，平均自由行程l'を有する分子運動の運動量交換と同じアナロジーです）。以下，しばらく物理アナロジーを用いた大きさだけの見積もりが目的なので，ベクトルやテンソルの添え字は付けません。

　$\rho u'^2/2$は渦が担っている単位体積あたりの運動エネルギー密度です。渦の大きさにより，それぞれの渦が担っている運動エネルギーは異なっています。これを密度で除して，アンサンブル平均をとった，

$$k = \overline{u'_i u'_i}/2 \quad （iについて総和をとります） \qquad (式13\text{-}2\text{-}11)$$

を乱流エネルギーと定義します。これは平均的な乱流強度の目安を与えています。アンサンブル平均をとっているので，kは場所に依存した場の量です。

　式13-2-10を使うと，

$$k \approx \overline{u' u'} \approx \overline{l'^2} \left| \frac{\partial \bar{u}}{\partial z} \right|^2 = \nu_\top \left| \frac{\partial \bar{u}}{\partial z} \right| \qquad (式13\text{-}2\text{-}12)$$

ここに，

---

[6]　Lewis F Richardson　イギリスの数学者・気象学者・心理学者。詩は Lond. A, "The supply of energy from and to Atmospheric Eddies", *Proc. R. Soc.*, **97**（1920）doi: 10.1098/rspa.1920.0039 の内容を表現したもの。

第13章 スケールアップ

$$\nu_{\mathrm{T}} = \overline{u'l'} = \overline{l'^2} \left| \frac{\partial \bar{u}}{\partial z} \right| \qquad (式13\text{-}2\text{-}13)$$

などと見積もられます。ν_{T} を乱流渦粘性係数と呼びます。

　次に，渦の乱流エネルギー散逸率を定義します。このために，渦を微小な板が流速 u' で回っている羽根車のようなものだと想像してみます。微小面積 ds の板が速度 u' で微小幅 δ だけ流体場を押した時，場のエネルギーは $\rho u'^2 \delta ds/2$ だけ増加します。仮想仕事の原理[7]から板に働く力は $\rho u'^2 ds/2$ です。板のする仕事率は力に速度 u' を乗じて $\rho u'^3 ds/2$ となります。渦の微小面積 ds は，$ds \approx l'^2$ のオーダーと考えられますから，渦の仕事率としては，$\rho u'^3 l'^2$ 程度となります。これを渦の体積 l'^3 で除した $\rho u'^3/l'$ は渦が単位時間あたり単位体積あたりに失うエネルギー散逸量となっています。乱流場の平均的な流速ゆらぎの大きさと平均的な渦の大きさを，

$$u'_{\mathrm{T}} = \sqrt{\overline{u'^2}}, \quad および，\quad l'_{\mathrm{T}} = \sqrt{\overline{l'^2}}$$

とします。これを用いて平均的なエネルギー散逸率を求めると式13-2-12の関係から，

$$\rho u'^3_{\mathrm{T}}/l'_{\mathrm{T}} \approx \rho \overline{u'u'} \cdot |\partial \bar{u}/\partial z|$$

と見積もられます。これを密度で除したものを乱流エネルギー散逸率 ε と定義します。テンソル添え字を復活させて（$i,\ j$ について総和をとります），

$$\varepsilon = \overline{u'_{\mathrm{i}} u'_{\mathrm{j}}} \frac{\partial \bar{u}_{\mathrm{i}}}{\partial x_{\mathrm{j}}}$$

とすると正確な定義となります。最終的に乱流エネルギーは分子粘性によって熱的に散逸[8]します。この散逸率は，

$$\varepsilon_{\mathrm{t}} = \nu \overline{\left(\frac{\partial u'_{\mathrm{i}}}{\partial x_{\mathrm{j}}} \right)^2}$$

と与えられますが，定常状態において，ε と一致します。

$$\varepsilon = \overline{u'_{\mathrm{i}} u'_{\mathrm{j}}} \frac{\partial \bar{u}_{\mathrm{i}}}{\partial x_{\mathrm{j}}} = \nu \overline{\left(\frac{\partial u'_{\mathrm{i}}}{\partial x_{\mathrm{j}}} \right)^2} \qquad (式13\text{-}2\text{-}14)$$

　左辺は乱流場が平均流から受け取るエネルギー，右辺は乱流場が失うエネルギーと解釈されます。左辺には平均流速の勾配が現れ，右辺には流速ゆらぎ勾配の2乗平均が現れるという微妙な違いがあります。ε に密度を掛けた $\rho\varepsilon$ は単位が $\mathrm{W \cdot m^{-3}}$ となり，単位体積あたりの撹拌動力とみなされます。これを培養槽全域で積分したものは，原理的には，撹拌翼によって投入された撹拌

※7　外力と内力のなす仕事が等しくなること。この場合は場のエネルギーの増加分と板に働く力が等しくなる。
※8　運動などによるエネルギーが，熱エネルギーに不可逆的に変わること。

—334—

動力に等しくなります。

　乱流エネルギー散逸率 ε と乱流エネルギー k は，乱流場を特徴づける基本的な統計量（乱流統計量）とみなされます。通常，この2つの統計量を用いて他の統計量を表します。例えば，平均的な渦の大きさは $u_T' = \sqrt{k}$ と $\varepsilon = u_T'^3/l_T'$ から $l_T' = k^{1.5}/\varepsilon$ となります。乱流渦粘性係数は，$\nu_T = u_T' l_T' = k^2/\varepsilon$ と与えられます。その他の乱流統計量も k と ε を用いて次元解析的に組み立てることができます。

　もう一度，式13-2-12を見ると，$\overline{u'u'}$ は式13-2-9のレイノルズ応力 $\overline{u_i'u_j'}$ と同程度の大きさであろうと考えられます。そこで，添え字を回復して，

$$\overline{u_i'u_j'} = -\nu_T \frac{\partial \bar{u}_i}{\partial x_j} \qquad\qquad （式13-2-15）$$

とモデル化すると，式13-2-9は，

$$\frac{\partial \bar{u}_i}{\partial t} + \frac{\partial \bar{u}_i \bar{u}_j}{\partial x_j} = -\frac{1}{\rho}\frac{\partial \bar{p}}{\partial x_i} + \frac{\partial}{\partial x_j}\left((\nu + \nu_T)\frac{\partial \bar{u}_i}{\partial x_j}\right) \qquad\qquad （式13-2-16）$$

となります。同様の平均操作は濃度の輸送方程式にも施すことができます。式13-2-3に平均操作を施すと，

$$\frac{\partial \bar{c}}{\partial t} + \frac{\partial}{\partial x_i}(\bar{u}_i \bar{c} + \overline{u_i'c'}) = \frac{\partial}{\partial x_i}\left(D\frac{\partial \bar{c}}{\partial x_i}\right) + S_C \qquad\qquad （式13-2-17）$$

となります。式13-2-10と同じアナロジーを用いて，

$$c' \approx |c(A) - c(B)| \approx l'\left|\frac{\partial \bar{c}}{\partial z}\right|, \qquad 更に，\quad \overline{u'c'} \approx \overline{u'l'}\left|\frac{\partial \bar{c}}{\partial z}\right| = \nu_T\left|\frac{\partial \bar{c}}{\partial z}\right|$$

により，

$$\overline{u_i'c'} = -\nu_T\frac{\partial \bar{c}}{\partial x_i} \qquad\qquad （式13-2-18）$$

とモデル化すると，

$$\frac{\partial \bar{c}}{\partial t} + \frac{\partial \bar{u}_i \bar{c}}{\partial x_i} = \frac{\partial}{\partial x_i}\left((D + \nu_T)\frac{\partial \bar{c}}{\partial x_i}\right) + S_C \qquad\qquad （式13-2-19）$$

が得られます。

　式13-2-16や式13-2-19では，粘性係数や拡散係数に乱流渦粘性係数が足し込まれています。乱流渦粘性係数は統計量ですが，通常，粘性係数に比べて1,000倍程度大きく，分子拡散係数に対しては 10^6 倍大きくなっています。つまり，乱流場での輸送フラックスの増大という現象を，微視的に見れば物質濃度は乱流渦により運ばれたのであるが，平均操作という粗視化により，こ

第13章　スケールアップ

れを拡散係数の増大による輸送フラックスの増大として解釈し直している訳です。

　乱流場における式13-2-3や式13-2-4を直接解くことは，スーパーコンピュータを用いても乱流場の自由度が大き過ぎて容易でありません。しかし，式13-2-16や式13-2-19は粗視化により自由度を減らしているので，現実的にコンピュータで解くことができます。乱流の自由度とは何かについては後ほど説明します。

　式13-2-16や式13-2-19を解くためには，乱流渦粘性係数が必要です。通常，流れの数値シミュレーションにおいては，kとεの輸送方程式を作り，これを解いて乱流場のkとεの分布を求めています。求められたkとεを使って乱流渦粘性係数を$\nu_T = c_\mu k^2/\varepsilon$と組み立てると方程式を閉じる[※9]ことができます。c_μは実験的に決められる定数です。この枠組みはk-ε乱流モデルと呼ばれます。

　渦の大きさが小さくなると，渦が作り出す流速ゆらぎも小さくなります。渦が十分に小さくなると粘性により消失するので，乱流渦の大きさには最小値があります。渦が作り出すレイノルズ応力のオーダーが，分子粘性によるせん断応力のオーダーと同程度になる渦の大きさを最小の渦径とみなします。これ以下では分子粘性によるせん断応力が支配的となり，渦が消失します。この最小の渦径ηをコルモゴロフスケール（Kolmogorov scale）と呼びます。この渦径に対応する流速ゆらぎをu'_ηと書きます。

$$u'^2_\eta \approx \eta^2 \left| \frac{\partial u'}{\partial z} \right|^2 \approx \nu \left| \frac{\partial u'}{\partial z} \right| \qquad \text{（式13-2-20）}$$

および，

$$\varepsilon \approx u'^2_\eta \left| \frac{\partial u'}{\partial z} \right| \approx \nu \left| \frac{\partial u'}{\partial z} \right|^2 \qquad \text{（式13-2-21）}$$

から，

$$\eta \approx \left(\frac{\nu^3}{\varepsilon} \right)^{\frac{1}{4}} \qquad \text{および} \quad u'_\eta \approx (\varepsilon\nu)^{\frac{1}{4}} \qquad \text{（式13-2-22）}$$

と見積もられます。

　渦の最小スケールがηなので，乱流場を完全に記述するためには，概ねηの程度の空間分解能が必要と考えられます。平均的な渦の大きさl'_Tを有する渦を数値シミュレーションで記述するためには，1次元あたりl'_T/η個の格子，3次元では$(l'_T/\eta)^3$個の格子で渦を覆う必要があります。

$$(l'_T/\eta)^3 = \left(\frac{k^{1.5}/\varepsilon}{(\nu^3/\varepsilon)^{1/4}} \right)^3 = \left(\frac{k^2}{\varepsilon\nu} \right)^{\frac{9}{4}} \qquad \text{（式13-2-23）}$$

これを乱流の自由度といいます。これは数値シミュレーションに必要なメッシュ数，つまりメ

※9　条件を与えて，方程式を解ける状態にすること。

—336—

モリ容量のオーダーを与えていると考えられます。右辺の括弧の中は無次元数でν_T/νとも読めます。ν_T/νは通常10^3のオーダーになります。乱流の自由度は10^8のオーダーに達し，ナビエ・ストークス方程式を直接的に解くことは非常に困難です。一方，式13-2-16のレイノルズ方程式は自由度が$1/10^8$に減らされている訳で，コンピュータで解くことができるレベルになっています。式13-2-23の括弧の中の無次元数は後に用います。

13.2.2 撹拌動力

培養槽に設置された撹拌翼の撹拌動力は，撹拌翼のカタログ中に動力数という名目で記載されています。渦のエネルギー散逸を求める際に，回転羽根の議論をしました。撹拌翼についても全く同じ議論が成立します。撹拌翼の面積をSとし，撹拌翼の周速をUとすれば，撹拌動力は，$P_0=\rho U^3 S$［W］となります。形状相似の撹拌翼を考え，代表長さを翼径dで測ります。回転数をω［rpm］とすると，周速度は$d\omega$，面積はd^2でスケールされるので，

$$P_0 \propto \rho(d\omega)^3 d^2 = \rho d^5 \omega^3 \tag{式13-2-24}$$

という比例関係が得られます。撹拌機メーカーは，この比をとって，動力数

$$N_P = \frac{P_0}{\rho d^5 \omega^3} \tag{式13-2-25}$$

を定義し，全ての翼型についてデータを備えています。動力数は翼の形状とレイノルズ数に依存します。通常，横軸にレイノルズ数をとり，縦軸に動力数をとってグラフを提示してあります（図13-2-1）。

また，気泡を通気すると液体の見かけ密度が減るので，気泡量による撹拌動力の補正も載せて

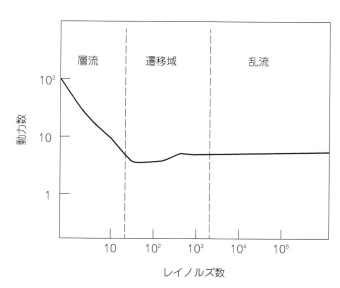

図13-2-1　平羽タービン翼，邪魔板ありの場合の動力数とレイノルズ数の関係（模式図）

第13章　スケールアップ

いることが多いです。撹拌動力は，翼形状ばかりでなくそれを納めているタンクの形状にも依存するはずですが，そのことはあまり気にされていません。動力数のデータから所要の回転数に対する必要な電動機の大きさを見積もることができます。

撹拌動力を培養槽の体積で除すと，形状相似の系について体積は d^3 でスケールされますので，

$$P_0/V \propto \rho d^2 \omega^3 \qquad \text{(式 13-2-26)}$$

となります。単位液量あたりの撹拌動力（を密度で除したもの）は，培養槽内の乱流エネルギー散逸率 ε の平均値と解釈されます。培養槽の設計には，槽内のエネルギー散逸率 ε の分布が得られると望ましいのですが，流れの数値シミュレーションによらなければ，乱流エネルギー散逸率の分布 $\varepsilon(\mathbf{x})$ は求められません。しかしながら，式 13-2-26 は，数値シミュレーションによらずにスケールアップに必要なスケーリング則を与えています。

実は輸送方程式を解くこと自体は，スケーリング則を得るために必要ではありません。この方針の下で，もう少し話を進めます。レイノルズ数を横軸にとって動力数のグラフを書くと，レイノルズ数が大きい発達した乱流域で動力数は一定になっていきます。レイノルズ方程式，式 13-2-16 で，乱流渦粘性係数が分子粘性係数よりも十分に大きいとして分子粘性係数を落としてしまうと，無次元化した方程式からはレイノルズ数が消失してしまいます。つまり，式 13-2-8 は，

$$\bar{\mathbf{u}}(\mathbf{x}, t) = U\bar{\mathbf{u}}^*(\mathbf{x}/L, tU/L) \qquad \text{(式 13-2-27)}$$

となり，レイノルズ数を含まなくなります。この式の意味は，「形状相似であれば平均流速場は全ての乱流で相似になる」ということであり，かなり不思議なことのように思われます。このパラドックスへ回答は，壁面近傍などでは必ず分子粘性が支配的な境界層領域があり，このような境界条件の差異を受けて，流れがレイノルズ数に無関係になることはあり得ないというものですが，発達した乱流の主流部では近似的に式 13-2-27 の相似則を満たす流れ場が存在します。このような相似則を満たす流れ場は自己保存的であると呼ばれます。自己保存的な場では，任意の物理量は次のような相似則に従うはずです。まず，乱流エネルギー散逸率 ε は，$\mathrm{m^2 \cdot s^{-3}}$ という次元を持ちますから，ε^* を無次元の関数として，

$$\varepsilon(\mathbf{x}, t) = d^2 \omega^3 \varepsilon^*(\mathbf{x}/d, t\omega) \qquad \text{(式 13-2-28)}$$

と見積もられます。これは式 13-2-26 で既に示した関係式と同じものです。

乱流エネルギー k は，$\mathrm{m^2 \cdot s^{-2}}$ という次元を持つため，

$$k(\mathbf{x}, t) = d^2 \omega^2 k^*(\mathbf{x}/d, t\omega) \qquad \text{(式 13-2-29)}$$

となります。その他の乱流統計量は k と ε の関数として組み立てることができるので，上記の 2 つのスケーリング則を心得ておけば，輸送特性に関わるスケーリングアップは全て実行できます。

13.2.3　気泡の運動とガスホールドアップ

あっさりとした話となりますが，どんなに大きな培養槽でも液面から投下した液体は数分以内

—338—

に槽内に均一に混合します。溶存酸素と比較して，グルコースなどの栄養成分が短時間に枯渇するなどということはないと思いますので，混合速度の問題は事実上あまり存在しません。一方，微生物でも動物細胞でも，酸素の供給を停止すると数分以内に溶存酸素濃度は0になります。従って，培養槽内の物質輸送で問題となるのは専ら酸素輸送の問題であろうと思います。前までに述べた乱流の理論では流れを単相流として扱い，気泡を含む二相流としての記述はしませんでした。ここでは，まず気泡の運動とガスホールドアップについて述べ，その後，物質移動容量係数について論じたいと思います。

　気泡には浮力が働くため，液相の運動とは異なる動きをします。実際にタンク内の気泡の運動を見ていると，気泡は水平方向には液相の流れに同伴されますが，上下方向には概ね一定の速度で上昇していきます。この気泡の上昇速度は，気泡に働く浮力と気泡と液相との摩擦力がつり合うことによって決まります。簡単な式で書くと，液相の流速をu_f，気泡の流速をu_B，気泡径をd_Bとして，

$$\frac{\pi}{4} d_B{}^2 C_D \frac{\rho}{2}(u_B - u_f)^2 = \frac{\pi}{6} d_B{}^3 \rho g \qquad (式13-2-30)$$

などと表されます。左辺は液相と気相の摩擦力です。右辺は気泡に働く浮力で，ρは液体の密度，gは重力加速度です。C_Dは抗力係数と呼ばれる無次元定数です。これから，気液の流速差u_dが，

$$u_d = u_B - u_f = \sqrt{\frac{4 d_B g}{3 C_D}} \qquad (式13-2-31)$$

と解かれます。液相の流速を0とおくと，u_dは静水中の気泡上昇速度となります。u_dのことを気泡の終端速度とも呼びます。終端速度というのは，浮力と摩擦力がつり合って加速度が0となった時の速度という意味です。気泡自体の質量は小さいので慣性がほとんどありません。このため，周りの流速場が変動しても，気泡はほとんど数ミリ秒以内に追従します。スパージャーから出た気泡もほぼ瞬時に終端速度に平衡します。このことは気泡が加速度を持たない，すなわち気泡の運動方程式というものをあらためて解く必要がないことを意味します。

　数値シミュレーションでは，気泡の流速を終端速度を用いて$\mathbf{u}_B = \mathbf{u}_f + \mathbf{u}_d$と代数的に与え，気相の運動方程式を解きません。これをドリフトフラックスモデルと呼びます。抗力係数C_Dは気泡径d_Bと終端速度u_dの関数となっており，実験的に決めるよりほかに値を得る手段がないのですが，非常によく研究されており，気泡径に応じて気泡の終端速度はかなりよい精度で計算することができます。

　気泡の流速が決まると，培養槽内の気泡の体積割合ガスホールドアップαが，輸送方程式，

$$\frac{\partial \bar{\alpha}}{\partial t} + \frac{\partial \overline{\alpha u}_{Bj}}{\partial x_j} = \frac{\partial}{\partial x_j}\left(\nu_T \frac{\partial \bar{\alpha}}{\partial x_j}\right) + S_\alpha \qquad (式13-2-32)$$

で与えられることになります。これは，濃度の輸送方程式，式13-3-19の流速を気泡流速u_Bに

第13章　スケールアップ

差し替えたものです。S_α はスパージャーからの湧き出し項です。ちなみに気相と液相間の摩擦力により，液相は気相側から浮力に相当する抗力を受けていることになるので，液相の運動方程式，式 13-2-16 には，外力項として浮力の項が付け加えられます。

　動物細胞培養の場合，通気量は小さくガスホールドアップは1%に足りません。そのため，培養槽内で気泡の衝突・合体はほとんど起こらず，気泡径はスパージャーから放出された時の初期気泡径を維持します。気泡径が一定で，気泡上昇速度が一定である時には，培養槽内のガスホールドアップ α を簡便に見積もることができます。

　培養槽の容積を V，断面積 S とすると，培養槽の液深は形式的に $H = V/S$ となります。気泡上昇速度を u_d とすると，H の距離を上昇するのに要する時間は $\Delta t = H/u_\mathrm{d}$ なので，ガス通気量を Q とすれば，培養槽内にあるガス体積は $Q\Delta t$ です。従って，ガスホールドアップ α は，

$$\alpha = \frac{Q\Delta t}{V} = \frac{QH}{Vu_\mathrm{d}} = \frac{Q/S}{u_\mathrm{d}} = \frac{u_\mathrm{S}}{u_\mathrm{d}} \qquad \text{(式 13-2-33)}$$

と与えられます。$Q/S = u_\mathrm{S}$ は空塔速度あるいは線速度と呼ばれます。気泡を完全な球形と仮定すると，単位体積中の気泡表面積，つまり比表面積は，

$$a = \pi d_\mathrm{B}^2 \times \frac{\alpha}{\pi d_\mathrm{B}^3/6} = \frac{6\alpha}{d_\mathrm{B}} \qquad \text{(式 13-2-34)}$$

となります。後に述べる物質移動容量係数 $K_\mathrm{L}a$ は気液界面の物質伝達率 K_L と比表面積 a との積となります。

　微生物培養の場合，通気量はかなり大きくなり，ガスホールドアップは 10～20 に達します。微生物培養では，$K_\mathrm{L}a$ を確保するために気泡が攪拌翼で砕かれることが想定されています。また，攪拌翼から離れたところでは，気泡が衝突・合体して大きな気泡を形成するようです。このため，培養槽内で気泡径は一定ではなく，ただちにドリフトフラックスモデルを採用することができません。培養槽内の気泡径を与える補助的なモデルが必要です。そのようなモデルを1つ示しておきます。

　気泡の表面張力を σ [N·m^{-1}]，気泡に働くせん断応力を τ [N·m^{-2}] とすると，表面張力が気泡に働くせん断応力を支えきれずに気泡が分裂する条件として，

$$\pi d_\mathrm{B}\sigma \leq \frac{\pi d_\mathrm{B}^2}{4}\tau \qquad \text{あるいは，} \quad \frac{4\sigma}{d_\mathrm{B}} \leq \tau \qquad \text{(式 13-2-35)}$$

が与えられます。ところで，気泡は自身よりも大きな渦の中では流れに乗って移動しているだけであり，実質的なせん断応力を感受していないと想像されます。乱流理論で述べたように，乱流渦のせん断応力は渦の大きさによって異なっています。気泡が感受するのは自身と同程度の大きさの渦の速度勾配，あるいはせん断応力であると考えられます。すると，$\varepsilon \approx u'^3/d_\mathrm{B}$ の関係から，気泡に働くせん断応力が，

—340—

$$\tau = \rho u'^2 = \rho \left(\varepsilon d_{\mathrm{B}}\right)^{\frac{2}{3}} \tag{式 13-2-36}$$

のオーダーであろうと見積もられます。

$$We = \frac{\rho u'^2}{\sigma/d_{\mathrm{B}}} = \frac{\rho \left(\varepsilon d_{\mathrm{B}}\right)^{\frac{2}{3}}}{\sigma/d_{\mathrm{B}}} \tag{式 13-2-37}$$

は，ウェーバー数と呼ばれる無次元数です。いま，ある臨界ウェーバー数 Wec があると考えてウェーバー数が臨界ウェーバー数を超えると気泡が分裂すると仮定します。式 13-2-37 を d_{B} について解くと，

$$d_{\mathrm{B}} = \left(\frac{Wec \cdot \sigma}{\rho}\right)^{0.6} / \varepsilon^{0.4} \tag{式 13-2-38}$$

となります。もし，乱流エネルギー散逸率が大きくウェーバー数が臨界ウェーバー数を超える時には，気泡は速やかに分裂してウェーバー数は臨界ウェーバー数まで下がります。乱流エネルギー散逸率が小さくウェーバー数が臨界ウェーバー数より小さい時には，気泡は衝突・合体してウェーバー数は臨界ウェーバー数まで上がります。何れの場合でも，もし，ガスホールドアップが高く気泡の衝突・合体頻度が高いとすれば，ウェーバー数はすみやかに臨界ウェーバー数に収束し，気泡径はその場その場の乱流エネルギー散逸率に平衡して式 13-2-38 により決まると考えられます。これが気泡径を与える 1 つのモデルです。ただし，臨界ウェーバー数の値は実験的に決まる実験定数の扱いとなります。

　また，もし気泡の衝突・合体頻度が低い時には，気泡は撹拌翼で砕かれて細かくなることはあり得ますが，気泡は衝突せず，気泡径は細かいまま流れに乗って輸送されるという描像になります。従って，この場合にはガスホールドアップの輸送方程式に連立して，気泡径あるいは気泡数密度を輸送する輸送方程式が必要になるのですが，詳細は省略します。

　気泡についての議論は以上ですが，本章内に適当な場所がないので，固体粒子の浮遊について簡単に述べておきます。マイクロキャリアなどの固体粒子は培地よりも若干重いので，粒子が沈降します。固体粒子の沈降速度は，式 13-2-31 を修正して，

$$u_{\mathrm{d}} = \sqrt{\frac{4 d_{\mathrm{B}}(\rho_{\mathrm{C}} - \rho) g}{3 \rho C_{\mathrm{D}}}} \propto \sqrt{d_{\mathrm{B}} g} \tag{式 13-2-39}$$

で与えられます。ρ_{C} は固体粒子の密度です。沈降性の目安は，$\sqrt{d_{\mathrm{B}} g}$ と流れの代表流速 U との比をとることで得られます。両者を 2 乗して比をとった，

$$Fr = U^2 / d_{\mathrm{B}} g \tag{式 13-2-40}$$

はフルード数と呼ばれる無次元数です。代表長さとして粒径をとっていることに注意してください。

　小型培養槽で粒子が浮遊しており，かつ大型培養槽のフルード数が小型培養槽のフルード数よ

第13章　スケールアップ

りも大きいならば，大型培養槽の粒子は確実に浮遊します。通常は大型培養槽の代表流速は小型培養槽の代表流速よりも大きいので大型培養槽の方が沈降しにくくなります。

13.2.4　物質移動容量係数 $k_\mathrm{L}a$ のモデル

　液中の溶存酸素濃度を C とします。単位は普通 $\mathrm{mg \cdot L^{-1}}$ や $\mathrm{mmol \cdot L^{-1}}$ を用います。溶存酸素濃度の輸送方程式は，式13-2-19と同形に，

$$\frac{\partial \overline{C}}{\partial t} + \frac{\partial \overline{u_\mathrm{i}}\,\overline{C}}{\partial x_\mathrm{i}} = \frac{\partial}{\partial x_\mathrm{i}}\left((D + \nu_\mathrm{T})\frac{\partial \overline{C}}{\partial x_\mathrm{i}}\right) + S_\mathrm{C}$$

のようになりますが，ここでの関心はソース項に集中するので，方程式を次のように書き直します。

$$\frac{\mathrm{d}C}{\mathrm{d}t} = k_\mathrm{L}a(C^* - C) - OUR \qquad\qquad (式13-2-41)$$

　ここに，左辺は時間項のみと簡単になっていますが，培養槽全体で空間平均をとったと解釈すれば今後の議論に差し支えありません。右辺がソース項を書き下したものになります。右辺第一項が気泡から液中へ単位時間，単位体積あたりに移動する酸素量を与えます。これは OTR（Oxygen Transfer Rate）と呼ばれることがあります。k_L は，酸素の物質伝達率で単位は速度の単位 $\mathrm{m \cdot s^{-1}}$ を持ちます。これは伝熱問題における熱伝達率と同じ概念であり，液側の物質拡散係数 D [$\mathrm{m^2 \cdot s^{-1}}$] を気泡界面の濃度境界層の厚さ [m] で割ったものです。物質伝達率に酸素濃度差を掛けたものが単位面積あたりの酸素移動流束を与えるというのは，熱伝達率に温度差を掛けたものが熱流束を与えるというのと物理的に相似です。ここで，C^* は気泡中の酸素分圧に平衡する液中の溶存酸素濃度です。つまり，気相中酸素の化学ポテンシャルと液相中酸素の化学ポテンシャルが等しくなる液相中酸素濃度です。溶存酸素濃度が C^* に達すれば，気液間で化学ポテンシャルの差がなくなり，酸素の移動は止まります。フラックスが濃度差に比例するというのは非平衡線形熱力学の近似です。1気圧37℃で100％酸素ガスに平衡する C^* は $36\,\mathrm{mg \cdot L^{-1}}$ 程度と ppm のオーダーに過ぎません。溶解濃度が希薄であることが線形近似が成り立つ理由です。a は単位体積あたりの気泡表面積，即ち比表面積 [$\mathrm{m^{-1}}$] です。単位面積あたりのフラックスに a を掛けることで単位体積あたりの移動量となります。k_L と a の積 $k_\mathrm{L}a$ は物質移動容量係数と呼ばれ，単位は [$\mathrm{s^{-1}}$] となります。右辺の OUR は，Oxygen Uptake Rate の略で，単位体積あたりの細胞による酸素消費速度です。培養中には定常的に OTR と OUR がつり合っていなければなりません。

　式13-2-41は1階の線形常微分方程式に過ぎません。初期値を $C(0)$，定常解を $C(\infty)$ とすると，その解は，

$$C(t) = C(0)e^{-k_\mathrm{L}at} + C(\infty)(1 - e^{-k_\mathrm{L}at}) \qquad\qquad (式13-2-42)$$

となります。定常解は，

—342—

$$C(\infty) = C^* - OUR/k_{\mathrm{L}}a \qquad\qquad (式13\text{-}2\text{-}43)$$

であることがすぐに分かると思います。式13-2-42から$k_{\mathrm{L}}a$の逆数は，過渡応答の緩和時定数を与えています。通気を止めると，Cは，

$$C(t) = C(0) - OUR \cdot t \qquad\qquad (式13\text{-}2\text{-}44)$$

に従って減少します。これからOURが測定できます。$k_{\mathrm{L}}a$の実測は培養なしでも行えます。式13-2-43を見れば，$k_{\mathrm{L}}a$を実測する方法が直ちに分かると思います。

撹拌を強化すれば，$k_{\mathrm{L}}a$は上昇します。前節で議論したように気泡の分裂・合体がなければ，比表面積は一定で，乱流の効果はk_{L}のみに働きます。そこで，k_{L}を乱流特性量の関数と考えて$k_{\mathrm{L}}(k, \varepsilon)$と仮定し，この関数形を決めることを試みます。

気泡と周囲の流れには流速差があります。従って，気泡の界面には境界槽が形成されます。ガリレイの相対性により境界面の速度を0として差し支えありません。最初に予想される境界層の厚さは，渦の流速ゆらぎが侵入し得ない最小の厚さ，コルモゴロフスケールηです。するとk_{L}のオーダーは，

$$k_{\mathrm{L}} = c_1 \frac{D}{\eta} = c_1 \frac{D}{(\nu^3/\varepsilon)^{0.25}} = c_1 \left(\frac{D}{\nu}\right)(\varepsilon \nu)^{0.25} \qquad\qquad (式13\text{-}2\text{-}45)$$

と見積もられます。c_1は実験定数を想定しています。$(\varepsilon \nu)^{0.25}$は速度の次元を持ち，εの関数となっています。式13-2-45は，k_{L}を与える式の候補の1つです。

εは撹拌回転数の3乗に比例するので，式13-2-45は，k_{L}が回転数ωの0.75乗に比例することを示唆します。問題は，実測データがこれを支持しないことです。$k_{\mathrm{L}}a$の測定は比較的容易にできますので，k_{L}の回転数依存性を求めてみると，気泡径に変化のない動物細胞培養槽において，回転数依存性の最尤値は回転数の0.5乗です。

乱流統計量と粘性係数を用いて組み立てることのできる無次元量は$k^2/\varepsilon \nu$です。従って，式13-2-45は，

$$k_{\mathrm{L}} = c_1 f(k^2/\varepsilon \nu)(\varepsilon \nu)^{0.25} \qquad\qquad (式13\text{-}2\text{-}46)$$

の形をとることが可能です。kはωの2乗に比例し，εはωの3乗に比例します。関数fを単項式と仮定し，k_{L}がωの0.5乗に比例するものとすれば，k_{L}の形は，

$$k_{\mathrm{L}} = c_1 \left(\frac{\varepsilon \nu}{k^2}\right)^{0.25} (\varepsilon \nu)^{0.25} = c_1 \sqrt{\frac{\varepsilon \nu}{k}} \qquad\qquad (式13\text{-}2\text{-}47)$$

と決まります。

c_1は実験から求めることとして，もう1つ必要なのは式13-2-47の解釈，意味論でしょう。以下には1つの可能な説明を示します。流速変動は境界面では0ですが，境界面から遠ざかるにつれて大きくなっていきます。酸素濃度差を与えている項（$C^* - C$）のうち，C^*は境界面での値

第13章 スケールアップ

ですが，C は $\sqrt{k}$ 程度の速度変動を有する主流部の位置での値です。この位置はコルモゴロフスケールよりも遠い距離にあります。この距離を λ と置いてみます。すると流速ゆらぎの勾配が，

$$\left|\frac{\partial u'}{\partial z}\right| \approx \frac{\sqrt{k}}{\lambda} \tag{式 13-2-48}$$

と見積もられますが，式13-2-21より，

$$\left|\frac{\partial u'}{\partial z}\right| \approx \sqrt{\frac{\varepsilon}{\nu}} \tag{式 13-2-49}$$

なので，

$$\lambda \approx \sqrt{\frac{k\nu}{\varepsilon}} \tag{式 13-2-50}$$

となります。そこで気泡界面のフィルムの厚みを λ で評価してみると，

$$k_{\mathrm{L}} = c_1\frac{D}{\lambda} = c_1\frac{D}{(k\nu/\varepsilon)^{0.5}} = c_1\left(\frac{D}{\nu}\right)\left(\frac{\varepsilon\nu}{k^2}\right)^{0.25}(\varepsilon\nu)^{0.25} \tag{式 13-2-51}$$

となり，式12-2-47の形を再現することが分かります。λ は Taylor のマイクロスケールと呼ばれる長さです。コルモゴロフスケール η と λ の比をとると，

$$\eta/\lambda = (\varepsilon\nu/k^2)^{0.25} \tag{式 13-2-52}$$

となります。また，λ は渦の平均スケール l_{T}' とも異なっています。λ と l_{T}' の比をとると，

$$\lambda/l_{\mathrm{T}}' = (\varepsilon\nu/k^2)^{0.5} \tag{式 13-2-53}$$

となっています。従って，3つの長さは $\eta \ll \lambda \ll l_{\mathrm{T}}'$ の関係にあります。

　筆者らは，動物細胞培養槽では，専ら式13-2-51を用いて $k_{\mathrm{L}}a$ を評価しています。一方，微生物培養の場合，気泡径とガスホールドアップが乱流強度により変動するので，$k_{\mathrm{L}}a$ の回転数依存性は複雑になります。むしろここで強調したいのは，スケールアップを考える際に，小型培養槽で $k_{\mathrm{L}}a$ の回転数依存性を実測するべきだということです。k や ε は容易に実測できる量ではありませんが，$k_{\mathrm{L}}a$ は培養を行う必要がなく比較的容易に測定できる量なので，スケールアップに非常に役立つ情報となります。

　動物細胞培養の場合，酸素の供給とともに二酸化炭素の排出は通気ガスの重要な機能で，培養槽内に二酸化炭素が溜まると動物細胞の増殖性は低下します。また，溶存二酸化炭素濃度はpHと強い相関を持ちます。pHを成り行きに任せる場合もありますが，pHが高めの時に二酸化炭素ガスを通気してpHを下げ，pHが低めであればアルカリ溶液の投入によりpHを調整することがしばしば行われます。

　溶存二酸化炭素濃度の評価方法は酸素の場合と同様になります。酸素消費速度（OUR；

—344—

Oxygen Uptake Rate）は，炭素吐き出し速度（CER：Carbon Exhaust Rate）に置き換えますが，好気代謝をしている動物細胞の場合，両者のモル比率，つまり呼吸商は1として差し支えありません。1気圧，37℃，100％のCO_2ガスに対する飽和溶存二酸化炭素濃度Dco_2^∞は，約1,100 mg・L^{-1}です。溶存二酸化炭素というのはCO_2の水和物で，このモル濃度を$[H_2CO_3]$と書きます。これは，液中でpHに応じて電離平衡します。気液間の二酸化炭素濃度には次の関係が成り立つことになります。

$$Pco_{2,gas} \leftrightarrow Dco_2^\infty \Leftarrow Dco_2 \equiv [H_2CO_3] \leftrightarrow [H^+] + [HCO_3^-] \qquad （式13\text{-}2\text{-}54）$$

従って，液中の溶存二酸化炭素濃度はpHの影響を受けます。また，pH調整のためのアルカリとして重曹（$NaHCO_3$）を用いると，これによる影響も生じます。ただし，培地のpHは培地の緩衝能により変わりますので，pH自体を計算で求めるのは難しいです。

培養槽の液面は，常時，空気吹き（空気が通気）されていますので，液面に到達した二酸化炭素はこれにより排気されます。動物細胞培養で液面のk_Laは，気泡のk_Laに比べて無視できる大きさではなく，二酸化炭素の10％程度は液面から脱気しています。ただ，スケーリングアップにおいて，これをいちいち考慮する必要はないと思います。

13.3　スケールアップの実際

13.3.1　スケールアップのポイント

ここでは，具体的にスパージャー，撹拌翼の選定，せん断応力による細胞の死滅，更にスケールアップの実際の考え方の例を説明します。スケールアップのポイントの例は，動物細胞を用いていますが，微生物においても溶存炭酸ガス以外は，同じ考え方でスケールアップが可能です。

13.3.2　スパージャーの選定

動物細胞培養の場合，通気量が小さく気泡の衝突・合体が起こらないため，気泡径はスパージャーの形状に依存します。一般に使われるのは，10〜100 µm程度の孔を有する多孔性の焼結金属，0.3〜1 mm程度のドリルホールを複数個開けたノズルスパージャーの2種類です。焼結金属スパージャーの場合，気泡径は0.7〜1 mm程度となります。同様の目的に，ステンレスの薄板にレーザー加工で100 µm程度の孔を開けた多孔板を数枚積層して整形した金属メッシュフィルタを用いることができます。ドリルホールノズルの気泡径は，3〜7 mm程度です。ただし，実際にスパージャーから出てくる気泡径を理論的に予測するのは難しく，培養槽に装着する前に水流動試験で目視観察しておく必要があります。動物細胞用の培地は，リン酸緩衝液をベースにした低粘度の溶液ですが，着色してある場合が多く，微生物培養槽と異なり，培養槽に注入したあとに配管の流れを観察するためのサイトグラスから中を覗いても気泡はほとんど見えません。培地の表面張力は，培地中のイオンの存在により水よりも小さいといわれ，培地中の気泡径は実際の水を用いた水流動試験よりも小さくなると考えられますが，これらの差異が問題になることはありません。

大きな気泡では比表面積が十分にとれず，通気量が増えます。［13.3.4］の式13-3-4，式13-3-

—345—

第13章　スケールアップ

5に示されるように，通気量が多く，気泡径が大きいほど細胞へのダメージは大きくなると考えられます。動物細胞培養で微細気泡が選ばれるのはこのような理由によります。また，通気ガス組成についても，空気よりも酸素濃度を上げた混合ガスや純酸素が用いられることが多いのは，通気による細胞ダメージを減らしたいという意図が背景にあるものと考えられます。一方，培養槽への気泡の通気は，酸素の供給のほかに液中の二酸化炭素を置換して排出するという重要な役割があります。気泡径を小さくして比表面積を稼ぐと通気量が減りますが，気泡中に置換された二酸化炭素分圧は上がるので，液中溶存二酸化炭素濃度が上昇します。従って，極端に小さな径の気泡では培養は成立しません。

　スケールアップの観点からは，小型培養槽で実績のある気泡を用いるのが無難と考えて気泡径とガス組成を同じになるようにします。基本的にスパージャーの孔径が同じで，孔からの噴出流速が同じならば気泡径が同じになると考えて，小型培養槽のスパージャーと同じ種類，同じ孔径のスパージャーを採用し，大型培養槽での必要通気量を見積もった上で通気量に比例した孔数に増やします。

　微生物培養の場合，かなり大量の空気を投入する場合が多く，空気流量として，vvm（volume per volume per minute）の単位が使われます。これは培養槽 $1 \mathrm{m}^3$ あたり 1 分あたりの空気流量（$\mathrm{m}^3 \cdot \mathrm{min}^{-1}$）ということで，例えば，$10 \mathrm{m}^3$ の培養槽に対して 1 vvm の通気量とは，$10 \mathrm{m}^3 \cdot \mathrm{min}^{-1}$ の流量となります。このため，スパージャーは，孔径 5 mm 程度のドリルホールノズルや口径 30～50 mm 程度の単口ノズルとなります。この場合，気泡が撹拌翼で砕かれて $k_L a$ が上昇することを想定しています。通常，培養槽の液面上部の空間はタンクの全容積の 30 % 程度であり，ガスホールドアップが 20 % を超えると概ね満杯となりますから，この辺りが通気量の最大値となります。更に大きな通気量が必要であれば，培養槽全体の圧力を最大 2 気圧程度まで加圧します。

13.3.3　撹拌翼の選定

　培地中でグルコースなどの栄養成分は数分以内に枯渇することは考えられませんので，混合速度の問題は存在しません。酸素の消費速度は比較的速いですが，酸素の供給ソースとなる気泡は培養槽内に広く分散するので，通気が止まらない限り問題になることはありません。そうではありますが，例えば，液面から滴下したアルカリが培養槽底部に届くのに掛かる時間は多少問題になるかもしれません。ここでは，混合性能について，いくつか気になるポイントを議論しておきたいと思います。

　まず，細胞は ［13.2.1］ で述べた渦が作り出すレイノルズ応力のオーダーが，分子粘性によるせん断応力のオーダーと同程度になる渦の大きさ，すなわち粘性支配となる最小渦のスケール（コルモゴロフスケール）よりも更に小さいです。濃度ゆらぎが細胞のスケールくらいまで均一化されないと細胞まで物質は届きません。混合時間は，流体粒子が培養槽全体を巡回するのに要する力学系としての混合時間 t_m，平均的な乱流渦の崩壊時間 k/ε，更に粘性支配領域の散逸時間 $(\nu/\varepsilon)^{0.5}$ の 3 つから構成されます。細胞への物質輸送には，上記 3 つの時間が全て関わり，混合時間としてはこれらの総和となります。

—346—

粘性係数が比較的小さい時には，これらの3つの時間の大きさは，$(\nu/\varepsilon)^{0.5} \ll k/\varepsilon \ll t_\mathrm{m}$と考えて差し支えありません。スケールアップ則としては，代表長さを翼半径Rにとり，代表流速を翼端の速度にとれば，力学系としての混合時間t_mと渦崩壊時間k/εは，回転数ωの－1乗に比例しています。粘性散逸時間$(\nu/\varepsilon)^{0.5}$は$R^{-1}\omega^{-1.5}$に比例しています。この時間が細胞の基質消費の時間尺度よりも大きいと供給に支障をきたすことになります。

　このうち，撹拌翼の形状が考慮の対象になり得るのは流れの力学系としての混合時間t_mだけです。撹拌翼には，流れの流跡がカオス的となり培養槽全域を均一に覆うことが要求されますが，翼の形が異なれば槽全体を一巡するのに要する時間t_mは変わってくる訳です。

　問題はこの時間の求め方ですが，筆者らは液面に落としたインクが槽内に広がる様子を流体シミュレーションして，インクが均一に広がるまでにかかった時間を見ています。本来の混合時間t_mの定義とは異なっており，インクを落とす位置によっても答えが変わるのですが，混合時間の相対評価に使えるという考えです。翼面の小さな翼を高速で回しても，必ずしも力学系としての混合時間t_mは小さくなりません。翼面積の大きな翼をゆっくり回す方がt_mが小さくなる場合があります。

　一方，乱流渦の崩壊時間k/εと粘性支配領域の散逸時間尺度$(\nu/\varepsilon)^{0.5}$は乱流統計量のみに依存し翼の形とは無関係です。統計力学に揺動散逸定理という学理があります。定常状態でゆらぎの大きさはエネルギー散逸率に比例するというものです。ミクロな細胞のレベルまで物質を輸送するのはこのゆらぎです。このことは乱流渦以下の小スケールのレベルで動力は小さいが混合性能は高いというような都合のよい撹拌翼はないということを意味します。

　低粘度であれば，ディスクタービン翼や傾斜パドル翼で十分に培養条件を満足し，特殊な翼形は必要としません。パドル翼でも翼径，翼幅，翼枚数，傾斜角の4つのパラメーターがありますので，これらのパラメーターを調整すれば大抵の場合，培養的に成立する翼寸法が決まります。

　筆者らの事例では動物細胞を対象とした撹拌翼では，比較的翼面の大きいパドル翼に45°〜60°傾斜をつけた傾斜パドルを下向きにかき下げる方向に回すようにしています。通常，タンク側には上下の撹拌性を良くするためバッフルを入れます。撹拌翼に傾斜をつけるのは垂直なフラットパドルよりも上下の撹拌性がよいからです。下向きに回す方が上向きに回すよりも若干大きな撹拌動力が入ります。下向きに回すとスパージャーから上向きに向かう気泡をある程度押しとどめ，液中のガスホールドアップを若干高める効果がありますが，本質的ではありません。

　微生物培養では，多くの場合，ディスクタービン翼が用いられます。ディスクタービン翼は水平の円盤の先端に比較的面積の小さい翼を6個程度つけたものです。ディスクタービン翼は上下方向の撹拌性の点で必ずしも優れていませんが，パドルタイプの翼では高速で回転して気泡を砕くことができません。気泡破砕力のある翼はディスクタービン翼に限定されます。撹拌翼回りでの気泡破砕効果をある程度期待しないと，微生物培養に必要な$k_\mathrm{L}a$を得ることは難しいようです。

　問題は粘度が非常に高い場合の培養です。まれに，微生物の培養で粘度が$1\,\mathrm{Pa \cdot s}$に達するものがあります。第一義的にはこの流れは乱流かということが問われます。乱流でなくてもせん断

※10　単位時間あたりに渦が自身より小さな渦に引き渡しているエネルギーの大きさ。［13.2.1］参照。

第13章　スケールアップ

応力と速度勾配の積としてエネルギー散逸率[*10] ε は定義されますが，コルモゴロフスケールで与えられる粘性支配領域が拡大し，乱流渦のカスケードは広範囲で消失するので乱流エネルギー k が非常に小さくなります。k_L を含め，物質輸送速度は概ね $(\varepsilon\nu)^{0.25}$ で律速されることになり，粘性散逸時間 $(\nu/\varepsilon)^{0.5}$ が非常に大きくなります。これは，一見混ざっているように見えますが，細胞には届いていないという状況を生じ得ます。簡単にいえば，粘度が 1,000 倍になった時に，低粘度と同じ混合時間を維持したければ，1,000 倍の撹拌動力が必要になります。

実は高粘度の培養にディスクタービン翼を使うのはあまり勧められません。ディスクタービン翼は円盤が水平に回転するため円盤の周りに境界槽が発達します。高粘度の培地ではこの境界槽がかなり厚くなり止水域を形成します。つまり，流体粒子が培養槽全域を均一に覆うという条件が満たされません。望ましいのは，翼面積が大きく強力に撹拌動力が入る高粘度用の大型翼であろうと考えられますが，気泡破砕力があるかどうかがポイントになります。こうした翼を採用した経験が筆者らにもあまりありません。

スケールアップの観点からは，小型培養槽で高粘度培養にディスクタービン翼を適用してうまく行っているのであれば，大型培養槽で回転数を小型培養槽と同じにすれば混合性能に問題はないということが，上記の相似則から分かります。普通は回転数を小型培養槽より落とさざるを得ないでしょう。すると，混合時間 t_m は ω に逆比例して増加しますが，これが細胞の基質消費の時間尺度よりも小さければよいということになります。つまりスケールアップの立場は，どのような翼形が望ましいかという論点とは少し異なっている訳です。

最後に，物質輸送ではなく熱輸送について述べておきます。動物細胞培養槽ではタンク側壁に温水ジャケットを設けて保温します。実験室ではバンドヒーター程度で済んでいると思います。代謝による発熱はごくわずかです。タンク壁からの放熱や，液面からの蒸発潜熱を補って保温しているだけです。スケーリングアップにおける論点はありません。

好気性の微生物の生成熱は炭素 1 mol の消費あたり，約 460 kJ・C-mol^{-1} 程度です。グルコースなどの炭素源の消費速度が分かれば培地中の発熱量［W］が分かります。もし，冷却がなければ培地の温度は 1 時間に 15℃ 前後上昇すると思います。この温度上昇速度は，培養槽の混合速度に比べて非常に小さいので培養槽内に温度むらが生じることはありません。ただし，放置すれば細胞は死滅するので伝熱管を入れて冷却します。大型培養槽では除熱量は数 MW のオーダーになります。必要な伝熱面積の設計は大部分実績ベースのものとなります。数値シミュレーションで伝熱管の熱伝達率を求めるのは不可能です。一般社団法人日本機械学会が出版している伝熱工学資料などは部分的に参考になるでしょう。管壁の熱伝達率は管壁を過ぎる流速が大きいほど大きくなります。通常，大型培養槽の槽内流速の方が小型培養槽の槽内流速よりも大きいので，熱伝達率は大型培養槽の方が大きくなります。従って，培地の単位体積あたりの伝熱面積を一定として培養槽体積に比例した伝熱管を入れておけば，余裕を持ってスケールアップは成立します。

13.3.4　せん断応力による細胞の死滅

流体力学的なせん断応力によって細胞がダメージを受けないならば，撹拌回転数を上げること

でいくらでも輸送性能を上げることができるはずです。例外的に液面からのガスの巻き込みが障害になるかもしれませんが，まれだと思います。ここでは，撹拌による輸送性能の向上とトレードオフの関係になるせん断応力と細胞ダメージの関係について述べておきます。この問題は専ら動物細胞に関するもので，細胞壁を有する微生物については問題は生じないと思います。

動物細胞の細胞膜に過大の張力が加わると細胞が破壊すると考えられ，これをネクローシスと呼びます。細胞の死滅形態にはネクローシスのほかにアポトーシスがあり，これらの死滅形態の違いは顕微鏡的に容易に観察されます。培養中の動物細胞死の形態としてはネクローシスよりもアポトーシスの方が大きな割合を占めていますが，流体力学的なせん断力と，細胞代謝，細胞シグナル，アポトーシスとの関係はよく分かりません。そこで，本節での議論はネクローシスに限定します。

細胞の大きさは $20\ \mu\mathrm{m}$ 程度であり，これを δ とします。膜面張力を σ，細胞に働くせん断応力を τ とすると，せん断応力は面に働く力なので，膜面張力とせん断応力の間には，

$$\pi\delta\sigma = \frac{\pi\delta^2\tau}{4} \qquad\qquad (式 13\text{-}3\text{-}1)$$

の関係があります。動物細胞の細胞膜がどの程度の張力に耐えられるかは明確ではありませんが，概ね $0.01\sim0.001\ \mathrm{N\cdot m^{-1}}$ 程度であると考えられます。すると，せん断応力の限界値として，

$$\tau_\mathrm{c} = \frac{\sigma}{\delta} \qquad\qquad (式 13\text{-}3\text{-}2)$$

が導かれ，τ_c は，$200\sim2{,}000\ \mathrm{Pa\cdot s}$ 程度と見積もられます。これらの議論は気泡分裂の議論とほぼ同じです。通常，細胞は最小渦のスケール，コルモゴロフスケールよりも更に小さくなります。細胞は自身と同程度のスケールの速度勾配を感受しますが，自身より大きな渦についてはその流れに乗っているだけです。つまり，大きな渦の中にいる細胞は大きな波長の波に乗ってサーフィンしているようなもので，せん断応力の影響は受けていないと考えられます。細胞にダメージを与えるような渦は，細胞と同程度の渦であろうと考えられます。コルモゴロフスケール以下の領域におけるせん断応力のオーダーは，

$$\tau = \rho u_\eta^2 = \rho(\varepsilon\nu)^{0.5} \qquad\qquad (式 13\text{-}3\text{-}3)$$

と見積もられます。ただし，$\tau_\mathrm{c} \leq \tau$ となるような乱流エネルギー散逸率 ε というのは極めて大きな値であり，通常，培養槽の中で細胞が乱流せん断応力によって直接的に破砕されている可能性はほとんどありません。

重要なのは，細胞が自身より大きな粒子に保持されて浮遊している場合です。ここでいう粒子とは，マイクロキャリアのような接着細胞を培養するための担体である固体粒子の場合もありますし，気泡であることも考えられます。気泡の分裂の議論と同様，粒子は，その粒子と同程度の大きさの渦の速度変動を感受すると考えられます。大きな粒子に拘束されている細胞は，粒子が感受する流速ゆらぎをそのまま受けとめると考えられます。粒子の径を d_c とします。d_c がコル

第13章　スケールアップ

モゴロフスケールよりも小さいならば，せん断応力の評価は式 12-3-3 と同じですが，d_c がコルモゴロフスケールよりも大きいとすれば，式 13-2-37 と同様に，

$$\tau = \rho u'^2 = \rho(\varepsilon d_c)^{2/3} \qquad\qquad (式13-3-4)$$

となります。これは，担体粒子の径が大きいほど細胞に与えるダメージが大きくなることを示しています。

　粒径 150 μm 程度のマイクロキャリアを用いる培養で，コルモゴロフスケールがマイクロキャリアの径と同程度の条件の時に細胞が死滅するという報告があります。この条件は式 13-3-3 と式 13-3-4 のせん断応力が一致する条件になります。実際にマイクロキャリアを用いた培養で許容される撹拌回転数は，明らかに細胞単独の浮遊培養で許容される回転数よりも小さいです。

　また，細胞の死滅は，あるせん断応力のレベルで一斉に細胞が死滅するという訳ではなく，相対的な比増殖率の低下として観測されます。ここで論じている乱流エネルギー散逸率 ε というのは，元々統計的に変動している値の平均値という意味を持つので，実際のエネルギー散逸率あるいはせん断応力は，局所的，間欠的に変動していて，偶々，瞬間的に大きなせん断応力に触れた細胞が死滅するのであろうと思われます。従って，乱流エネルギー散逸率 ε と細胞の死滅確率を結びつける実験式を求めなければならないでしょうが，現在のところ，適切な評価式は持っていません。

　せん断応力による細胞ダメージを定量的に評価することは難しいのですが，スケーリングの観点からは，小型の培養槽で順調に培養できている系について，その乱流エネルギー散逸率を見積もり，大型培養槽において乱流エネルギー散逸率がこの値を上回らないように設計すればよいというのが現在の指針です。

　細胞が付着している粒子が気泡である場合には，他にも若干の論点があります。気泡は浮力により上昇しますが，浮力は気泡周りのせん断応力とつり合っています。このせん断応力は，

$$\tau = \frac{\pi d_B^3 \rho g/6}{\pi d_B^2} \fallingdotseq \rho g d_B \qquad\qquad (式13-3-5)$$

と見積もられますが，必ずしも小さい値ではありません。気泡に付着した細胞が上昇過程で壊れるということはあり得ます。また，液面に到達した気泡が破裂する時に発生する衝撃圧により細胞が死滅するという説があります。気泡が破裂しなくても，液面が発泡状態にあれば，泡に吸着した細胞はそのまま死滅してしまうことが多いようです。このようなことから，気泡通気のない時には細胞はかなり強い撹拌でも死滅しないが，気泡通気を行うと細胞が死滅するという報告は多くあります。ある種の界面活性剤を培地中に添加しておくと細胞の死滅が減るという事実があります。この機序としては，気泡の発泡が押さえられるというものと，細胞膜を被覆してせん断応力によるダメージを防ぐ効果があるとする説があります。最近の培地には Pluronic F68 と呼ばれる界面活性剤が添加されていることが多く，実際に細胞がせん断応力に対してかなり強くなっている印象があります。

—350—

13.3.5 動物細胞培養のスケールアップ

　いろいろな議論をしましたが，本章で示したかったのは，培養槽内の物質輸送にかかわるいろいろな量が乱流エネルギー散逸率に結びついていること，そして，培養槽の設計にシミュレーションを使うことの2点です。もちろん，皆さんがシミュレーションを行う必要はありません。スケールアップ則は式13-2-28と式13-2-29だけです。背景にある仮定は槽内が発達した乱流だということです。

　ここでは，まとめとして，動物細胞培養槽のスケールアップを行ってみましょう。実際に行わなければならないことはごくわずかです。

　動物細胞培養槽を形状相似で設計します。翼半径をR［m］，回転数をω［rpm］とします。実績のある小型培養槽の値に添え字0を付け，大型培養槽の値に添え字1を付けます。スケールアップ比を$R_1/R_0 = N$とします。

1) まず，細胞ダメージが生じないように，乱流エネルギー散逸率εと気泡径d_Bは小型培養槽の値と同じにしてみましょう。

$$R_1{}^2\omega_1{}^3 = R_0{}^2\omega_0{}^3 \qquad より，\qquad \frac{\omega_1}{\omega_0} = \left(\frac{R_1}{R_0}\right)^{\frac{2}{3}} = N^{-\frac{2}{3}}$$

2) k_Lは，回転数の0.5乗に比例します（皆さんの小型培養槽で測定してみてください）。

$$\frac{k_{L1}}{k_{L0}} = \left(\frac{\omega_1}{\omega_0}\right)^{\frac{1}{2}} = N^{-\frac{1}{3}}$$

3) $k_L a$は，同じでなければいけません。$k_{L1}a_1 = k_{L0}a_0$より，比表面積a［m²］は，

$$\frac{a_1}{a_0} = \frac{k_{L0}}{k_{L1}} = N^{\frac{1}{3}}$$

4) $a = \dfrac{6\alpha}{d_B}$で，d_Bは同じなので，ガスホールドアップαは，

$$\frac{\alpha_1}{\alpha_0} = \frac{a_1}{a_0} = N^{\frac{1}{3}}$$

5) $\alpha = \dfrac{u_S}{u_d}$で，$d_B$は同じなので，気泡上昇速度$u_d$も同じです。空塔速度$u_S$は，

$$\frac{u_{S1}}{u_{S0}} = \frac{\alpha_1}{\alpha_0} = N^{\frac{1}{3}}$$

6) 空塔速度は，流量Qを断面積R^2で割ったものです。$\dfrac{u_{S1}}{u_{S0}} = \left(\dfrac{Q_1/R_1{}^2}{Q_0/R_0{}^2}\right) = N^{\frac{1}{3}}$より，

—351—

第13章　スケールアップ

$$\frac{Q_1}{Q_0} = N^{\frac{7}{3}}$$

7) 二酸化炭素の生成量は培養槽体積 R^3 に比例します。気泡中の二酸化炭素分圧 P_{CO_2} は，これを流量 Q で割ったものに比例します。

$$\frac{P_{CO_{2,1}}}{P_{CO_{2,0}}} = \left(\frac{R_1^{\ 3}/Q_1}{R_0^{\ 3}/Q_0}\right) = N^{\frac{2}{3}}$$

スケールアップ比 N の増大とともに，ガスホールドアップが $N^{\frac{1}{3}}$ で，気泡中二酸化炭素濃度が $N^{\frac{2}{3}}$ で増加していくので，スケールアップには限界があるはずです。大型培養槽は小型培養槽よりも成立条件が厳しくなるので，あらかじめ小型培養槽の回転数を高めにし，通気ガスの酸素濃度を薄めた厳しめの条件で培養ができるかどうかを確認しておくのがよいと思います。

第14章 微生物の安全な取扱い

14.1 基本的な考え方
14.1.1 安全検出思想と危険検出思想

　車（バイク）を運転していて，**図 14-1-1** の左の図のように子供が横断歩道に走り出そうとしていたら，あなたは迷うことなくブレーキを踏むでしょう。では，右の図のように横断歩道の手前にトラックが停車しているとき，あなたは必ずブレーキを踏むでしょうか？

　左図の状況でブレーキを踏まない人はまずいませんが，右図の状況ではブレーキを踏まない人が少なくありません。危険であることが見えていない（認識できていない）とき，ブレーキを踏まない，つまり，<u>危険であることがはっきりしている時だけ対応しようとする考え方を危険検出思想といいます</u>（**表 14-1-1**）。これに対して，トラックの陰に歩行者がいないことが確認できないので，トラックの横で一端停止して安全を確認するのが安全検出思想です。危険検出思想では，危険な状態が見えない限りは安全と判断して行動するので，行動効率はよいのですが，事故を起こす可能性が高くなります。これに対して**安全検出思想では，安全であることが確認できない状況では，起こり得る危険を回避する行動をとります**。行動効率は悪くなってしまいますが，もしトラックの陰に歩行者がいれば，はねて死亡させてしまう，という重大なリスクを考えれば，一端停止するべきであることは明らかでしょう。

　微生物の取扱いにおいては，言うまでもなく，安全検出思想で行動しなければなりません。危ないと聞いていないから大丈夫，病原性があると確定していないから BSL2 扱いしなくてよい，

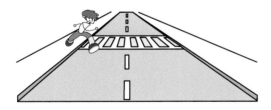
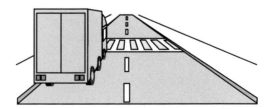

図 14-1-1　あなたはブレーキを踏みますか？

表 14-1-1　安全検出思想と危険検出思想

安全検出思想	危険検出思想
歩行者がいないことが確認できないのでブレーキを踏む	歩行者が見えていないのでブレーキを踏まない
安全が確認できない限り危険	危険が検出されない限り安全
病原性が不明なので BSL2 として扱う	病原性があることがと分かっているものだけ BSL2 として扱う
初めての実験なので下調べをする	危ないとは聞いていないので取り敢えずやってみる

第 14 章　微生物の安全な取扱い

などと考えてはいけません。例えば，土壌から単離した菌は，簡易同定[※1] をするなどして病原性がないことが確信できるまでは，BSL2 として扱う慎重さが必要です。

14.1.2　専門家としての責任

　ある大学の研究室で，組換え微生物を滅菌せずに廃棄していることが報道されました。大学側は学内の全ての研究室に対して組換え実験の停止を命じ，当該研究室を含めて組換え実験の実態を調査したところ，この研究室では過去 6 年にわたり，組換え大腸菌と酵母の培養液や寒天培地を滅菌せず流しに捨てたり，一般ゴミと共に捨てたりしていたことが判明しました。この行為は拡散防止措置を定めた法令（[14.2] 参照）に明らかに違反しており，この研究室の責任者は停職 6 か月の処分を受けました。

　有害な遺伝子ではないのでこれくらいは大丈夫だろう，という自分勝手な考えは厳に慎まなくてはなりません。仮に本当に害がないとしても，ルールを守らなかったという事実は，この分野の専門家に対する市民の信頼を著しく損なうからです。組換え体のみならず，病原性微生物についても同様に，たとえ安全だと思える微生物であっても，ルールはルールです。緑膿菌や黄色ブドウ球菌は BSL2 に分類されていますが，傷口や表皮からも検出される微生物です。しかし，誰でも普段から触っている菌だから大丈夫，という考え方は慎まなければなりません。BSL2 に分類されている以上，BSL2 の微生物として扱わなくてはなりません。どうか専門家としての誇りを持って行動してください。

14.2　組換え微生物の取扱い

　組換え微生物の正しい取扱いを理解するためには，取扱いが規制されるようになった経緯も理解しておかなくてはなりません。本項では，まず，遺伝子組換えの歴史とその規制の経緯を説明した上で，遺伝子組換え微生物を対象として，遺伝子組換えに関する規制の概略を説明します。なお，「遺伝子組換え」という表記についてですが，この表記は，文部科学省の学術用語として定められています。「遺伝子組み換え」も「遺伝子組み替え」も正しい表記ではないことに注意してください。

14.2.1　組換え実験の歴史とその規制の経緯[1]

　生物の設計図である遺伝子の本体が DNA（デオキシリボ核酸）であり，A，G，C，T の 4 種類の塩基からなることが判明した時点で，設計図を書き換えて生物を造り変えられるのではないか，ということは，容易に想像できました。しかし現実には，遺伝暗号が解読されても，遺伝子を書き換える具体的な手段はすぐには開発されず，生物の再設計は空想の域を出ないものでした。

　遺伝子の正体が DNA であることが明らかになってからしばらくした頃，Paul Berg の研究室で動物細胞での遺伝子発現を調べる実験が行われていました。この研究では，動物の腫瘍ウイルスである SV40 の遺伝子を大腸菌に導入する実験が計画されていましたが，他の科学者から，

※1　バクテリアであれば 16S，真菌であれば 18S のリボソーム RNA の配列を調べる。

—354—

SV40 ウイルスがヒトに感染するかもしれないという潜在的な危険性が指摘されました。これを受けて，1973 年 1 月に，カリフォルニア州のアシロマ（Asilomar）で，腫瘍ウイルスのバイオハザードに関する会議が開催されました。この会議では，バイオハザードを防ぐための安全施設や安全教育など，危険性が不明な実験における安全の確保という観点からの論議がなされました。同年 6 月に，ニューハンプシャー州ニューハンプトン（New Hampton）で開催された Gordon 会議では，Herbert Boyer と Stanley Cohen が，制限酵素とリガーゼを用いて薬剤耐性プラスミドを構築し，大腸菌に導入するという，汎用性の高い組換え技術を報告しました。この会議の最終日には，組換え DNA 技術の安全性に関するディスカッションが行われ，この技術が人類に大きく貢献するという期待の一方で，潜在的なリスクについてしっかり議論しなければならないという意見が出されました[2]。更に，1974 年には米国科学アカデミーのライフサイエンス部会において，安全性を確保するためには，実験を延期し，潜在的な危険性に加えて生態系に及ぼす影響についても議論すべきであるという意見が出されました[3]。これを受けて，1975 年の 2 月にアシロマにて，通称「アシロマ会議」が開催されました。ここでは，プラスミド，真核生物，ウイルスに関する 3 つの作業部会に分かれて，考えられるバイオハザードのシナリオを想定した議論がなされ，組換え DNA を扱う機関毎に安全性を審査する委員会を設置すること，環境中に漏出しないように封じ込めを行うことなどが提唱されました[4]。

　アメリカ国立衛生研究所（NIH；National Institute of Health）は，アシロマ会議の後，ただちにこれに沿ったガイドラインを設定し，NIH が資金を提供しているプロジェクトに対して，その遵守を求めました（1976 年 6 月 23 日，http://profiles.nlm.nih.gov/ps/access/FFBBHS.pdf）。日本においても，1979 年 3 月 31 日に文部省によって「大学等の研究機関における組換え DNA 実験指針」（昭和 54 年 3 月 31 日文部省告示第 42 号）が定められ，更に国としての組換え DNA 実験の指針が 1979 年 8 月 27 日に「組換え DNA 実験指針」として定められました。一方，OECD（経済協力開発機構）[※2] は 1986 年 9 月に組換え DNA の安全性に関する勧告を行い[5]，これを受けて，我が国においても，文部省指針に続いて通産省，農林水産省，厚生省においても指針が定められ，本格的に組換え DNA 実験が行われるようになりました。

14.2.2　遺伝子組換え生物に関するカルタヘナ法について

　1992 年 6 月に，生物多様性の保全，生物多様性の構成要素の持続可能な利用，遺伝資源の利用から生じる利益の公正かつ衡平な配分を目的とする国際条約（略称：生物多様性条約，英文名 Convention on Biological Diversity；CBD）が締結され，1993 年 12 月に発効しました[6]。

　この条約は，人類が地球生態系の一員として他の生物と共存しており，生物を食糧，医療，科学等に幅広く利用しているという観点から，近年の野生生物種の絶滅の加速，生物の生息環境の悪化及び生態系の破壊に対する懸念を踏まえて，ワシントン条約[※3]，やラムサール条約[※4] などを

※2　パリに本部を置く経済成長，開発，貿易に取り組む国際機関。
※3　希少種の取引規制や特定の地域の生物種の保護を目的とする既存の国際条約（絶滅の恐れのある野生動植物の種の国際取引に関する条約。
※4　水鳥の生息地として国際的に重要な湿地に関する条約。

第14章　微生物の安全な取扱い

補完する目的で，生物の多様性を包括的に保全し，生物資源の持続可能な利用を行うための国際的な枠組みとして締結されました。この条約の第19条では，バイオテクノロジーの取扱い及び利益の配分について，「締約国は，バイオテクノロジーにより改変された生物であって，生物の多様性の保全及び持続可能な利用に悪影響を及ぼす可能性のあるものについて，その安全な移送，取扱い及び利用の分野における適当な手続（特に事前の情報に基づく合意についての規定を含むもの）を定める議定書の必要性及び態様について検討する。」としています。

　これに基づき，1999年2月にコロンビアのカルタヘナで開催された条約締結国（Conference of the Parties；COP）会議で，Living Modified Organism（生きている改変された生物，すなわち遺伝子組換え体[※5]，以下 LMO と略記）の移送や取り扱いが協議され，2000年1月にカナダのモントリオールでの会議で「生物の多様性に関する条約のバイオセーフティに関するカルタヘナ議定書」（生物多様性条約カルタヘナ議定書）[※6]が採択されました。現在，166か国が批准しており（アメリカ，カナダ，アルゼンチンは批准していない）[6)]，我が国でも批准に必要な法律が2003年3月から国会で審議され，同年6月に成立・公布され，11月に議定書を批准し，最終的には2004年2月19日に議定書が我が国に対して発効しました。これが，いわゆるカルタヘナ法で，正式には「遺伝子組換え生物等の使用等の規制による生物の多様性の確保に関する法律」（平成15年法律第97号）です。この法律を基本として，遺伝子組換え生物等の使用等の規制による生物の多様性の確保に関する法律施行規則（平成15年11月21日財務省・文部科学省・厚生労働省・農林水産省・経済産業省・環境省令第1号）をはじめとして，実務に対応するために，様々な法律や政省令，更には認定宿主ベクターを定めた告示が定められています。その全体像をまとめると**図14-2-1**のようになりますが，非常に複雑で，更にこれらは法律用語で記載されているので，とても分かりにくいものになっています。

　以下，組換え微生物を取り扱う場合に必要な申請手続きの概略を説明しますが，分かりやすくするために，一部，不正確な表記になっていたり，例外を省略したりしています。以下はあくまで微生物の組換えに関する規制や申請の概略を知ることを目的としてお読みください。実際の取扱いについては，今後，変更されることもありますし，研究機関が設置されている地域によっては，関連する条例がある場合もあるので，必ず下記のサイトで最新版を確認の上，少しでも疑問な点や不明な点があれば，所属機関の安全管理責任者に確認してください。また，現在の法令の動向については，最近の総説[6,7)]を参考にしてください。さらに，ここでは詳しくは取り扱いませんが，ゲノム編集技術を用いた遺伝子改変については，現時点でも議論が続いています。今後，法令改正を含めて議論されますので，参考にしてください。

　文部科学省　ライフサイエンスにおける安全に関する取組

　　http://www.lifescience.mext.go.jp/bioethics/anzen.html

　文部科学省　カルタヘナ法説明書

　　http://www.lifescience.mext.go.jp/bioethics/carta_expla.html

　なお，本節の図表は，文部科学省研究振興局ライフサイエンス課生命倫理・安全対策室が作成

※5　異なる分類学上の科に属する生物の細胞を融合する場合を含む。
※6　http://www.lifescience.mext.go.jp/files/pdf/n1766_01r2.pdf

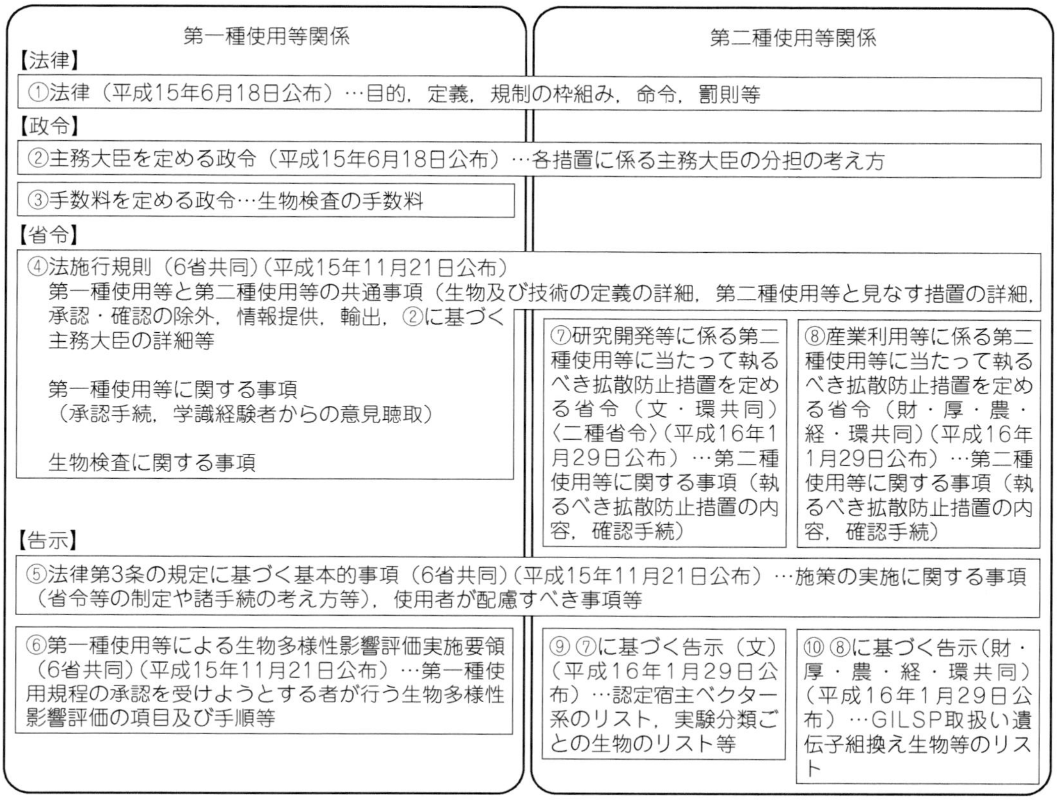

第一種使用等関係	第二種使用等関係

【法律】
① 法律（平成15年6月18日公布）…目的，定義，規制の枠組み，命令，罰則等

【政令】
② 主務大臣を定める政令（平成15年6月18日公布）…各措置に係る主務大臣の分担の考え方

③ 手数料を定める政令…生物検査の手数料

【省令】
④ 法施行規則（6省共同）（平成15年11月21日公布）
　第一種使用等と第二種使用等の共通事項（生物及び技術の定義の詳細，第二種使用等と見なす措置の詳細，承認・確認の除外，情報提供，輸出，②に基づく主務大臣の詳細等

　第一種使用等に関する事項
　（承認手続，学識経験者からの意見聴取）

　生物検査に関する事項

⑦ 研究開発等に係る第二種使用等に当たって執るべき拡散防止措置を定める省令（文・環共同）〈二種省令〉（平成16年1月29日公布）…第二種使用等に関する事項（執るべき拡散防止措置の内容，確認手続）

⑧ 産業利用等に係る第二種使用等に当たって執るべき拡散防止措置を定める省令（財・厚・農・経・環共同）（平成16年1月29日公布）…第二種使用等に関する事項（執るべき拡散防止措置の内容，確認手続）

【告示】
⑤ 法律第3条の規定に基づく基本的事項（6省共同）（平成15年11月21日公布）…施策の実施に関する事項（省令等の制定や諸手続の考え方等），使用者が配慮すべき事項等

⑥ 第一種使用等による生物多様性影響評価実施要領（6省共同）（平成15年11月21日公布）…第一種使用規程の承認を受けようとする者が行う生物多様性影響評価の項目及び手順等

⑨ ⑦に基づく告示（文）（平成16年1月29日公布）…認定宿主ベクター系のリスト，実験分類ごとの生物のリスト等

⑩ ⑧に基づく告示（財・厚・農・経・環共同）（平成16年1月29日公布）…GILSP取扱い遺伝子組換え生物等のリスト

図 14-2-1　カルタヘナ法および関連政省令等の全体像

した次の資料から作成または転記しています。

「カルタヘナ法について」（平成 29 年 8 月 8 日版）

　http://www.lifescience.mext.go.jp/files/pdf/n1159_01.pdf

「研究開発段階における遺伝子組換え生物等の第二種使用等の手引き」平成 30 年 3 月版

　http://www.lifescience.mext.go.jp/files/pdf/n815_01r2.pdf

14.2.3　申請する前に

(1)　何のために申請するのか

　まず，実験を実際にされる方が真っ先に思うことは，どうしてこんな面倒なことをしなければならないのか，ではないかと思います。遺伝子組換え実験とは，まさに新しい生命体を創り出す実験であり，この法律は，地球環境の安全だけでなく，研究を行う研究者自身の安全を確保するためのものだ，ということをはっきり認識しておいていただきたいのです。これからどのような研究を行うのか，しっかりと内容と原理を理解した上で，実験計画を立てる必要があり，実験に従事するメンバーも，全員，互いの安全のために，実験の内容を熟知していなければなりません。

(2)　遺伝子組換え生物の定義

　遺伝子組換え生物とは，「細胞外において核酸を加工する技術もしくは異なる科に属する生物

第14章　微生物の安全な取扱い

の細胞を融合する技術の利用によって得られた核酸またはその生成物を有する生物」と定義され
ています。生物学ではウイルスおよびウイロイドは生物でないと定義されていますが，この法律
では，ウイルスも生物と定義しています。一方，ヒトの細胞，ES細胞等の動植物培養細胞や，
動物の組織・臓器等は生物になりません。ただし，これらの培養細胞を個体に戻すと組換え実験
になります。

(3)　整理しておくべきポイント

　　遺伝子組換え生物を創り出そうとするのであれば，

　　1) 何の遺伝子を

　　　（既に配列や機能が明らかになっているのか，それとも機能未知の未同定のものなのか）

　　2) どんな細胞に組み込んで

　　　（微生物，植物，ウイルス，動物細胞，植物・動物個体のうちどれに）

　　3) その後，どうしたいのか

　　　（どのぐらいの量の培養をしたいのか，個体に戻したいのか，など）

をきちんと整理しておくことが必要です。研究の展開が読めない場合などは，関係しそうな遺伝
子を片っ端から，いろいろな細胞に入れるような計画を申請しがちですが，これでは実験者の安
全と外部環境の安全を十分に評価することができません。申請した研究でカバーできない実験を
行う必要が生じた場合は，その時に改めて申請することにして，実際に実施を計画している実験
について申請するべきです。

(4)　遺伝子組換え生物の譲受

　　組換え実験自体は行わず，他の機関からLMOを譲り受ける場合であっても，事前に申請が必
要です。更に，他機関からLMOを運搬する方法，受け取ったLMOをどのように保管するのか，
どれくらいの量を培養するのかについても想定しておかなくてはなりません。

14.2.4　申請する

(1)　第一種使用と第二種使用

　　野外栽培試験など，環境中への拡散を防止しないで遺伝子組換え生物を使用する場合を第一種
使用，室内などで拡散防止措置を講じて使用する場合を第二種使用といいます。第一種か二種か
で必要な措置や手続きは大きく異なるので，実験をどこでどのように行うのかについても明確に
しておかなくてはなりません。培養分野の組換え実験のほとんどは第二種使用になるはずです。
第二種使用のうち微生物が関係するものとして「研究開発分野」と「産業利用」があります。産
業利用については，経済産業省によって定められているGILSP（Good Industrial Large Scale
Practice）によって指定されている遺伝子組換え微生物リストにあるものであれば，事業者自ら
が対応する拡散防止措置をとればよく，現在，宿主・ベクターの組み合わせが279件，挿入
DNAが455件登録されています[7]。ここでは，皆さんの行う組換え実験の多くが該当する，「研
究開発分野」における「第二種使用」について，申請手順の概要を説明します。

(2)　大臣確認実験

　　申請する実験が，省令・告示に措置が定められているかどうか，が大きな決め手になります。

—358—

14.2 組換え微生物の取扱い

> 研究開発段階の遺伝子組換え生物等を第二種使用等する場合，実験に用いるすべての微生物等の特性に応じた**拡散防止措置（P1，P2Aなど）を執る**。←全ての組換え実験が対象
> ・実施に当たっては，「研究開発等に係る遺伝子組換え生物等の第二種使用等に当たって執るべき拡散防止措置等を定める省令」（以下，「二種省令」）等に基づいた拡散防止措置を執る

○まずは，各機関において，遺伝子組換え実験計画の精査
　・法令等を熟読し，十分に理解した上で，実験計画を策定
　　（実験の種類，宿主や核酸供与体の実験分類等）
　・特に，拡散防止措置については，**機関内で十分に精査** ← 組織の責任者，研究の専門家，安全管理責任者，法律の専門家，外部有識者など
　　（各機関で遺伝子組換え審査委員会を開催し，過去の研究，論文等を基に議論等）
①省令・告示に定められた措置を執る場合
　・法令等に即し，機関の責任の下，実験を実施
②省令・告示に措置が定められていない場合（二種省令別表第一に該当する場合）
　・機関内で十分に精査した上で，文部科学省へ拡散防止措置等の確認申請
　・申請内容及び法令等に即し，機関の責任の下，実験を実施

図 14-2-2　第二種使用等について

どのような措置をすべきかが定められていない場合は，所属する機関が申請機関となり，文部科学大臣の確認を得る必要があります（**図 14-2-3**）。実験分類が定まっていない微生物や人畜に有害な微生物を用いる場合や大量培養をする場合などは，大臣の確認が必要な場合が多いので注意してください。

(3) 必要な拡散防止措置を確認する

微生物の培養実験の多くは，拡散防止措置があらかじめ省令・告示によって定められている場合に相当し，**図 14-2-4** のようにして拡散防

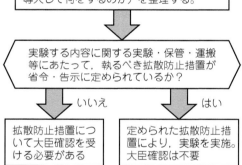

図 14-2-3　大臣確認が必要かどうか

止措置のレベルを決めます。Step2 では，宿主と核酸供与体の実験分類を決定しますが，これに用いる分類表は必ず最新版を参照してください。必要な拡散防止措置は，宿主と核酸供与体のクラスの組み合わせによって決まります。微生物実験の場合だと，クラスの高いものに一般的に合わせる（**図 14-2-5 イ**）のですが，安全だと認定されている特定認定宿主ベクターを用いた場合は，クラスを1つ下げることができます（図 14-2-5 ロ）。一方，潜在的危険があると考えられる場合には，逆に，クラスが1つ高くなります（図 14-2-5 二）。

14.2.5　拡散防止措置の内容

必要な拡散防止措置が P1 レベルの場合には，実験室は通常の生物の実験室としての構造と設備を有し，扱った組換え生物は廃棄の前に不活化措置を講じることや，実験室から外に持ち出す際には漏出その他拡散しない構造の容器に入れることなどが決められています。P2 レベルであれば，エアロゾルが生じやすい操作をする場合[※7]，安全キャビネットの設置が必要です（[1.6]

—359—

第14章　微生物の安全な取扱い

参照）。実験室のある建物内には高圧蒸気滅菌器が設けられていること，実験室の入り口などにP2レベル実験中と表示することなどが決められています（**図14-2-6**）。

　LMOを保管する場合には，漏出，逃亡，拡散しない構造の容器に入れるだけでなく，容器の外側や，保管場所の見やすい所に遺伝子組換え生物を保管している旨を表示する必要があります。更に，LMOを譲渡，提供，委託する場合は，その相手に対して，予めLMOに関する情報を提供しなければなりません。また，LMOを送る場合には，外側の見やすい場所に，取扱いに注意を要する

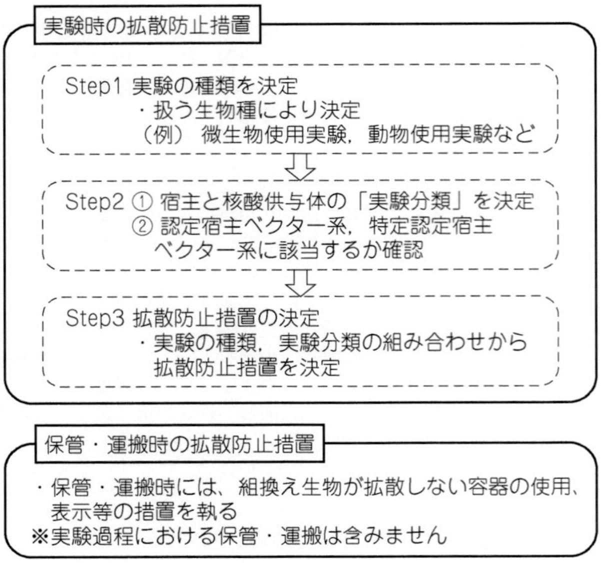

```
┌─ 実験時の拡散防止措置 ──────────────────┐
│  ┌────────────────────────────────────┐  │
│  │ Step1 実験の種類を決定                │  │
│  │   ・扱う生物種により決定              │  │
│  │ （例）微生物使用実験，動物使用実験など │  │
│  └────────────────────────────────────┘  │
│              ↓                            │
│  ┌────────────────────────────────────┐  │
│  │ Step2 ① 宿主と核酸供与体の「実験分類」を決定│  │
│  │      ② 認定宿主ベクター系，特定認定宿主│  │
│  │         ベクター系に該当するか確認    │  │
│  └────────────────────────────────────┘  │
│              ↓                            │
│  ┌────────────────────────────────────┐  │
│  │ Step3 拡散防止措置の決定              │  │
│  │   ・実験の種類，実験分類の組み合わせから│  │
│  │      拡散防止措置を決定              │  │
│  └────────────────────────────────────┘  │
└────────────────────────────────────────┘

┌─ 保管・運搬時の拡散防止措置 ────────────┐
│ ・保管・運搬時には、組換え生物が拡散しない容器の使用、│
│   表示等の措置を執る                      │
│ ※実験過程における保管・運搬は含みません  │
└────────────────────────────────────────┘
```

図14-2-4　拡散防止措置

イ　下のロ〜ニに該当しない遺伝子組換え生物等
　　宿主，核酸供与体の実験分類のうち，数の小さくない方がクラス1，2，3である時，P1，P2，P3レベル

（例）	宿主の実験分類	核酸供与体の実験分類	拡散防止措置
例1	クラス1	クラス1	P1レベル
例2	クラス2	クラス2	P2レベル

ロ　特定認定宿主ベクター系（告示別表第1の区分B2に掲げるもの）を用いた遺伝子組換え生物等
　　核酸供与体の実験分類がクラス1，2である時にP1レベル
　　核酸供与体の実験分類がクラス3である時にP2レベル

（例）	宿主の実験分類	核酸供与体の実験分類	拡散防止措置
例1		クラス1（or2）	P1レベル
例2		クラス3	P2レベル

ハ　供与核酸が同定済核酸であり，かつ，哺乳動物等※に対する病原性及び伝達性に関係しないことが推定される遺伝子組換え生物等
　　宿主の実験分類がクラス1，2である時にP1レベル，P2レベル

ニ　認定宿主ベクター系を用いていない遺伝子組換え生物等であって，供与核酸が哺乳動物等※に対する病原性又は伝達性に関係し，かつ，宿主の病原性を著しく高めるもの
　　（※認定宿主ベクター系を用いる場合は，イ〜ハのいずれか該当するものを選んでください）
　　宿主，核酸供与体の実験分類のうち，数の小さくない方がクラス1，2である時，P2，P3レベル

（例）	宿主の実験分類	核酸供与体の実験分類	拡散防止措置
例1	クラス1	クラス1	P2レベル
例2	クラス1	クラス2	P3レベル

図14-2-5　微生物の実験の種類毎の拡散防止措置

※7　微生物の培養液や懸濁液の泡がはじけるような操作はこれに該当する。

—360—

P1レベルの場合
- 実験室が通常の生物の実験室としての構造及び設備を有すること
- 遺伝子組換え生物等を含む廃棄物（廃液を含む。以下同じ。）については，廃棄の前に不活化措置を講ずること
- 遺伝子組換え生物等が付着した設備等については，廃棄又は再使用の前に不活化措置を講ずること
- すべての操作において，エアロゾルの発生を最小限にとどめること
- 遺伝子組換え生物等を実験室から持ち出すときは，漏出その他拡散しない構造の容器に入れること　　　など

P1Aレベルの場合
- 実験室の出入口など組換え動物等の逃亡の経路となる箇所に，当該組換え動物等の習性に応じた逃亡の防止のための設備，機器又は器具が設けられていること（例：ねずみ返しなど）
- 実験室が通常の動物の飼育室としての構造及び設備を有すること
- 組換え動物等のふん尿等を回収するために必要な設備等が設けられていること
- 実験室の入口に，「組換え動物等飼育中」と表示すること。
- その他，P1レベルで定められた措置等を執ること　　　　　　　　　　　　　　　　　　　　　　　　など

P2レベルの場合
- 実験室に研究用安全キャビネットが設けられていること（エアロゾルが生じやすい操作をする場合に限る。）
- 不活化するために高圧滅菌器を用いる場合には，実験室のある建物内に高圧滅菌器が設けられていること
- P1，P1A又はP1Pレベルの実験を同じ実験室で同時に行うときは，これらの実験の区域を明確に設定すること，又はそれぞれP2，P2A若しくはP2Pレベルの拡散防止措置を執ること
- 実験室の入口等に，「P2レベル実験中」と表示すること
- その他，P1レベルで定められた措置等を執ること　　　　　　　　　　　　　　　　　　　　　　　　など

図 14-2-6　二種省令に定める拡散防止措置の概要（一部抜粋）

旨を表示する必要があります。海外に送る場合についても，同様に情報提供が必要です。提供する情報とは，LMO の名称と素性，承認を受けている旨（所属機関の承認番号），提供者の氏名および連絡先（法人の場合はその名称ならびに担当責任者）などで，提供の方法は文書，容器への表示，FAX，電子メールの何れでもかまいません。

14.2.6　もし法令に違反してしまったら

　もし，不適切な取扱い，破損，事故等によって LMO が拡散してしまったら，直ちに応急措置をとること，ならびに主務大臣に事故の状況と措置の概要を報告することが規定されています。報告先は，例えばアカデミアだと，文部科学省ライフサイエンス課，生命倫理・安全対策室 03-6734-4113（直通）です。不適切な取扱いの事例集[8]によると，例えば，

1）遺伝子組換えマウスが飼育室の外に逃亡した
2）遺伝子組換え微生物を含む廃水が，蛇口の閉め忘れで，排水系統から施設内にオーバーフローした
3）遺伝子組換え微生物の検体を誤ってそのまま廃棄した
4）P1 実験室において扉を開けたまま実験をした
5）組換えバキュロウイルス由来の試薬（バキュロウイルスを用いて生産した酵素試薬がこれに相当します）を使用した器具等を不活化処理せずに廃棄した

など，うっかりの事例が多数あります。組換え実験は，万が一漏れた場合にどうするかまで想定し，安全検出思想で臨まなければなりません。

※8　http://www.lifescience.mext.go.jp/files/pdf/n1536_06.pdf

第14章　微生物の安全な取扱い

14.3　病原性微生物の取扱い

　ほとんどの微生物は無害ですが，人に感染症を引き起こすものや家畜や作物に害があるものが存在します。また，少量であれば事実上無害な病原性微生物であっても，それを培養して増やせば，誤って摂取したり，自然界に拡散させてしまったりした時の感染リスクが高まります。従って，どのような微生物に病原性があるかを知っておくこと，そして，感染や拡散防止に必要な対策を講じることは，微生物を研究する者の義務と言ってよいでしょう。

　そこで本節では，まず，病原性微生物がどのように分類されているかを解説した上で，安全に取り扱うためのポイントを解説します。植物防疫法や家畜伝染病予防法により規制されている微生物については，［6.1.5］を参照してください。

14.3.1　バイオセーフティーレベル（BSL）

　病原性微生物には病原性が弱いものや強いものがあり，病原性や感染性の強さを考慮して各微生物にバイオセーフティーレベル（Bio-Safety Level：BSL）が設定されています。そして，どのレベルの病原性微生物を扱うかによって取扱施設設備等の基準[9]が異なります。人に対する病原性微生物のBSLは，1〜4の4段階に設定されており，動物に感染する病原性微生物には，

コラム31　病原性微生物研究の重要性

　抗生物質やワクチンなどの適切な治療法が開発される以前は，病原性微生物による感染症は人類にとって非常に深刻なものであり，ペスト，結核，マラリア，インフルエンザ（スペイン風邪），天然痘などによって多くの人命が失われた悲惨な歴史があります。現在でも，後開発途上国[10]では，感染症は五歳未満児の死亡原因のトップになっています[8]。一方，先進国では，公衆衛生思想の普及，ワクチン接種，抗生物質や化学療法薬による治療などによって，高齢者を除くと感染症による死亡率は非常に低いものになっています。

　このため先進国では，病原性微生物に対する関心が薄くなり，研究者の数もだんだん減少しています。しかしながら，病原性微生物は環境中で常に変化し続けており，強い病原性を持った腸管出血性大腸菌O157や新型インフルエンザなどのような新興感染症[11]が出現しています。また，抗生物質や抗菌薬などに多剤耐性を示し治療困難な病原性微生物が増加しています。更に，高病原性鳥インフルエンザやコロナウイルスの中には，感染して発病すると死亡率が50％を超えるものが報告されています[9,10]。これらのウイルスは人から人への感染力が低く広範囲な流行は引き起していませんが，将来的に強い感染力を持ったものが出てくる可能性は否定できません。

　これ以上，病原性微生物の研究者の層が薄くなってしまうと，新しく出現した感染症に対して有効な対策が講じられなくなり，過去の悲惨な歴史が繰り返されてしまう可能性があります。このような事態を防ぐために，大学や公的研究機関などで病原性微生物に関する研究が継続されなければなりません。また，どのような感染症が流行しているかを把握するために，病院の微生物検査室，保健所，民間の臨床検査センターなどでは，病原性微生物を扱う技術と人材を維持して行かなくてはなりません。本書のタイトルは「有用微生物」ですが，病原性微生物の研究にも是非，目を向けていただければ幸いです。

※9　以前はP1〜P4レベルと呼ばれていたが，現在はBSLが用いられている。
※10　開発途上国の中でももっとも開発が遅れている国々，アフリカ大陸や東南アジアの一部などに分布。
※11　新たに出現した感染症で公衆衛生上問題になるもの。

Animal Bio-Safety Level（ABSL）1〜4 の 4 段階が設定されています。

　レベル 1 には，人や動物に疾患を起こす可能性がほとんどない微生物が指定されます。レベル 2 には，人や動物に疾患を起こす可能性はありますが，有効な治療法や予防法が確立されており，研究者，地域社会，家畜などにとって重大な災害となる可能性が低いものが指定されます。レベル 3 と 4 には，人や動物に感染すると重篤な疾患を引き起こす病原性微生物が含まれ，レベル 3 には伝播力が低く有効な治療法や予防法があるものが，レベル 4 には伝播力が強く治療や予防が困難なものが指定されます。我が国の病原性微生物の BSL は，国立感染症研究所※12 や日本細菌学会※13 などで決定されており，随時更新されています。報道などでよく名前が出てくる病原性微生物と，基礎研究やワクチンに用いられる微生物の BSL を**表 14-3-1** に例示します。

　なお，臨床検体や野外で集められた未同定の微生物は，適切なリスク評価を実施するために必要な情報がないのが普通です。このような微生物は，最低でも BSL2 として扱うべきとされています。

表 14-3-1　微生物のバイオセーフティーレベルの一例

レベル	性質	細菌	ウイルス※14
BSL1	際立った病原性が確認されていないもの	大腸菌 K12 株および B 株，表皮ブドウ球菌，枯草菌，BCG ワクチン株など	弱毒生ワクチンなど
BSL2	病原性が確認されているが有効な治療法や予防法が確立されているもの	黄色ブドウ球菌，緑膿菌，腸管出血性大腸菌，ボツリヌス菌など	アデノウイルス，ノロウイルス，肝炎ウイルス，ヘルペスウイルスなど
BSL3	重篤な病気を引き起こすが有効な治療法や予防法が確立されているもの	炭疽菌，結核菌，ペスト菌，チフス菌など	インフルエンザウイルス（強毒株），SARS コロナウイルス，狂犬病ウイルスなど
BSL4	重篤な病気を引き起こし，通常有効な治療法や予防法が得られないもの	該当なし	エボラウイルス，マールブルグウイルス，痘瘡（天然痘）ウイルスなど

分かりやすくするために学名ではなく，慣用名を日本語で示しています。BSL4 の微生物は全てウイルスです。

14.3.2　BSL2 の微生物を取り扱うための設備

　各 BSL の病原性微生物を扱う施設の設置基準については，世界保健機関（WHO）のバイオセーフティ指針※15 や国立感染症研究所の病原体等安全管理規定※12 に詳しく記載されていますのでそれを参考にしてください11)。また，研究機関が独自に基準を作っている場合もありますので，その場合はそれに従ってください。本稿では，BSL2 の病原性微生物を扱う施設の一例を示

※12　http://www.niid.go.jp/niid/ja/lab/481-biosafe-kanritaikei.html
※13　http://www.jsbac.org/archive/
※14　自立的に増殖できないウイルスは，生物と無生物の中間的な存在であるが，人に病気を引き起こすという観点から病原性微生物に含めることが多い。
※15　日本語訳されたバイオセーフティ指針も存在するが，誤訳されている部分があるので英語のものと読み比べることを推奨する。

第14章　微生物の安全な取扱い

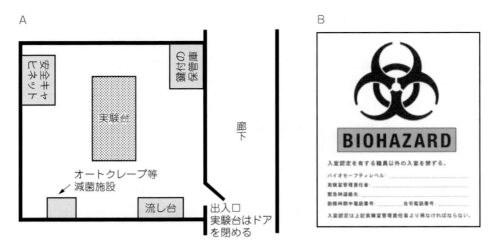

図 14-3-1　BSL2 の施設の例（A）と国際バイオハザード標識（B）

しておきます（図 14-3-1A）。なお，WHO の指針では安全キャビネット[※16]（[1.6]参照）やオートクレーブ（[1.2]参照）の設置は義務付けられてはいませんが，遺伝子組換え実験を行う場合には必要となるので注意してください[※17]。更に，BSL2 以上の研究室の出入口には，国際バイオハザード標識（図 14-3-1B）を貼り付けることが義務付けられており，部屋の中で病原性微生物を扱う研究が行われていることを明示する必要があります。また，研究に関係のない者の研究室への立ち入りは禁じなければなりません。

14.3.3　特定病原体等について

このように，病原性微生物は BSL によって分類され，それによって扱える施設の基準が変わりますが，それとは別に感染症法で特定病原体等に指定されている病原性微生物や毒素があるので注意が必要です。この指定が行われた経緯ですが，オウム真理教によって炭疽菌などをテロに使用する研究が行われ，1993 年に実際に散布[※18]されていました[12]。さらに，2001 年にアメリカにおいても炭疽菌が生物テロに使用され死者が出ました。そこで，テロや事故によって病原性微生物や毒素が野外に漏れることを防ぎ，国民の生命および健康を守る目的で病原体等の管理の強化が行われました。特定病原体等は，一種病原体等から四種病原体等までに分類されており，その分類に応じて所持や輸入の禁止，許可，届出，基準の遵守等の規制が設けられ，違反すると罰せられるので注意が必要です。なお，BSL の場合は 1 から 4 へと数字が大きくなるにつれて病原性や感染性などが高くなりますが，これとは逆に特定病原体等は一種がもっとも危険なものに

※16　生物学的安全キャビネットと呼ばれることもある。病原性微生物を操作するときに発生する可能性のある感染性エアロゾルや飛沫をフィルターにより除去し，作業者への曝露や実験室と環境への拡散を防ぐ。なお，クリーンベンチには，そのような機能はないので注意すること。
※17　研究開発等に係る遺伝子組換え生物等の第二種使用等に当たって執るべき拡散防止措置等を定める省令（平成 16 文科省・環境省令第 1 号）。
※18　散布したのがワクチン株であったため，被害は出なかった。

なっています。詳しい分類は，感染症法に詳しく記されているのでここでは書きませんが，バイオテロなどを念頭に分類されているので，BSLと特定病原体等の分類は一致しない場合があります。例えば，ボツリヌス菌のBSLは2ですが，炭疽菌（BSL3）と同じ二種病原体等に分類されます。更に，この菌が分泌するボツリヌス毒素も二種病原体等になります。また，腸管出血性大腸菌（BSL2）や結核菌（BSL3）は四種病原体等に指定されていますが，治療が困難な多剤耐性結核菌（BSL3）は三種病原体等に分類されます。

14.3.4　病原性微生物の取扱い方

　ここでは，主にBSL2に属する病原性微生物の取扱い方について説明します。BSL3以上の病原性微生物は病原性や感染性などが非常に強く，特別な安全対策と実験技術が必要です。それらについて知りたい方は，WHOのバイオセーフティ指針や各施設で発行されている実験マニュアルなどに詳しく記載されているので参考にしてください。なお，培養に使う培地や培養条件などは病原性微生物ごとに異なっているので，各微生物に合った条件を選ぶ必要があります。研究に関する基本操作は，病原性微生物と非病原性微生物の間で大きな差はありません。しかしながら，万が一，自分や他の人に感染させてしまうと大変なことになるので，それを防ぐための注意点を書いておきます。

（1）　病原性微生物の適切に管理する

　盗難防止のために施錠して保存しなければなりません。

（2）　口の中に病原性微生物が入らないようにする

　手や指に付着した病原性微生物が，体内に侵入しないように気をつけましょう。自分がいくら気をつけて実験をしていても，他の人が同じように気をつけているかどうかは分かりません。もしかしたら，実験台などが病原性微生物で汚染されているかもしれません。従って，実験室内で

コラム92　ボツリヌス菌とボツリヌス毒素

　ボツリヌス菌は，二種病原体等に分類され，厳重な管理が必要な細菌ではありますが，自然界（土壌，河川，海洋）に広く存在しています。この細菌は，酸素があると増殖できないので，このような条件では芽胞[19]の状態で存在しています。また，ハチミツの約7%でこの菌が検出されることも報告されています[20]。大人はボツリヌス菌が検出されるハチミツを食べても問題ありませんが，一歳未満の乳児に与えると発症する危険があり，重症化すると呼吸障害により死に至ります[13]。なお，ハチミツ内でこの菌は芽胞を形成しており，通常の加熱調理を行っても死滅しないことに注意が必要です。芽胞は，酸素がない条件（例えば，真空パック詰食品内）になると発芽し，菌が増殖を始めます。その際に，菌からボツリヌス毒素が分泌され，それを食べると食中毒を引き起こします[21]。なお，ボツリヌス毒素は自然界に存在する最強の毒素であると考えられており，吸入した場合の致死量は1μg以下とされています[14]。

---

[19]　生育環境が増殖に適さなくなると細胞内に形成され，加熱や乾燥などに強い抵抗性を持つ。発育に適した条件になると，発芽して栄養細胞となり再び増殖する。

[20]　http://www.fsc.go.jp/factsheets/

[21]　ボツリヌス毒素は熱に弱く，80℃で30分間または100℃で1〜2分間の加熱処理により完全に失活する。

第14章　微生物の安全な取扱い

飲食・喫煙をしないことはもちろんのこと，手で触わったものが口に入るような操作（例えば，ピペットを口で吸う，鉛筆やチューインガムを口に入れることなど）は絶対に行ってはいけません。感染の危険性が非常に高くなります。また，病原性微生物が手指へ付着する可能性がある実験を行う場合には，それを防ぐために手袋を装着することが必要です。

(3)　飛沫やエアロゾル[*22] に注意する

　細菌を適当な培地で培養すれば，培養液 1 mL あたり 10^9 個程度まで増殖します。これは，わずか 1 μL の培養液に 100 万個程度の菌が存在することを意味します。腸管出血性大腸菌は 50〜100 個程度が体内に侵入すれば発症するので，例えばマイクロピペットのチップの先に形成された気泡が破裂した際に発生する微小な飛沫中にも，発症するのに十分な菌が存在します。また，密閉せずに病原性微生物を超音波破砕したり，強く撹拌したりすると，大量のエアロゾルが出るので[*23]，そのような実験を実験台上などで行うことは非常に危険です。また，一旦エアロゾルが発生すると，しばらく空気中に漂うことにも注意が必要です。従って，超音波による菌体破砕は可能な限り避け，研究を行うにあたってやむを得ず超音波で破砕する場合は，エアロゾルの飛散防止措置を徹底した上で，安全キャビネット内で行う必要があります。更に，エアロゾルの体内への侵入を防ぐためにマスクや安全眼鏡の装着が推奨されています。

(4)　消毒を徹底する

　病原性微生物を扱う前に，紫外線や化学殺菌剤などによって作業場所の消毒を行う必要があります。また，70%（w/w）エタノールにより手指の消毒も行います。この操作は，他の微生物のコンタミネーションを防ぐために必要です。また，実験終了後にも同様に消毒を行います。この操作は，研究室内での感染防止に役立ちます。なお，化学殺菌剤による消毒には，一般に 70%（w/w）エタノールが使われますが，芽胞，胞子，一部のウイルスなどに対しては効果が不十分です。そこで，これらを扱う場合には，次亜塩素酸ナトリウムや過酸化水素などによって消毒を行います。

(5)　病原性微生物の封じ込めを徹底する

　病原性微生物の取扱いは，可能な限り安全キャビネット内で行い，実験室内を病原性微生物で汚染しないように気をつける必要があります。また，病原性微生物を培養したシャーレや培養液などは，オートクレーブなどによって滅菌処理してから廃棄しなければなりません。また，病原性微生物が付着したピペットや器具などは，滅菌・殺菌処理を行うまでは実験室の外に持ち出してはいけません。なお，滅菌処理を行っていない培養液などを流しに捨てたり，病原性微生物が付着した器具をそのまま洗浄したりすることは禁じられています。更に，流し台での手指の洗浄も，よく消毒した後に行うべきです。

(6)　事故の時は

　病原性微生物が実験室外に漏出した可能性のある場合には，直ちに実験室管理者に連絡し，速やかに除菌や殺菌などの適切な措置を講じなければなりません。また，誤って病原性微生物が付

※22　液体や半流動体の試料を強く撹拌・振とうしたり，ピペッティングしたりすると発生する直径 5 μm 以下の粒子。
※23　家庭用の超音波加湿器をイメージすればその危険性が理解できる。

着した注射針を刺してしまったり，飲み込んでしまったりした可能性のある場合には，速やかに実験室管理者に報告し，指示に従ってください。必要であれば，病原性微生物の種類に応じた治療が医療機関で行われることになります。

14.3.5　あとがき

　病原性微生物は，法律や各施設の規則に則って扱う必要があり，勝手に扱うことはできないので注意してください。また，非病原性大腸菌や酵母菌を扱うような感覚で病原性微生物を扱うと，無視できない確率で感染してしまうので注意が必要です。しかしながら，基本的な微生物実験技術を修得し，規則に則って滅菌や消毒をきちんと行えば，感染したりさせたりすることはまずないので，不必要に恐れることはありません。一人でも多くの研究者が，病原性微生物研究の場に加わってくださることを期待しています。

文　献

1）中村佳子ら：組換え DNA 技術の安全性—研究室から環境まで，講談社サイエンティフィク（1989）.

2）M. Singer and D. Soll : *Science*, **181**, 1114（1973）.

3）B. P. Baltimore et al. : *Science*, **185**, 303（1974）.

4）B. P. Baltimore et al. : *Proc. Natl. Acad. Sci. USA.*, **72**, 1981–1984（1975）.

5）OECD : Recombinant DNA Safety Considerations: Safety Considerations for Industrial, Agricultural, and Environmental Applications of Organisms Derived by Recombinant DNA Techniques OECD Publishing（1986）.

6）清水栄厚：生物工学，**91**，689–693（2013）.

7）田村道宏：生物工学，**91**，697–700（2013）.

8）L. Liu et al. : *Lancet*, **379**, 2151–2161（2012）.

9）World Health Organization : Cumulative number of confirmed human cases for avian influenza A（H5N1）reported to WHO, 2003–2012（2012）.

10）World Health Organization : Global Alert and Response, Middle East respiratory syndrome coronavirus（2013）.

11）World Health Organization : Laboratory biosafety manual, 3rd ed.（2004）.

12）P. Keim et al. : *J. Clin. Microbiol.*, **39**, 4566–4567（2001）.

13）食品安全委員会：ファクトシート，ボツリヌス症（2014）.

14）S. S. Arnon et al. : *JAMA*, **285**, 1059–1070（2001）.

※24　図 14-2-1〜図 14-2-6 は，文部科学省の許諾を得て掲載。

【改訂増補版】

実践 有用微生物培養のイロハ
試験管から工業スケールまで

発行日	2014年6月30日　初版第一刷発行
	2018年8月10日　改訂第一刷発行
	2024年10月31日　改訂第三刷発行

監修者	片倉 啓雄　大政 健史　長沼 孝文　小野 比佐好
発行者	吉田 隆
発行所	株式会社 エヌ・ティー・エス
	〒102-0091 東京都千代田区北の丸公園2-1　科学技術館2階
	TEL.03-5224-5430　http://www.nts-book.co.jp
印刷・製本	美研プリンティング株式会社

ISBN978-4-86043-563-9

© 2018 片倉啓雄, 松村吉信, 長沼孝文, 小野比佐好, 本田孝祐, 岡野憲司, 前川裕美, 小西正朗, 大政健史, 石川陽一, 仁宮一章, 滝口昇, 遠藤力也, 髙島昌子, 黒澤尋, 佐久間英雄, 東端啓貴, 村山敬一, 伊澤直樹, 清水(肖)金忠, 武藤正達, 米澤寿美子, 木下昌惠, 東山堅一, 天野研, 友安俊文.

落丁・乱丁本はお取り替えいたします。無断複写・転写を禁じます。定価はケースに表示しております。
本書の内容に関し追加・訂正情報が生じた場合は、㈱エヌ・ティー・エスホームページにて掲載いたします。
※ホームページを閲覧する環境のない方は、当社営業部(03-5224-5430)へお問い合わせください。